科技部科技基础性工作专项资助
项目名称：青藏高原低涡、切变线年鉴的研编
项目编号：2006FY220300
中国气象局成都高原气象研究所基本科研业务费专项资助
项目名称：高原低涡年鉴研编
项目编号：BROP201822

青藏高原低涡切变线年鉴 2017

中国气象局成都高原气象研究所
中国气象学会高原气象学委员会 编著
主 编：彭 广
副主编：李跃清 郁淑华
编 委：彭 骏 徐会明 肖递祥 向朔育

科学出版社
北 京

内 容 简 介

青藏高原低涡、切变线是影响我国灾害性天气的重要天气系统。本书根据对2017年高原低涡、切变线的系统分析，得出该年高原低涡、切变线的编号，名称，日期对照表，概况，影响简表，影响地区分布表，中心位置资料表及活动路径图，高原低涡、切变线移出高原的影响系统；计算得出该年影响降水的各次高原低涡、切变线过程的总降水量图、总降水日数图。

本书可供气象、水文、水利、农业、林业、环保、航空、军事、地质、国土、民政、高原山地等方面的科技人员参考，也可作为相关专业教师、研究生、本科生的基本资料。

审图号：GS(2018)6793号

图书在版编目(CIP)数据

青藏高原低涡切变线年鉴. 2017 / 中国气象局成都高原气象研究所，中国气象学会高原气象学委员会编著. -- 北京 : 科学出版社, 2019.1

ISBN 978-7-03-060370-8

Ⅰ. ①青… Ⅱ. ①中… ②中… Ⅲ. ①青藏高原－灾害性天气－天气分析－2017－年鉴 Ⅳ. ①P44-54

中国版本图书馆CIP数据核字(2019)第005211号

责任编辑：罗 吉 沈 旭

责任校对：刘亚琦 / 责任印制：师艳茹

科学出版社出版

北京东黄城根北街16号

邮政编码：100717

http://www.sciencep.com

北京凌奇印刷有限责任公司印刷

科学出版社发行　各地新华书店经销

*

2019年1月第 一 版　开本：A4 (880 × 1230)

2019年1月第一次印刷　印张：18 1/2

字数：627 000

POD定价：598.00元

(如有印装质量问题，我社负责调换)

前　言

高原低涡、切变线是青藏高原上生成的特有的天气系统，其发生、发展和移动的过程中，常常伴随有暴雨、洪涝等气象灾害。我国夏季多发暴雨洪涝、泥石流滑坡灾害，在很大程度上与高原低涡、切变线东移出青藏高原密切相关。高原低涡、切变线的活动不仅影响青藏高原地区，而且还东移影响我国青藏高原以东下游广大地区。高原低涡、切变线是影响我国的主要灾害性天气系统之一。

新中国成立以来，随着青藏高原观测站网的建立、卫星资料的应用，以及我国第一、第二次青藏高原大气科学试验的开展，关于高原低涡、切变线的科研工作也取得了一定的成绩，使我国高原低涡、切变线的科学研究、业务预报水平不断提高，为防灾减灾、公共安全做出了很大的贡献。

为了进一步适应农业、工业、国防和科学技术现代化的需要，满足广大气象台（站）及科研、教学、国防、经济建设等部门的要求，更好地掌握高原低涡、切变线的活动规律，系统地认识高原低涡、切变线发生、发展的基本特征，提高科学研究水平和预报技术能力，做好主要气象灾害的防御工作，在国家科技部的支持下，由中国气象局成都高原气象研究所负责，四川省气象台参加，组织人员，开展了青藏高原低涡、切变线年鉴的研编工作。

经过项目组的共同努力，以及有关省、市、自治区气象局的大力协助，高原低涡、切变线年鉴顺利完成。并且，它的整编出版，将为我国青藏高原低涡、切变线研究和应用提供基础性保障，推动我国灾害性天气研究与业务的深入发展，发挥对国家经济繁荣、社会进步、公共安全的气象支撑作用。

本年鉴由中国气象局成都高原气象研究所、中国气象学会高原气象学委员会完成。

本册《青藏高原低涡、切变线年鉴（2017）》的内容主要包括高原低涡、切变线概况、路径、东移出青藏高原的影响系统以及高原低涡、切变线引起的降水等资料图表。

Foreword

The Tibetan Plateau Vortex (TPV) and Shear Line (SL) are unique weather systems generated over the Qinghai-Xizang Plateau. The rain storms, floods and other meteorological disasters usually occur during the generation, development and movement of the TPV. In China, the regular happening mud-rock flow and land-slip disaster in summer has close relationship with the TPV which moved out of the Plateau. The movements of the TPV and SL not only influence the Qinghai-Xizang Plateau region, but also influence the east vast region of the Plateau. The TPV and SL are two of the most disastrous weather systems that influence China.

After the foundation of P.R.China, the researches on TPV and SL and the operational prediction works have gotten obvious achievements along with the establishment of the observatory station net, the applying of the satellite data, and the development of the first and the second Tibetan Plateau experiment of atmospheric sciences. All these have great contributions to preventing and reducing the happening of the weather disaster and to the public safety.

In order to satisty the modernization demands of the agriculture, industry, national defence and scientific technology, and to meet the requirements of the vast meteorological stations, colleges, national defence administrations and economic bureaus, the Chengdu Institute of Plateau Meteorology did the researches on the yearbook of vortex and shear over Qinghai-Xizang Plateau under the support from the Ministry of Science and Technology of P.R.China. Also,this task is achieved with the helps from the researchers in Sichuan Provincial Meteorology Station. This task improves the understanding of the characteristics of the moving TPV and SL, get thorough recognition of the generation and development of TPV and SL, and improve abilities of the research works and operational predictions to prevent the meteorological disasters.

With the research group's efforts and the great support from related meteorological bureaus of provinces, autonomous region and cities, the *TPV and SL Yearbook* completed successfully. The yearbook offers a basic summary to TPV and SL research works, improves the catastrophic weather research and operational prediction. Also, it is useful to the economy glory, advance of society and public safety.

The *TPV and SL Yearbook 2017* is accomplished by Institute of Plateau Meteorology, CMA, Chengdu and Plateau Meteorology Committee of Chinese Meteolological Society.

The *TPV and SL Yearbook 2017* is mainly composed of figures and charts of survey, tracks, weather systems that move out of the Plateau Vortex and influenced rainfall of TPV and SL.

说　明

本年鉴主要整编青藏高原上生成的低涡、切变线的位置、路径及青藏高原低涡、切变线引起的降水量、降水日数等基本资料。分为两大部分，即高原低涡和高原切变线。

高原低涡指500hPa等压面上反映的生成于青藏高原，有闭合等高线的低压或有三个站风向呈气旋式环流的低涡。

高原切变线指500hPa等压面上反映在青藏高原上，温度梯度小、三站风向对吹的辐合线或二站风向对吹的辐合线长度大于5个经（纬）距。

冬半年指1~4月和11~12月，夏半年指5~10月。

本年鉴所用时间一律为北京时间。

高原低涡

● 高原低涡概况

高原低涡移出高原是指低涡中心移出海拔≥3000m的青藏高原区域。

高原低涡编号是以字母“C”开头，按年份的后两位数与当年低涡顺序两位数组成。

高原低涡移出几率指某月移出高原的高原低涡个数与该年高原低涡个数之比。

高原低涡月移出率指某月移出高原的高原低涡个数与该年移出高原的高原低涡个数之比。

高原东（西）部低涡移出几率指某月移出高原的高原东（西）部低涡个数与该年高原东（西）部低涡个数之比。

高原东（西）部低涡月移出率指某月移出高原的高原东（西）部低涡个数与该年移出高原的高原东（西）部低涡个数之比。

高原东、西部低涡指低涡中心位置分别在≥92.5°E、<92.5°E。

高原低涡中心位势高度最小值频率分布指按各时次低涡500hPa等压面上位势高度（单位为位势什米）最小值统计的频率分布。

● 高原低涡编号、名称、日期对照表

高原低涡出现日期以“月.日”表示。

● 高原低涡路径图

高原低涡出现日期以“月.日”表示。

● 高原低涡中心位置资料表

“中心强度”指在500hPa等压面上低涡中心位势高度，单位为位势什米。

● 高原低涡纪要表

“生成点”指高原低涡活动路径的起始点，因资料所限，故此点不一定是真正的源地。

高原低涡活动的生成点、移出高原的地点，一般精确到县、市。

“转向”指路径总的趋向由偏东方向移动转为偏西方向移动。

“内折向”指高原低涡在青藏高原区域内转向；“外折向”指高原低涡在青藏高原区域以东转向。

● 高原低涡降水

高原低涡和其他天气系统共同造成的降水，仍列入整编。

“总降水量图”指一次高原低涡活动过程中在我国引起的降水总量分布图。一般按0.1mm、10mm、25mm、50mm、100mm等级，以色标示出，绘出降水区外廓线，一般标注其最大的总降水量数值。

“总降水量图”中高原低涡出现日期以“月.日”表示。

“总降水日数图”指一次高原低涡活动过程中在我国引起的降水总量≥0.1mm的降水日数区域分布图。

高原切变线

● 高原切变线概况

高原切变线移出高原是指切变线中点移出海拔≥3000m的青藏高原区域。

高原切变线编号是以字母“S”开头，按年份的后两位数与当年切变线顺序两位数组成。

高原切变线移出几率指某月移出高原的高原切变线个数与该年高原切变线个数之比。

高原切变线月移出率指某月移出高原的高原切变线个数与该年移出高原的高原切变线个数之比。

高原东（西）部切变线移出几率指某月移出高原的高原东（西）部切变线个数与该年高原东（西）部切变线个数之比。

高原东（西）部切变线月移出率指某月移出高原的高原东（西）部切变线个数与该年移出高原的高原东（西）部切变线个数之比。

高原东、西部切变线指切变线中点位置分别在≥92.5°E、<92.5°E。

高原切变线两侧最大风速频率分布指按各时次分别在切变线附近的南、北侧最大风速统计的频率分布。

● 高原切变线编号、名称、日期对照表

高原切变线出现日期以“月.日”表示。

● 高原切变线路径图

高原切变线出现日期以“月.日时”表示。

● 高原切变线位置资料表

高原切变线位置一般以起点、中点、终点的经/纬度位置表示。

“拐点”指高原切变线上东、西或北、南二段的切线的夹角≥30°的切变线上弯曲点。

● 高原切变线纪要表

“生成位置”指高原切变线活动路径的起始位置，由于资料所限，此位置不一定是真正的源地。

高原切变线活动的生成位置、移出高原的位置，一般精确到县、市。

“移向”指高原切变线中点连线的趋向。“多次折向”指路径出现两次以上由偏东方向移动转为偏西方向移动。

“内向反”指高原切变线在青藏高原区域内由偏东方向移动转为偏西方向移动。

“外向反”指高原切变线在青藏高原区域以东由偏东方向移动转为偏西方向移动。

● 高原切变线降水

高原切变线和其他天气系统共同造成的降水，仍列入整编。

“总降水量图”指一次高原切变线过程中在我国引起的降水总量分布图。一般按0.1mm、10mm、25mm、50mm、100mm等级，以色标示出，绘出降水区外廓线，一般标注其最大的总降水量数值。

“总降水量图”中高原切变线出现日期以“月.日时”表示。

“总降水日数图”指一次高原切变线过程中在我国引起的降水总量≥0.1mm的降水日数区域分布图。

目 录
Contents

前言
Foreword
说明

第一部分 高原低涡

2017年高原低涡概况（表1~表10） 2~6
高原低涡纪要表 7~10
高原低涡对我国影响简表 11~16
2017年高原低涡编号、名称、日期对照表 17~18
高原低涡路径图 19~32

青藏高原低涡降水资料 33
① C1701 2月10日
总降水量图 34
总降水日数图 35
② C1702 2月24日
总降水量图 36
总降水日数图 37
③ C1703 2月26~27日
总降水量图 38
总降水日数图 39
④ C1704 3月18日
总降水量图 40
总降水日数图 41
⑤ C1705 3月28日
总降水量图 42
总降水日数图 43
⑥ C1706 4月1日
总降水量图 44
总降水日数图 45
⑦ C1707 4月2日
总降水量图 46
总降水日数图 47
⑧ C1708 4月4日
总降水量图 48
总降水日数图 49
⑨ C1709 4月9日
总降水量图 50
总降水日数图 51
⑩ C1710 4月11日
总降水量图 52
总降水日数图 53
⑪ C1711 4月26日
总降水量图 54
总降水日数图 55
⑫ C1712 4月27~28日
总降水量图 56
总降水日数图 57
⑬ C1713 5月3~5日
总降水量图 58
总降水日数图 59

目 录
Contents

⑭ C1714 5月6~10日
总降水量图 60
总降水日数图 61
⑮ C1715 5月11日
总降水量图 62
总降水日数图 63
⑯ C1716 5月15~17日
总降水量图 64
总降水日数图 65
⑰ C1717 5月15~22日
总降水量图 66
总降水日数图 67
⑱ C1718 5月18日
总降水量图 68
总降水日数图 69
⑲ C1719 5月19~20日
总降水量图 70
总降水日数图 71
⑳ C1720 5月25~28日
总降水量图 72
总降水日数图 73
㉑ C1721 5月26~29日
总降水量图 74
总降水日数图 75
㉒ C1722 5月30~31日
总降水量图 76
总降水日数图 77
㉓ C1723 6月2~3日
总降水量图 78
总降水日数图 79
㉔ C1724 6月3~5日
总降水量图 80
总降水日数图 81
㉕ C1725 6月8日
总降水量图 82
总降水日数图 83
㉖ C1726 6月11日
总降水量图 84
总降水日数图 85
㉗ C1727 6月12~15日
总降水量图 86
总降水日数图 87
㉘ C1728 6月16~17日
总降水量图 88
总降水日数图 89
㉙ C1729 6月17日
总降水量图 90
总降水日数图 91
㉚ C1730 6月18~19日
总降水量图 92
总降水日数图 93
㉛ C1731 6月20~21日
总降水量图 94
总降水日数图 95

目 录

Contents

㉜ C1732 6月23~24日
总降水量图 96
总降水日数图 97
㉝ C1733 6月25日~7月2日
总降水量图 98
总降水日数图 99
㉞ C1734 6月28~29日
总降水量图 100
总降水日数图 101
㉟ C1735 7月2~3日
总降水量图 102
总降水日数图 103
㊱ C1736 7月3~4日
总降水量图 104
总降水日数图 105
㊲ C1737 7月6~9日
总降水量图 106
总降水日数图 107
㊳ C1738 7月12日
总降水量图 108
总降水日数图 109
㊴ C1739 7月21~22日
总降水量图 110
总降水日数图 111
㊵ C1740 7月24日
总降水量图 112
总降水日数图 113
㊶ C1741 7月25~29日
总降水量图 114
总降水日数图 115
㊷ C1742 8月9~11日
总降水量图 116
总降水日数图 117
㊸ C1743 8月13日
总降水量图 118
总降水日数图 119
㊹ C1744 10月16~17日
总降水量图 120
总降水日数图 121
㊺ C1745 10月25日
总降水量图 122
总降水日数图 123
㊻ C1746 10月28日
总降水量图 124
总降水日数图 125
高原低涡中心位置资料表 126~132

目 录
Contents

第二部分 高原切变线

2017年高原切变线概况（表11~表20） 134~139
高原切变线纪要表 140~143
高原切变线对我国影响简表 144~149
2017年高原切变线编号、名称、日期对照表 150~152
高原切变线路径图 153~174

青藏高原切变线降水资料 175
① S1701 1月11日
总降水量图 176
总降水日数图 177
② S1702 2月13日
总降水量图 178
总降水日数图 179
③ S1703 2月19日
总降水量图 180
总降水日数图 181
④ S1704 3月12~13日
总降水量图 182
总降水日数图 183
⑤ S1705 3月20日
总降水量图 184
总降水日数图 185
⑥ S1706 3月26日
总降水量图 186
总降水日数图 187
⑦ S1707 3月28日
总降水量图 188
总降水日数图 189
⑧ S1708 4月10日
总降水量图 190
总降水日数图 191
⑨ S1709 4月23~24日
总降水量图 192
总降水日数图 193
⑩ S1710 4月25日
总降水量图 194
总降水日数图 195
⑪ S1711 5月6日
总降水量图 196
总降水日数图 197
⑫ S1712 5月10日
总降水量图 198
总降水日数图 199
⑬ S1713 5月13~14日
总降水量图 200
总降水日数图 201
⑭ S1714 5月17日
总降水量图 202
总降水日数图 203
⑮ S1715 5月22日
总降水量图 204
总降水日数图 205
⑯ S1716 5月23~25日
总降水量图 206
总降水日数图 207
⑰ S1717 5月29日
总降水量图 208
总降水日数图 209

目 录
Contents

⑱ S1718 6月10日
总降水量图 210
总降水日数图 211
⑲ S1719 6月14~15日
总降水量图 212
总降水日数图 213
⑳ S1720 6月17日
总降水量图 214
总降水日数图 215
㉑ S1721 6月19日
总降水量图 216
总降水日数图 217
㉒ S1722 6月22日
总降水量图 218
总降水日数图 219
㉓ S1723 6月23日
总降水量图 220
总降水日数图 221
㉔ S1724 6月24日
总降水量图 222
总降水日数图 223
㉕ S1725 6月25日
总降水量图 224
总降水日数图 225
㉖ S1726 7月2~3日
总降水量图 226
总降水日数图 227
㉗ S1727 7月5日
总降水量图 228
总降水日数图 229
㉘ S1728 7月6日
总降水量图 230
总降水日数图 231
㉙ S1729 7月12日
总降水量图 232
总降水日数图 233
㉚ S1730 7月22~23日
总降水量图 234
总降水日数图 235
㉛ S1731 7月27~29日
总降水量图 236
总降水日数图 237
㉜ S1732 7月30日
总降水量图 238
总降水日数图 239
㉝ S1733 8月1~2日
总降水量图 240
总降水日数图 241
㉞ S1734 8月3日
总降水量图 242
总降水日数图 243
㉟ S1735 8月6~7日
总降水量图 244
总降水日数图 245
㊱ S1736 8月8日
总降水量图 246
总降水日数图 247
㊲ S1737 8月12日
总降水量图 248
总降水日数图 249
㊳ S1738 8月14~15日
总降水量图 250
总降水日数图 251

目 录
Contents

㊴ S1739 8月17~20日
总降水量图 252
总降水日数图 253
㊵ S1740 8月22日
总降水量图 254
总降水日数图 255
㊶ S1741 8月28~29日
总降水量图 256
总降水日数图 257
㊷ S1742 8月29~30日
总降水量图 258
总降水日数图 259
㊸ S1743 9月20日
总降水量图 260
总降水日数图 261
㊹ S1744 9月28日
总降水量图 262
总降水日数图 263
㊺ S1745 10月11日
总降水量图 264
总降水日数图 265
㊻ S1746 10月29日
总降水量图 266
总降水日数图 267
㊼ S1747 10月30日~11月1日
总降水量图 268
总降水日数图 269
㊽ S1748 11月22日
总降水量图 270
总降水日数图 271
高原切变线位置资料表
272~284

第一部分

高原低涡

Tibetan Plateau Vortex

2017年
高原低涡概况

2017年发生在青藏高原上的低涡共有46个，其中在青藏高原东部生成的低涡共有31个，在青藏高原西部生成的低涡共有15个（表1~表3）。

2017年初生成高原低涡出现在2月上旬末，最后一个高原低涡生成在10月下旬（表1）。从月际分布看，主要集中在4~7月，约占78%（表1）。移出高原的高原低涡也主要集中在5~7月，约占93%（表4）。本年度高原低涡生成在2~10月，且各月生成高原低涡的个数差异大，具体见表1。

2017年青藏高原低涡源地大多数在青藏高原东部。移出高原的青藏高原低涡共有14个，其中8个高原低涡生成于青藏高原东部（表4~表6）。移出高原的地点主要集中在甘肃、四川、陕西、内蒙古和印度，其中甘肃8个，四川2个，陕西2个，内蒙古1个，印度1个（表7）。

本年度高原低涡中心位势高度最小值以576~583位势什米的频率最多，约占65%（表8）。夏半年，高原低涡中心位势高度最小值以576~583位势什米的频率最多，占71%（表9）。冬半年，高原低涡中心位势高度最小值在564~575位势什米的频率最多，约占76%（表10）。

全年除影响青藏高原外对我国其余地区有影响的高原低涡共有29个。其中5个高原低涡造成过程降水量在100mm以上，造成过程降水量在150mm以上的高原低涡有3个，它们是C1733、C1735和C1737，分别在安徽枞阳、广西北海和湖北鹤峰，造成过程降水量分别为207.8mm、171.8mm和250.4mm，降水日数分别是1天、1天和2天。2017年对我国降水影响较大的高原低涡主要是C1733和C1737低涡，其中C1733高原低涡引起的降水是影响我国省份最多、范围最广的一次过程。6月25日20时在高原东北部天峻生成的C1733高原低涡，中心位势高度为581位势什米，低涡形成后西北行，中心强度维持。26日20时，低涡东移移出高原进入甘肃，之后低涡继续向东南移，中心位势高度维持在581~582位势什米。29日20时，低涡增强移入陕西，中心强度为580位势什米。30日20时，低涡东南移入河南，中心位势高度为579位势什米，之后低涡转为东北移。7月1日20时，低涡东北移入山东，中心位势高度578位势什米，2日08时，低涡开始西退，中心位势高度维持在578位势什米，20时低涡减弱西退，之后逐渐消失。受其影响，江西、四川、湖南、湖北、安徽、江苏和山东等部分地区降了大到暴雨，局部地区出现暴雨到大暴雨，降水日数为1~3天。青海、甘肃、陕西、内蒙古、宁夏、山西、河南和重庆降了小到中雨，局部地区出现中雨到大雨，降水日数为1~5天。7月6日20时生成在高原西部班戈的C1737高原低涡，是2017年对我国长江流域降水影响最大的高原低涡。低涡形成初期中心位势高度为584位势什米，高原低涡形成后向东南移，中心强度变化不大。8日08时低涡转为东北行，中心强度为584位势什米。8日20时，低涡移出高原进入陕西，中心强度为583位势什米，之后低涡向东南移。9日08时，低涡中心强度为580位势什米，之后减弱消失。受其影响，西藏、湖北和安徽等部分地区降了暴雨到大暴雨，有超过10个测站出现100mm以上的大暴雨，降水日数为1~2天。青海和四川部分地区降了大到暴雨，降水日数为1~3天。甘肃、陕西、河南、山东、江苏、湖南、重庆、贵州和云南等部分地区降了小到中雨，局部地区出现中雨到大雨，降水日数为1~2天。

8月9日20时生成在高原南部当雄的C1742高原低涡，是2017年对我国青藏高原地区降水影响最大的高原低涡。低涡形成初期中心位势高度为584位势什米，高原低涡形成后向东北行，低涡强度增强，低涡中心强度为581位势什米。10日20时，低涡移入四川西北部，中心强度维持，位势高度仍为581位势什米，之后低涡转为西北行，低涡强度不变。11日08时低涡中心位势强度为581位势什米，之后低涡逐渐消失。受其影响，西藏部分地区降了大雨到暴雨，局部地区出现暴雨到大暴雨，降水日数为1~3天。青海、甘肃、四川和云南部分地区降了小到中雨，局部地区出现大雨到暴雨，降水日数为1~2天。

表1　高原低涡出现次数

月 年	1	2	3	4	5	6	7	8	9	10	11	12	合计
2017	0	3	2	7	10	12	7	2	0	3	0	0	46
几率 / %	0.00	6.52	4.35	15.22	21.73	26.09	15.22	4.35	0.00	6.52	0.00	0.00	100

表2　高原东部低涡出现次数

月 年	1	2	3	4	5	6	7	8	9	10	11	12	合计
2017	0	3	2	6	5	11	3	1	0	0	0	0	31
几率 / %	0.00	9.68	6.45	19.35	16.13	35.48	9.68	3.23	0.00	0.00	0.00	0.00	100

表3　高原西部低涡出现次数

月 年	1	2	3	4	5	6	7	8	9	10	11	12	合计
2017	0	0	0	1	5	1	4	1	0	3	0	0	15
几率 / %	0.00	0.00	0.00	6.67	33.33	6.67	26.66	6.67	0.00	20.00	0.00	0.00	100

表4　高原低涡移出高原次数

月 年	1	2	3	4	5	6	7	8	9	10	11	12	合计
2017	0	0	0	0	5	5	3	0	0	1	0	0	14
移出几率 / %	0.00	0.00	0.00	0.00	10.87	10.87	6.52	0.00	0.00	2.17	0.00	0.00	30.43
月移出率 / %	0.00	0.00	0.00	0.00	35.71	35.71	21.43	0.00	0.00	7.14	0.00	0.00	99.99

表5　高原东部低涡移出高原次数

月 年	1	2	3	4	5	6	7	8	9	10	11	12	合计
2017	0	0	0	0	3	4	1	0	0	0	0	0	8
移出几率 / %	0.00	0.00	0.00	0.00	9.68	12.90	3.23	0.00	0.00	0.00	0.00	0.00	25.81
月移出率 / %	0.00	0.00	0.00	0.00	37.50	50.00	12.50	0.00	0.00	0.00	0.00	0.00	100

表6　高原西部低涡移出高原次数

月 年	1	2	3	4	5	6	7	8	9	10	11	12	合计
2017	0	0	0	0	2	1	2	0	0	1	0	0	6
移出几率 / %	0.00	0.00	0.00	0.00	13.33	6.67	13.33	0.00	0.00	6.67	0.00	0.00	40.00
月移出率 / %	0.00	0.00	0.00	0.00	33.33	16.67	33.33	0.00	0.00	16.67	0.00	0.00	100

表7 高原低涡移出高原的地区分布

地区 年	青海	甘肃	宁夏	四川	陕西	重庆	贵州	内蒙古	印度	合计
2017		8		2	2			1	1	14
出高原率 / %		57.14		14.29	14.29			7.14	7.14	100

表8 高原低涡中心位势高度最小值频率分布

中心位势高度 / 位势什米	587 | 584	583 | 580	579 | 576	575 | 572	571 | 568	567 | 564	563 | 560	559 | 556	555 | 552	551 | 548	合计
2017年 / %	8.70	31.68	32.92	14.29	5.59	3.10	3.10	0.62	0.00	0.00	100

表9 夏半年高原低涡中心位势高度最小值频率分布

中心位势高度 / 位势什米	587 | 584	583 | 580	579 | 576	575 | 572	571 | 568	567 | 564	563 | 560	559 | 556	555 | 552	551 | 548	合计
2017年 / %	9.72	35.42	35.42	12.50	3.47	0.69	2.08	0.69	0.00	0.00	99.99

表10 冬半年高原低涡中心位势高度最小值频率分布

中心位势高度 / 位势什米	587 | 584	583 | 580	579 | 576	575 | 572	571 | 568	567 | 564	563 | 560	559 | 556	555 | 552	551 | 548	合计
2017年 / %	0.00	0.00	11.76	29.41	23.53	23.53	11.76	0.00	0.00	0.00	99.99

高原低涡纪要表

序号	编号	名称	起止日期(月.日)	中心最小位势高度/位势什米	发现点经纬度	移出高原的地点	移出高原的时间	移出高原中心位势高度/位势什米	路径趋向	影响低涡移出高原的天气系统
1	C1701	格尔木, Geermu	2.10	560	36.4°N, 93.7°E				原地生消	
2	C1702	色达, Seda	2.24	564	32.3°N, 100.2°E				原地生消	
3	C1703	德格, Dege	2.26~2.27	564	32.2°N, 98.9°E				北行	
4	C1704	托勒, Tuole	3.18	560	38.3°N, 98.3°E				原地生消	
5	C1705	沱沱河, Tuotuohe	3.28	575	33.3°N, 92.6°E				原地生消	
6	C1706	浪卡子, Langqiazi	4.1	576	28.8°N, 91.2°E				原地生消	
7	C1707	曲麻莱, Qumalai	4.2	569	34.6°N, 96.3°E				东行	
8	C1708	曲麻莱, Qumalai	4.4	568	35.3°N, 94.0°E				原地生消	
9	C1709	郎木寺, Langmusi	4.9	568	33.9°N, 102.1°E				原地生消	
10	C1710	甘孜, Ganzi	4.11	567	31.8°N, 101.9°E				原地生消	
11	C1711	玛沁, Maqin	4.26	570	35.1°N, 99.9°E				原地生消	
12	C1712	巴青, Baqing	4.27~4.28	574	32.1°N, 94.6°E				东南行转西北行	

高原低涡纪要表（续-1）

序号	编号	名称	起止日期(月.日)	中心最小位势高度/位势什米	发现点经纬度	移出高原的地点	移出高原的时间	移出高原中心位势高度/位势什米	路径趋向	影响低涡移出高原的天气系统
13	C1713	尼木, Nimu	5.3~5.5	575	29.8°N, 90.4°E				西南行转东北行 再转东行	
14	C1714	共和, Gonghe	5.6~5.10	558	35.8°N, 100.0°E	黄龙	5.7^{20}	569	东北行转东南行 移出高原, 再渐东北行入海	西风槽
15	C1715	隆子, Longzi	5.11	582	28.2°N, 93.0°E				原地生消	
16	C1716	岗巴, Gangba	5.15~5.17	578	28.6°N, 89.0°E	印度	5.16^{08}	578	东南行转南行 移出高原	南支槽
17	C1717	大柴旦, Dachaidan	5.15~5.22	573	38.6°N, 96.0°E	武山	5.17^{20}	574	渐东南行移出高原 再渐东行入海	切变流场
18	C1718	狮泉河, Shiquanhe	5.18	578	33.5°N, 82.0°E				东南行	
19	C1719	玛多, Maduo	5.19~5.20	578	35.0°N, 96.4°E				东南行转东行	
20	C1720	刚察, Gangcha	5.25~5.28	577	37.4°N, 100.7°E	甘谷	5.26^{08}	577	东南行移出高原继续 东南行后转东行入海	切变线
21	C1721	尼玛, Nima	5.26~5.29	577	30.8°N, 87.2°E	会宁	5.29^{08}	578	北行转东北行 再转东行移出高原	切变线
22	C1722	班戈, Bange	5.30~5.31	576	34.4°N, 88.1°E				东行	
23	C1723	德令哈, Delingha	6.2~6.3	574	37.2°N, 97.8°E				东南行转南行	
24	C1724	天峻, Tianjun	6.3~6.5	568	37.7°N, 99.7°E	金昌市 金川区	6.4^{08}	572	东北行 移出高原再渐东北行	西风槽

高原低涡纪要表（续-2）

序号	编号	名称	起止日期(月.日)	中心最小位势高度/位势什米	发现点经纬度	移出高原的地点	移出高原的时间	移出高原中心位势高度/位势什米	路径趋向	影响低涡移出高原的天气系统
25	C1725	五道梁, Wudaoliang	6.8	577	35.0°N, 94.6°E				东行	
26	C1726	曲麻莱, Qumalai	6.11	580	34.7°N, 94.8°E				原地生消	
27	C1727	乌图美仁, Wutumeiren	6.12~6.15	579	37.0°N, 93.6°E	敦煌	6.13^{08}	579	北行移出高原再转东南行	切变流场
28	C1728	安多, Anduo	6.16~6.17	580	33.0°N, 91.1°E	武山	6.17^{20}	580	东北行转东南行移出高原	切变流场
29	C1729	刚察, Gangcha	6.17	580	37.3°N, 100.5°E				原地生消	
30	C1730	囊谦, Nangqian	6.18~6.19	580	32.2°N, 96.5°E	西充	6.19^{08}	581	东南行转东行移出高原	切变线
31	C1731	工布江达, Gongbujiangda	6.20~6.21	580	30.0°N, 92.7°E				西北行转东北行	
32	C1732	杂多, Zaduo	6.23~6.24	580	33.3°N, 94.7°E				东南行	
33	C1733	天峻, Tianjun	6.25~7.2	578	38.2°N, 99.2°E	外斯	6.26^{20}	582	西北行转东行移出高原再渐东南行后转东北行	切变线
34	C1734	沱沱河, Tuotuohe	6.28~6.29	582	33.6°N, 93.2°E				西南行转东行	
35	C1735	雅江, Yajiang	7.2~7.3	583	29.7°N, 101.4°E	会理	7.3^{08}	583	南行转东南行	切变流场
36	C1736	那曲, Naqu	7.3~7.4	580	31.6°N, 91.4°E				东北行	

高原低涡纪要表（续-3）

序号	编号	名称	起止日期(月.日)	中心最小位势高度/位势什米	发现点经纬度	移出高原的地点	移出高原的时间	移出高原中心位势高度/位势什米	路径趋向	影响低涡移出高原的天气系统
37	C1737	班戈,Bange	7.6~7.9	580	33.4°N, 89.2°E	太白	7.8^{20}	583	东南行转东北行移出高原	切变流场
38	C1738	德格,Dege	7.12	586	32.0°N, 98.8°E				原地生消	
39	C1739	尼玛,Nima	7.21~7.22	583	32.6°N, 86.9°E				原地稍动	
40	C1740	玛多,Maduo	7.24	583	35.1°N, 97.4°E				原地生消	
41	C1741	五道梁,Wudaoliang	7.25~7.29	582	35.6°N, 92.4°E	古浪	7.27^{20}	585	东北行转东南行转东北行移出高原继续东北行再转东行	切变线
42	C1742	当雄,Dangxiong	8.9~8.11	581	30.6°N, 91.0°E				东北行转西北行	
43	C1743	五道梁,Wudaoliang	8.13	583	35.0°N, 93.8°E				原地生消	
44	C1744	五道梁,Wudaoliang	10.16~10.17	571	35.7°N, 91.1°E	巴彦毛道	10.17^{08}	574	东北行移出高原	高原槽
45	C1745	措勤,Cuoqin	10.25	578	30.2°N, 86.0°E				东行	
46	C1746	尼玛,Nima	10.28	576	33.3°N, 87.7°E				原地生消	

高原低涡对我国影响简表

序号	编号	简述活动的情况	高原低涡对我国的影响			
			项目	时间（月.日）	概况	极值
1	C1701	高原北部原地生消	降水	2.10	青海中、北部和甘肃西北部个别地区降水量为0.1~3mm，降水日数为1天	青海诺木诺 2.7mm（1天）
2	C1702	高原东部原地生消	降水	2.24	青海南部和四川西、北部地区降水量为0.1~9mm，降水日数为1天	四川甘孜 8.5mm（1天）
3	C1703	高原东部北行	降水	2.26~2.27	西藏东北部，青海南、东南部和四川西北部地区降水量为0.1~4mm，降水日数为1~2天	四川甘孜 3.3mm（1天）
4	C1704	高原东北部原地生消	降水	3.18	青海东部、甘肃南部和宁夏南部、青海北部个别地区降水量为0.1~5mm，降水日数为1天	甘肃玛曲 4.8mm（1天）
5	C1705	高原中部原地生消	降水	3.28	西藏东北部和青海西南、南部地区降水量为0.1~1mm，降水日数为1天	青海沱沱河 1.0mm（1天）
6	C1706	高原南部原地生消	降水	4.1	西藏东、南部地区降水量为0.1~5mm，降水日数为1天	西藏错那 4.7mm（1天）
7	C1707	高原东部东行	降水	4.2	西藏东部，青海南、东、西部，甘肃南部，陕西西南部和四川西、中、北部地区降水量为0.1~9mm，降水日数为1天	四川峨眉山 8.1mm（1天）
8	C1708	高原北部原地生消	降水	4.4	青海南部地区降水量为0.1mm，降水日数为1天	青海清水河 0.1mm（1天）
9	C1709	高原东部原地生消	降水	4.9	青海东南部、甘肃西南部和四川北部地区降水量为0.1~18mm，降水日数为1天	四川黑水 17.3mm（1天）

高原低涡对我国影响简表（续-1）

序号	编号	简述活动的情况	高原低涡对我国的影响			
			项目	时间（月.日）	概况	极值
10	C1710	高原东部原地生消	降水	4.11	西藏东部，青海东南部，甘肃南部，宁夏南部，陕西西南部和四川西、中、北、东部地区降水量为0.1~29mm，降水日数为1天	四川马尔康28.3mm（1天）
11	C1711	高原东北部原地生消	降水	4.26	西藏东、东南部，青海西、西南、南、东、东南、东北部，甘肃西、南部，陕西西南部和四川西、西北、中、北部地区降水量为0.1~27mm，降水日数为1天	四川荥经26.5mm（1天）
12	C1712	高原南部东南行转西北行	降水	4.27~4.28	西藏中、东、东南部，青海西、西南、南部，甘肃西南部个别地区和四川西、中、北、西北部地区降水量为0.1~80mm，降水日数为1~2天	西藏波密79.9mm（2天）
13	C1713	高原南部西南行转东北行再转东行	降水	5.3~5.5	西藏南、东、东南、中部，青海南、东南部，甘肃南部和四川西、北、中、西北部地区降水量为0.1~40mm，降水日数为1~2天	西藏波密39.7mm（2天）
14	C1714	高原东北部东北行转东南行移出高原，再渐东北行入海	降水	5.6~5.10	青海东部，甘肃西、南部，陕西南部，湖北东北部，山西东、南部，河南西、北、东部，安徽北部，山东大部，江苏北部，辽宁东北部和吉林南部地区降水量为0.1~38mm，降水日数为1~2天	河南周口市川汇区37.7mm（1天）
15	C1715	高原南部原地生消	降水	5.11	西藏东、南部地区降水量为0.1~18mm，降水日数为1天	西藏墨竹工卡17.8mm（1天）
16	C1716	高原南部东南行转南行移出高原	降水	5.15~5.17	西藏东南、南部地区降水量为0.1~13mm，降水日数为1~2天	西藏错那12.6mm（2天）
17	C1717	高原东北部渐东南行移出高原再渐东行入海	降水	5.15~5.22	西藏东部，青海东、东北部，甘肃西、中、南部，宁夏、陕西大部，山西西南、中、东北部，河北北、南部，河南西、中、南部，山东西部，江苏南部，安徽西北、南半部，浙江北半部，湖北南、东部，重庆西、东部，湖南北部和四川东、东北、中、北、西部地区降水量为0.1~60mm，降水日数为1~3天	甘肃天水市麦吉区57.1mm（1天）

高原低涡对我国影响简表（续-2）

序号	编号	简述活动的情况	高原低涡对我国的影响			
			项目	时间（月.日）	概　况	极值
18	C1718	高原西部东南行	降水	5.18	西藏中、东、东南部地区降水量为0.1~6mm，降水日数为1天	西藏比如 5.4mm（1天）
19	C1719	高原东部东南行转东行	降水	5.19~5.20	西藏东、中部，青海西、南、东南部，甘肃南部，陕西西南部，重庆西部和四川中、北半部地区降水量为0.1~40mm，降水日数为1~2天	四川三台 39.2mm（1天）
20	C1720	高原东北部东南行移出高原继续东南行后转东行入海	降水	5.25~5.28	青海东部，甘肃南部，重庆西部和四川东北、中部地区降水量为0.1~13mm，降水日数为1~2天	青海西宁 12.2mm（2天）
21	C1721	高原西南部北行转东北行再转东行移出高原	降水	5.26~5.29	西藏南、东、东南、中部，青海东、东南、南、西南、中部，甘肃南部，陕西南半部，宁夏南部，河南西北部，山西西南部和四川西、西北、北、东北部地区降水量为0.1~35mm，降水日数为1~3天	西藏安多 34.1mm（2天）
22	C1722	高原西部东行	降水	5.30~5.31	西藏东、中部，青海西、西南、东半部，甘肃西、南部，宁夏南部和四川西、北、中部地区降水量为0.1~19mm，降水日数为1~2天	四川若尔盖 18.6mm（1天）
23	C1723	高原东北部东南行转南行	降水	6.2~6.3	西藏东部，青海西、中、南、东、东北、东南部，甘肃西、南部，宁夏中部，陕西西南部和重庆、四川北半部地区降水量为0.1~40mm，降水日数为1~2天	陕西宝鸡 39.3mm（1天）
24	C1724	高原东北部东北行移出高原再渐东北行	降水	6.3~6.5	青海东、东北、北部，甘肃西、中、东部，内蒙古中、西部，宁夏，陕西中、北半部，山西，河北南部和河南东北部地区降水量为0.1~85mm，降水日数为1~3天。其中内蒙古、宁夏、甘肃、陕西和山西有成片降水量大于25mm的降水区，降水日数为1~3天	陕西宜君 81.5mm（2天）
25	C1725	高原中部东北行	降水	6.8	青海西、中、西南、南、东部，甘肃西南部和四川西北、北部地区降水量为0.1~14mm，降水日数为1天	甘肃岷县 13.9mm（1天）

高原低涡对我国影响简表（续-3）

序号	编号	简述活动的情况	高原低涡对我国的影响			
			项目	时间（月.日）	概况	极值
26	C1726	高原中部原地生消	降水	6.11	青海西、中、南部和四川西北部个别地区降水量为0.1~10mm，降水日数为1天	青海玉树 9.6mm（1天）
27	C1727	高原北部北行移出高原再转东南行	降水	6.12~6.15	青海西南、中、东半部，甘肃西、北、南、西南部，内蒙古南部，宁夏北部，陕西北部，山西西、中、南部，四川北、西北部和河南东部个别地区降水量为0.1~39mm，降水日数为1~3天	陕西榆林 38.4mm（2天）
28	C1728	高原中部东北行转东南行移出高原	降水	6.16~6.17	西藏中、东部，青海西南、中、南、东南、东、东北部，甘肃南部，宁夏南部个别地区，陕西南部和四川西、中、西北、北、东北部地区降水量为0.1~42mm，降水日数为1~2天	四川万源 41.8mm（1天）
29	C1729	高原东北部原地生消	降水	6.17	青海东、东北部和甘肃西南部地区降水量为0.1~10mm，降水日数为1天	青海兴海 9.9mm（1天）
30	C1730	高原东南部东南行转东行移出高原	降水	6.18~6.19	西藏东部，青海西、西南、南、东南、东部，甘肃西南部，重庆北、中部和四川大部地区降水量为0.1~38mm，降水日数为1~2天	四川炉霍 37.9mm（1天）
31	C1731	高原南部西北行转东北行	降水	6.20~6.21	西藏南、东、东南、中部和青海南部地区降水量为0.1~55mm，降水日数为1~2天	西藏拉萨 52.9mm（2天）
32	C1732	高原中部东南行	降水	6.23~6.24	西藏东、中、南部，青海西南、南、东南部，重庆西南部和四川西北、西、北、中、东、东南部地区降水量为0.1~110mm，降水日数1~2天。其中四川有成片降水量大于25mm的降水区，降水日数为1天	四川珙县 105.7mm（1天）
33	C1733	高原东北部西北行转东行移出高原再渐东南行后转东北行	降水	6.25~7.2	青海东北、东、东南部，甘肃西、中、南部，内蒙古南部，宁夏、江苏大部，陕西，山西西、南部，河南西、东、南部，山东东北、东、南部，安徽，湖北，湖南、江西北部，重庆北半部和四川北、东北、东部地区降水量为0.1~210mm，降水日数为1~4天。其中湖南、湖北、安徽、江西、江苏和山东有成片降水量大于50mm的降水区，降水日数为1~2天	安徽枞阳 207.8mm（1天）

高原低涡对我国影响简表（续-4）

序号	编号	简述活动的情况	高原低涡对我国的影响			
			项目	时间（月.日）	概况	极值
34	C1734	高原中部西南行转东行	降水	6.28~6.29	西藏中、南、东部和青海西南部地区降水量为0.1~26mm，降水日数为1~2天	西藏当雄 25.9mm（2天）
35	C1735	高原东南部南行转东南行	降水	7.2~7.3	青海东南部，四川中、南、西北、西、西南部，贵州西、西南部，广西西南部和云南地区降水量为0.1~175mm，降水日数为1~2天。其中，四川、云南、广西有成片降水量大于25mm的降水区，降水日数为1~2天	广西北海 171.8mm（1天）
36	C1736	高原南部东北行	降水	7.3~7.4	西藏南、中、东、东南部，青海西南、中、南、东南、东部，甘肃南部，陕西西南部个别地区和四川西、中、北、西北、东北部地区降水量为0.1~48mm，降水日数为1~2天	西藏南木林 47.9mm（2天）
37	C1737	高原中部东南行转东北行移出高原	降水	7.6~7.9	西藏南、中、东、东南部，青海西南、南、东南、东部，甘肃西南部，陕西东南部，河南中、东南、东部，山东南部，安徽北、西北、西部，江苏西北部，湖北、重庆大部，湖南、贵州北部，四川西、西北、中、东、东南部和云南西北、东北部地区降水量为0.1~260mm，降水日数为1~3天。其中重庆、湖北和安徽有成片降水量大于50mm的降水区，降水日数为1~2天	湖北鹤峰 250.4mm（2天）
38	C1738	高原东部原地生消	降水	7.12	西藏东部，青海东南、南部和四川西、西北部地区降水量为0.1~9mm，降水日数为1天	四川巴塘 8.4mm（1天）
39	C1739	高原西部原地稍动	降水	7.21~7.22	西藏中、北部和青海西南部地区降水量为0.1~34mm，降水日数为1~2天	西藏当雄 33.2mm（2天）
40	C1740	高原东北部原地生消	降水	7.24	青海东南、东部地区降水量为0.1~46mm，降水日数为1天	青海刚察 45.5mm（1天）

高原低涡对我国影响简表（续-5）

序号	编号	简述活动的情况	高原低涡对我国的影响			
			项目	时间（月.日）	概　况	极值
41	C1741	高原北部东北行转东南行转东北行移出高原继续东北行再转东行	降水	7.25~7.29	青海东半部、西部，甘肃中、南部，内蒙古西、南部，宁夏，陕西北半部、中部，山西大部，河北南半部，山东西、北、中部和河南、四川北部地区降水量为0.1~110mm，降水日数为1~2天。其中陕西、山西、河北、山东有成片降水量大于25mm的降水区，降水日数为1~2天	甘肃渭源 106.3mm（2天）
42	C1742	高原南部东北行转西北行	降水	8.9~8.11	西藏南、东半部，青海西南、南、东南、东、东北部，甘肃西南部，四川西北、西、南、中、北部和云南西北部地区降水量为0.1~75mm，降水日数为1~3天。其中西藏和四川有成片降水量大于25mm的降水区，降水日数为1~3天	西藏察隅 74.3mm（3天）
43	C1743	高原中部原地生消	降水	8.13	西藏中、东部，青海西南、南部和四川西部地区降水量为0.1~17mm，降水日数为1天	西藏嘉黎 16.1mm（1天）
44	C1744	高原北部东北行移出高原	降水	10.16~10.17	青海西南、南、东南、东部，甘肃东部个别地区，内蒙古西、南部，宁夏北部和四川西北部个别地区降水量为0.1~19mm，降水日数为1天	青海玉树 18.7mm（1天）
45	C1745	高原西南部东行	降水	10.25	西藏中、东、东南部，青海南部和四川西北部地区降水量为0.1~8mm，降水日数为1天	西藏嘉黎 7.8mm（1天）
46	C1746	高原中部原地生消	降水	10.28	西藏东北部和青海南部地区降水量为0.1~2mm，降水日数为1天	西藏索县 1.5mm（1天）

2017年高原低涡编号、名称、日期对照表

未移出高原的高原东部涡	未移出高原的高原西部涡	移出高原的高原低涡
① C1701格尔木，Geermu	⑥ C1706浪卡子，Langqiazi	⑭ C1714共和，Gonghe
2.10	4.1	5.6~5.10
② C1702色达，Seda	⑬ C1713尼木，Nimu	⑯ C1716岗巴，Gangba
2.24	5.3~5.5	5.15~5.17
③ C1703德格，Dege	⑱ C1718狮泉河，Shiquanhe	⑰ C1717大柴旦，Dachaidan
2.26~2.27	5.18	5.15~5.22
④ C1704托勒，Tuole	㉒ C1722班戈，Bange	⑳ C1720刚察，Gangcha
3.18	5.30~5.31	5.25~5.28
⑤ C1705沱沱河，Tuotuohe	㊱ C1736那曲，Naqu	㉑ C1721尼玛，Nima
3.28	7.3~7.4	5.26~5.29
⑦ C1707曲麻莱，Qumalai	㊴ C1739尼玛，Nima	㉔ C1724天峻，Tianjun
4.2	7.21~7.22	6.3~6.5
⑧ C1708曲麻莱，Qumalai	㊷ C1742当雄，Dangxiong	㉗ C1727乌图美仁，Wutumeiren
4.4	8.9~8.11	6.12~6.15
⑨ C1709郎木寺，Langmusi	㊺ C1745措勤，Cuoqin	㉘ C1728安多，Anduo
4.9	10.25	6.16~6.17
⑩ C1710甘孜，Ganzi	㊻ C1746尼玛，Nima	㉚ C1730囊谦，Nangqian
4.11	10.28	6.18~6.19

2017年高原低涡编号、名称、日期对照表（续1）

未移出高原的高原东部涡	未移出高原的高原东部涡	移出高原的高原低涡
⑪ C1711玛沁，Maqin	㉙ C1729刚察，Gangcha	㉝ C1733天峻，Tianjun
4.26	6.17	6.25~7.2
⑫ C1712巴青，Baqing	㉛ C1731工布江达，Gongbujiangda	㉟ C1735雅江，Yajiang
4.27~4.28	6.20~6.21	7.2~7.3
⑮ C1715隆子，Longzi	㉜ C1732杂多，Zaduo	㊲ C1737班戈，Bange
5.11	6.23~6.24	7.6~7.9
⑲ C1719玛多，Maduo	㉞ C1734沱沱河，Tuotuohe	㊶ C1741五道梁，Wudaoliang
5.19~5.20	6.28~6.29	7.25~7.29
㉓ C1723德令哈，Delingha	㊳ C1738德格，Dege	㊹ C1744五道梁，Wudaoliang
6.2~6.3	7.12	10.16~10.17
㉕ C1725五道梁，Wudaoliang	㊵ C1740玛多，Maduo	
6.8	7.24	
㉖ C1726曲麻莱，Qumalai	㊸ C1743五道梁，Wudaoliang	
6.11	8.13	

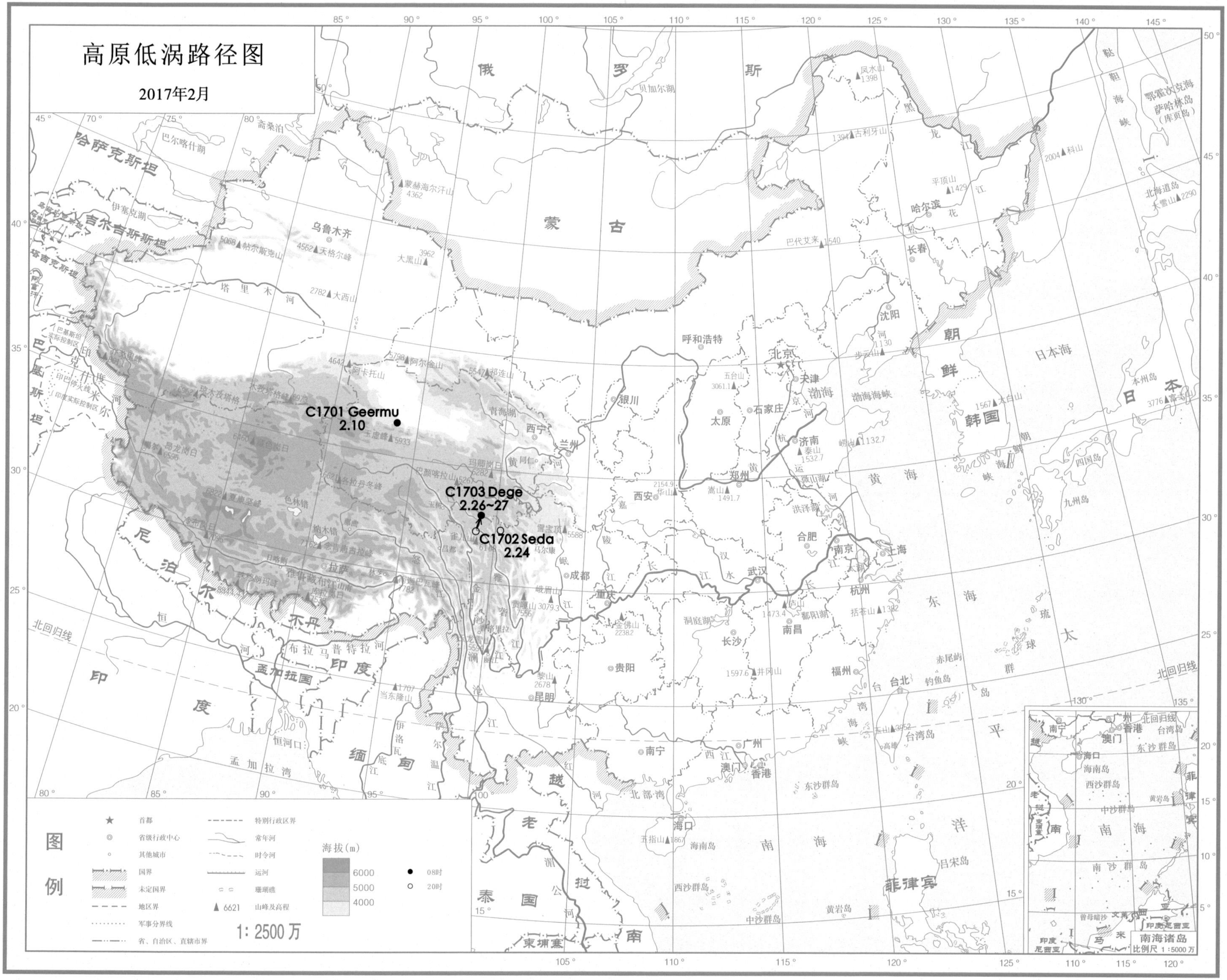

高原低涡路径图
2017年2月
C1701 Geermu
2.10
C1702 Seda
2.24
C1703 Dege
2.26~27
图例
首都
省级行政中心
其他城市
国界
未定国界
地区界
军事分界线
省、自治区、直辖市界
特别行政区界
常年河
时令河
运河
珊瑚礁
6621 山峰及高程
海拔(m)
6000
5000
4000
08时
20时
1：2500万
南海诸岛
比例尺 1：5000万

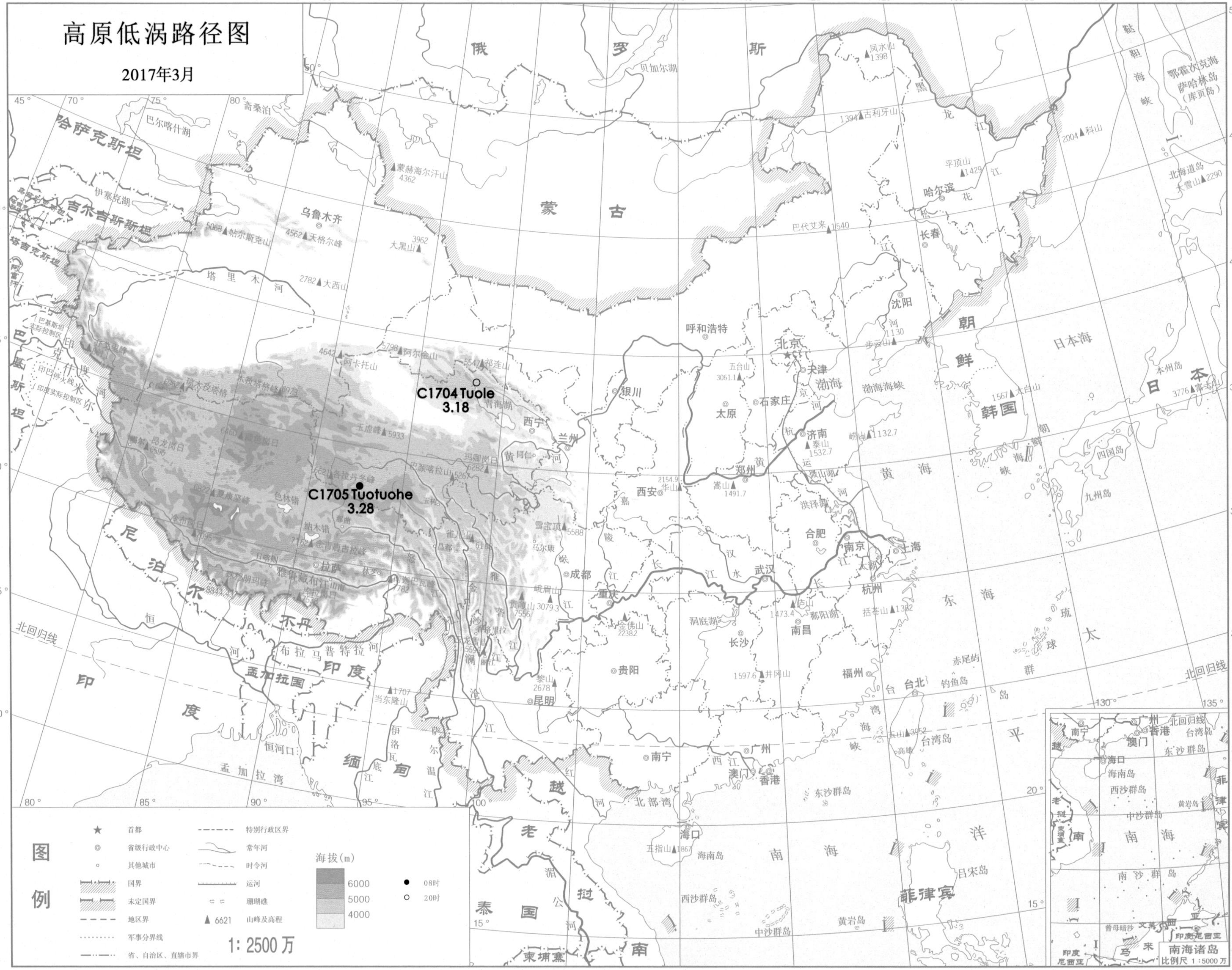
高原低涡路径图
2017年3月
C1704 Tuole
3.18
C1705 Tuotuohe
3.28
图例
首都
省级行政中心
其他城市
国界
未定国界
地区界
军事分界线
省、自治区、直辖市界
特别行政区界
常年河
时令河
运河
珊瑚礁
6621 山峰及高程
海拔(m)
6000
5000
4000
08时
20时
1：2500万
南海诸岛
比例尺 1：5000万

高原低涡路径图

2017年4月(1)

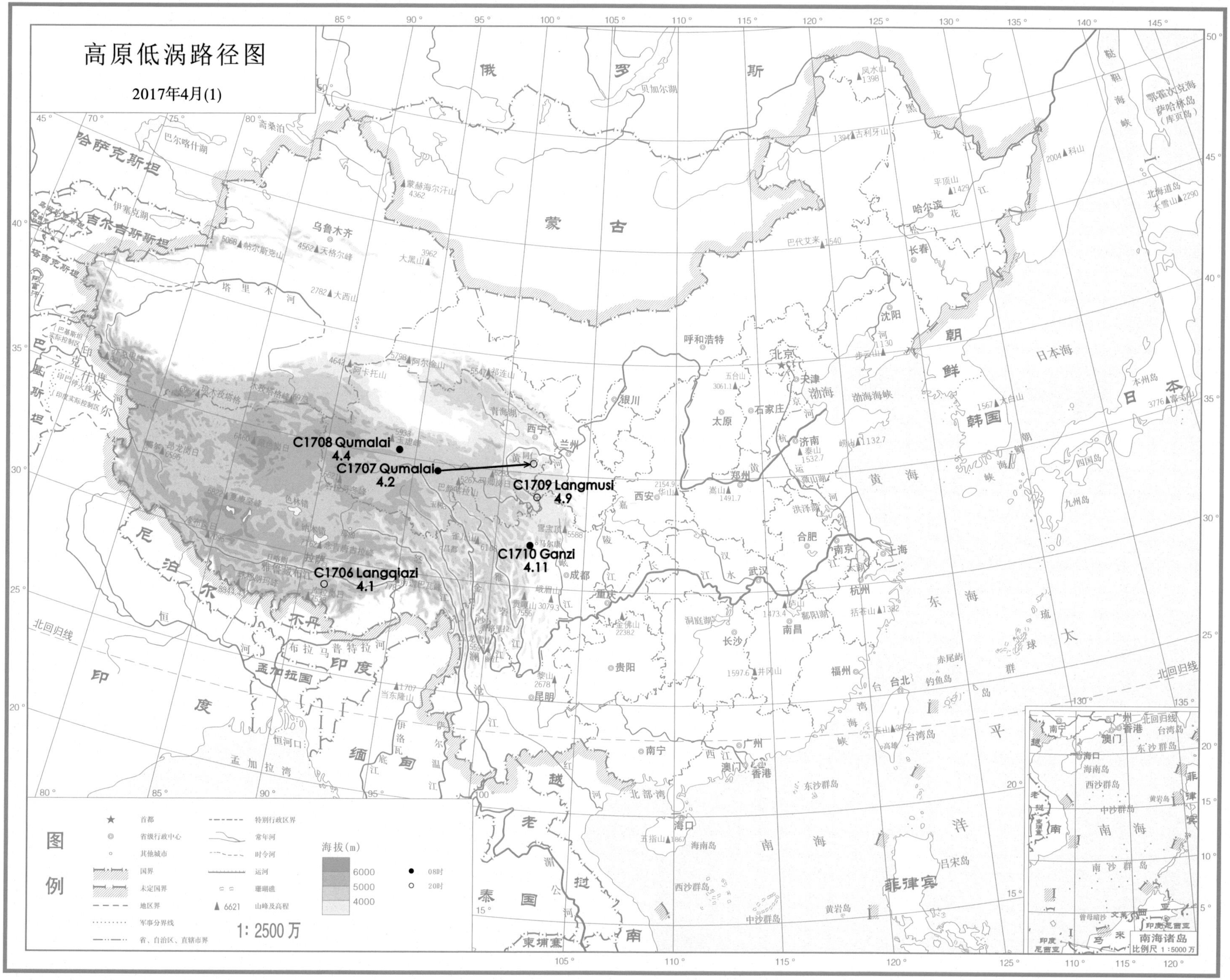

C1706 Langqiazi
4.1
C1707 Qumalai
4.2
C1708 Qumalai
4.4
C1709 Langmusi
4.9
C1710 Ganzi
4.11
图例
首都
省级行政中心
其他城市
国界
未定国界
地区界
军事分界线
省、自治区、直辖市界
特别行政区界
常年河
时令河
运河
珊瑚礁
6621 山峰及高程
海拔(m)
6000
5000
4000
08时
20时
1: 2500 万
南海诸岛
比例尺 1:5000 万

高原低涡路径图

2017年4月(2)

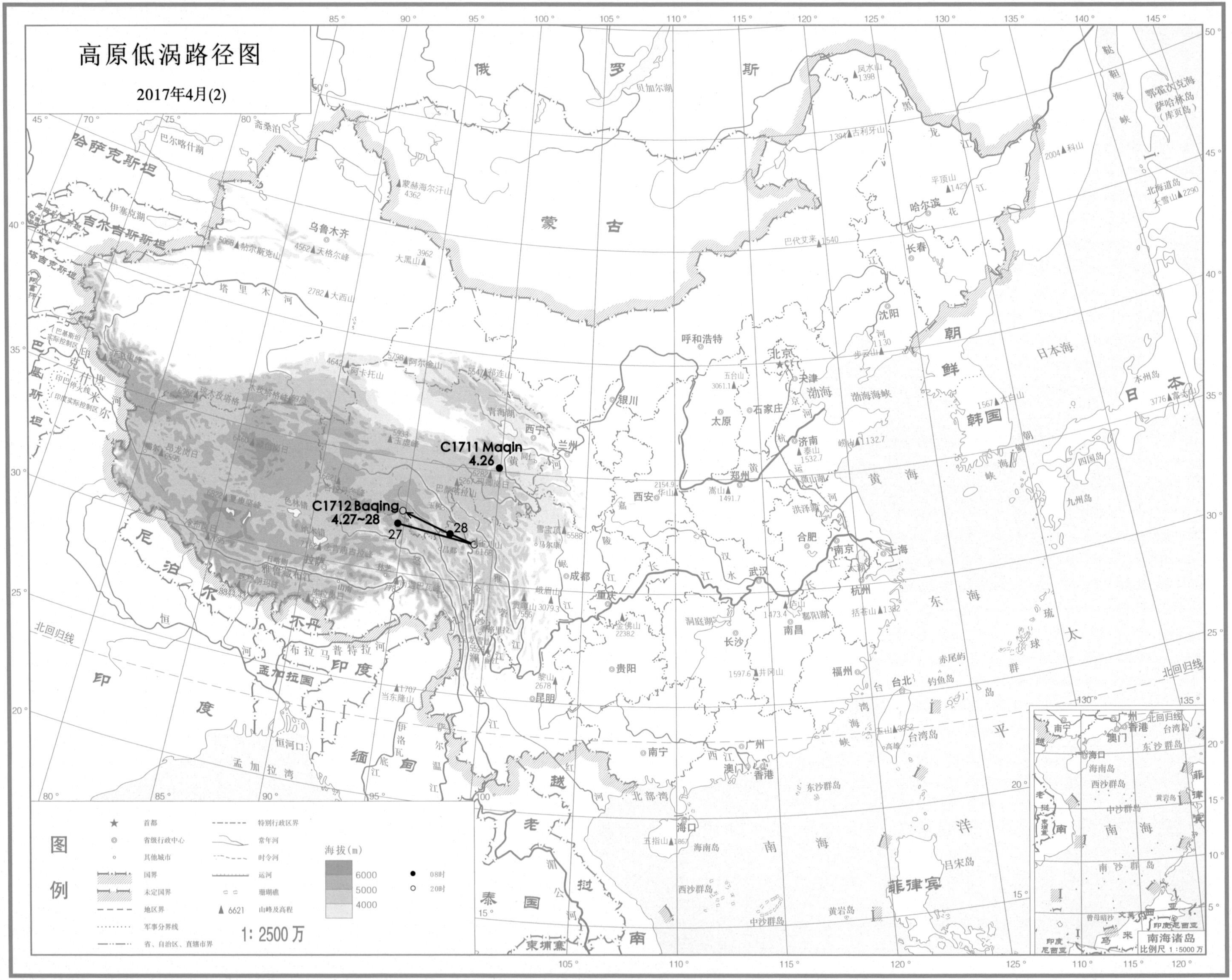

C1711 Maqin
4.26
C1712 Baqing
4.27~28
27
28
图例
首都
省级行政中心
其他城市
国界
未定国界
地区界
军事分界线
省、自治区、直辖市界
特别行政区界
常年河
时令河
运河
珊瑚礁
6621 山峰及高程
海拔(m)
6000
5000
4000
08时
20时
1: 2500 万
南海诸岛
比例尺 1 :5000 万

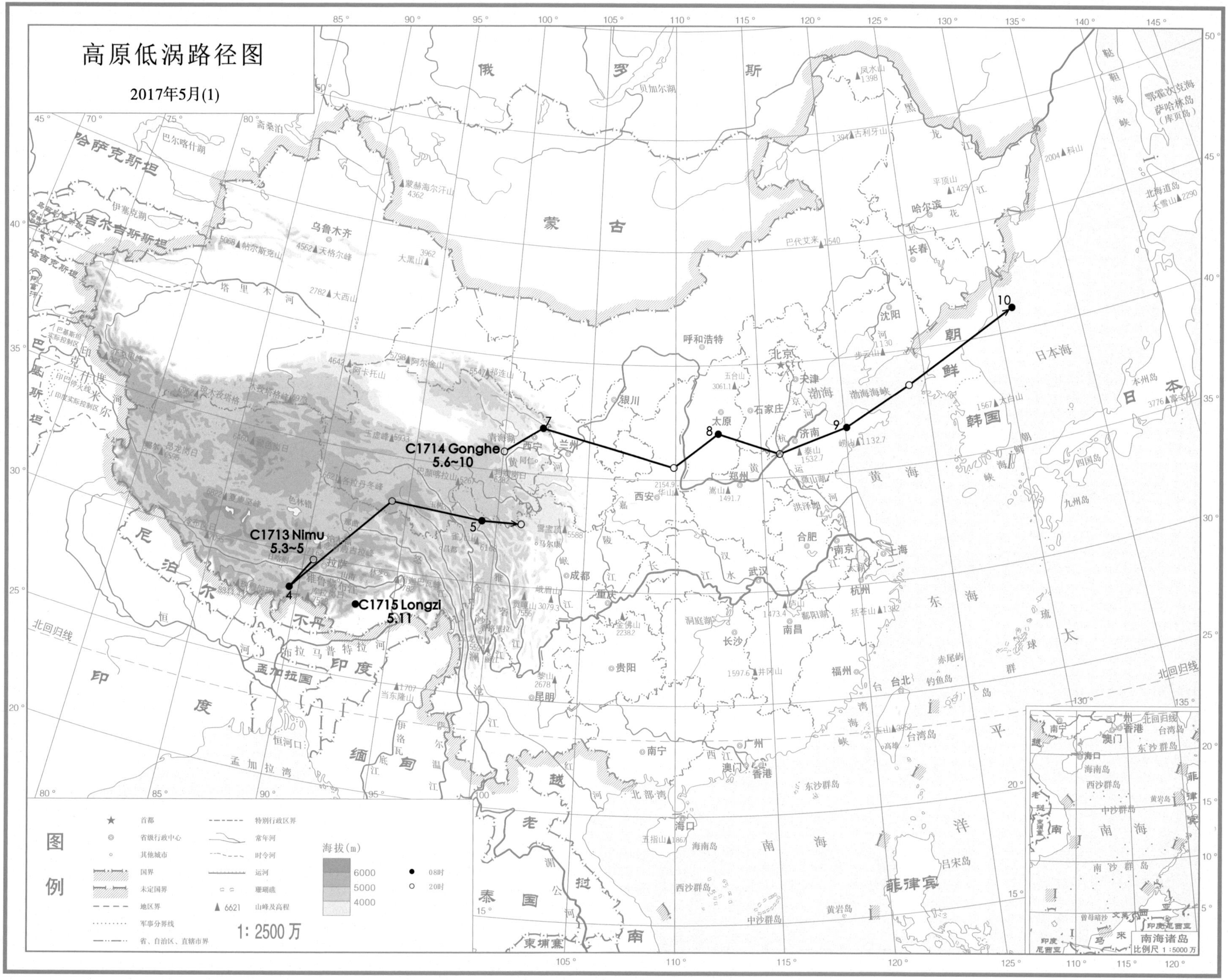
高原低涡路径图
2017年5月(1)
C1713 Nimu
5.3~5
C1714 Gonghe
5.6~10
C1715 Longzi
5.11
4
5
7
8
9
10
图例
首都
省级行政中心
其他城市
国界
未定国界
地区界
军事分界线
省、自治区、直辖市界
特别行政区界
常年河
时令河
运河
珊瑚礁
山峰及高程
海拔(m)
6000
5000
4000
08时
20时
1: 2500 万
南海诸岛
比例尺 1:5000 万

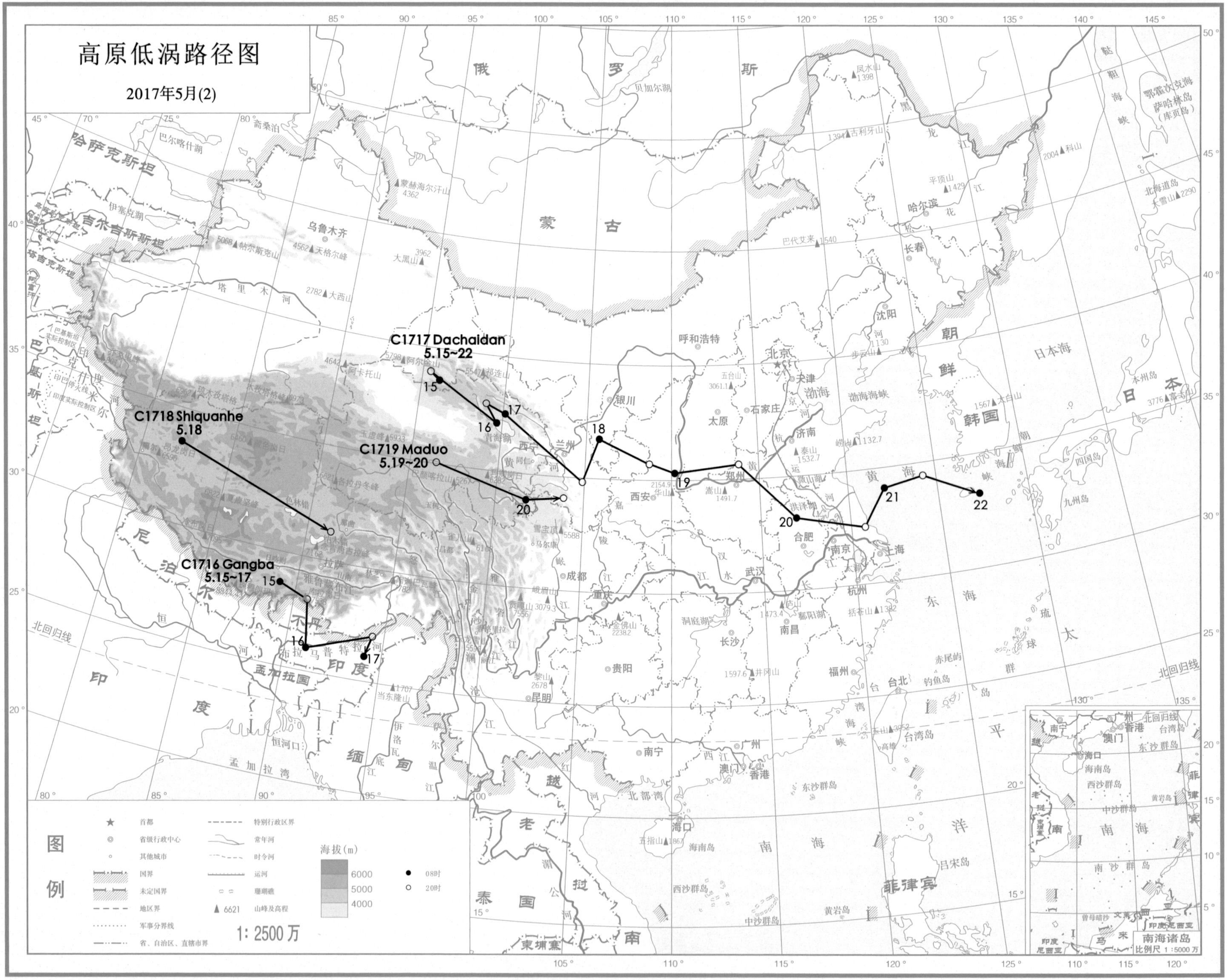
高原低涡路径图
2017年5月(2)
C1717 Dachaidan
5.15~22
C1718 Shiquanhe
5.18
C1719 Maduo
5.19~20
C1716 Gangba
5.15~17
15
16
17
18
19
20
21
22
俄
罗
斯
蒙
古
哈萨克斯坦
吉尔吉斯斯坦
塔吉克斯坦
巴基斯坦
尼
泊
尔
不
丹
印
度
孟加拉国
缅
甸
老
挝
泰
国
越
南
柬埔寨
菲律宾
朝
鲜
韩国
日
本
日本海
乌鲁木齐
拉萨
西宁
兰州
银川
呼和浩特
北京
天津
石家庄
太原
济南
郑州
西安
成都
重庆
武汉
合肥
南京
上海
杭州
南昌
长沙
贵阳
昆明
福州
台北
南宁
广州
澳门
香港
海口
沈阳
长春
哈尔滨
青海湖
渤海
黄海
东海
南海
北回归线
图例
首都
省级行政中心
其他城市
国界
未定国界
地区界
军事分界线
省、自治区、直辖市界
特别行政区界
常年河
时令河
运河
珊瑚礁
6621 山峰及高程
海拔(m)
6000
5000
4000
08时
20时
1: 2500 万
南海诸岛
比例尺 1 : 5000 万

高原低涡路径图

2017年5月(3)

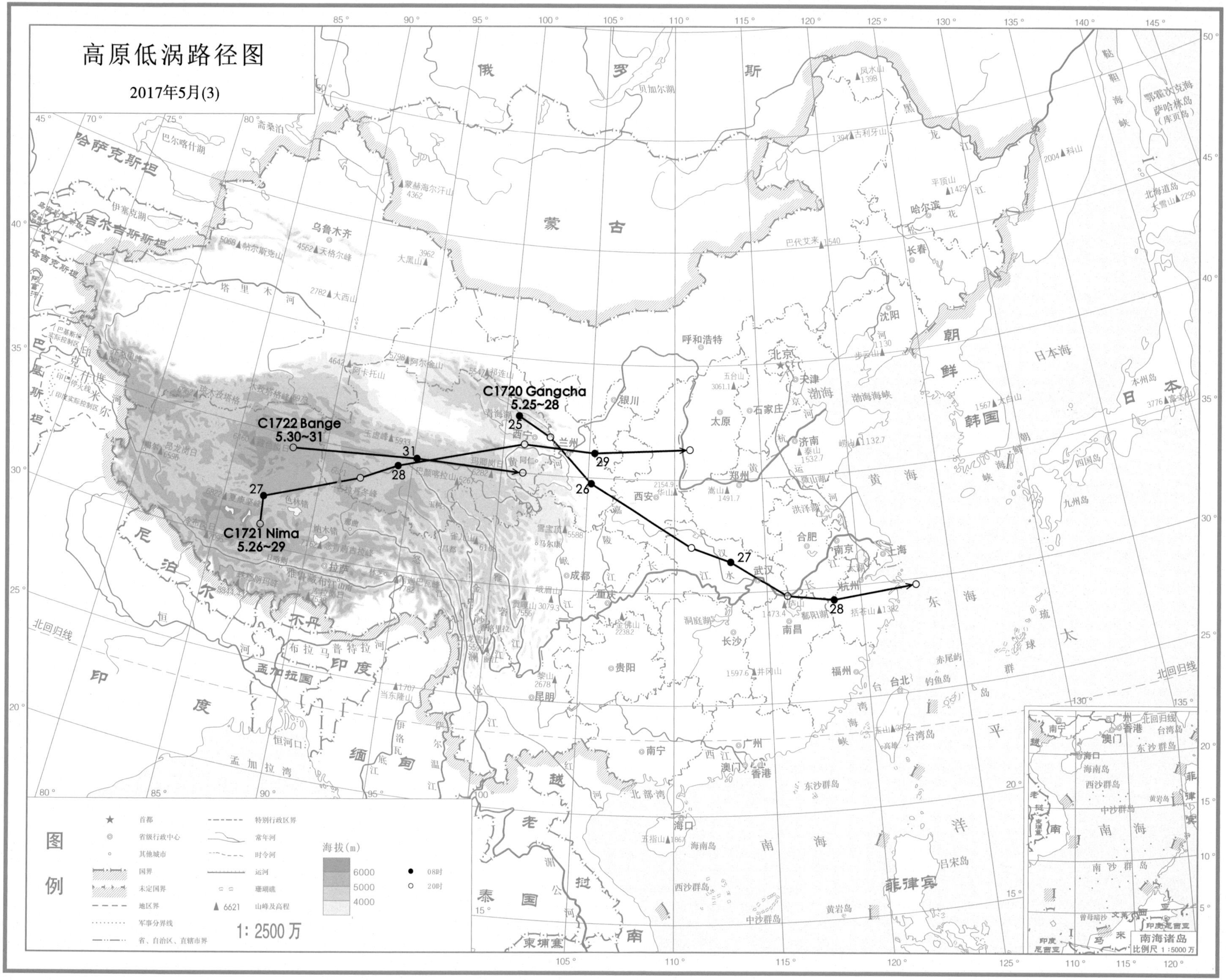
C1720 Gangcha
5.25~28
C1722 Bange
5.30~31
C1721 Nima
5.26~29
图例
08时
20时
海拔(m)
6000
5000
4000
1: 2500万
南海诸岛
比例尺 1：5000万

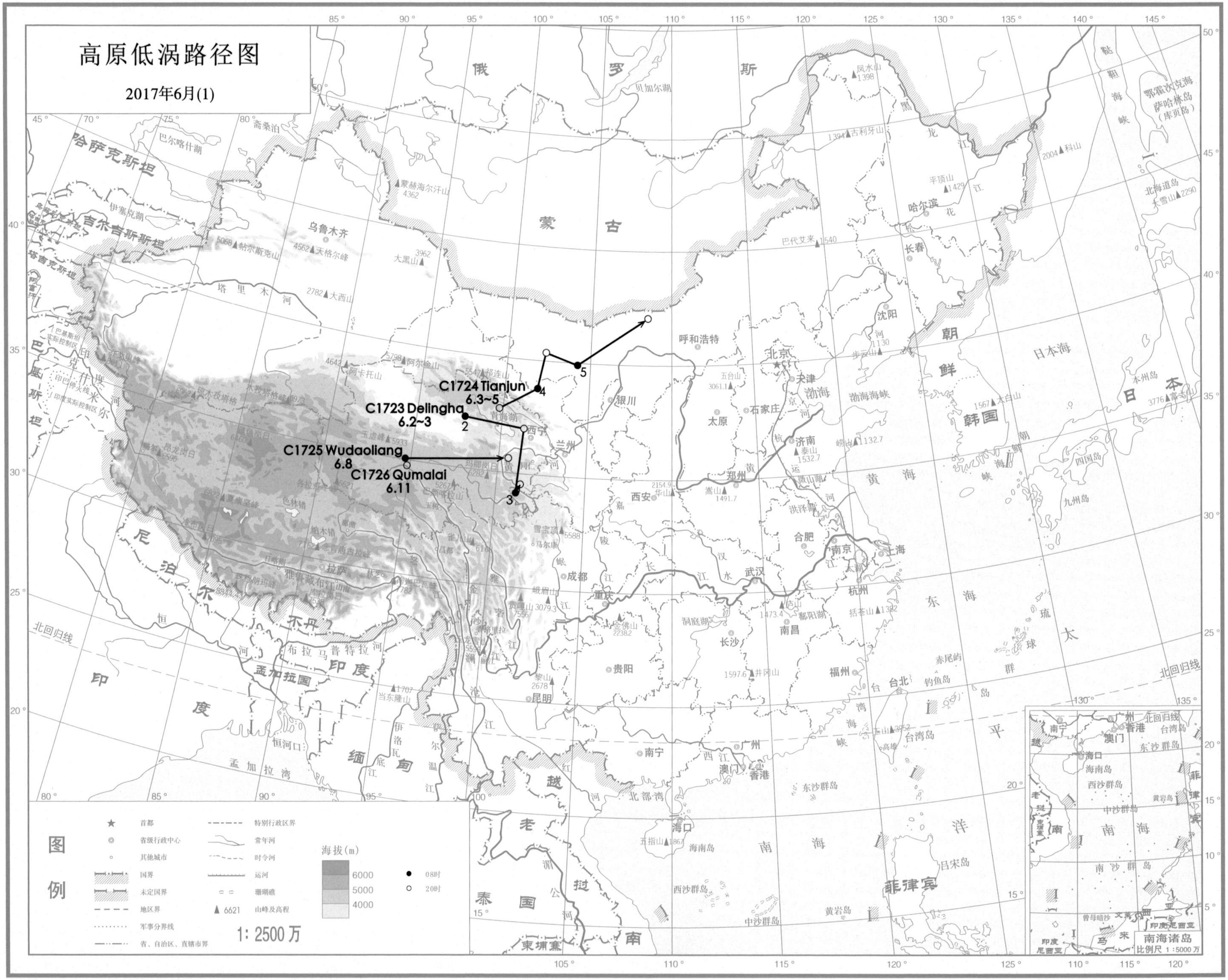

高原低涡路径图
2017年6月(1)
C1723 Delingha
6.2~3
C1724 Tianjun
6.3~5
C1725 Wudaoliang
6.8
C1726 Qumalai
6.11
1
2
3
4
5
图例
首都
省级行政中心
其他城市
国界
未定国界
地区界
军事分界线
省、自治区、直辖市界
特别行政区界
常年河
时令河
运河
珊瑚礁
6621 山峰及高程
海拔(m)
6000
5000
4000
08时
20时
1:2500万
南海诸岛
比例尺 1:5000万
俄
罗
斯
蒙
古
哈萨克斯坦
吉尔吉斯斯坦
塔吉克斯坦
尼
泊
尔
不丹
印
度
孟加拉国
缅
甸
老
挝
泰
国
越
南
柬埔寨
朝
鲜
韩国
日
本
菲律宾
乌鲁木齐
呼和浩特
北京
天津
银川
西宁
兰州
太原
石家庄
济南
郑州
西安
成都
重庆
武汉
合肥
南京
上海
杭州
长沙
南昌
贵阳
昆明
福州
台北
南宁
广州
香港
澳门
海口
沈阳
长春
哈尔滨
拉萨
渤海
黄海
东海
南海
日本海
北回归线

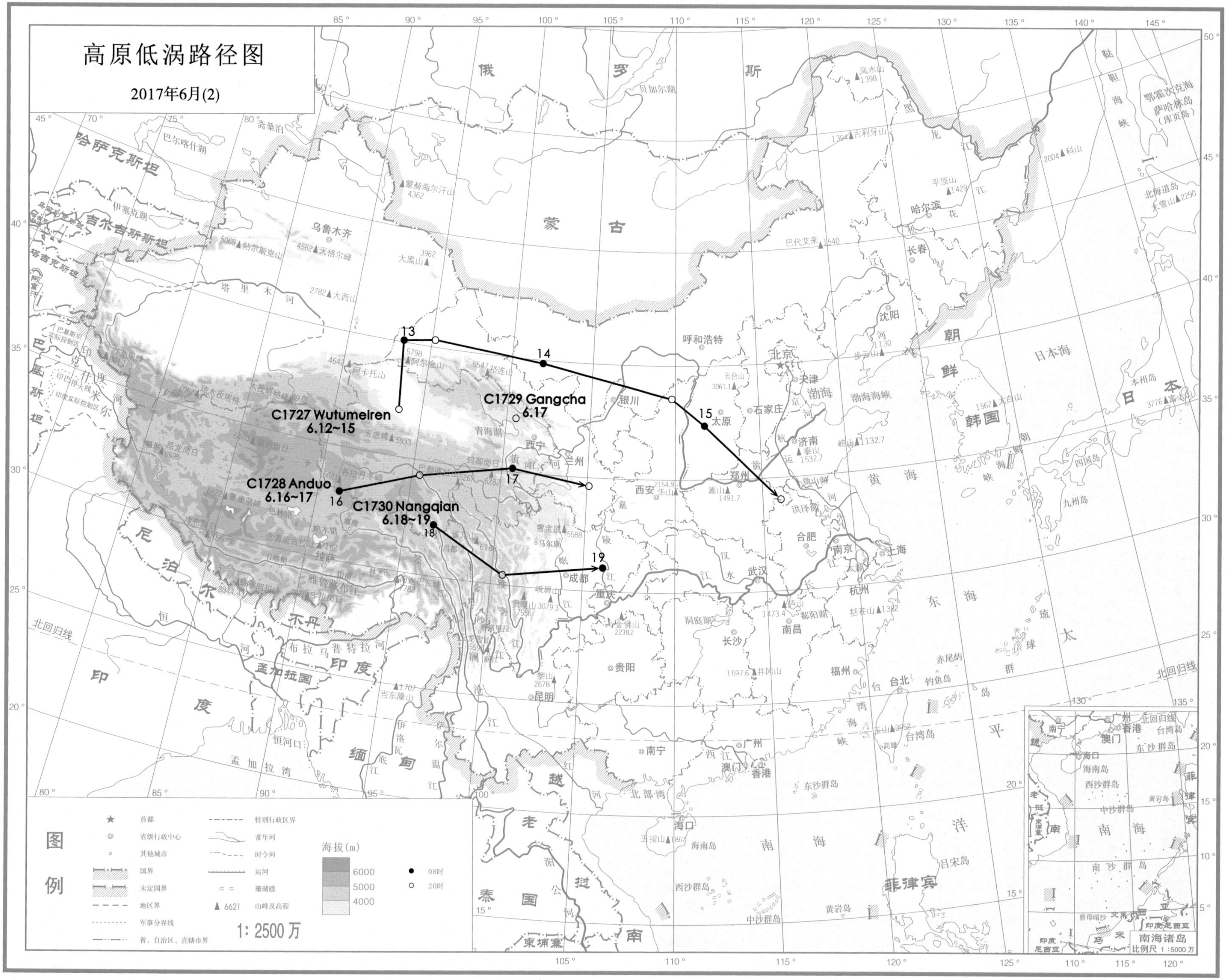
高原低涡路径图
2017年6月(2)
C1727 Wutumeiren
6.12~15
C1728 Anduo
6.16~17
C1729 Gangcha
6.17
C1730 Nangqian
6.18~19
13
14
15
16
17
18
19
图例
首都
省级行政中心
其他城市
国界
未定国界
地区界
军事分界线
省、自治区、直辖市界
特别行政区界
常年河
时令河
运河
珊瑚礁
山峰及高程
海拔(m)
6000
5000
4000
08时
20时
1: 2500万
南海诸岛
比例尺 1:5000万

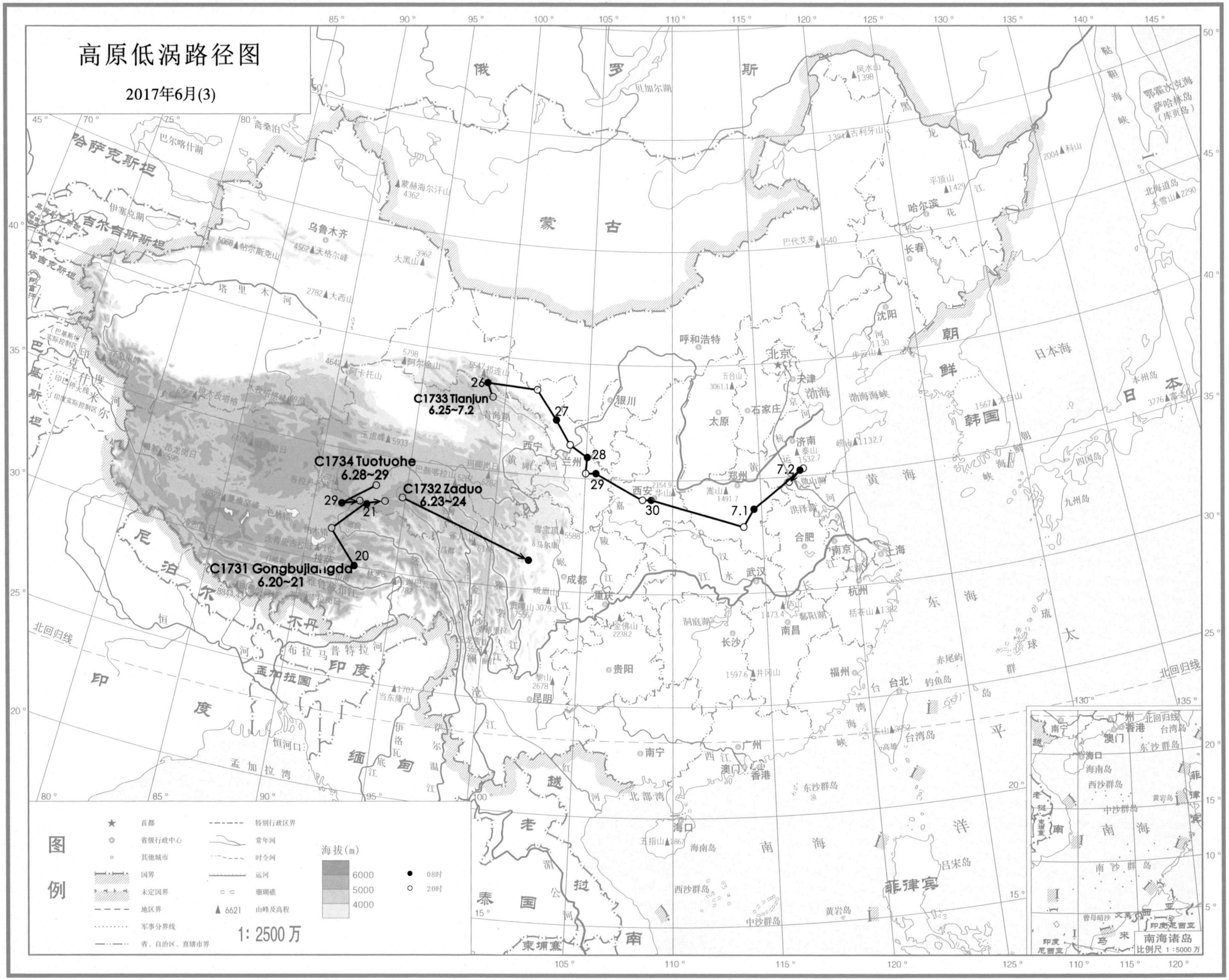
高原低涡路径图
2017年6月(3)
C1731 Gongbujiangda
6.20~21
C1732 Zaduo
6.23~24
C1733 Tianjun
6.25~7.2
C1734 Tuotuohe
6.28~29
图例
首都
省级行政中心
其他城市
国界
未定国界
地区界
军事分界线
省、自治区、直辖市界
特别行政区界
常年河
时令河
运河
珊瑚礁
山峰及高程
海拔(m)
6000
5000
4000
08时
20时
1: 2500 万
南海诸岛
比例尺 1:5000 万

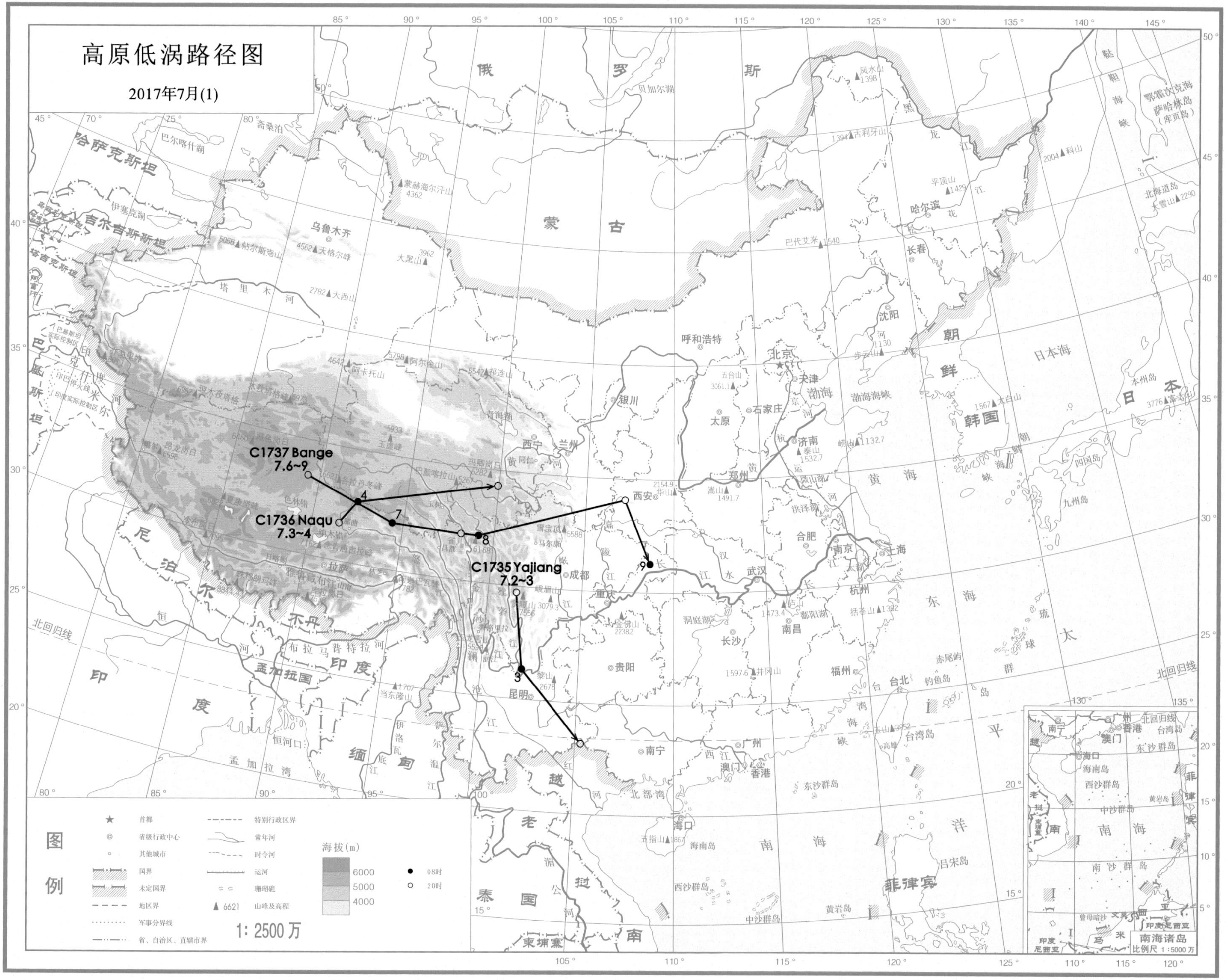
高原低涡路径图
2017年7月(1)
C1737 Bange
7.6~9
C1736 Naqu
7.3~4
C1735 Yajiang
7.2~3
图例
首都
省级行政中心
其他城市
国界
未定国界
地区界
军事分界线
省、自治区、直辖市界
特别行政区界
常年河
时令河
运河
珊瑚礁
山峰及高程
海拔(m)
6000
5000
4000
08时
20时
1: 2500 万
南海诸岛
比例尺 1:5000 万

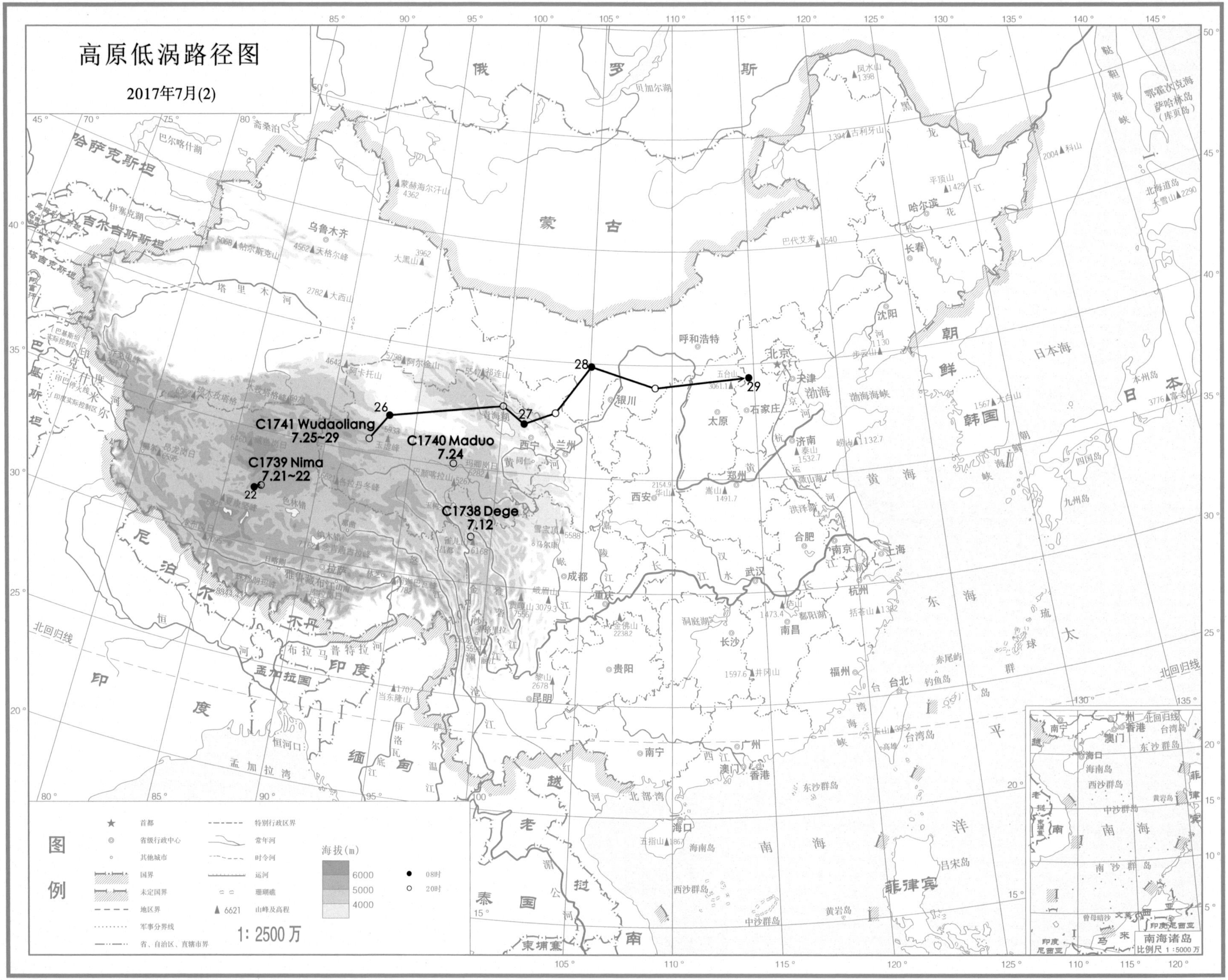
C1741 Wudaollang
7.25~29
C1740 Maduo
7.24
C1739 Nima
7.21~22
C1738 Dege
7.12
22
26
27
28
29
图例
首都
省级行政中心
其他城市
国界
未定国界
地区界
军事分界线
省、自治区、直辖市界
特别行政区界
常年河
时令河
运河
珊瑚礁
山峰及高程
海拔(m)
6000
5000
4000
08时
20时
1: 2500万
南海诸岛
比例尺 1:5000万

高原低涡路径图
2017年7月(2)

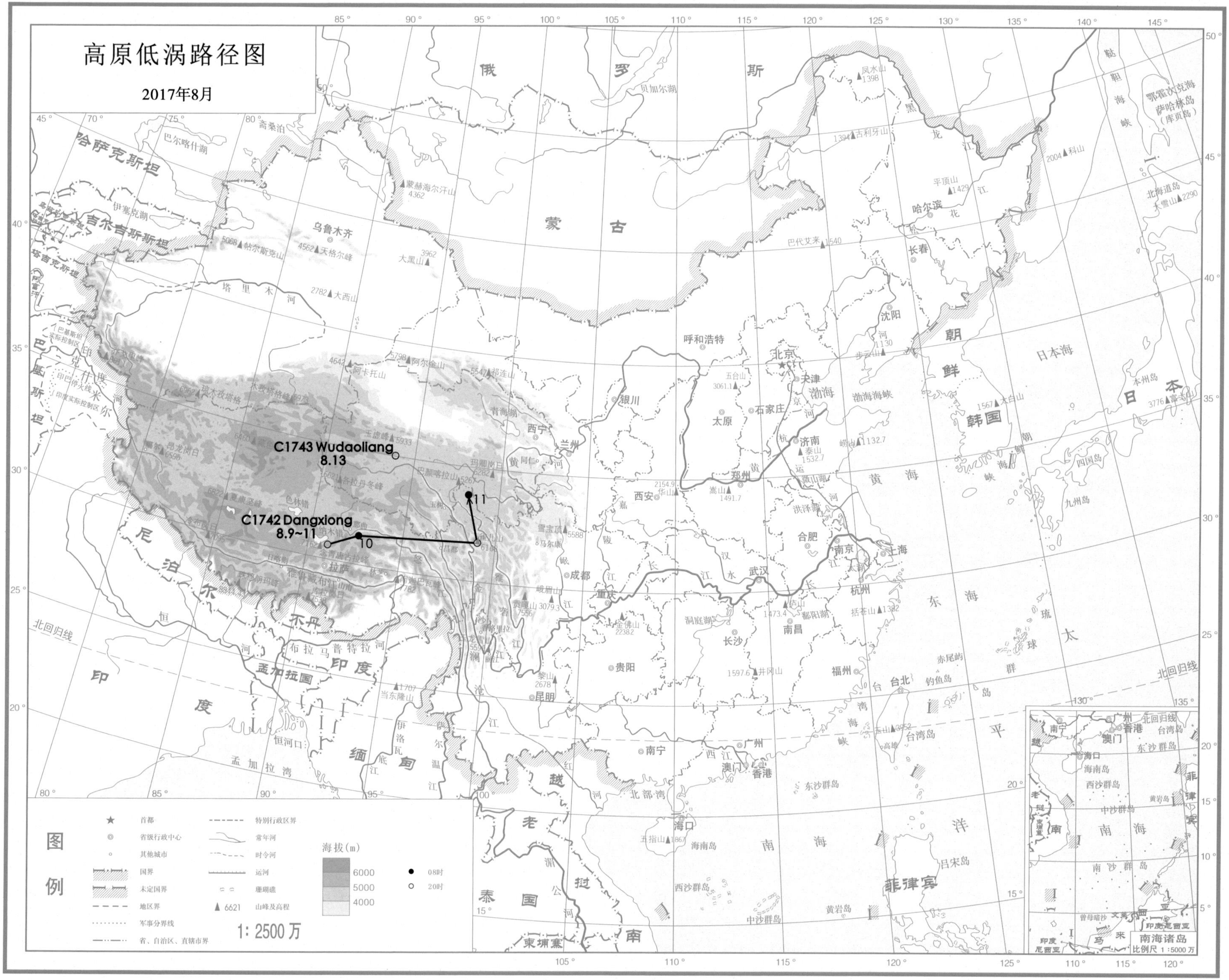
高原低涡路径图
2017年8月
C1743 Wudaoliang
8.13
C1742 Dangxiong
8.9~11
10
11
俄　罗　斯
蒙　古
哈萨克斯坦
吉尔吉斯斯坦
尼　泊　尔
不丹
孟加拉国
印　度
缅　甸
老　挝
泰　国
越　南
柬埔寨
菲律宾
朝　鲜
韩国
日　本
乌鲁木齐
呼和浩特
北京
天津
石家庄
太原
银川
西宁
兰州
西安
郑州
济南
合肥
南京
上海
武汉
杭州
南昌
长沙
成都
重庆
贵阳
昆明
南宁
广州
香港
澳门
海口
福州
台北
沈阳
长春
哈尔滨
拉萨
日本海
渤海
黄　海
东　海
南　海
北回归线
图
例
首都
省级行政中心
其他城市
国界
未定国界
地区界
军事分界线
省、自治区、直辖市界
特别行政区界
常年河
时令河
运河
珊瑚礁
6621 山峰及高程
海拔(m)
6000
5000
4000
08时
20时
1：2500万
南海诸岛
比例尺 1：5000万

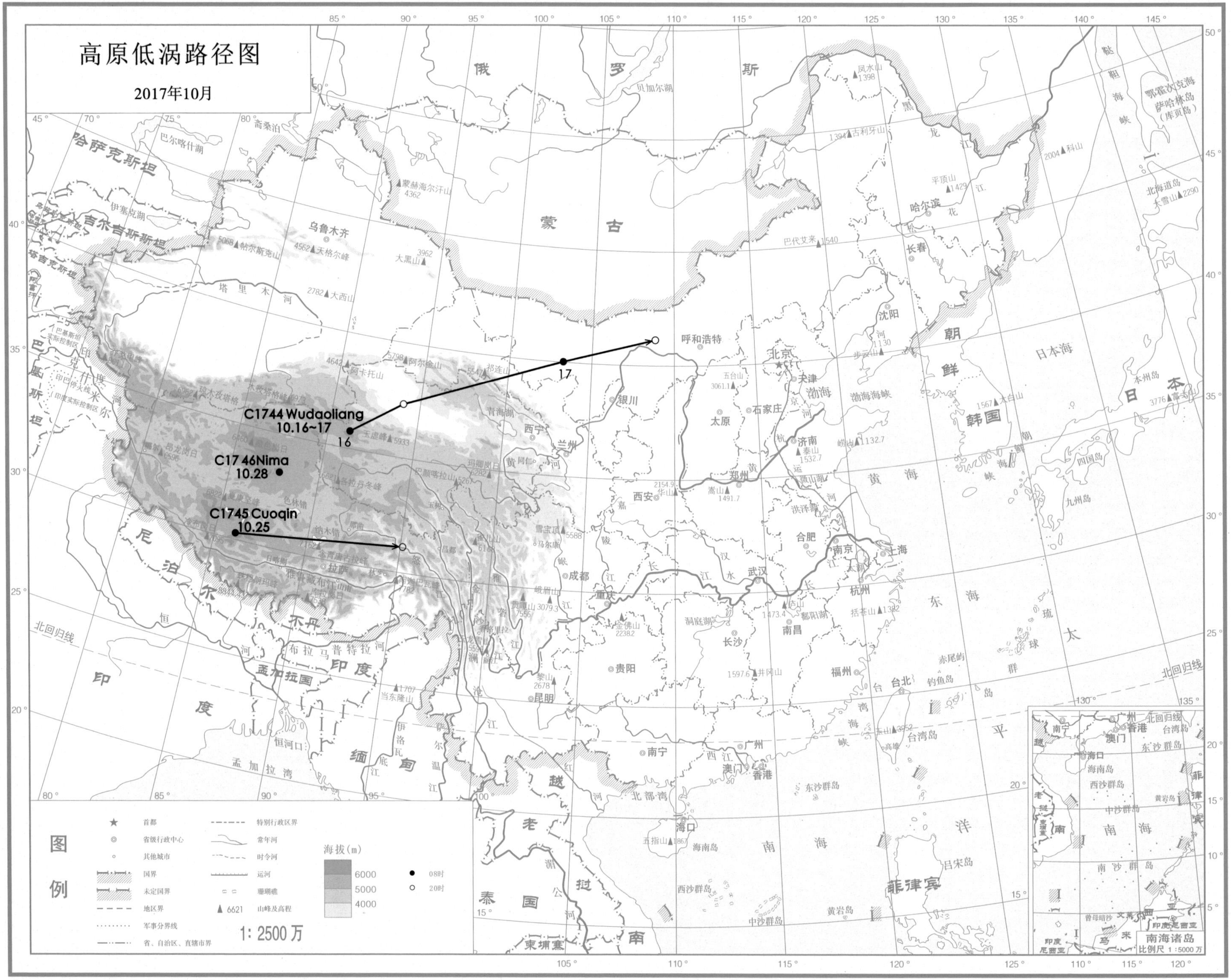
高原低涡路径图
2017年10月
C1744 Wudaoliang
10.16~17
16
17
C17 46Nima
10.28
C1745 Cuoqin
10.25
图例
首都
省级行政中心
其他城市
国界
未定国界
地区界
军事分界线
省、自治区、直辖市界
特别行政区界
常年河
时令河
运河
珊瑚礁
6621 山峰及高程
海拔(m)
6000
5000
4000
08时
20时
1:2500万
南海诸岛
比例尺 1:5000万

青藏高原低涡降水资料

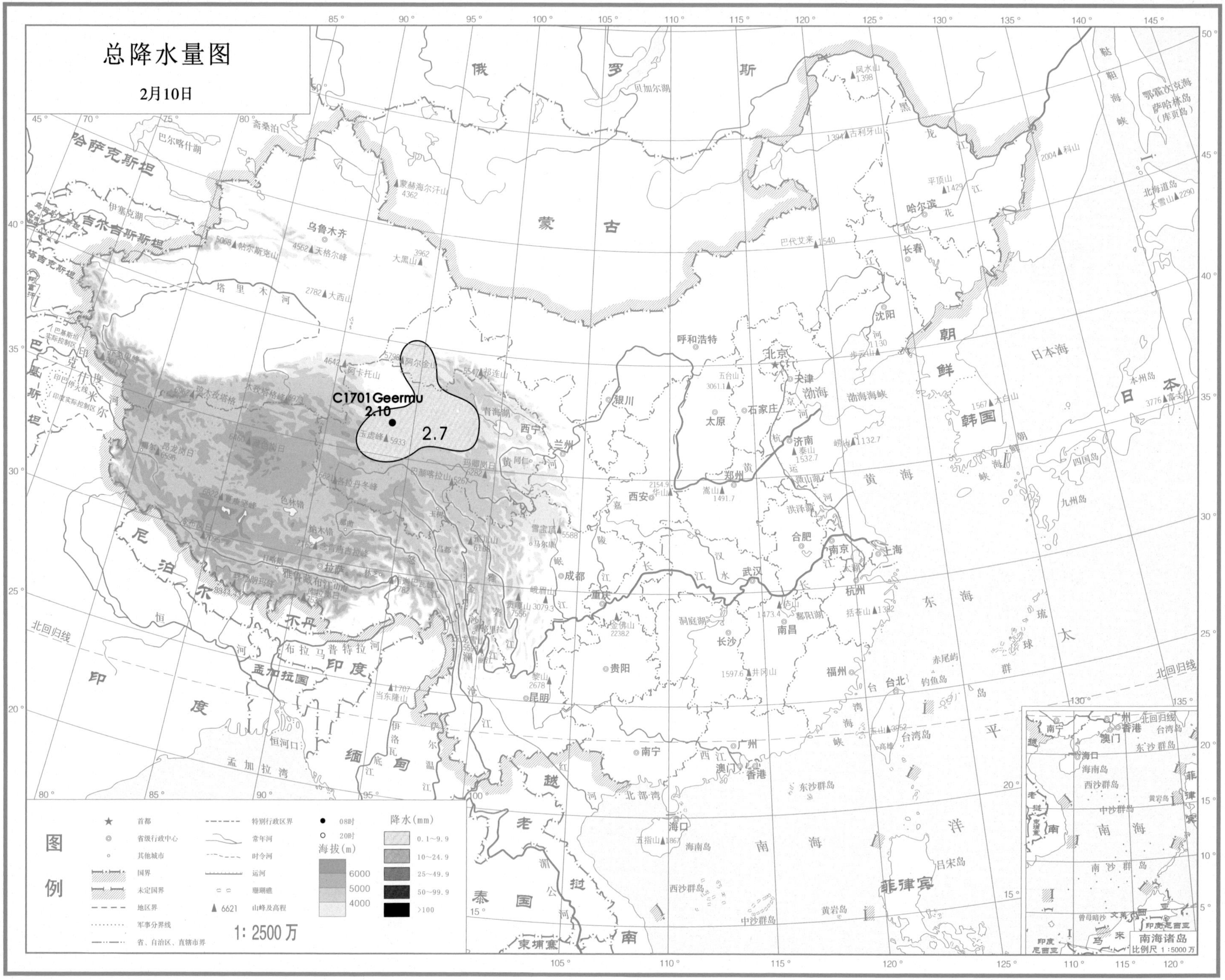
总降水量图
2月10日
C1701Geermu
2.10
2.7
图例
首都
省级行政中心
其他城市
国界
未定国界
地区界
军事分界线
省、自治区、直辖市界
特别行政区界
常年河
时令河
运河
珊瑚礁
山峰及高程
08时
20时
海拔(m)
6000
5000
4000
降水(mm)
0.1～9.9
10～24.9
25～49.9
50～99.9
>100
1: 2500 万
南海诸岛
比例尺 1:5000 万

总降水日数图

2月10日

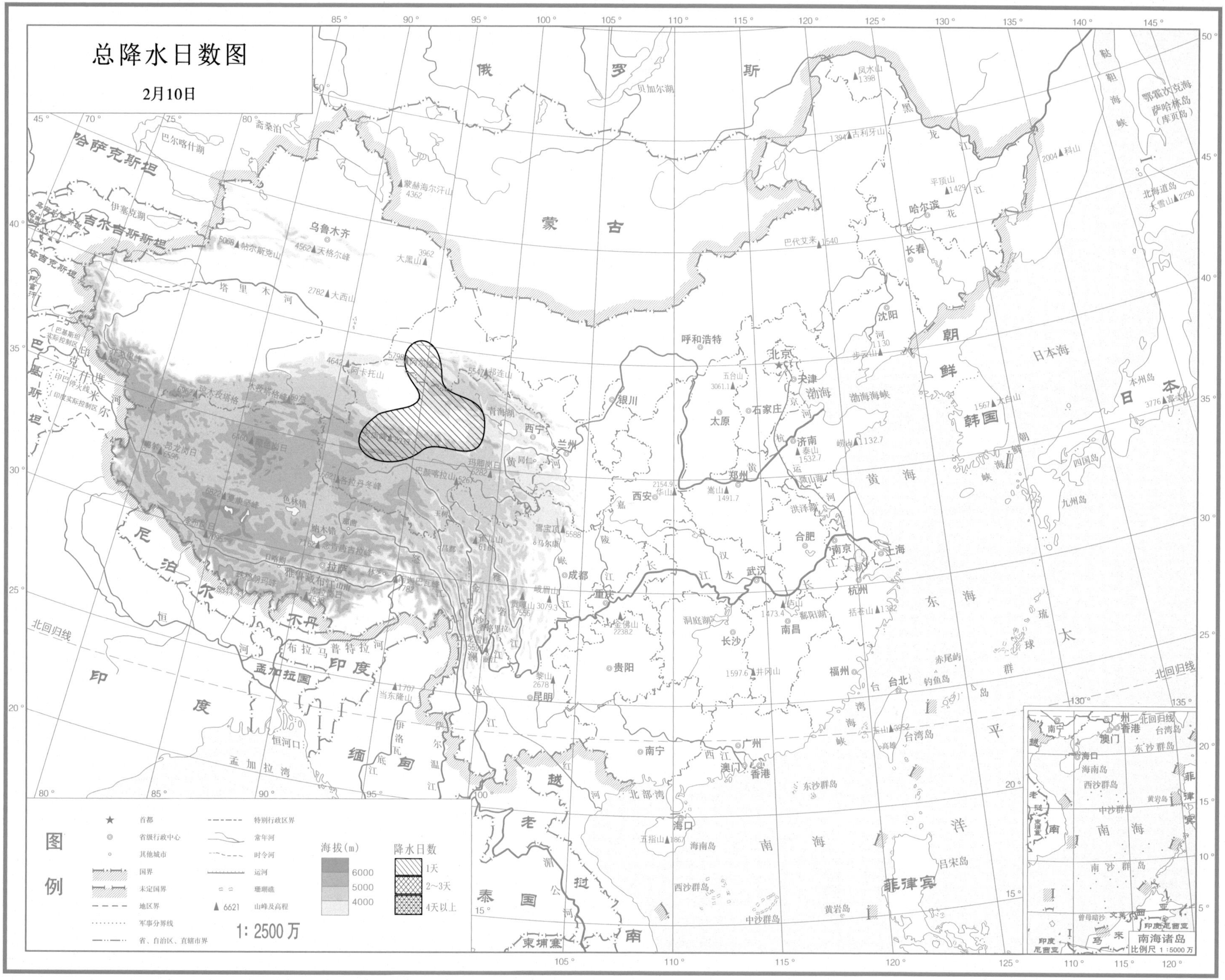
图例
首都
省级行政中心
其他城市
国界
未定国界
地区界
军事分界线
省、自治区、直辖市界
特别行政区界
常年河
时令河
运河
珊瑚礁
6621 山峰及高程
1∶2500万
海拔(m)
6000
5000
4000
降水日数
1天
2~3天
4天以上
南海诸岛
比例尺 1∶5000万

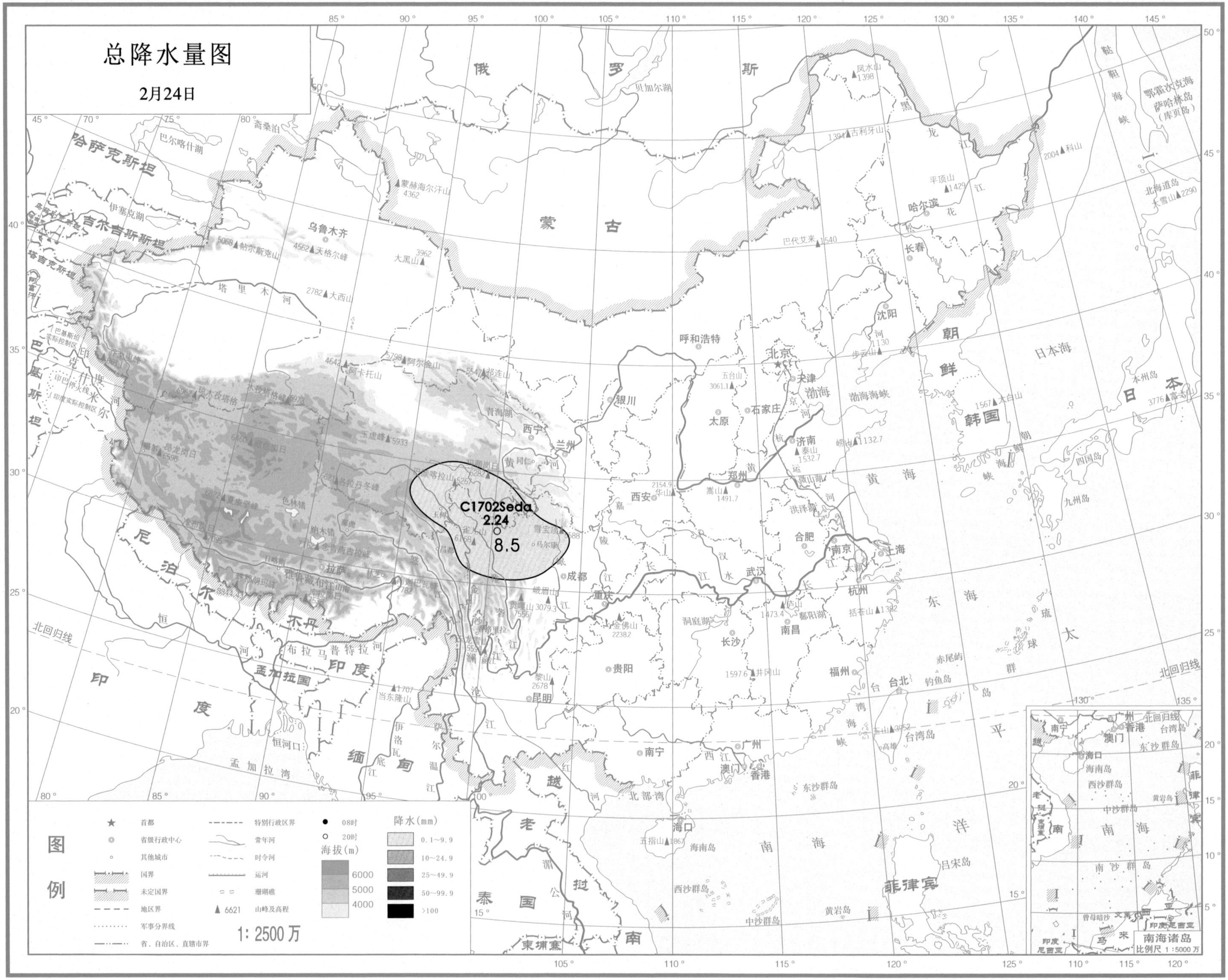
总降水量图
2月24日
C1702Seda
2.24
8.5
图例
首都
省级行政中心
其他城市
国界
未定国界
地区界
军事分界线
省、自治区、直辖市界
特别行政区界
常年河
时令河
运河
珊瑚礁
6621 山峰及高程
08时
20时
降水(mm)
0.1～9.9
10～24.9
25～49.9
50～99.9
>100
海拔(m)
6000
5000
4000
1: 2500万
南海诸岛
比例尺 1:5000万

总降水日数图

2月24日

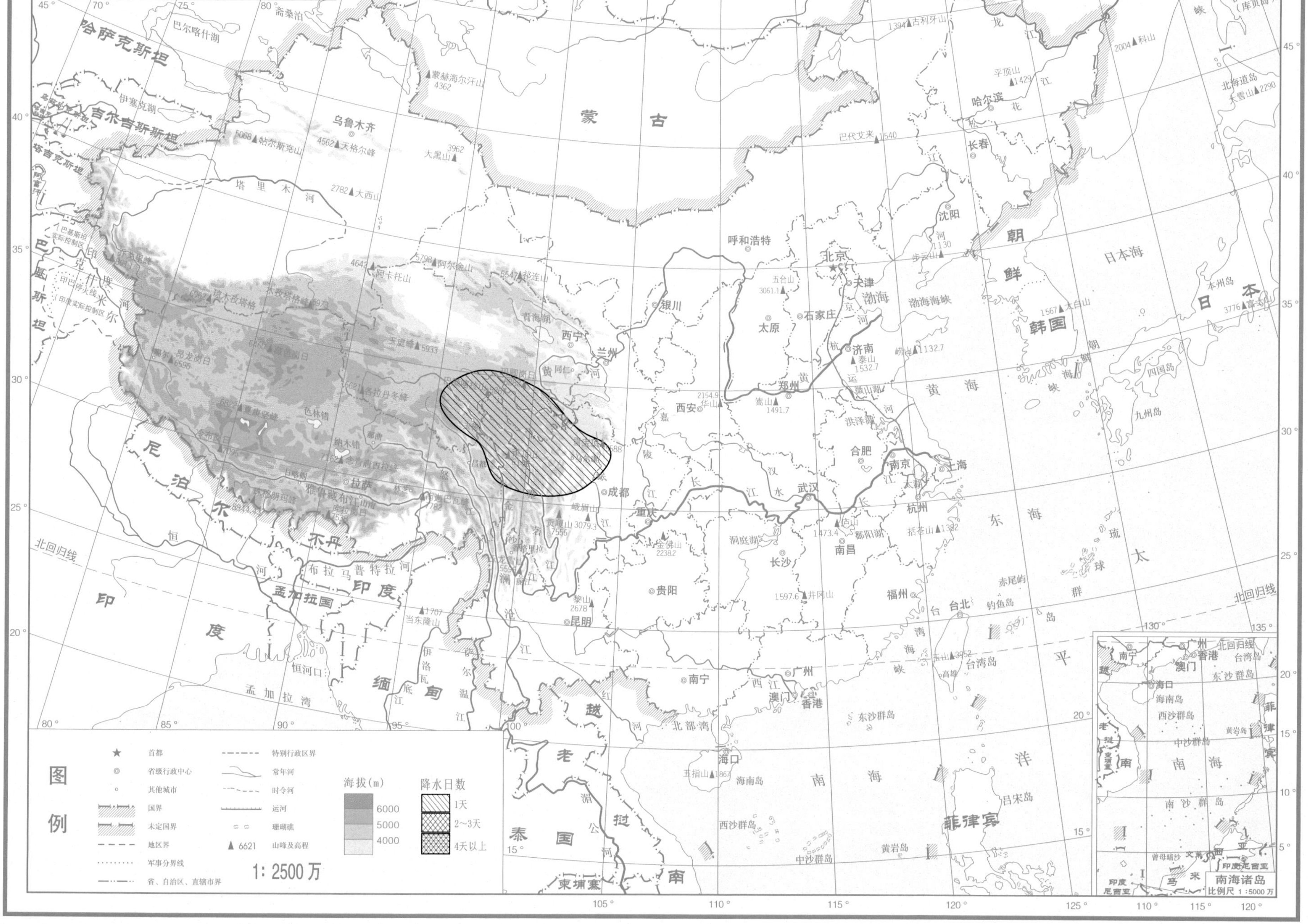

图例
首都
省级行政中心
其他城市
国界
未定国界
地区界
军事分界线
省、自治区、直辖市界
特别行政区界
常年河
时令河
运河
珊瑚礁
6621 山峰及高程
1:2500万
海拔(m)
6000
5000
4000
降水日数
1天
2~3天
4天以上
南海诸岛
比例尺 1:5000万

总降水量图

2月26~27日

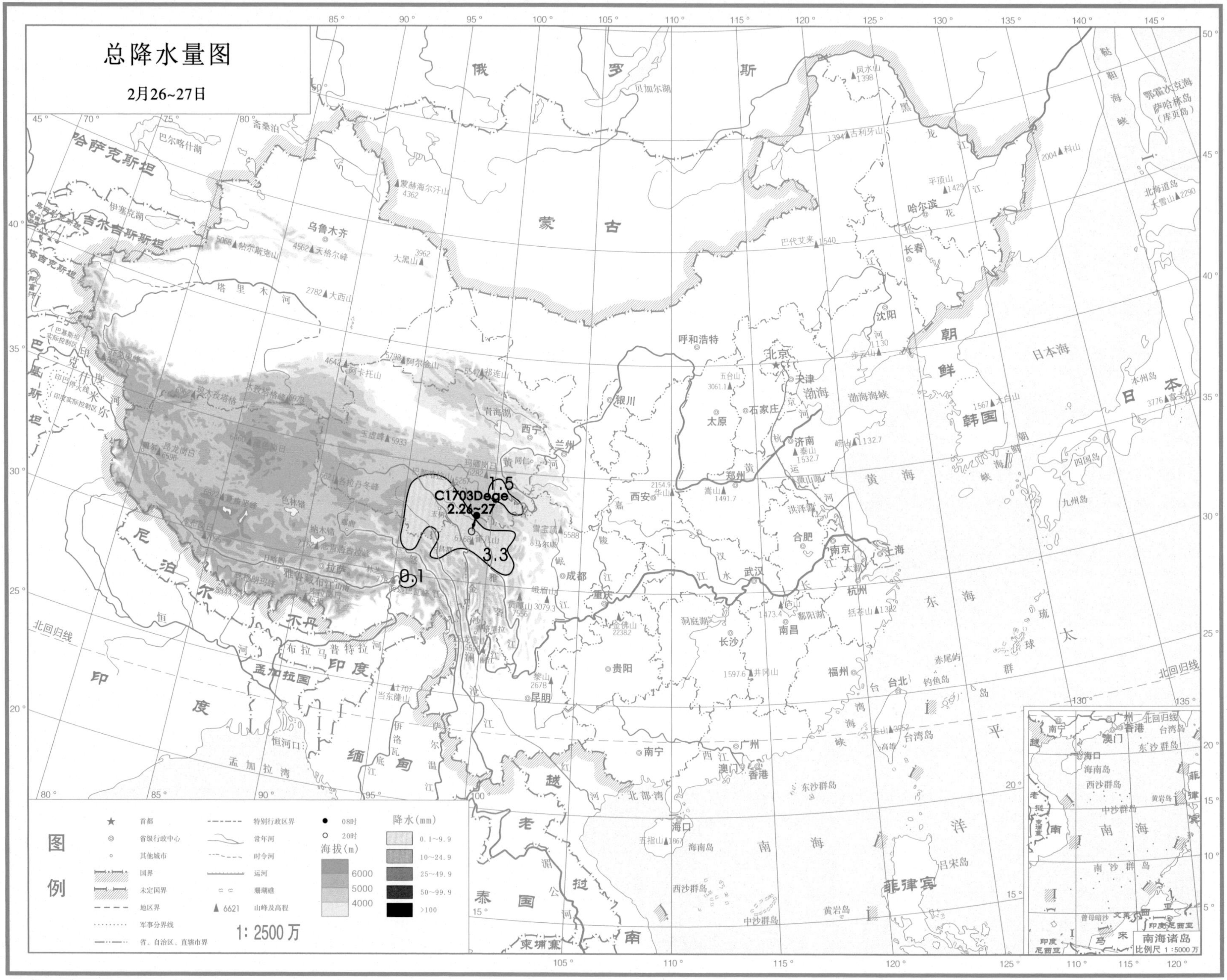

总降水日数图
2月26~27日
图例
首都
省级行政中心
其他城市
国界
未定国界
地区界
军事分界线
省、自治区、直辖市界
特别行政区界
常年河
时令河
运河
珊瑚礁
山峰及高程
海拔(m)
6000
5000
4000
降水日数
1天
2~3天
4天以上
1: 2500万
俄
罗
斯
蒙
古
哈萨克斯坦
吉尔吉斯斯坦
塔吉克斯坦
巴基斯坦
尼
泊
尔
不丹
印
度
孟加拉国
缅
甸
老
挝
泰
国
越
南
柬埔寨
朝
鲜
韩国
日
本
菲律宾
乌鲁木齐
呼和浩特
北京
天津
石家庄
太原
银川
西宁
兰州
西安
郑州
济南
合肥
南京
上海
杭州
武汉
成都
重庆
长沙
南昌
贵阳
昆明
福州
台北
南宁
广州
香港
澳门
海口
拉萨
哈尔滨
长春
沈阳
贝加尔湖
巴尔喀什湖
伊塞克湖
斋桑泊
青海湖
洞庭湖
鄱阳湖
洪泽湖
塔里木河
黄河
长江
渤海
黄海
东海
南海
日本海
渤海海峡
台湾海峡
北部湾
孟加拉湾
太平洋
东沙群岛
西沙群岛
中沙群岛
南沙群岛
黄岩岛
海南岛
台湾岛
钓鱼岛
赤尾屿
吕宋岛
北海道岛
本州岛
四国岛
九州岛
鄂霍次克海
萨哈林岛
(库页岛)
鞑靼海峡
北回归线
南海诸岛
比例尺 1:5000万
Page...39

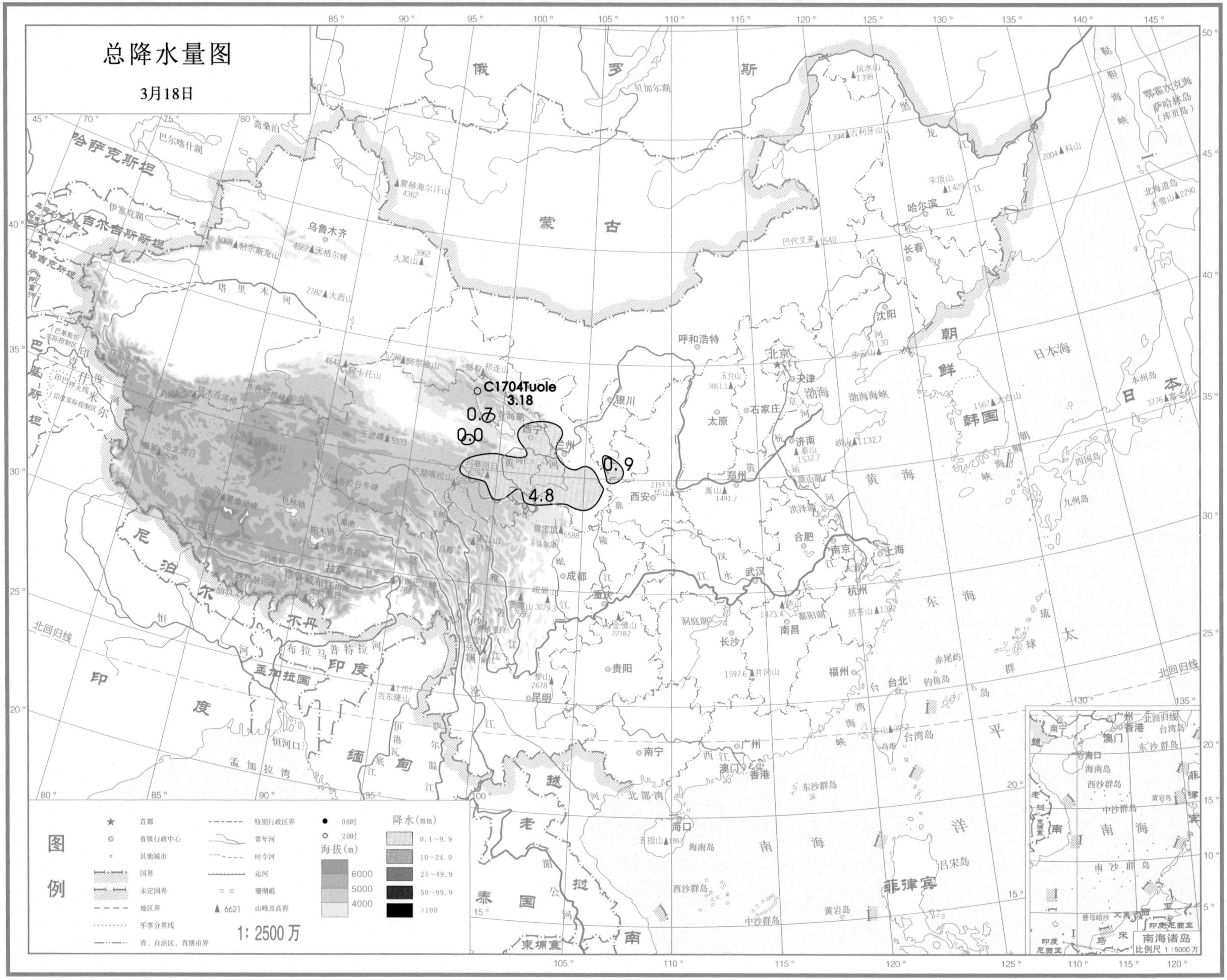
总降水量图
3月18日
C1704Tuole
3.18
0.7
0.0
0.9
4.8
图例
首都
省级行政中心
其他城市
国界
未定国界
地区界
军事分界线
省、自治区、直辖市界
特别行政区界
常年河
时令河
运河
珊瑚礁
山峰及高程
08时
20时
降水(mm)
0.1～9.9
10～24.9
25～49.9
50～99.9
>100
海拔(m)
6000
5000
4000
1：2500万
南海诸岛
比例尺 1：5000万

总降水日数图

3月18日

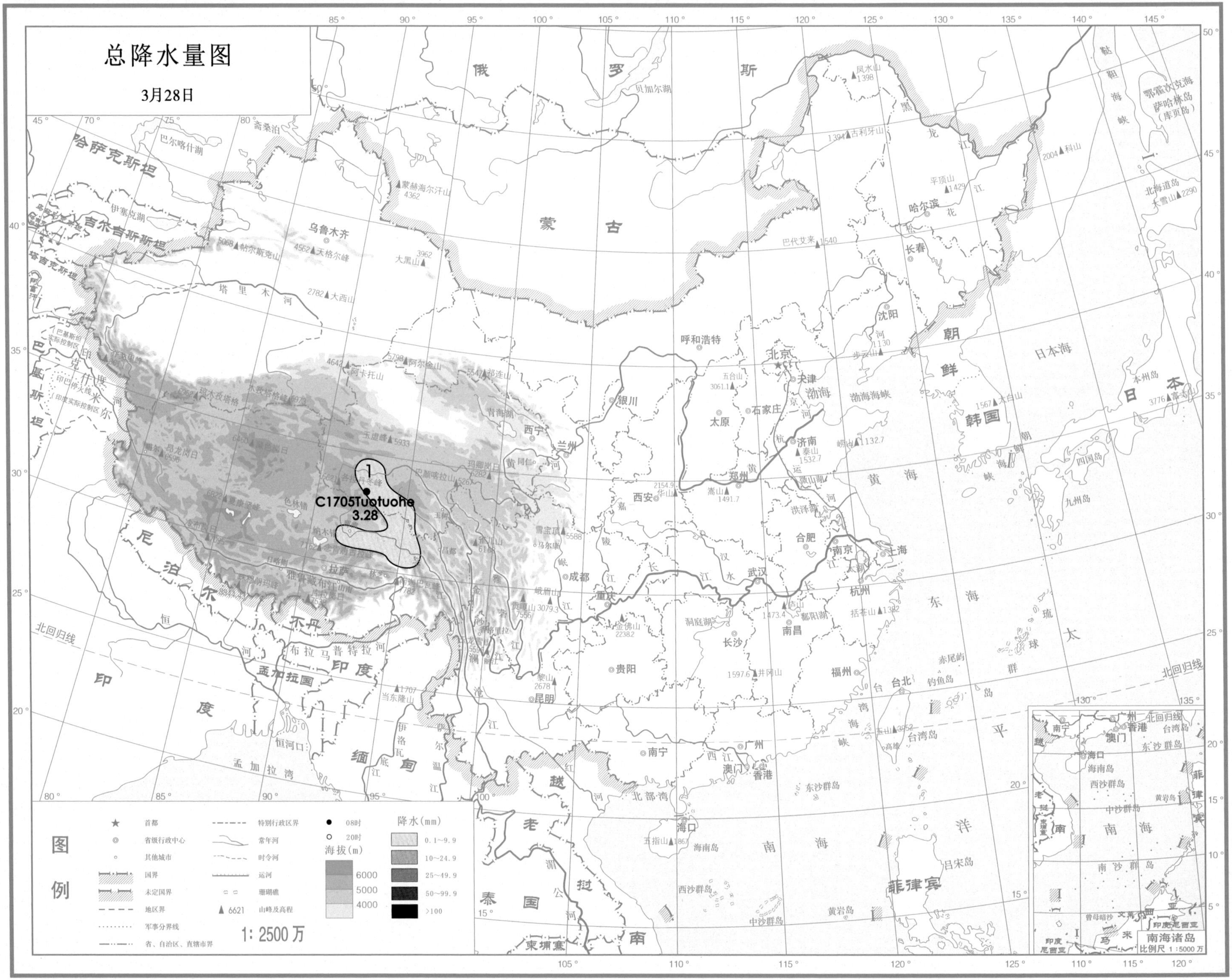
总降水量图
3月28日
C1705Tuotuohe
3.28
图例
首都
省级行政中心
其他城市
国界
未定国界
地区界
军事分界线
省、自治区、直辖市界
特别行政区界
常年河
时令河
运河
珊瑚礁
6621 山峰及高程
08时
20时
海拔(m)
6000
5000
4000
降水(mm)
0.1~9.9
10~24.9
25~49.9
50~99.9
>100
1: 2500 万
南海诸岛
比例尺 1:5000 万

总降水日数图

3月28日

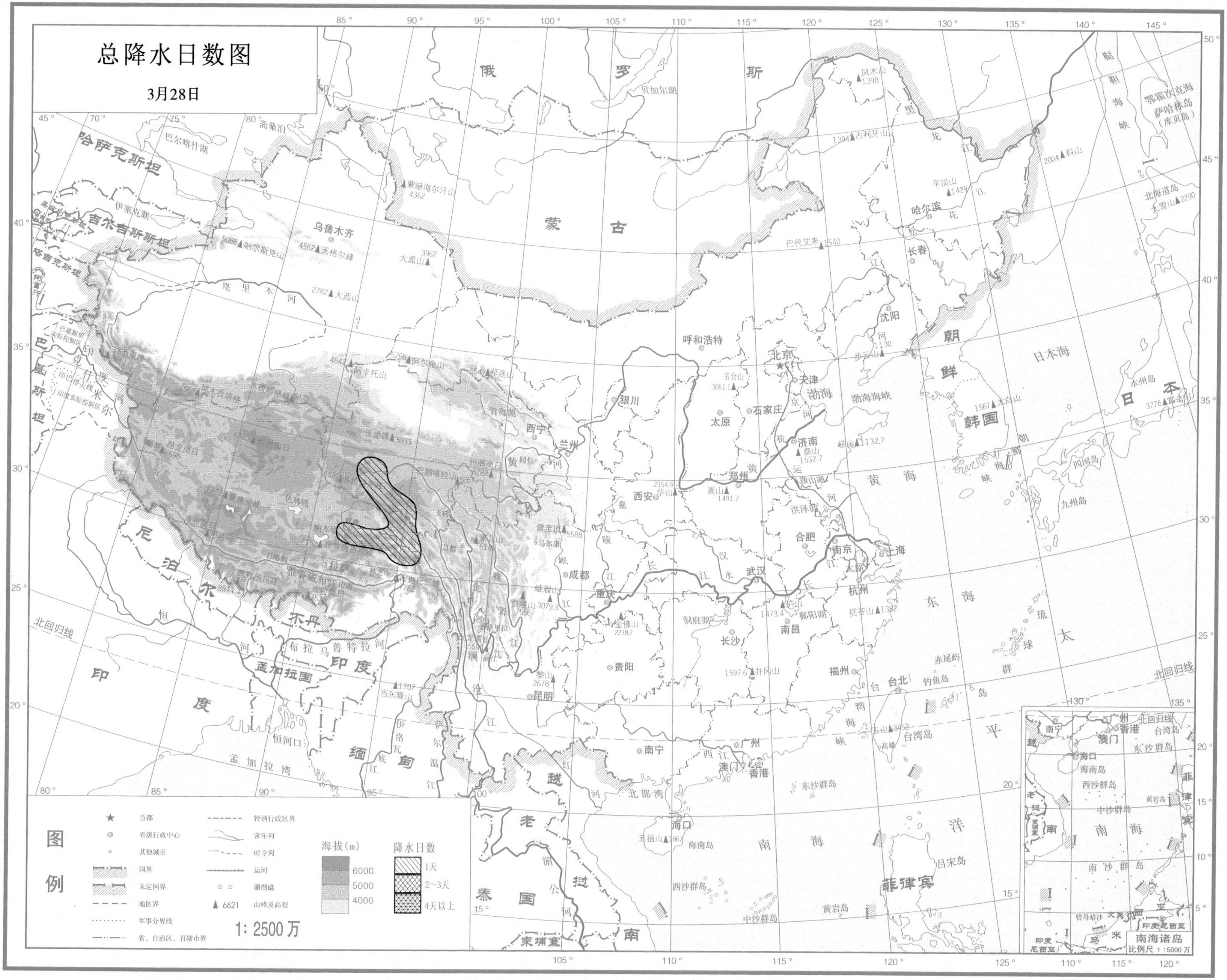
图例
首都
省级行政中心
其他城市
国界
未定国界
地区界
军事分界线
省、自治区、直辖市界
特别行政区界
常年河
时令河
运河
珊瑚礁
6621 山峰及高程
海拔(m)
6000
5000
4000
降水日数
1天
2~3天
4天以上
1: 2500万
南海诸岛
比例尺 1:5000万

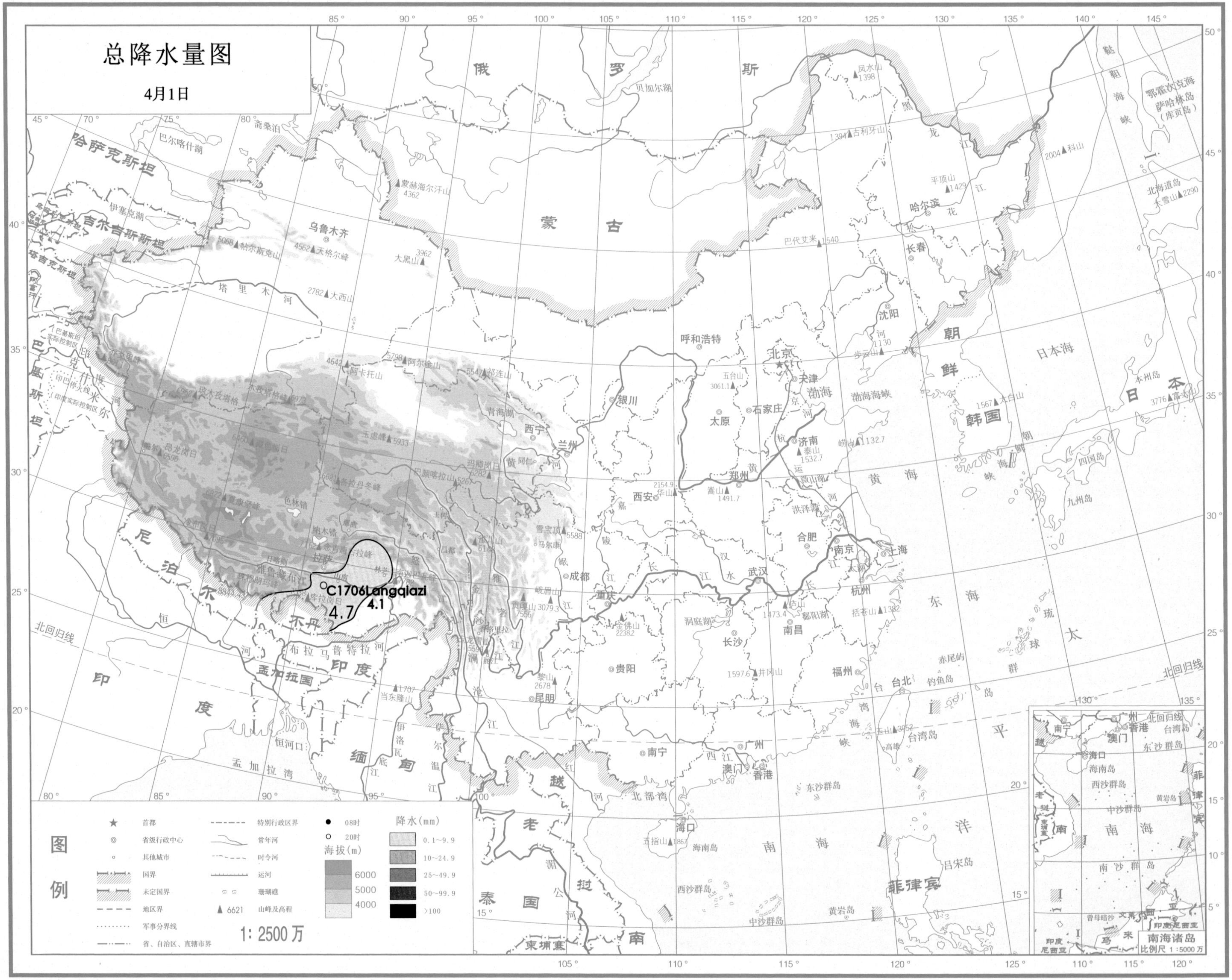
总降水量图
4月1日
C1706Langqiazi
4.7
4.1
图例
首都
省级行政中心
其他城市
国界
未定国界
地区界
军事分界线
省、自治区、直辖市界
特别行政区界
常年河
时令河
运河
珊瑚礁
6621 山峰及高程
08时
20时
海拔(m)
6000
5000
4000
降水(mm)
0.1~9.9
10~24.9
25~49.9
50~99.9
>100
1: 2500万
南海诸岛
比例尺 1:5000万

总降水日数图

4月1日

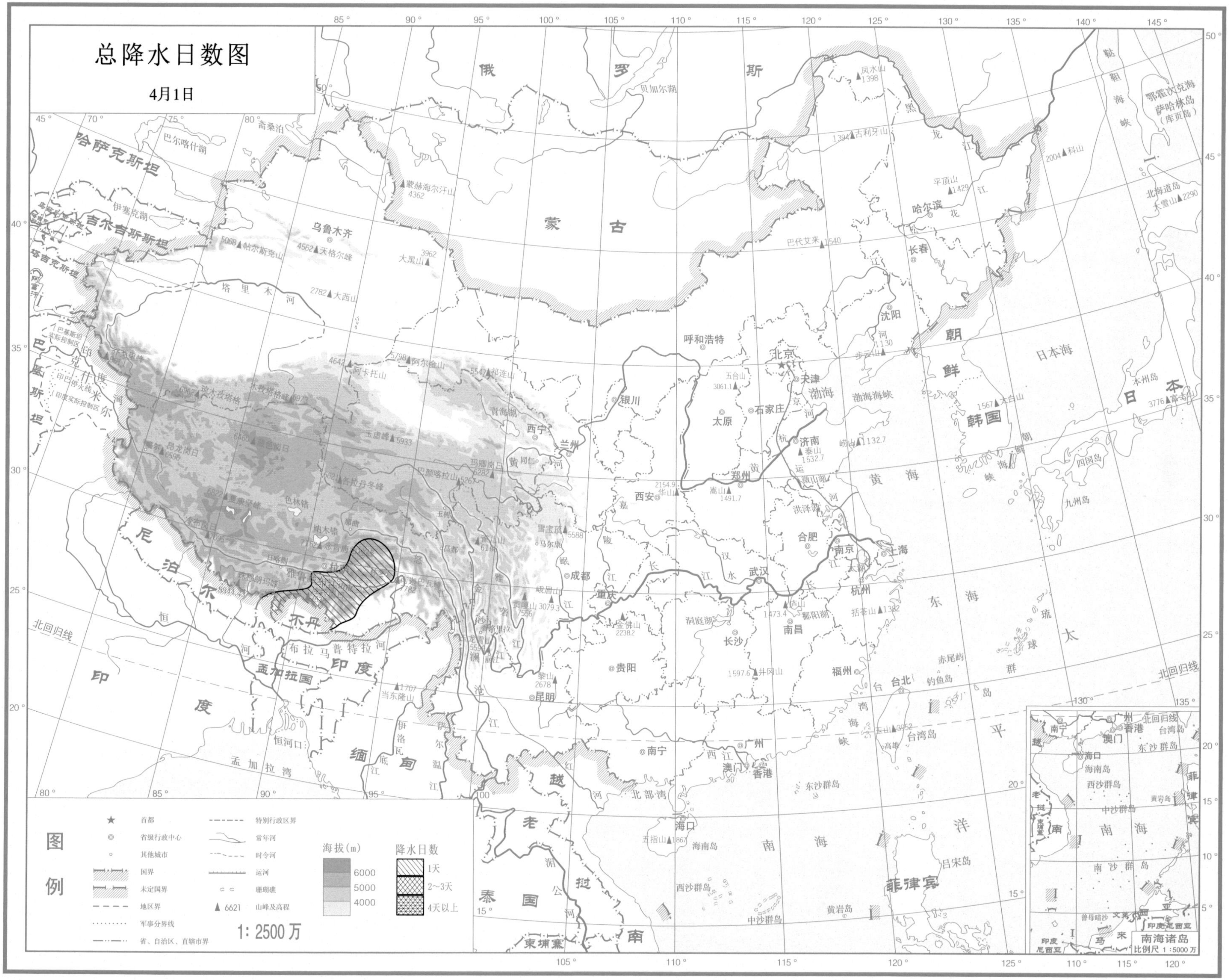

俄 罗 斯
蒙 古
哈萨克斯坦
吉尔吉斯斯坦
塔吉克斯坦
巴基斯坦
印度
尼泊尔
不丹
孟加拉国
缅甸
老挝
泰国
越南
柬埔寨
朝鲜
韩国
日本
菲律宾
日本海
渤海
黄海
东海
南海
太平洋
北回归线
南海诸岛
比例尺 1 : 5000 万
图例
首都
省级行政中心
其他城市
国界
未定国界
地区界
军事分界线
省、自治区、直辖市界
特别行政区界
常年河
时令河
运河
珊瑚礁
6621 山峰及高程
海拔(m)
6000
5000
4000
降水日数
1天
2~3天
4天以上
1: 2500万

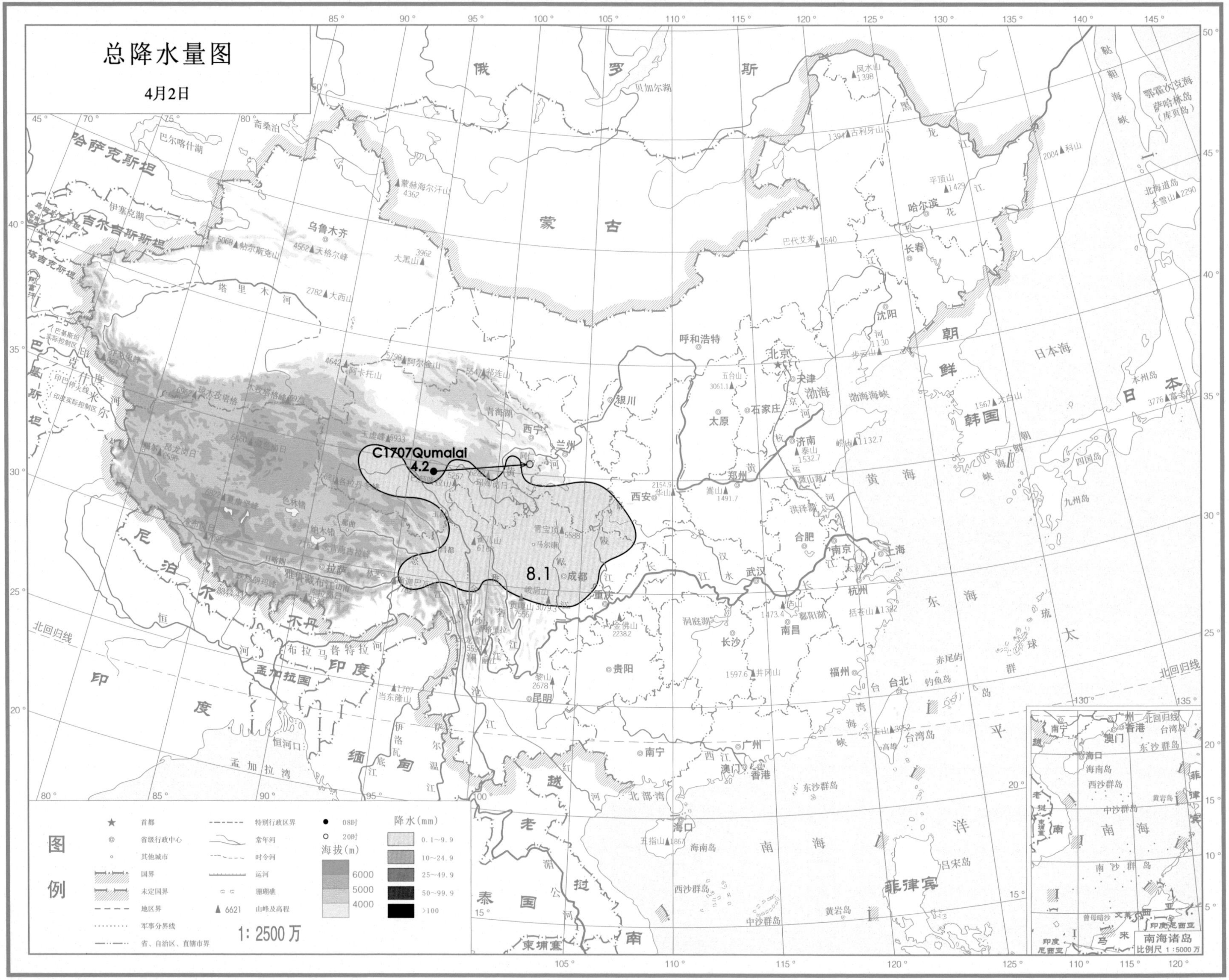
总降水量图
4月2日
C1707Qumalai
4.2
8.1
图例
首都
省级行政中心
其他城市
国界
未定国界
地区界
军事分界线
省、自治区、直辖市界
特别行政区界
常年河
时令河
运河
珊瑚礁
6621 山峰及高程
08时
20时
海拔(m)
6000
5000
4000
降水(mm)
0.1~9.9
10~24.9
25~49.9
50~99.9
>100
1: 2500万
南海诸岛
比例尺 1:5000万

总降水日数图

4月2日

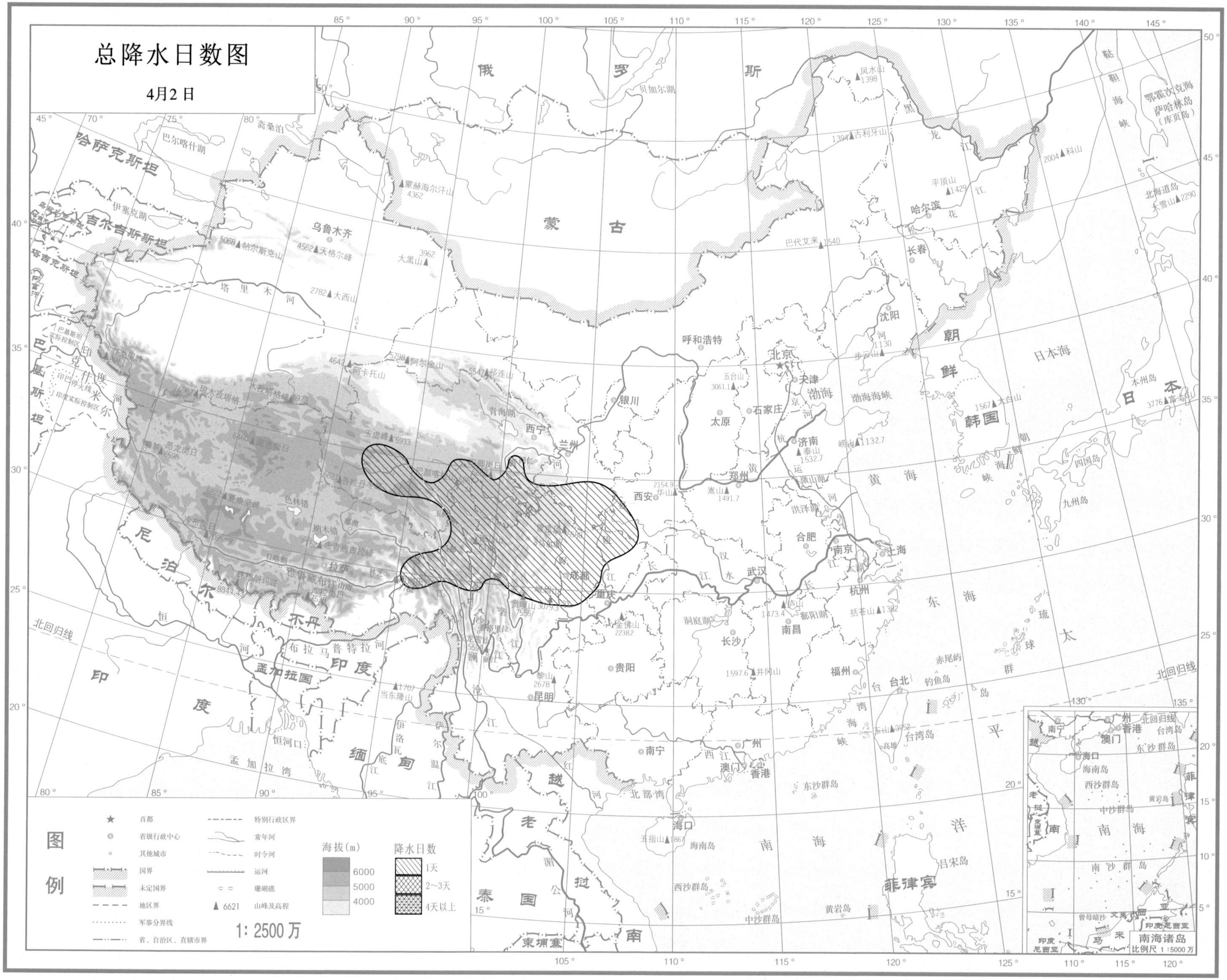

哈萨克斯坦
吉尔吉斯斯坦
塔吉克斯坦
俄罗斯
蒙古
朝鲜
韩国
日本
尼泊尔
不丹
孟加拉国
印度
缅甸
老挝
泰国
越南
柬埔寨
菲律宾
日本海
渤海
黄海
东海
南海
太平洋
北回归线
南海诸岛
比例尺 1:5000 万
图例
首都
省级行政中心
其他城市
国界
未定国界
地区界
军事分界线
省、自治区、直辖市界
特别行政区界
常年河
时令河
运河
珊瑚礁
山峰及高程
海拔(m)
6000
5000
4000
降水日数
1天
2~3天
4天以上
1: 2500 万

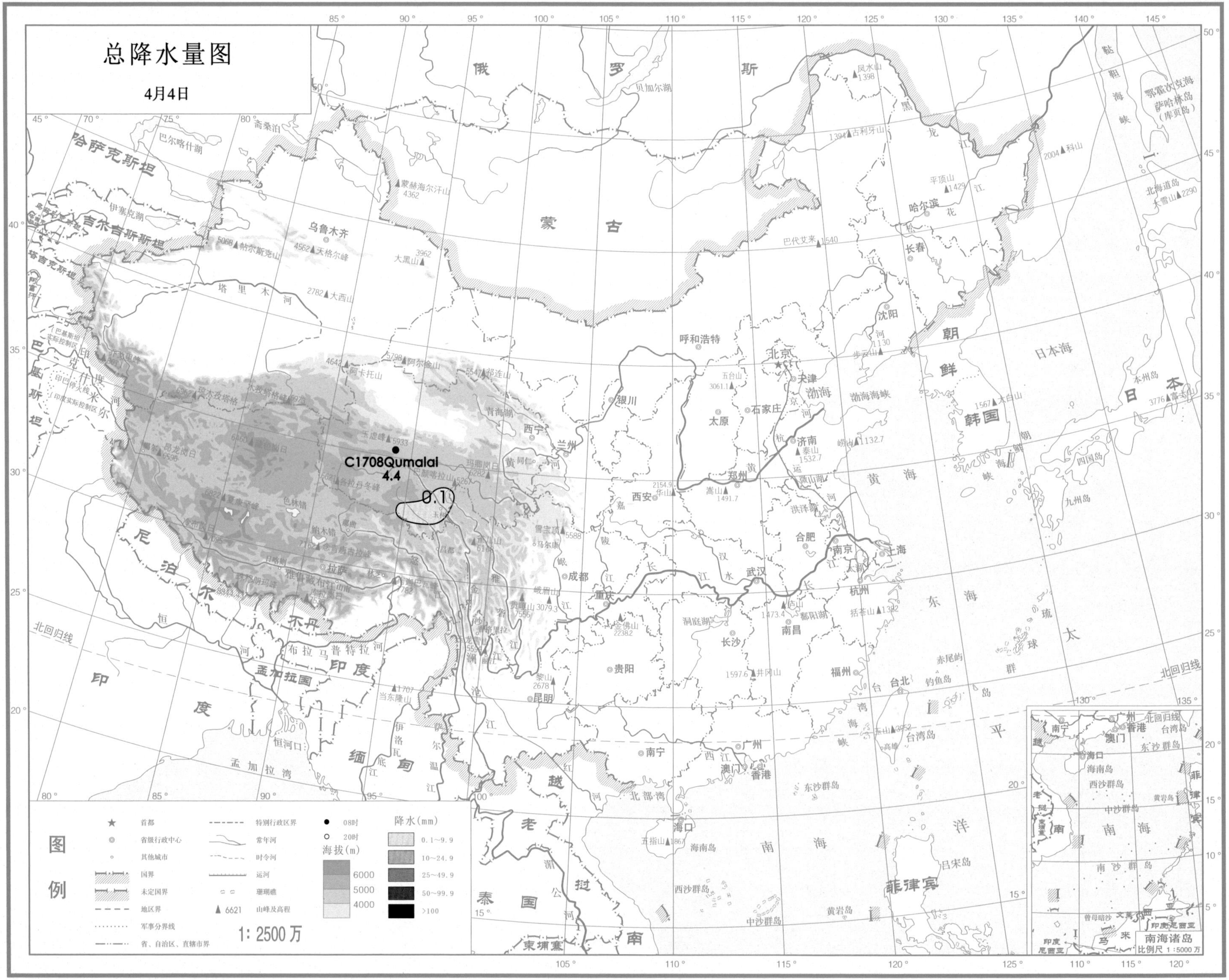
总降水量图
4月4日
C1708Qumalai
4.4
0.1
图例
首都
省级行政中心
其他城市
国界
未定国界
地区界
军事分界线
省、自治区、直辖市界
特别行政区界
常年河
时令河
运河
珊瑚礁
6621 山峰及高程
08时
20时
海拔(m)
6000
5000
4000
降水(mm)
0.1~9.9
10~24.9
25~49.9
50~99.9
>100
1: 2500万
南海诸岛
比例尺 1:5000万

总降水日数图

4月4日

俄　罗　斯
蒙　古
哈萨克斯坦
吉尔吉斯斯坦
塔吉克斯坦
尼　泊　尔
不丹
孟加拉国
印　度
缅　甸
老　挝
越　南
泰　国
柬埔寨
朝　鲜
韩国
日　本
菲律宾
北京
天津
上海
重庆
乌鲁木齐
拉萨
西宁
兰州
银川
呼和浩特
太原
石家庄
济南
郑州
西安
成都
贵阳
昆明
南宁
广州
香港
澳门
海口
长沙
武汉
南昌
合肥
南京
杭州
福州
台北
沈阳
长春
哈尔滨
渤海
黄　海
东　海
南　海
日本海
北回归线
南海诸岛
比例尺 1:5000 万
图　例
首都
省级行政中心
其他城市
国界
未定国界
地区界
军事分界线
省、自治区、直辖市界
特别行政区界
常年河
时令河
运河
珊瑚礁
6621 山峰及高程
海拔(m)
6000
5000
4000
降水日数
1天
2~3天
4天以上
1:2500万

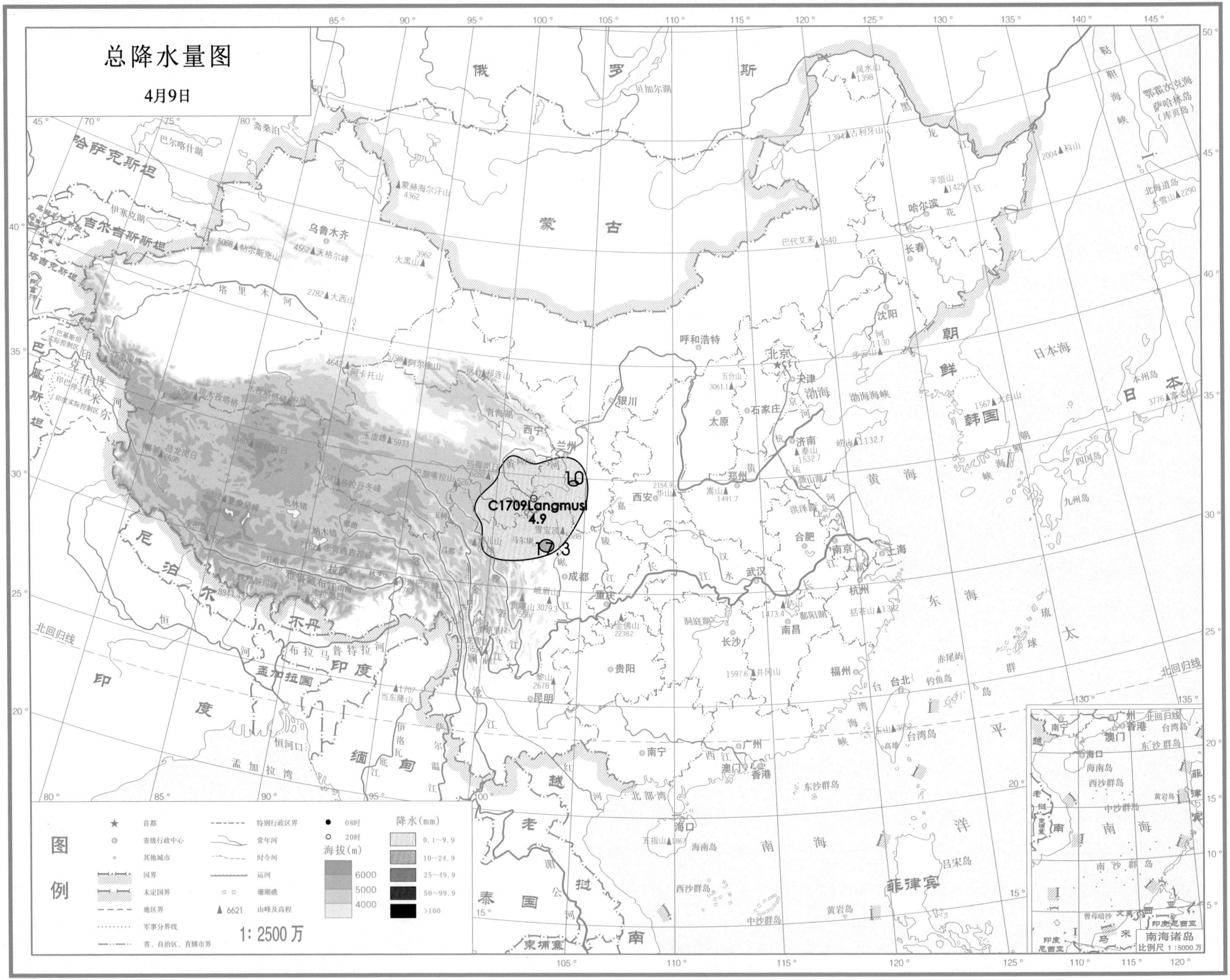
总降水量图
4月9日
C1709Langmusi
4.9
10
17.3
图例
首都
省级行政中心
其他城市
国界
未定国界
地区界
军事分界线
省、自治区、直辖市界
特别行政区界
常年河
时令河
运河
珊瑚礁
6621 山峰及高程
08时
20时
海拔(m)
6000
5000
4000
降水(mm)
0.1~9.9
10~24.9
25~49.9
50~99.9
>100
1: 2500 万
南海诸岛
比例尺 1:5000 万

总降水日数图

4月9日

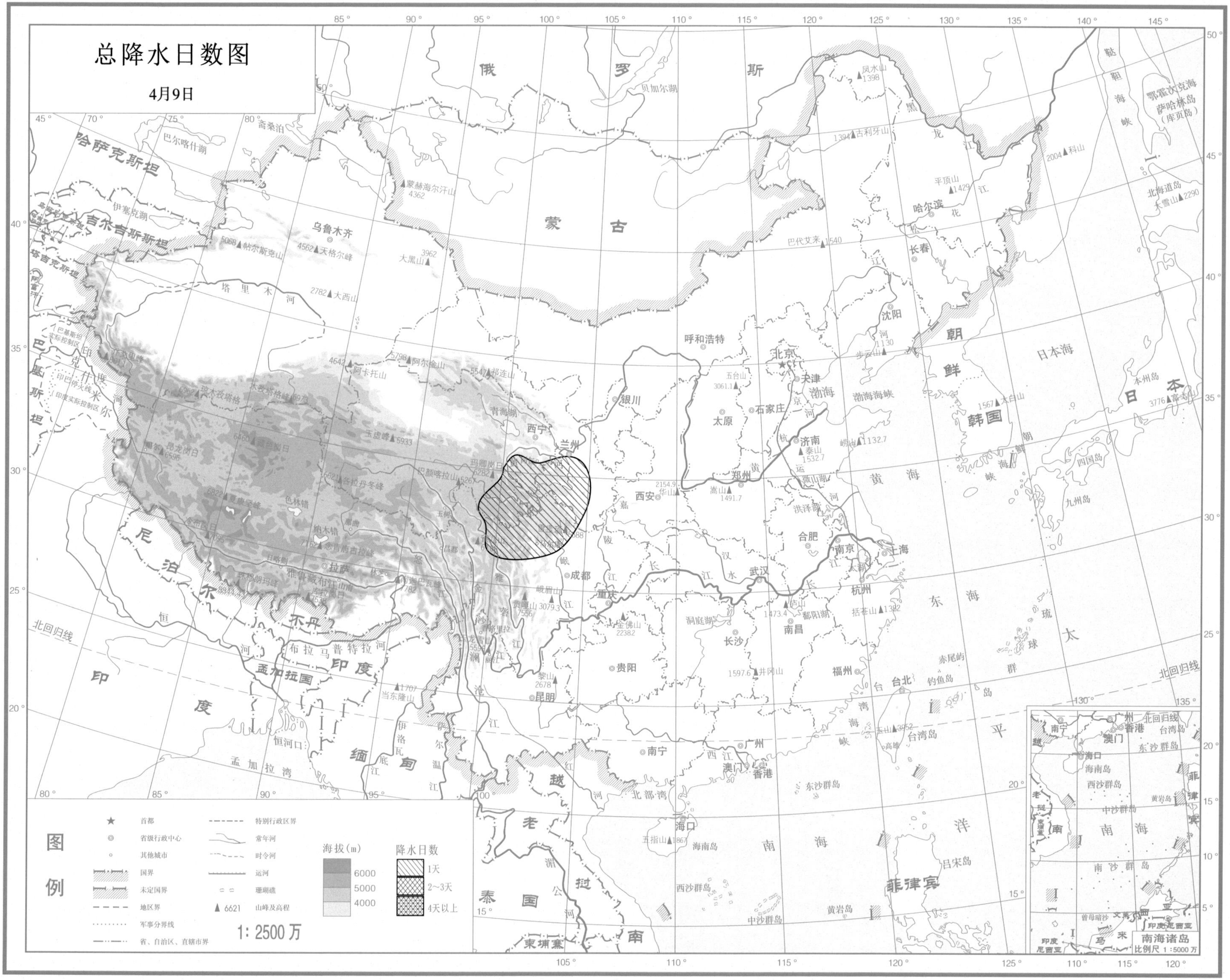

高原低涡　第一部分

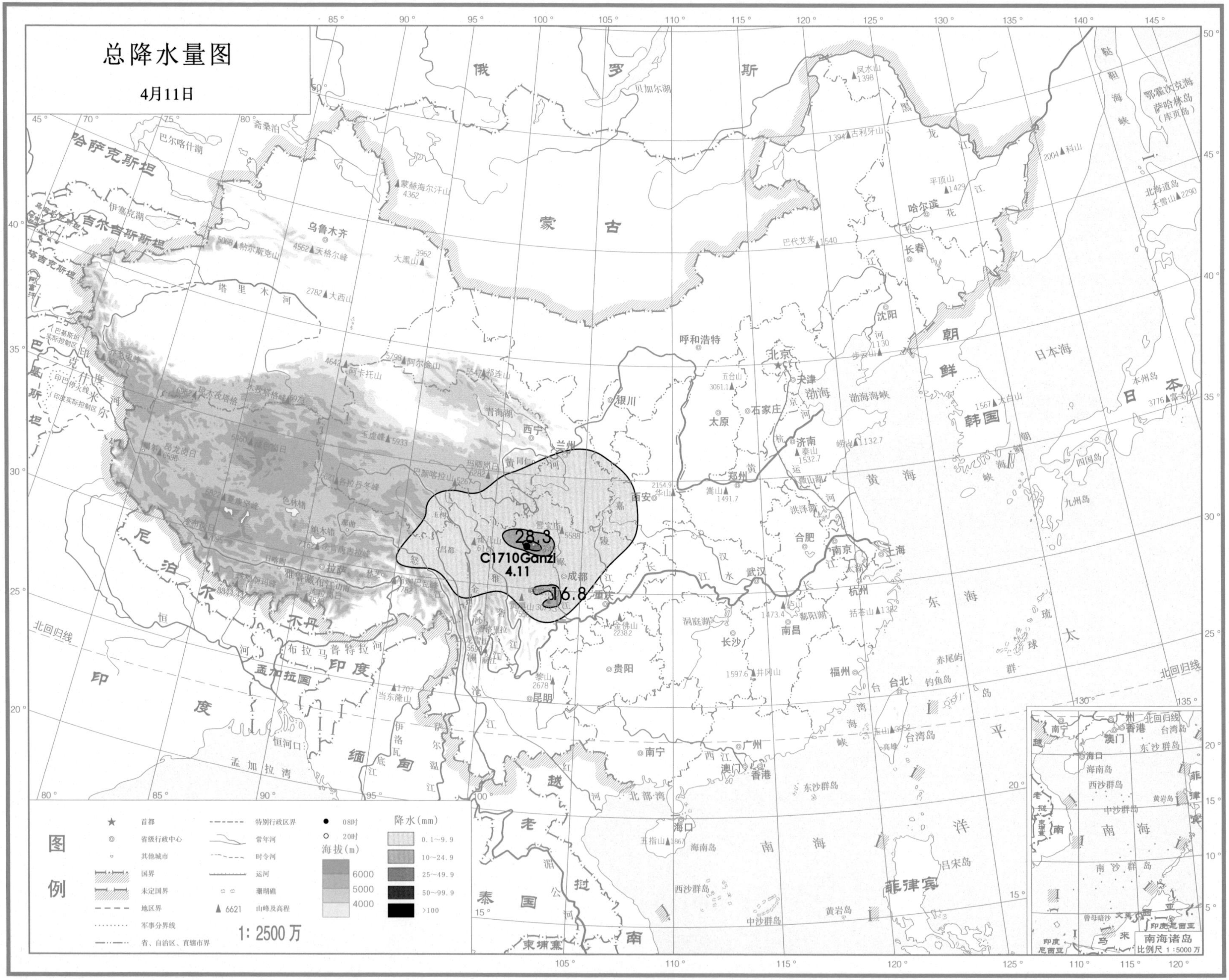
总降水量图
4月11日
28.3
C1710Ganzi
4.11
16.8
图例
首都
省级行政中心
其他城市
国界
未定国界
地区界
军事分界线
省、自治区、直辖市界
特别行政区界
常年河
时令河
运河
珊瑚礁
6621 山峰及高程
08时
20时
降水(mm)
0.1~9.9
10~24.9
25~49.9
50~99.9
>100
海拔(m)
6000
5000
4000
1: 2500万
南海诸岛
比例尺 1:5000万
俄罗斯
蒙古
哈萨克斯坦
吉尔吉斯斯坦
塔吉克斯坦
印度
尼泊尔
不丹
孟加拉国
缅甸
老挝
泰国
越南
柬埔寨
菲律宾
朝鲜
韩国
日本
乌鲁木齐
西宁
兰州
银川
呼和浩特
北京
天津
石家庄
太原
济南
郑州
西安
成都
重庆
拉萨
贵阳
昆明
南宁
广州
香港
澳门
海口
长沙
武汉
南昌
合肥
南京
上海
杭州
福州
台北
沈阳
长春
哈尔滨
黄海
东海
南海
日本海
渤海
太平洋

总降水日数图

4月11日

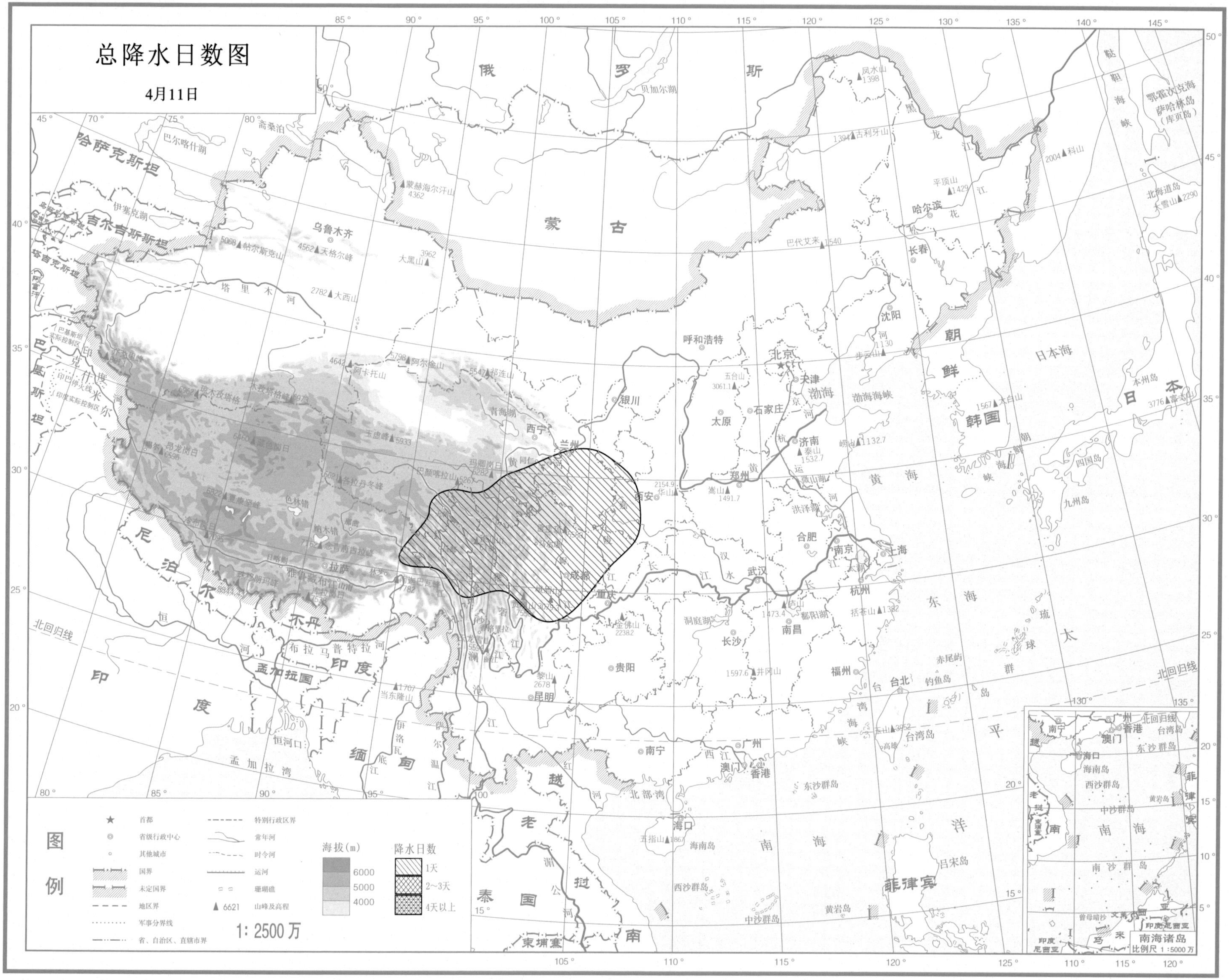

图例
首都
省级行政中心
其他城市
国界
未定国界
地区界
军事分界线
省、自治区、直辖市界
特别行政区界
常年河
时令河
运河
珊瑚礁
6621 山峰及高程
1: 2500万
海拔(m)
6000
5000
4000
降水日数
1天
2~3天
4天以上
南海诸岛
比例尺 1:5000万

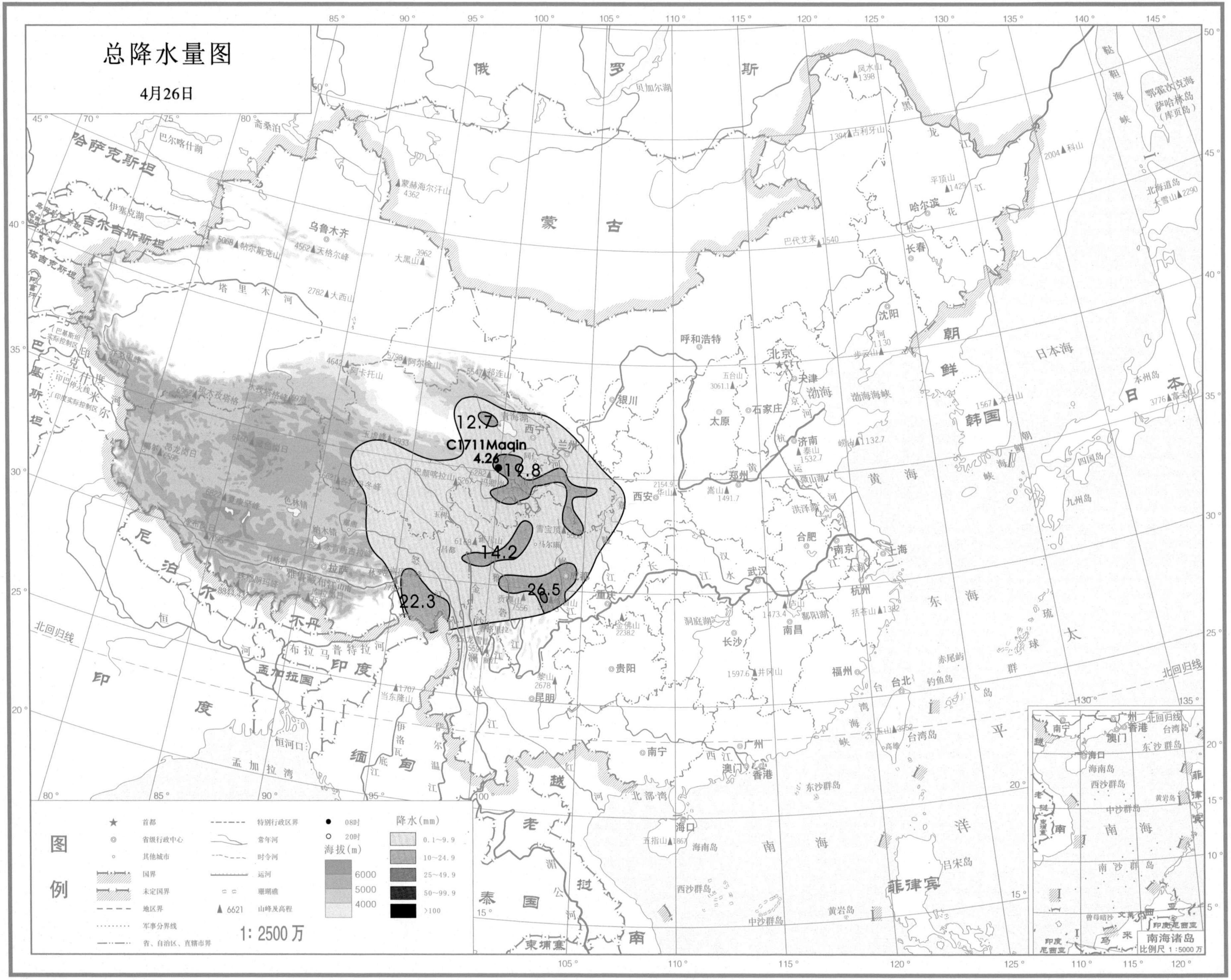
总降水量图
4月26日
12.7
C1711Maqin
4.26
19.8
14.2
26.5
22.3
图例
首都
省级行政中心
其他城市
国界
未定国界
地区界
军事分界线
省、自治区、直辖市界
特别行政区界
常年河
时令河
运河
珊瑚礁
6621 山峰及高程
08时
20时
海拔(m)
6000
5000
4000
降水(mm)
0.1~9.9
10~24.9
25~49.9
50~99.9
>100
1: 2500 万
南海诸岛
比例尺 1:5000 万

总降水日数图

4月26日

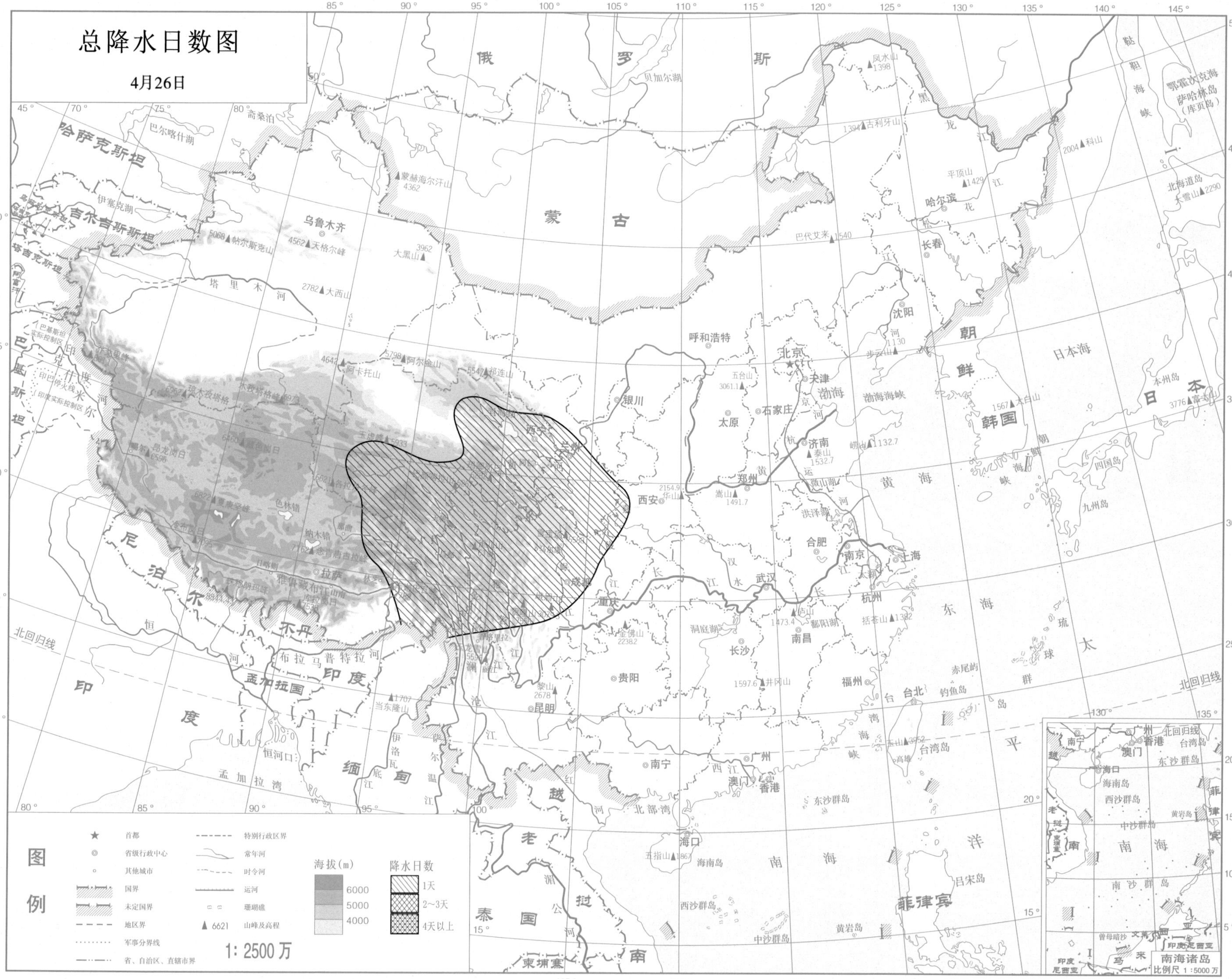

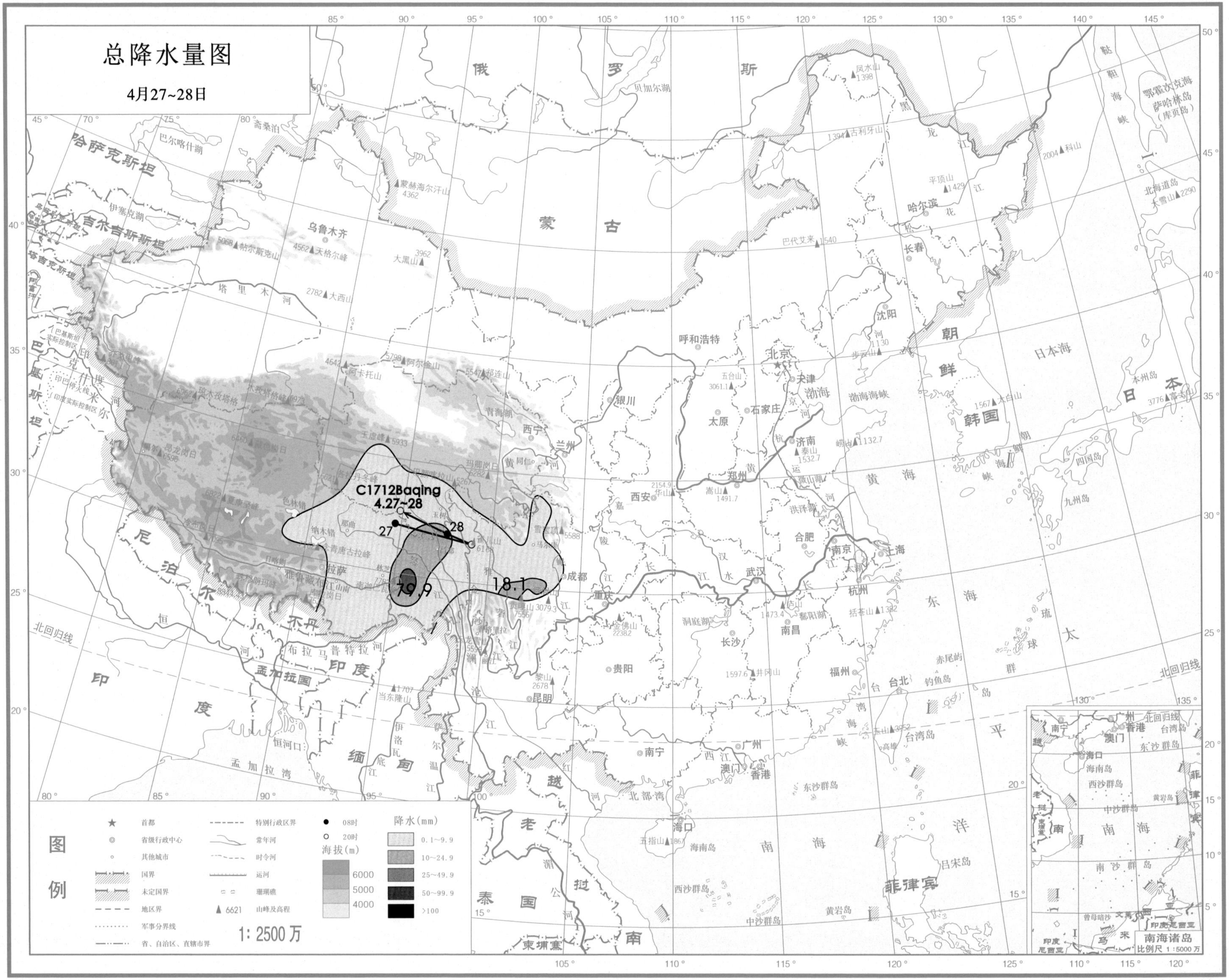
总降水量图
4月27~28日
C1712Baqing
4.27~28
27
28
79.9
18.1
图例
首都
省级行政中心
其他城市
国界
未定国界
地区界
军事分界线
省、自治区、直辖市界
特别行政区界
常年河
时令河
运河
珊瑚礁
6621 山峰及高程
08时
20时
海拔(m)
6000
5000
4000
降水(mm)
0.1~9.9
10~24.9
25~49.9
50~99.9
>100
1: 2500 万
南海诸岛
比例尺 1:5000 万

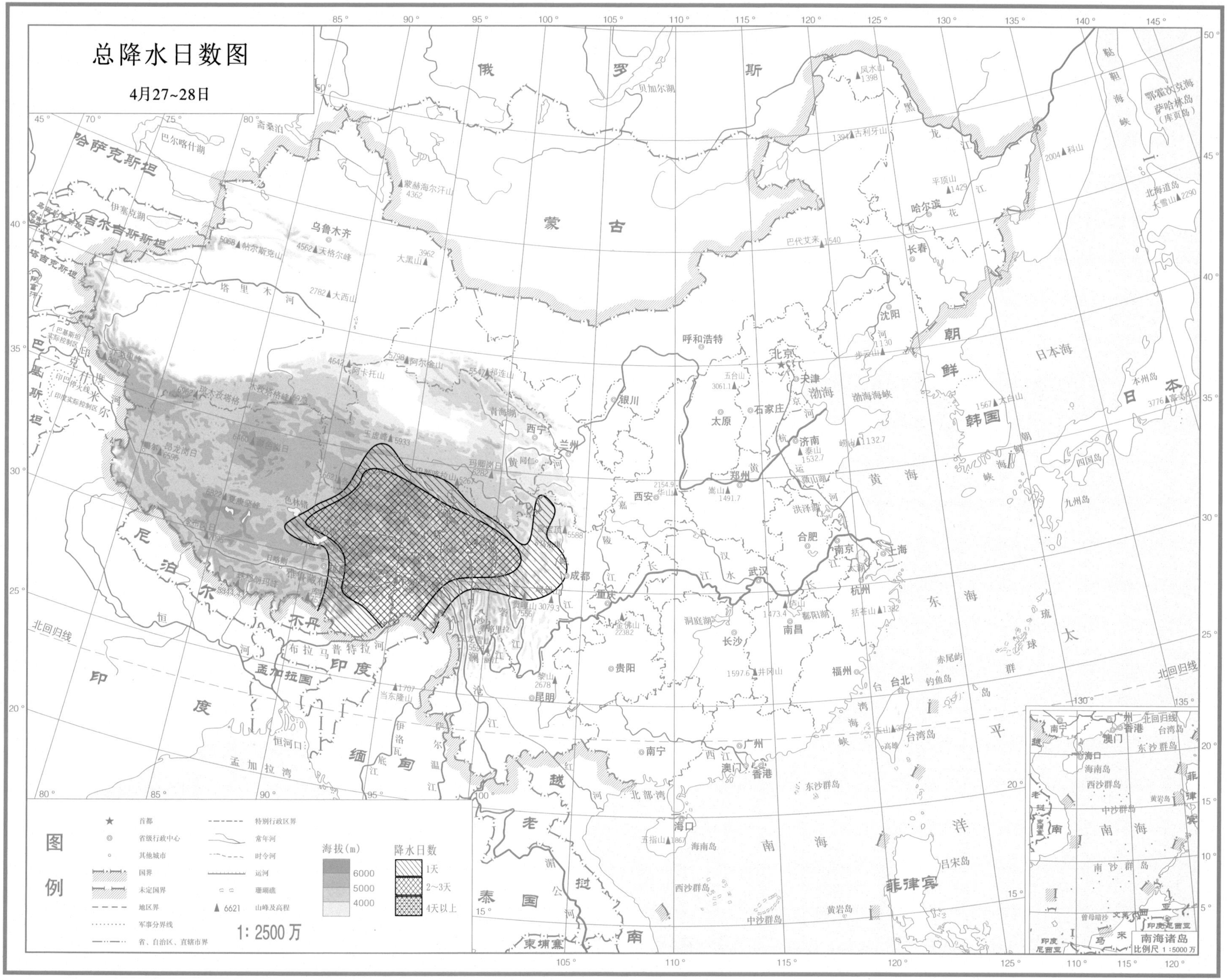
总降水日数图
4月27~28日
图例
首都
省级行政中心
其他城市
国界
未定国界
地区界
军事分界线
省、自治区、直辖市界
特别行政区界
常年河
时令河
运河
珊瑚礁
6621 山峰及高程
海拔(m)
6000
5000
4000
降水日数
1天
2~3天
4天以上
1:2500万
俄 罗 斯
蒙 古
哈萨克斯坦
吉尔吉斯斯坦
塔吉克斯坦
巴基斯坦
印度
尼泊尔
不丹
孟加拉国
缅甸
老挝
泰国
越南
柬埔寨
菲律宾
朝鲜
韩国
日本
北京
天津
石家庄
太原
呼和浩特
沈阳
长春
哈尔滨
济南
郑州
西安
银川
兰州
西宁
乌鲁木齐
成都
重庆
贵阳
昆明
南宁
广州
香港
澳门
海口
长沙
武汉
南昌
合肥
南京
上海
杭州
福州
台北
黄海
东海
南海
日本海
渤海
太平洋
北回归线
南海诸岛
比例尺 1:5000万

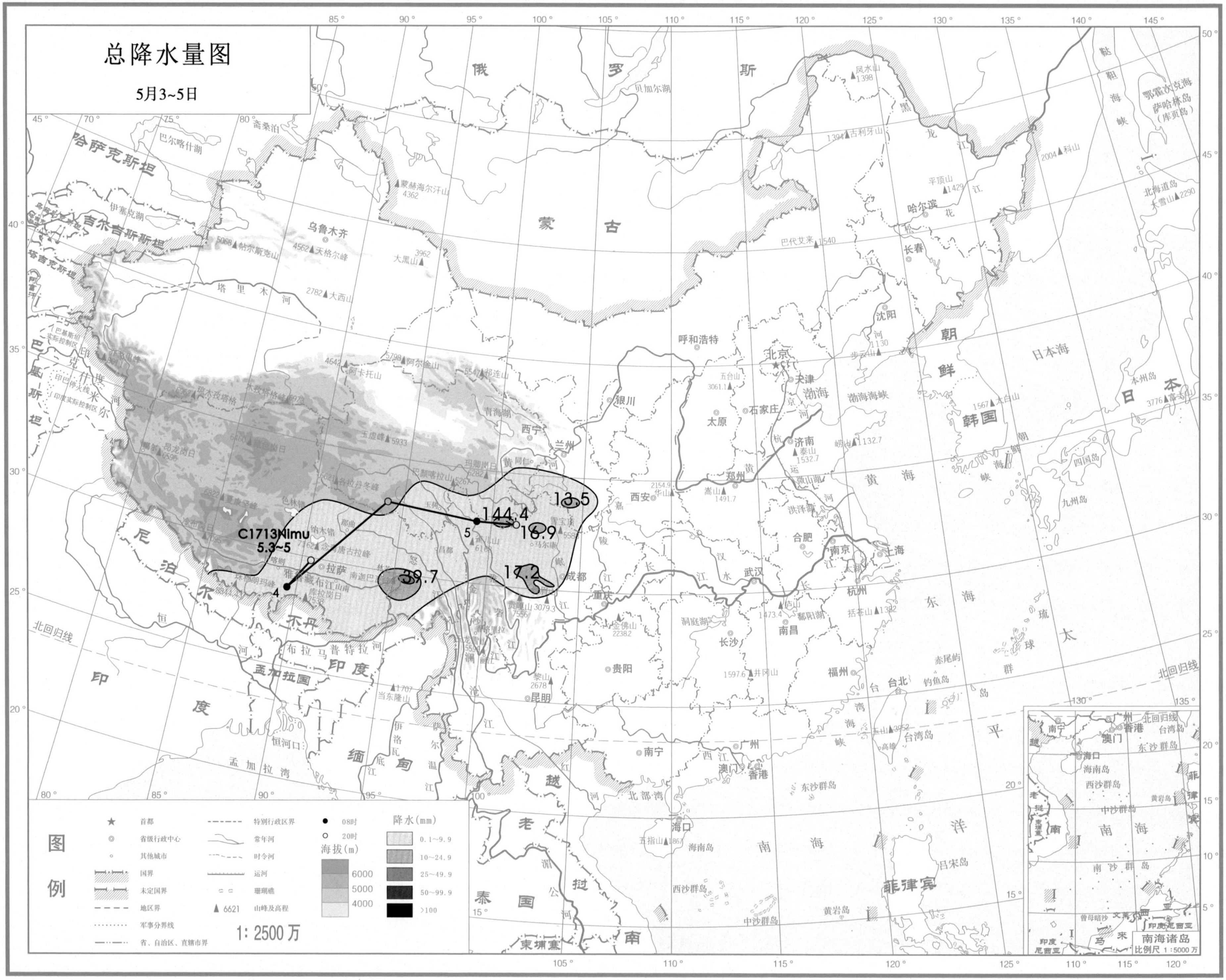
总降水量图
5月3~5日
C1713Nimu
5.3~5
144.4
16.9
13.5
17.2
39.7
4
5
图例
首都
省级行政中心
其他城市
国界
未定国界
地区界
军事分界线
省、自治区、直辖市界
特别行政区界
常年河
时令河
运河
珊瑚礁
山峰及高程
08时
20时
海拔(m)
6000
5000
4000
降水(mm)
0.1~9.9
10~24.9
25~49.9
50~99.9
>100
1: 2500万
南海诸岛
比例尺 1:5000万

总降水日数图

5月3~5日

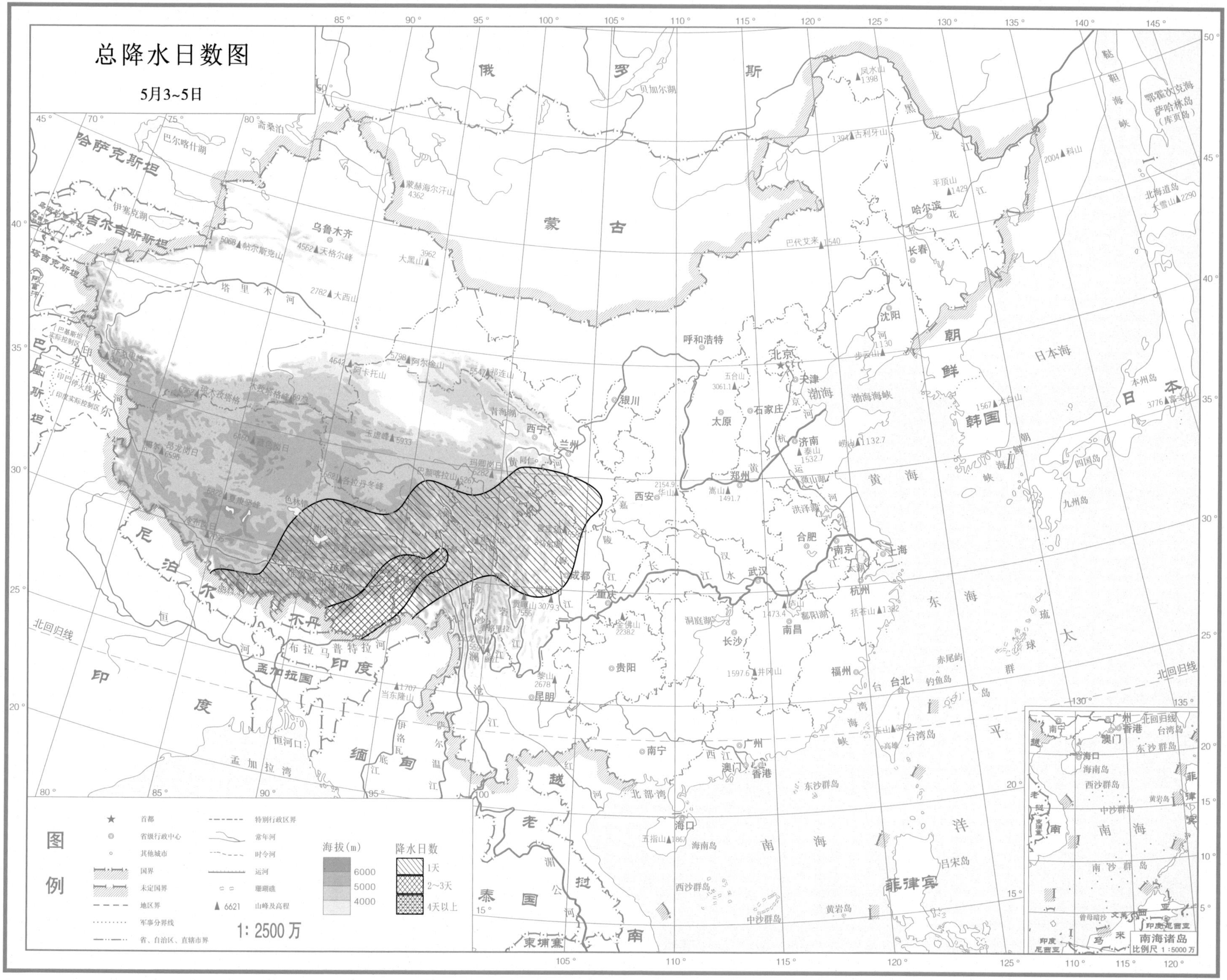

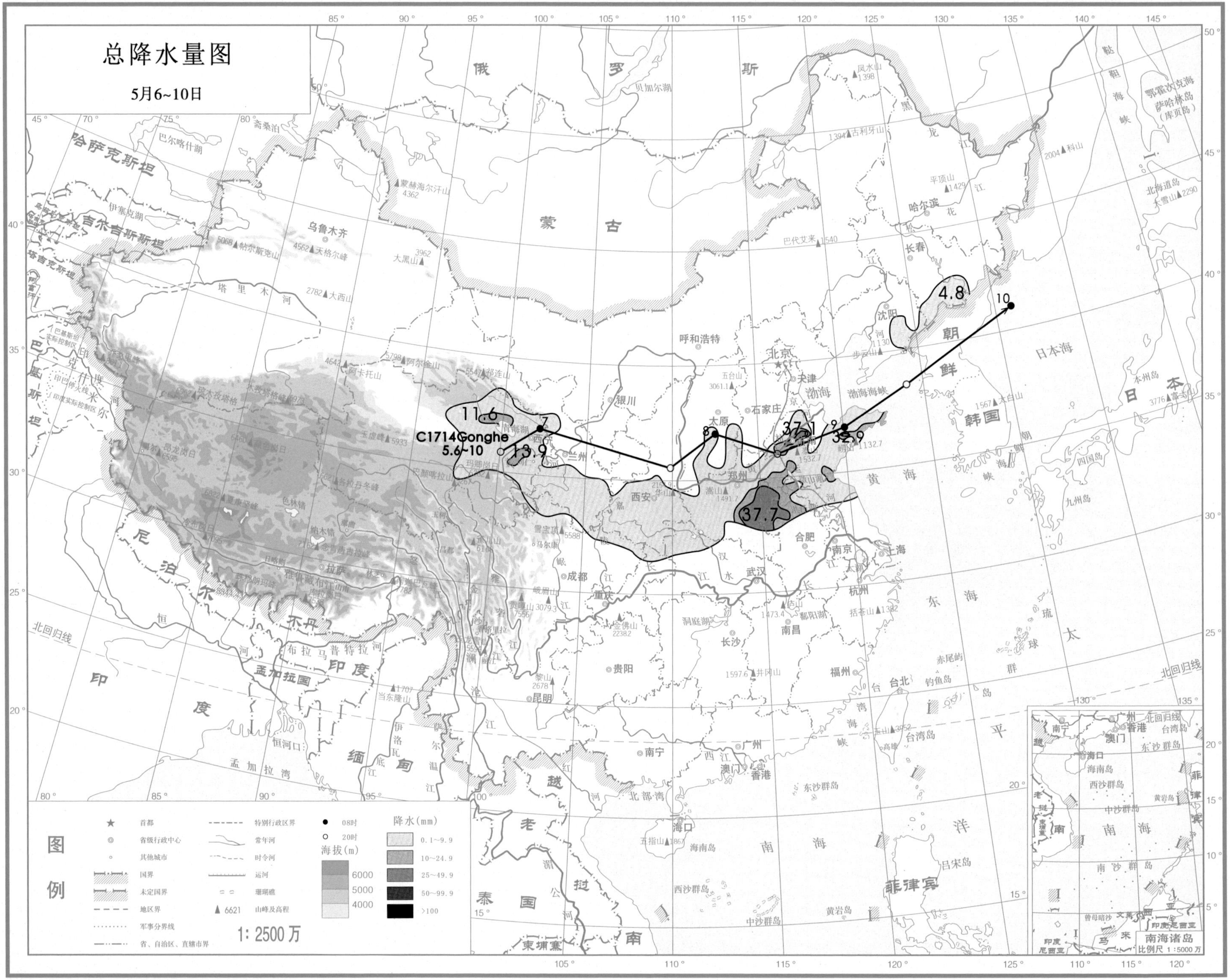
总降水量图
5月6~10日
C1714Gonghe
5.6~10
11.6
13.9
37.1
32.9
37.7
4.8
图例
首都
省级行政中心
其他城市
国界
未定国界
地区界
军事分界线
省、自治区、直辖市界
特别行政区界
常年河
时令河
运河
珊瑚礁
山峰及高程
08时
20时
海拔(m)
6000
5000
4000
降水(mm)
0.1~9.9
10~24.9
25~49.9
50~99.9
>100
1: 2500万
南海诸岛
比例尺 1:5000万

总降水日数图

5月6~10日

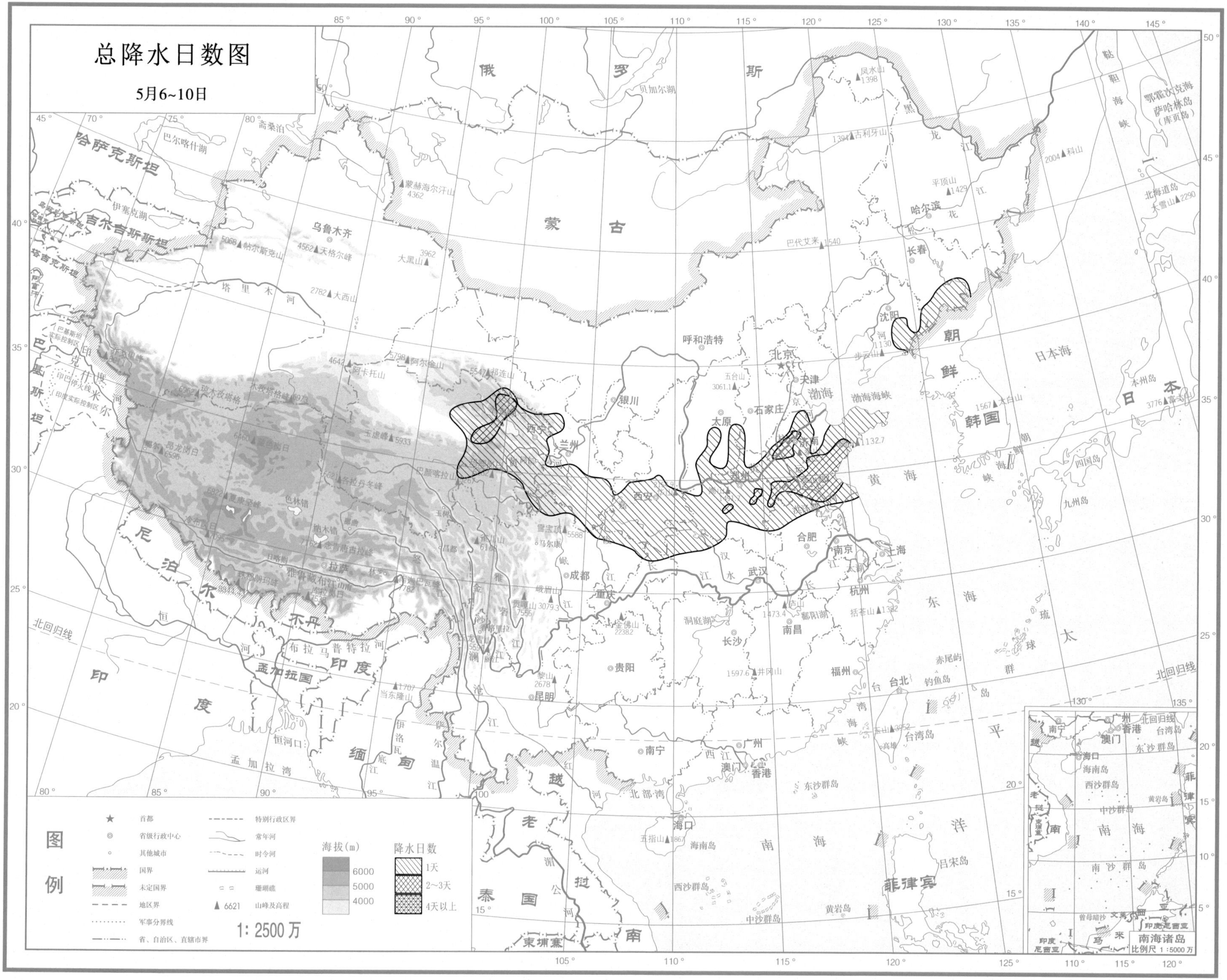

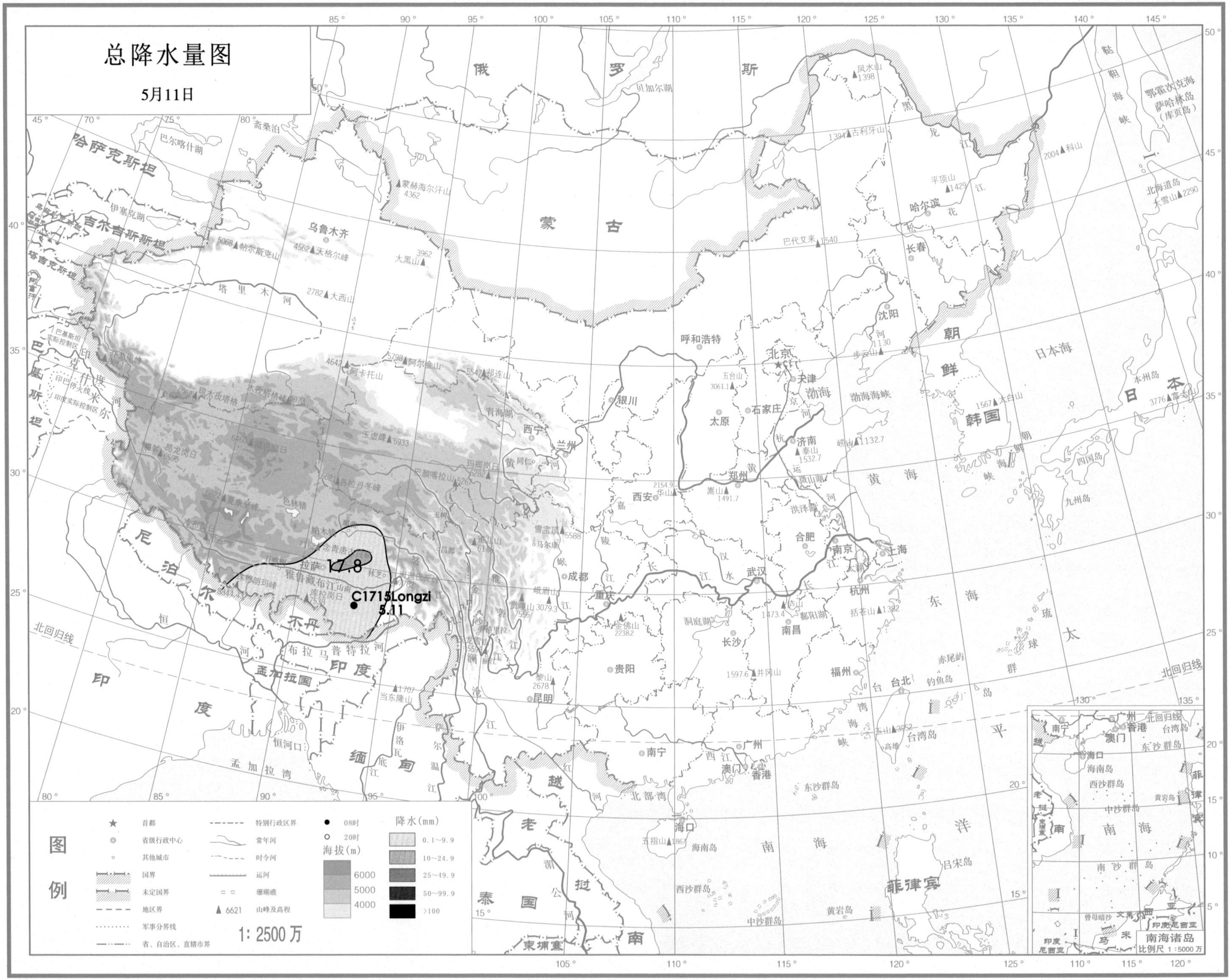
总降水量图
5月11日
17.8
C1715Longzi
5.11
图例
首都
省级行政中心
其他城市
国界
未定国界
地区界
军事分界线
省、自治区、直辖市界
特别行政区界
常年河
时令河
运河
珊瑚礁
6621 山峰及高程
08时
20时
海拔(m)
6000
5000
4000
降水(mm)
0.1~9.9
10~24.9
25~49.9
50~99.9
>100
1: 2500万
南海诸岛
比例尺 1：5000万

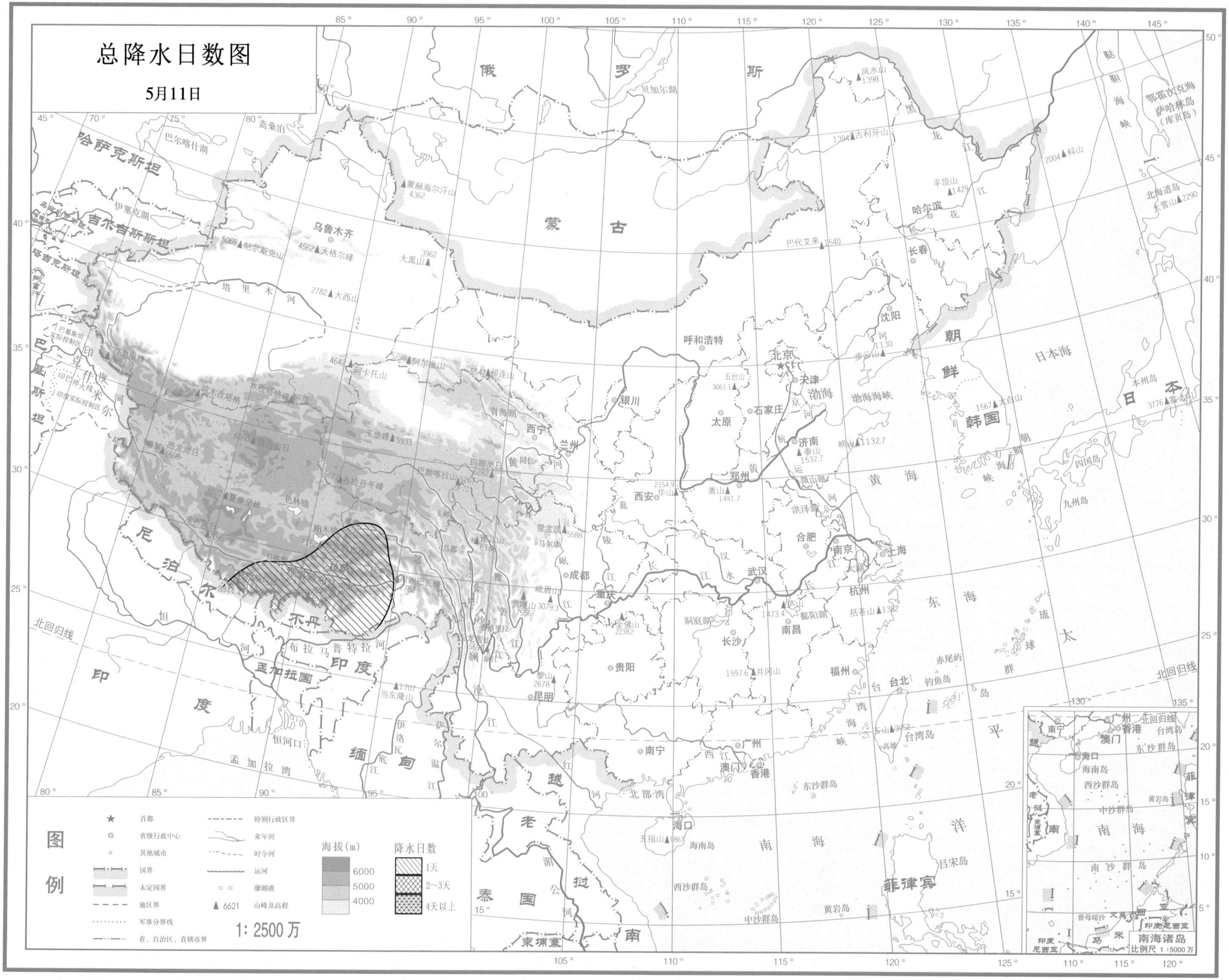
总降水日数图
5月11日
图例
首都
省级行政中心
其他城市
国界
未定国界
地区界
军事分界线
省、自治区、直辖市界
特别行政区界
常年河
时令河
运河
珊瑚礁
6621 山峰及高程
海拔(m)
6000
5000
4000
降水日数
1天
2~3天
4天以上
1:2500万
南海诸岛
比例尺 1:5000万

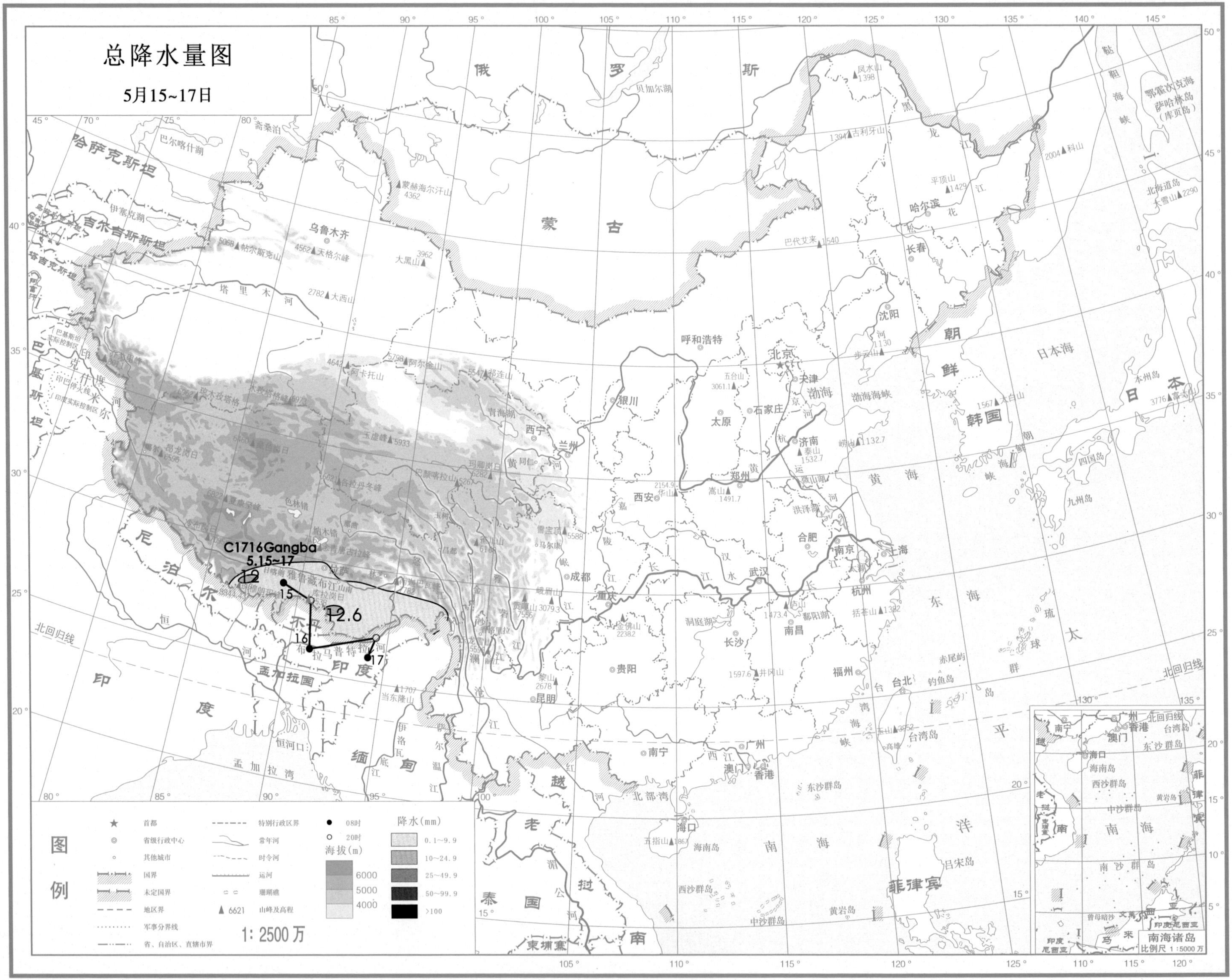
总降水量图
5月15~17日
C1716Gangba
5.15~17
12
12.6
15
16
17
图例
首都
省级行政中心
其他城市
国界
未定国界
地区界
军事分界线
省、自治区、直辖市界
特别行政区界
常年河
时令河
运河
珊瑚礁
6621 山峰及高程
08时
20时
海拔(m)
6000
5000
4000
降水(mm)
0.1~9.9
10~24.9
25~49.9
50~99.9
>100
1: 2500 万
南海诸岛
比例尺 1:5000 万

总降水日数图

5月15~17日

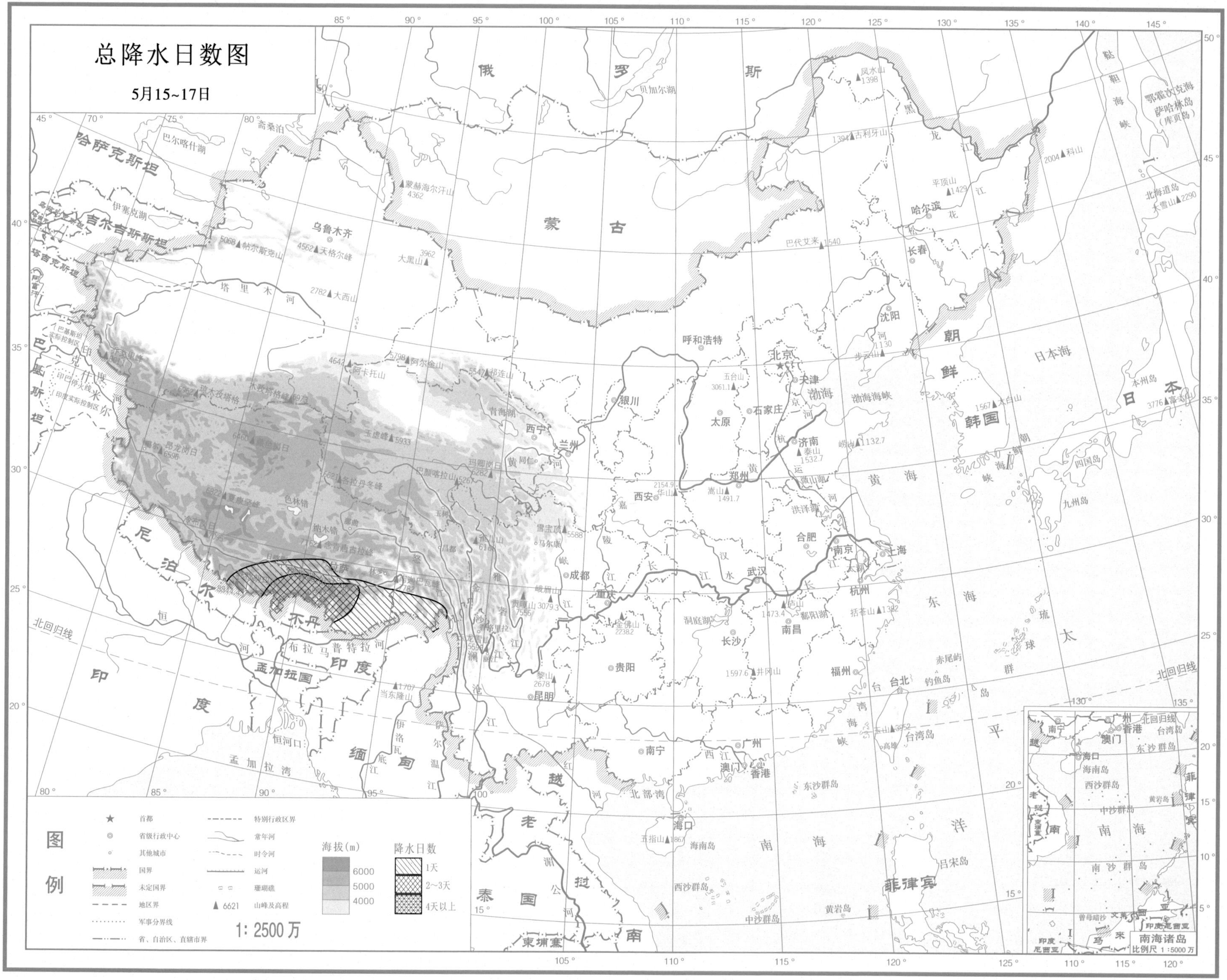

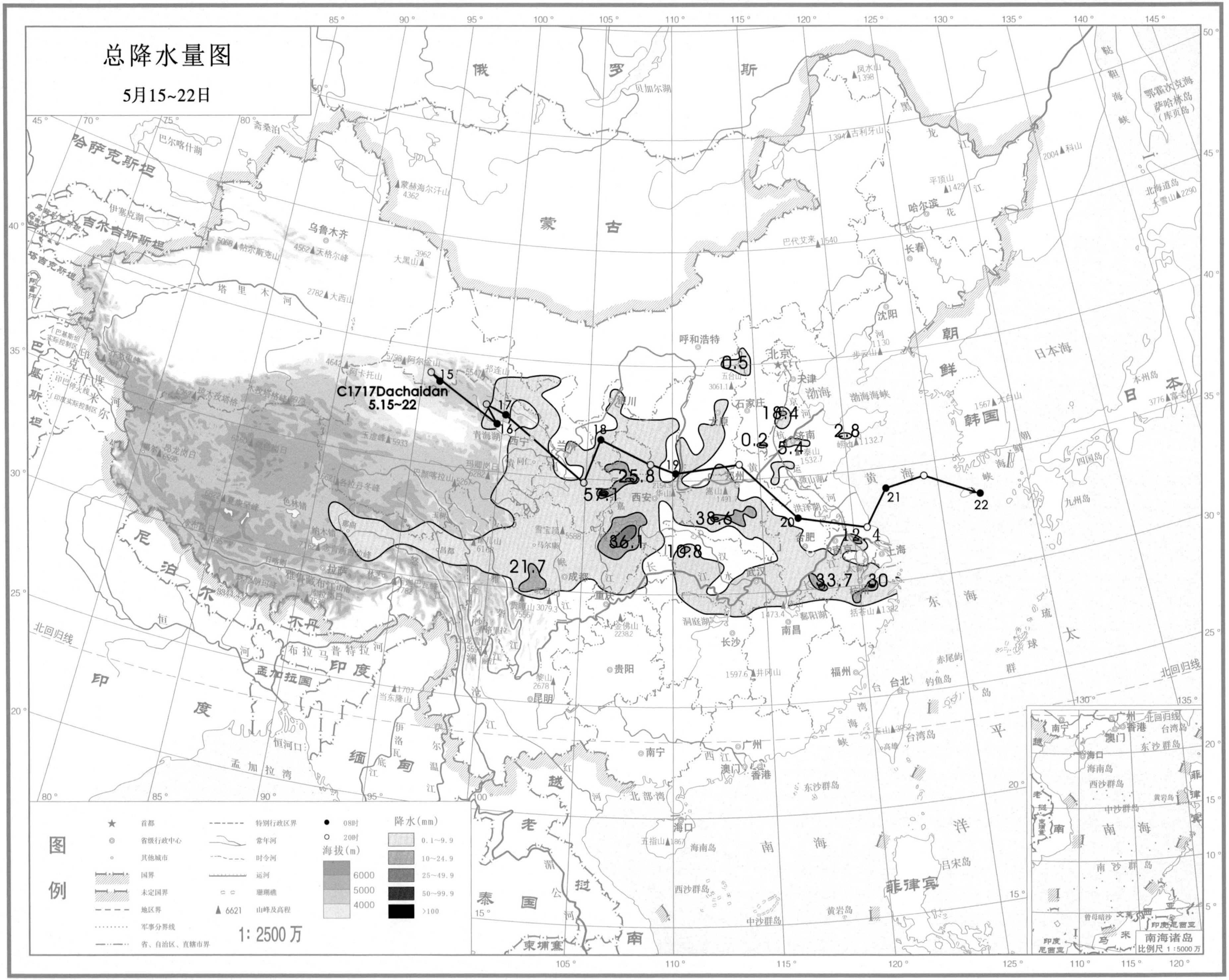
总降水量图
5月15~22日
C1717Dachaidan
5.15~22
0.5
18.4
0.2
5.4
2.8
25.8
57.1
38.6
36.1
10.8
12.4
21.7
33.7
30
图例
首都
省级行政中心
其他城市
国界
未定国界
地区界
军事分界线
省、自治区、直辖市界
特别行政区界
常年河
时令河
运河
珊瑚礁
山峰及高程
08时
20时
海拔(m)
6000
5000
4000
降水(mm)
0.1~9.9
10~24.9
25~49.9
50~99.9
>100
1: 2500万
南海诸岛
比例尺 1:5000万

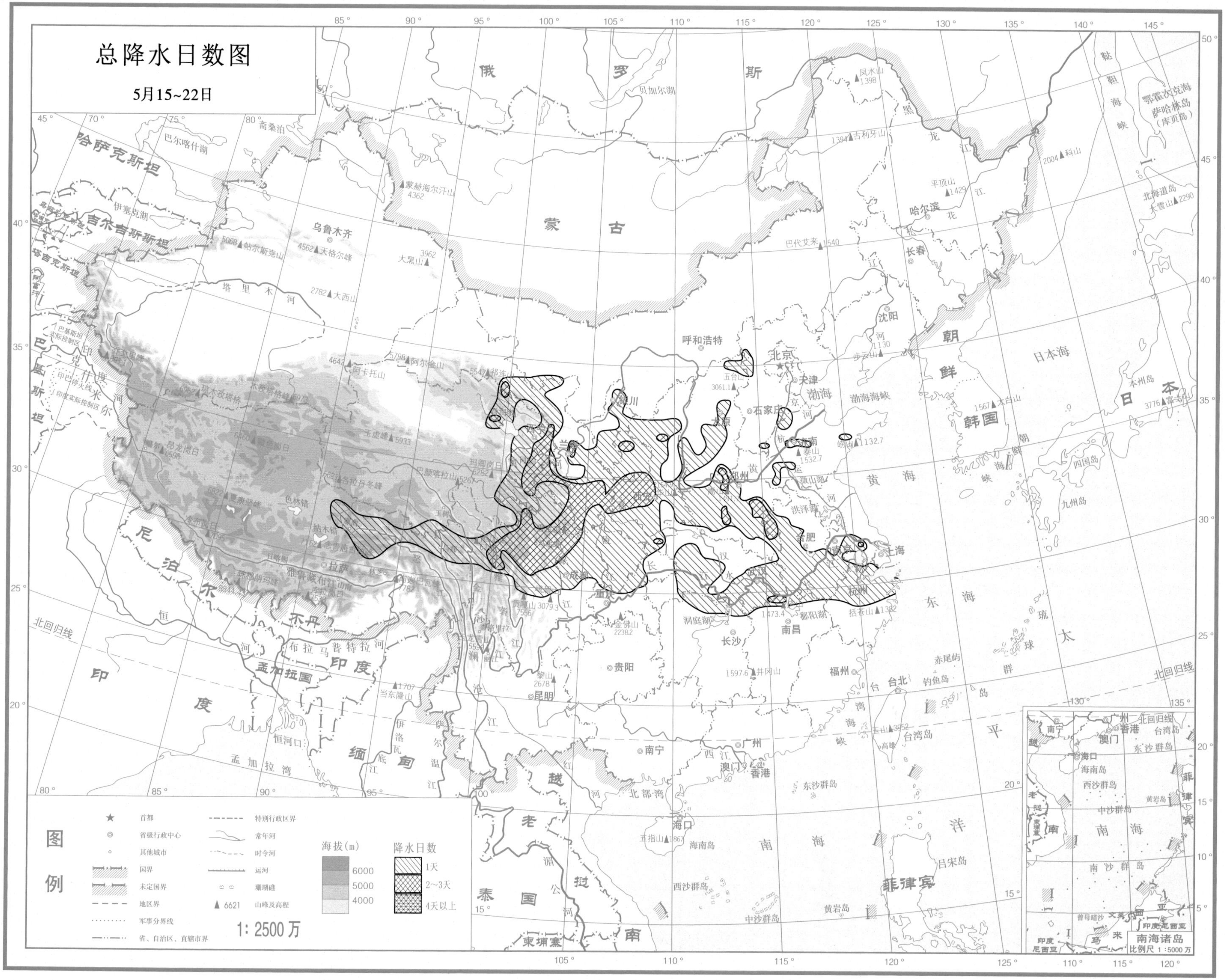
总降水日数图
5月15~22日
俄
罗
斯
蒙
古
哈萨克斯坦
吉尔吉斯斯坦
塔吉克斯坦
尼
泊
尔
不丹
孟加拉国
印
度
缅
甸
老
挝
泰
国
越
南
柬埔寨
朝
鲜
韩国
日
本
菲律宾
呼和浩特
北京
天津
石家庄
太原
银川
兰州
西宁
西安
郑州
济南
合肥
上海
杭州
南京
武汉
成都
重庆
长沙
南昌
贵阳
昆明
南宁
广州
福州
台北
香港
澳门
海口
拉萨
乌鲁木齐
哈尔滨
长春
沈阳
渤海
黄海
东海
南
海
日本海
太
平
洋
北回归线
图
例
首都
省级行政中心
其他城市
国界
未定国界
地区界
军事分界线
省、自治区、直辖市界
特别行政区界
常年河
时令河
运河
珊瑚礁
6621 山峰及高程
海拔(m)
6000
5000
4000
降水日数
1天
2~3天
4天以上
1: 2500 万
南海诸岛
比例尺 1:5000 万

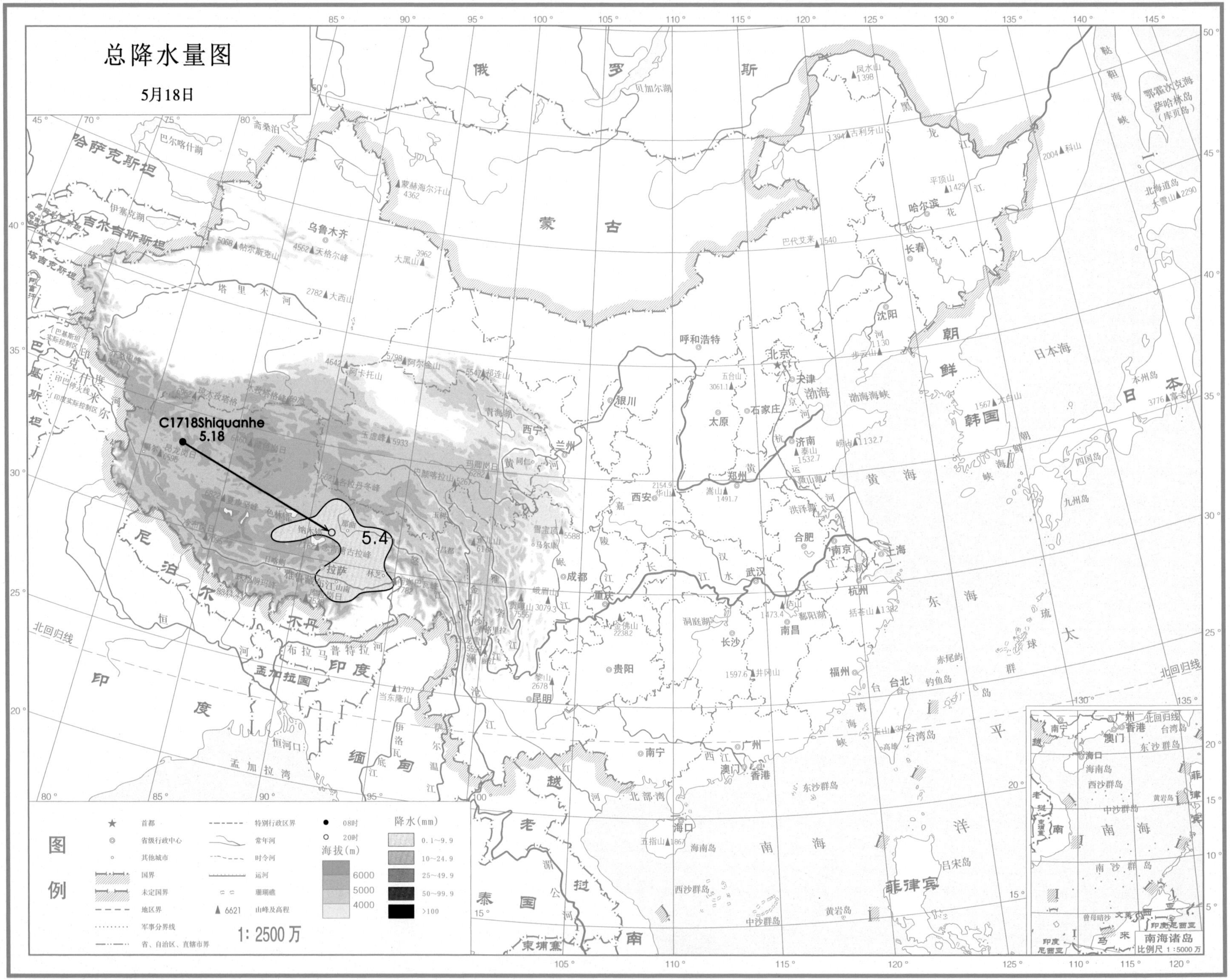
总降水量图
5月18日
C1718Shiquanhe
5.18
5.4
图例
首都
省级行政中心
其他城市
国界
未定国界
地区界
军事分界线
省、自治区、直辖市界
特别行政区界
常年河
时令河
运河
珊瑚礁
6621 山峰及高程
08时
20时
海拔(m)
6000
5000
4000
降水(mm)
0.1~9.9
10~24.9
25~49.9
50~99.9
>100
1: 2500万
南海诸岛
比例尺 1:5000万

总降水日数图

5月18日

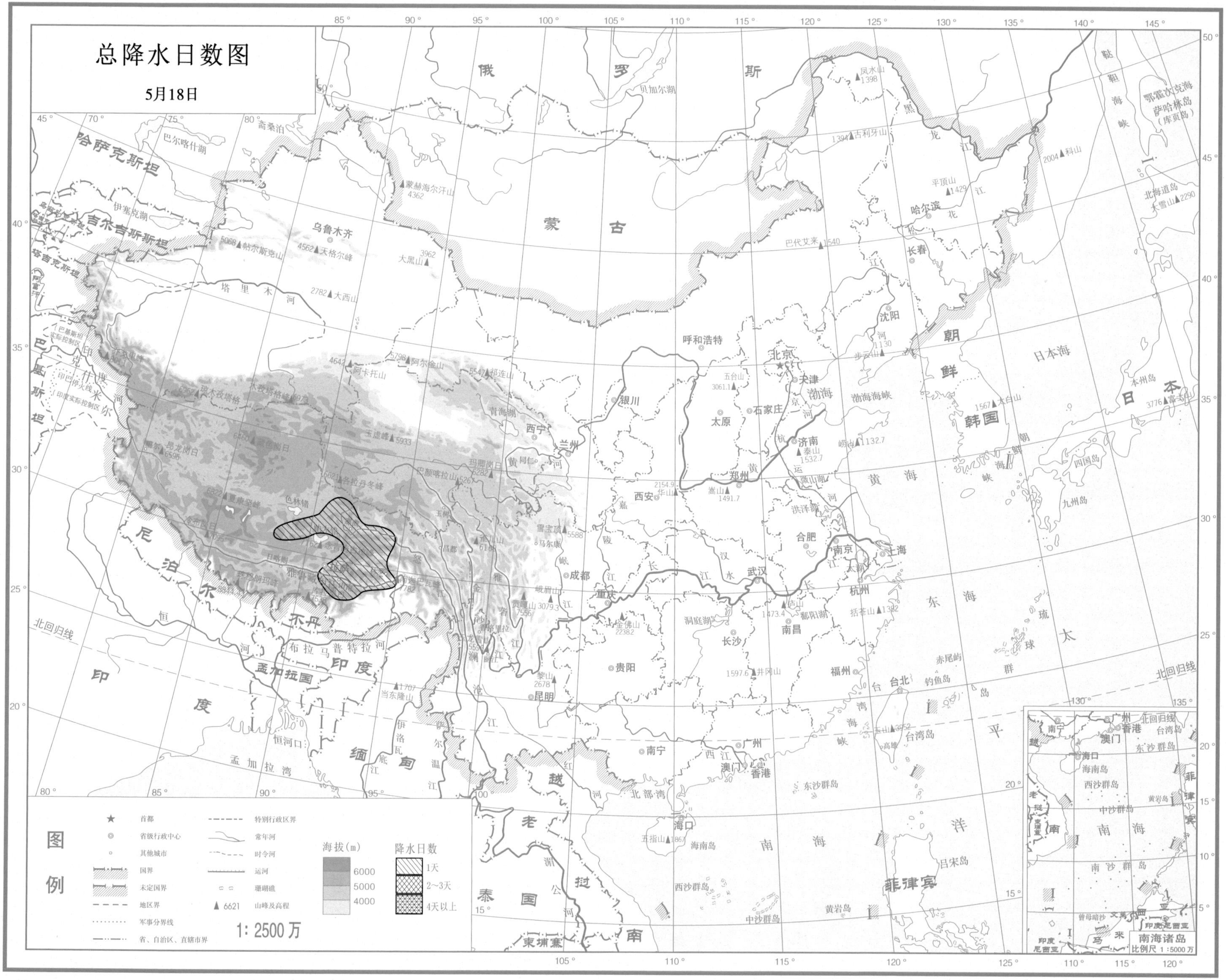

图例
首都
省级行政中心
其他城市
国界
未定国界
地区界
军事分界线
省、自治区、直辖市界
特别行政区界
常年河
时令河
运河
珊瑚礁
6621 山峰及高程
海拔(m)
6000
5000
4000
降水日数
1天
2~3天
4天以上
1: 2500万
俄 罗 斯
蒙 古
哈萨克斯坦
吉尔吉斯斯坦
塔吉克斯坦
阿富汗
巴基斯坦
印度
尼泊尔
不丹
孟加拉国
缅甸
老挝
泰国
柬埔寨
越南
菲律宾
朝鲜
韩国
日本
日本海
渤海
黄海
东海
南海
太平洋
南海诸岛
比例尺 1:5000万

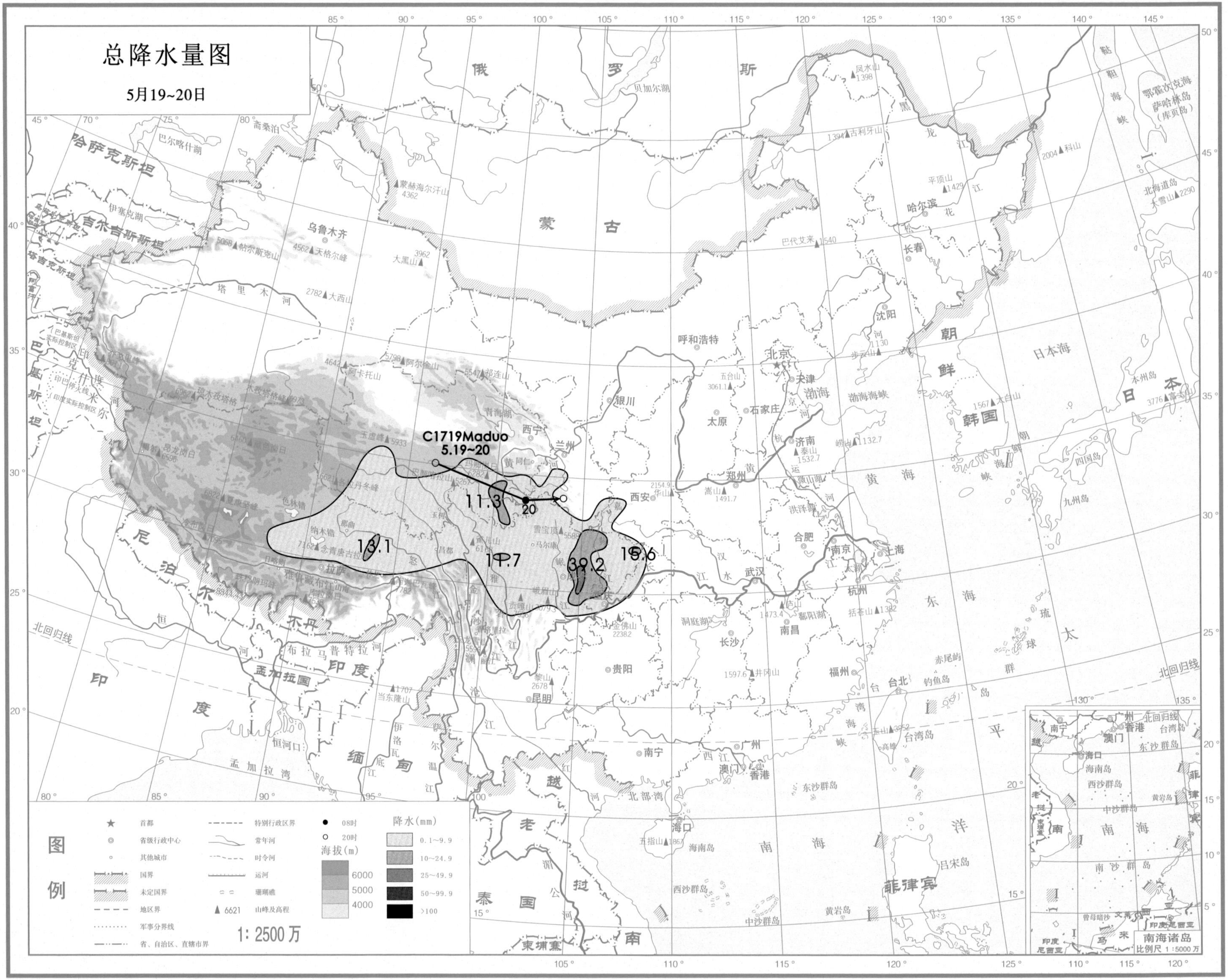
总降水量图
5月19~20日
C1719Maduo
5.19~20
20
11.3
13.1
11.7
39.2
15.6
图例
首都
省级行政中心
其他城市
国界
未定国界
地区界
军事分界线
省、自治区、直辖市界
特别行政区界
常年河
时令河
运河
珊瑚礁
山峰及高程
08时
20时
海拔(m)
6000
5000
4000
降水(mm)
0.1~9.9
10~24.9
25~49.9
50~99.9
>100
1: 2500万
南海诸岛
比例尺 1:5000万

总降水日数图

5月19~20日

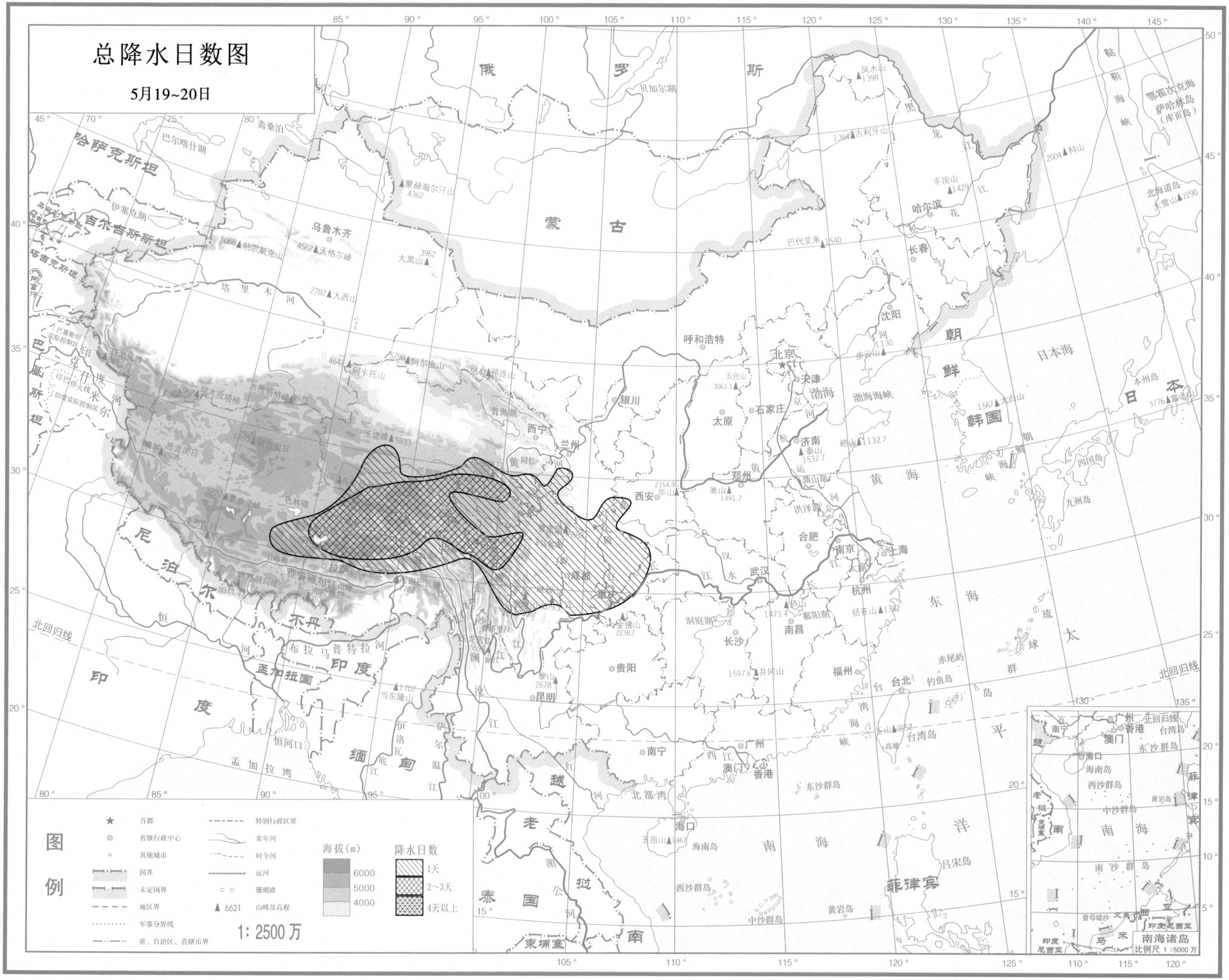
图例
首都
省级行政中心
其他城市
国界
未定国界
地区界
军事分界线
省、自治区、直辖市界
特别行政区界
常年河
时令河
运河
珊瑚礁
6621 山峰及高程
1：2500万
海拔(m)
6000
5000
4000
降水日数
1天
2~3天
4天以上
南海诸岛
比例尺 1：5000万

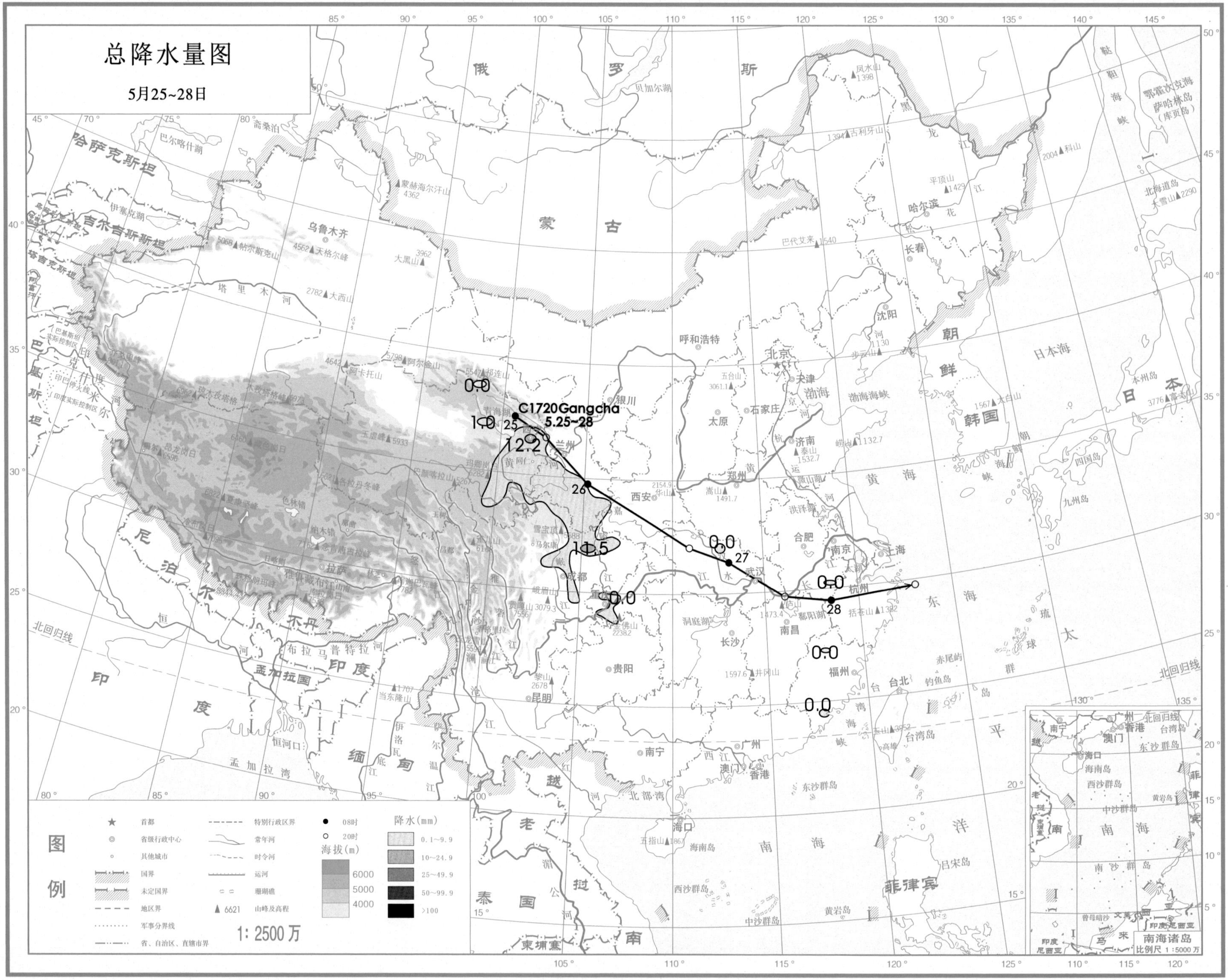
总降水量图
5月25~28日
C1720Gangcha
5.25~28
25
26
27
28
12.2
图例
首都
省级行政中心
其他城市
国界
未定国界
地区界
军事分界线
省、自治区、直辖市界
特别行政区界
常年河
时令河
运河
珊瑚礁
山峰及高程
08时
20时
海拔(m)
6000
5000
4000
降水(mm)
0.1~9.9
10~24.9
25~49.9
50~99.9
>100
1: 2500万
南海诸岛
比例尺 1:5000万

总降水日数图

5月25~28日

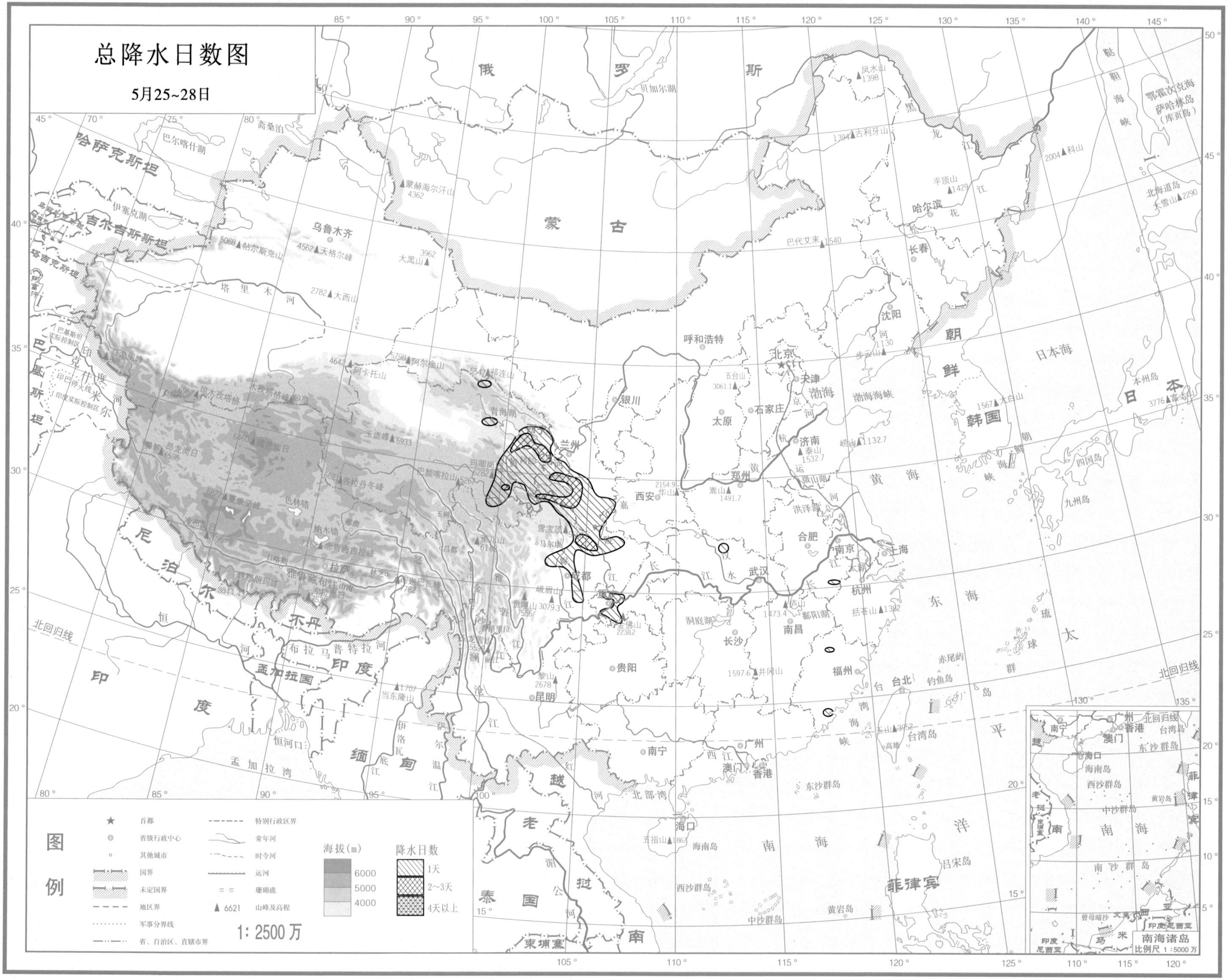

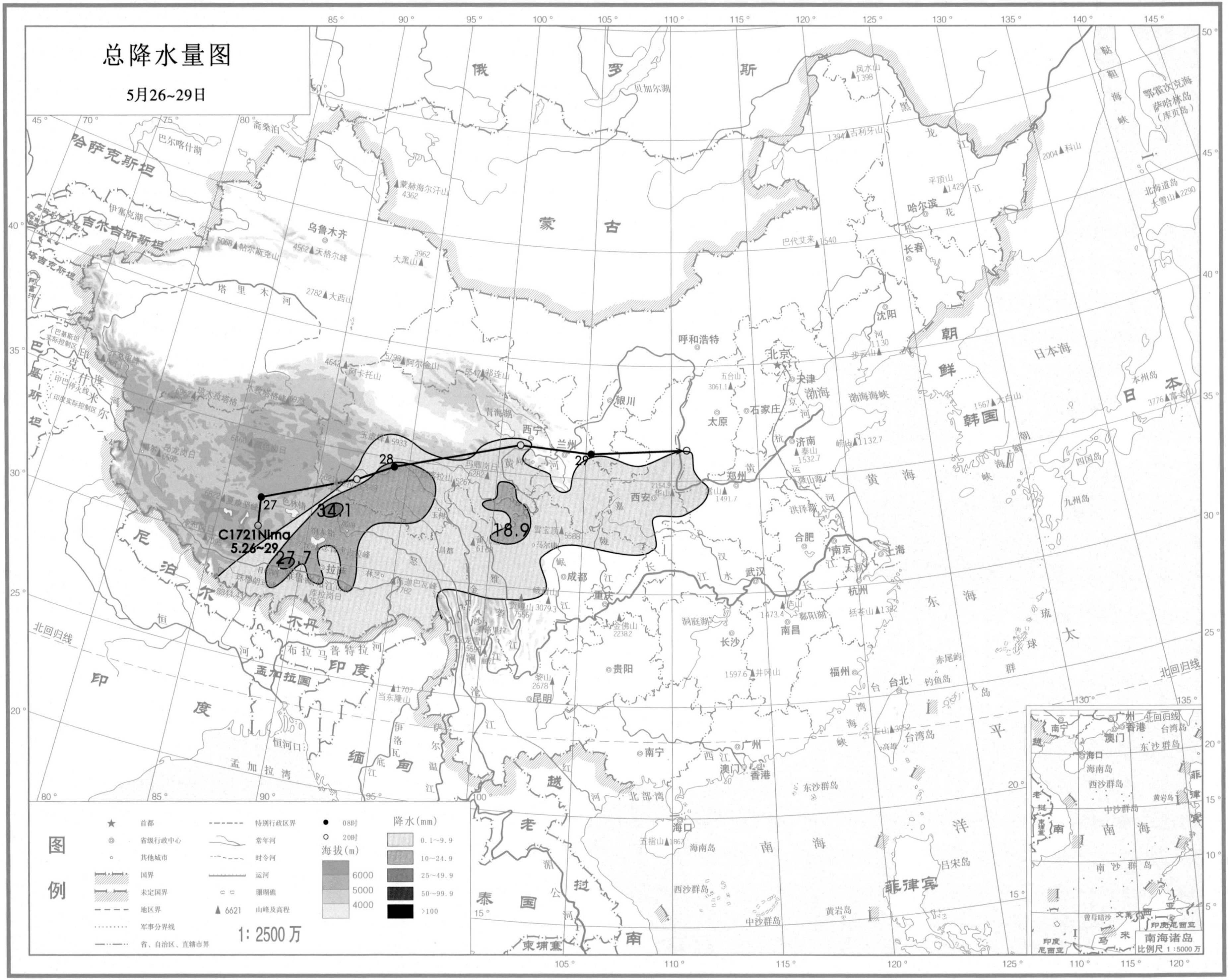
总降水量图
5月26~29日
C1721Nima
5.26~29
27
28
29
34.1
27.7
18.9
图例
首都
省级行政中心
其他城市
国界
未定国界
地区界
军事分界线
省、自治区、直辖市界
特别行政区界
常年河
时令河
运河
珊瑚礁
6621 山峰及高程
08时
20时
海拔(m)
6000
5000
4000
降水(mm)
0.1~9.9
10~24.9
25~49.9
50~99.9
>100
1:2500万
南海诸岛
比例尺 1:5000万

总降水日数图

5月26~29日

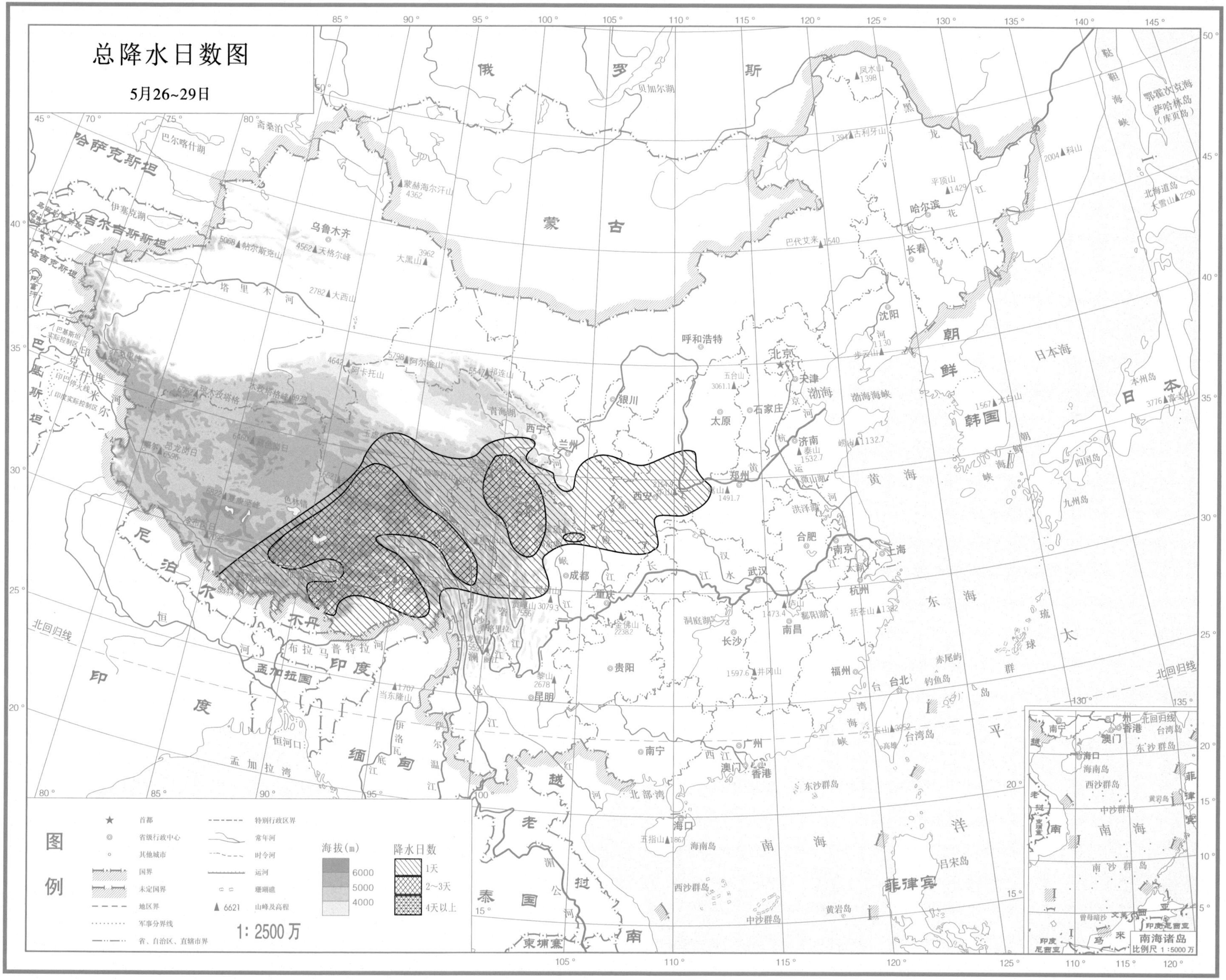

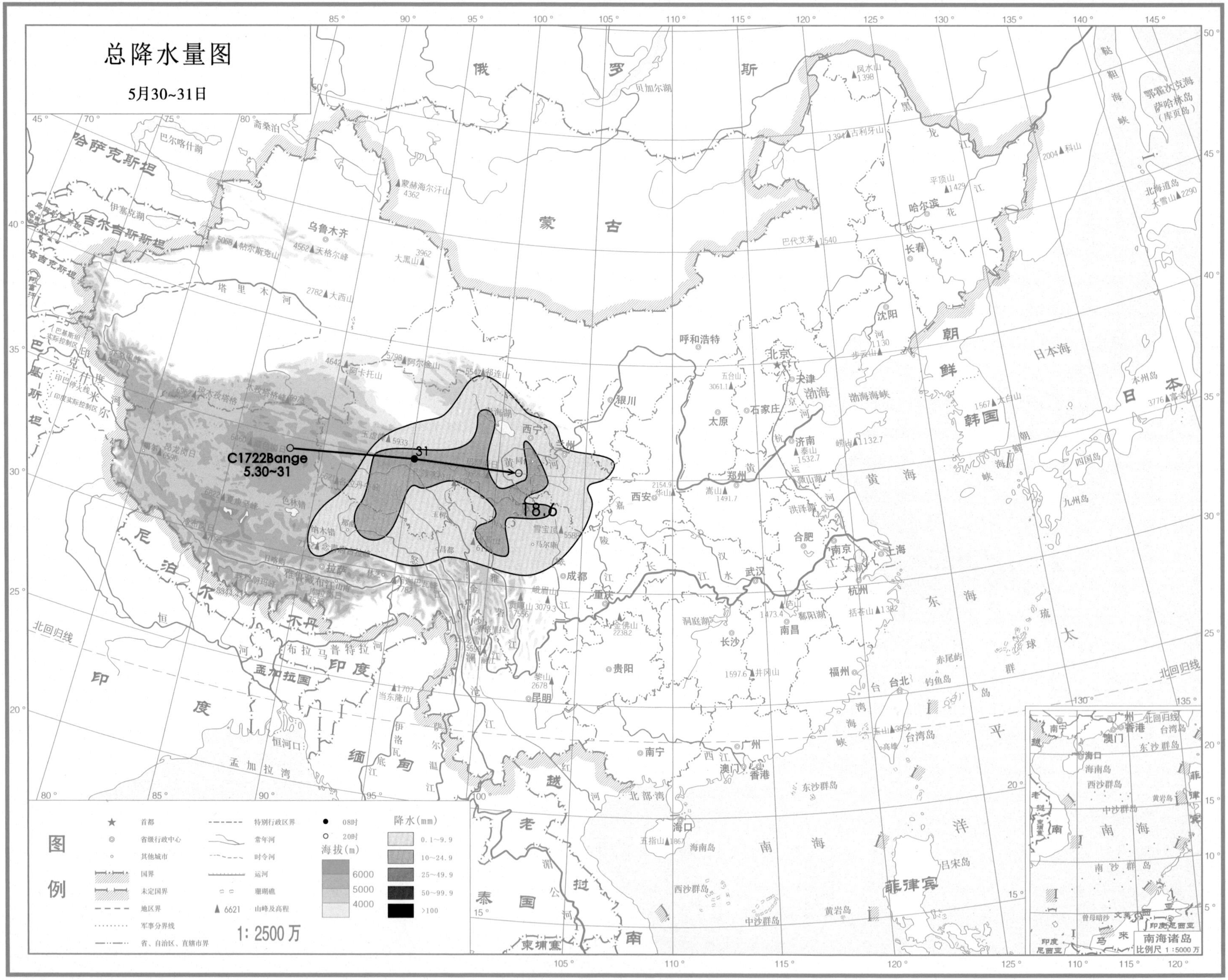
总降水量图
5月30~31日
C1722Bange
5.30~31
31
18.6
图例
首都
省级行政中心
其他城市
国界
未定国界
地区界
军事分界线
省、自治区、直辖市界
特别行政区界
常年河
时令河
运河
珊瑚礁
6621 山峰及高程
08时
20时
海拔(m)
6000
5000
4000
降水(mm)
0.1~9.9
10~24.9
25~49.9
50~99.9
>100
1: 2500万
南海诸岛
比例尺 1:5000万

总降水日数图

5月30~31日

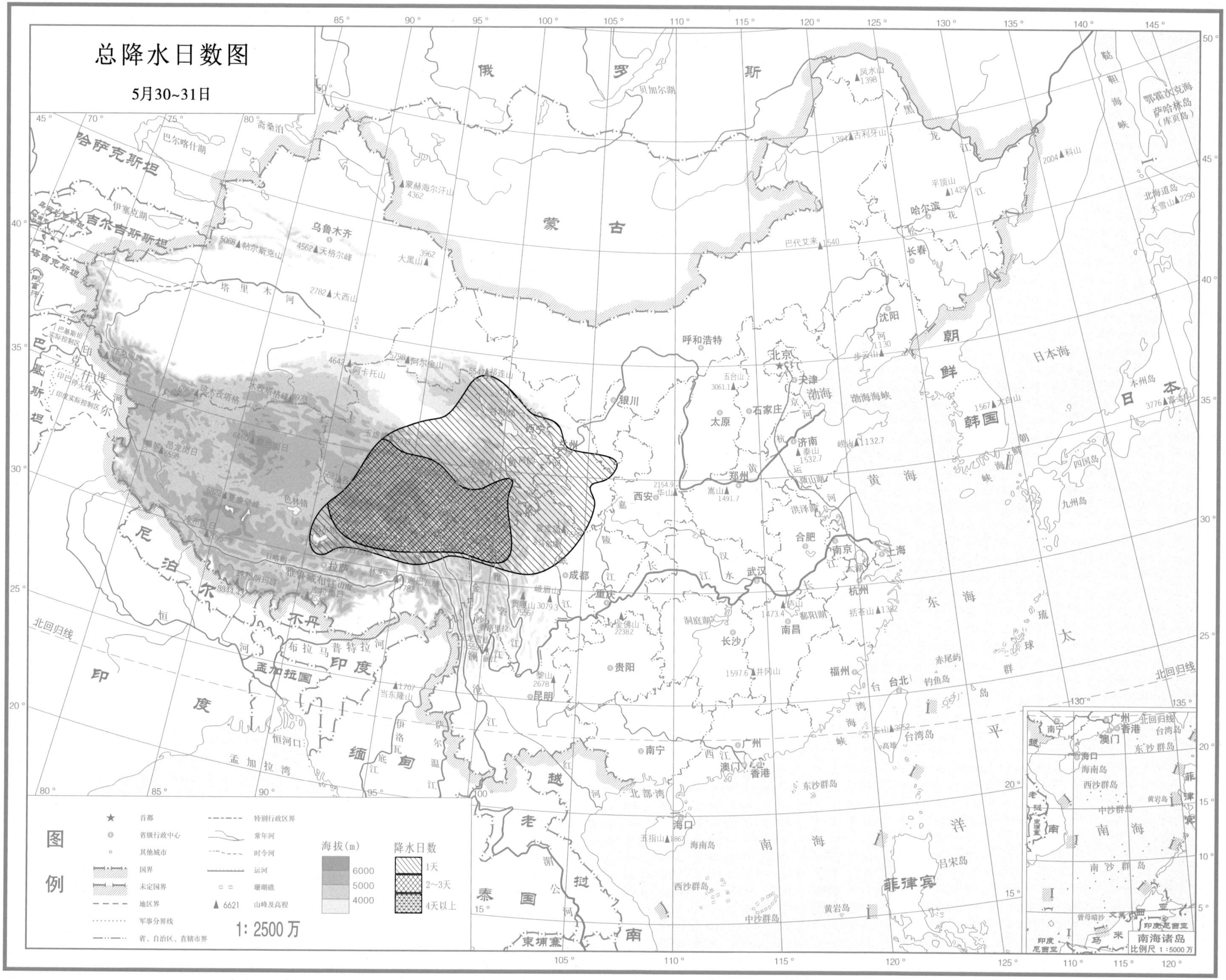

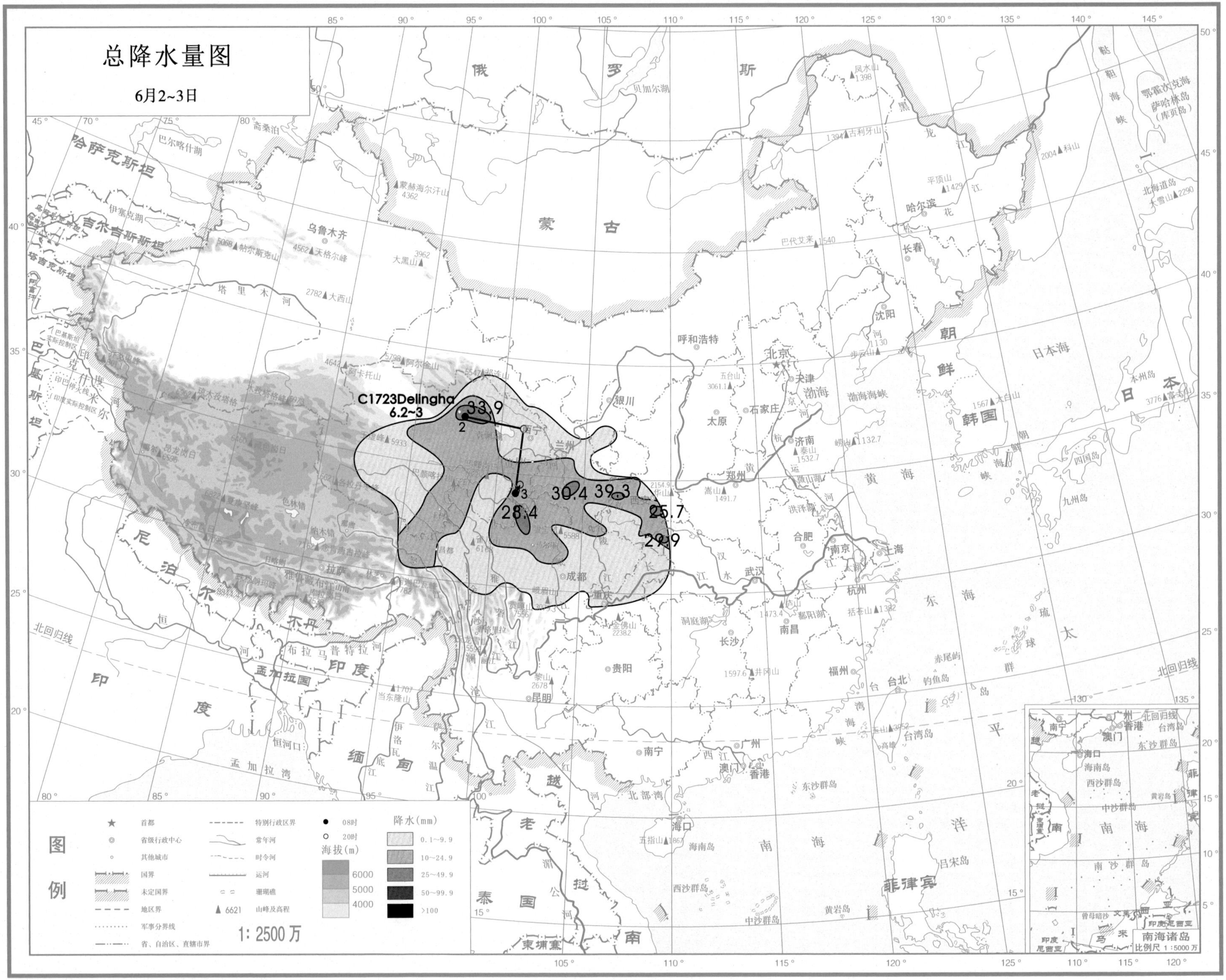
总降水量图
6月2~3日
C1723Delingha
6.2~3
33.9
30.4
39.3
28.4
25.7
29.9
图例
首都
省级行政中心
其他城市
国界
未定国界
地区界
军事分界线
省、自治区、直辖市界
特别行政区界
常年河
时令河
运河
珊瑚礁
山峰及高程
08时
20时
海拔(m)
6000
5000
4000
降水(mm)
0.1~9.9
10~24.9
25~49.9
50~99.9
>100
1：2500万
南海诸岛
比例尺 1：5000万

总降水日数图

6月2~3日

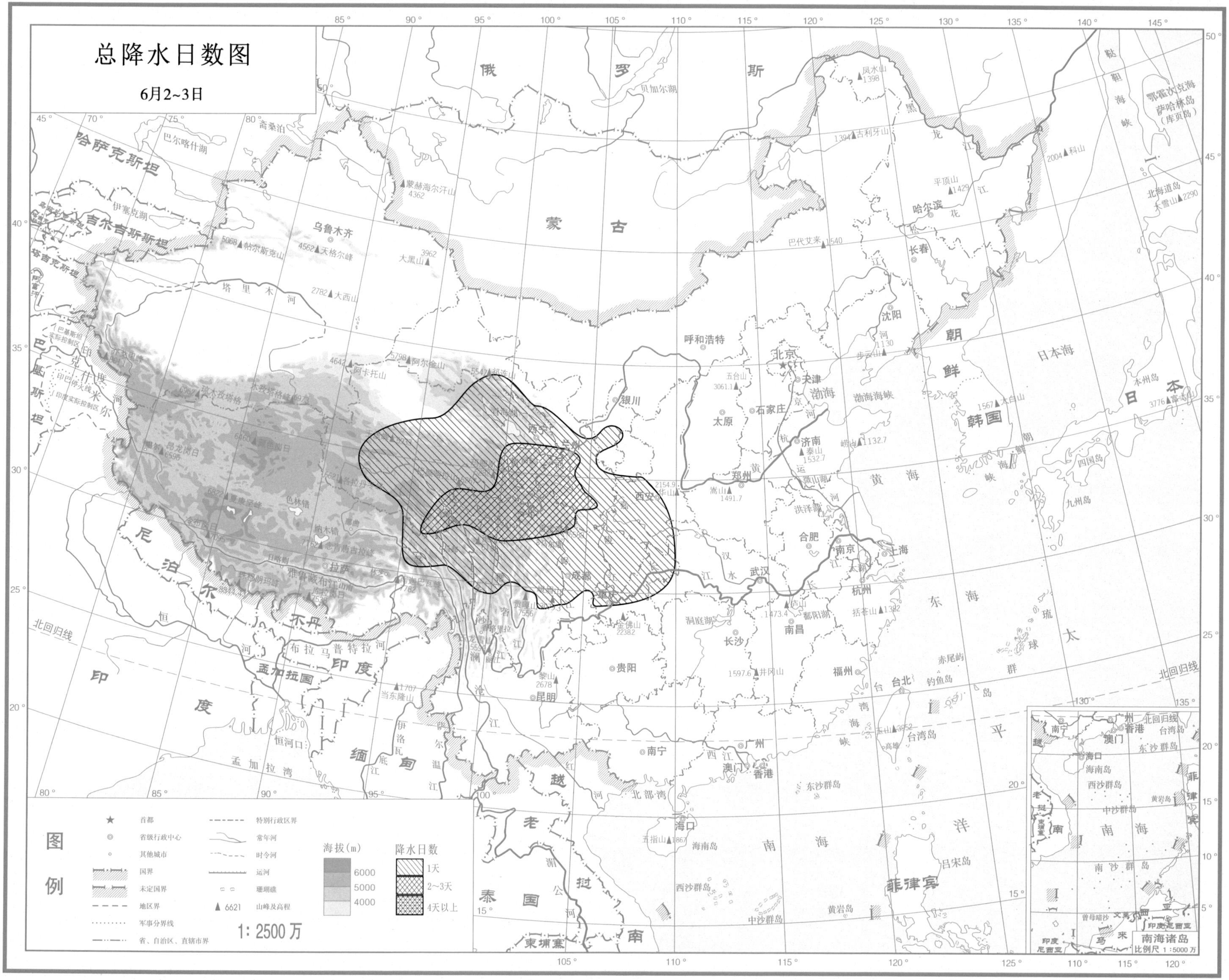

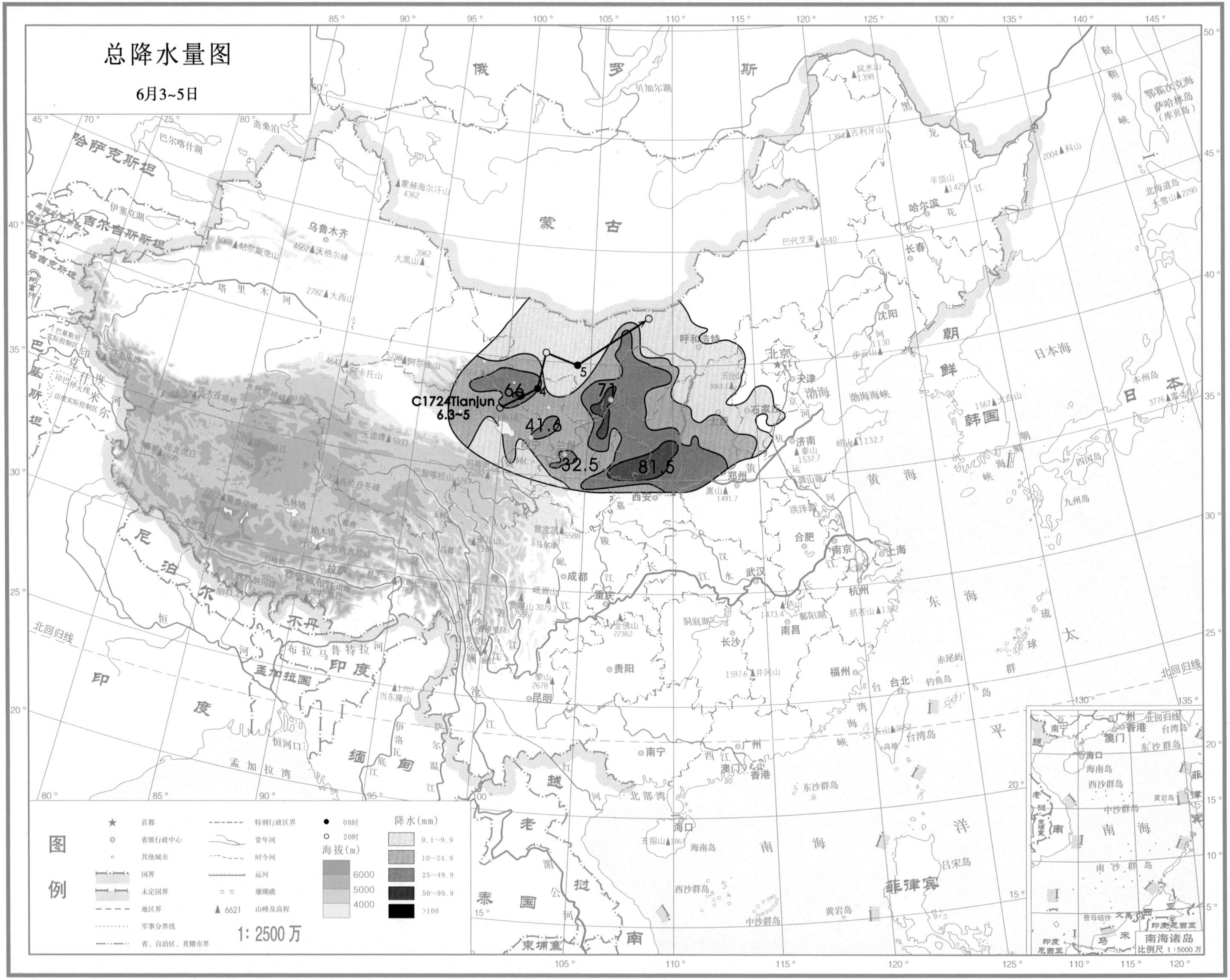
总降水量图
6月3~5日
C1724Tianjun
6.3~5
66
4
5
71
41.6
32.5
81.5
图例
首都
省级行政中心
其他城市
国界
未定国界
地区界
军事分界线
省、自治区、直辖市界
特别行政区界
常年河
时令河
运河
珊瑚礁
山峰及高程
08时
20时
海拔(m)
6000
5000
4000
降水(mm)
0.1~9.9
10~24.9
25~49.9
50~99.9
>100
1: 2500万
南海诸岛
比例尺 1:5000万

总降水日数图

6月3~5日

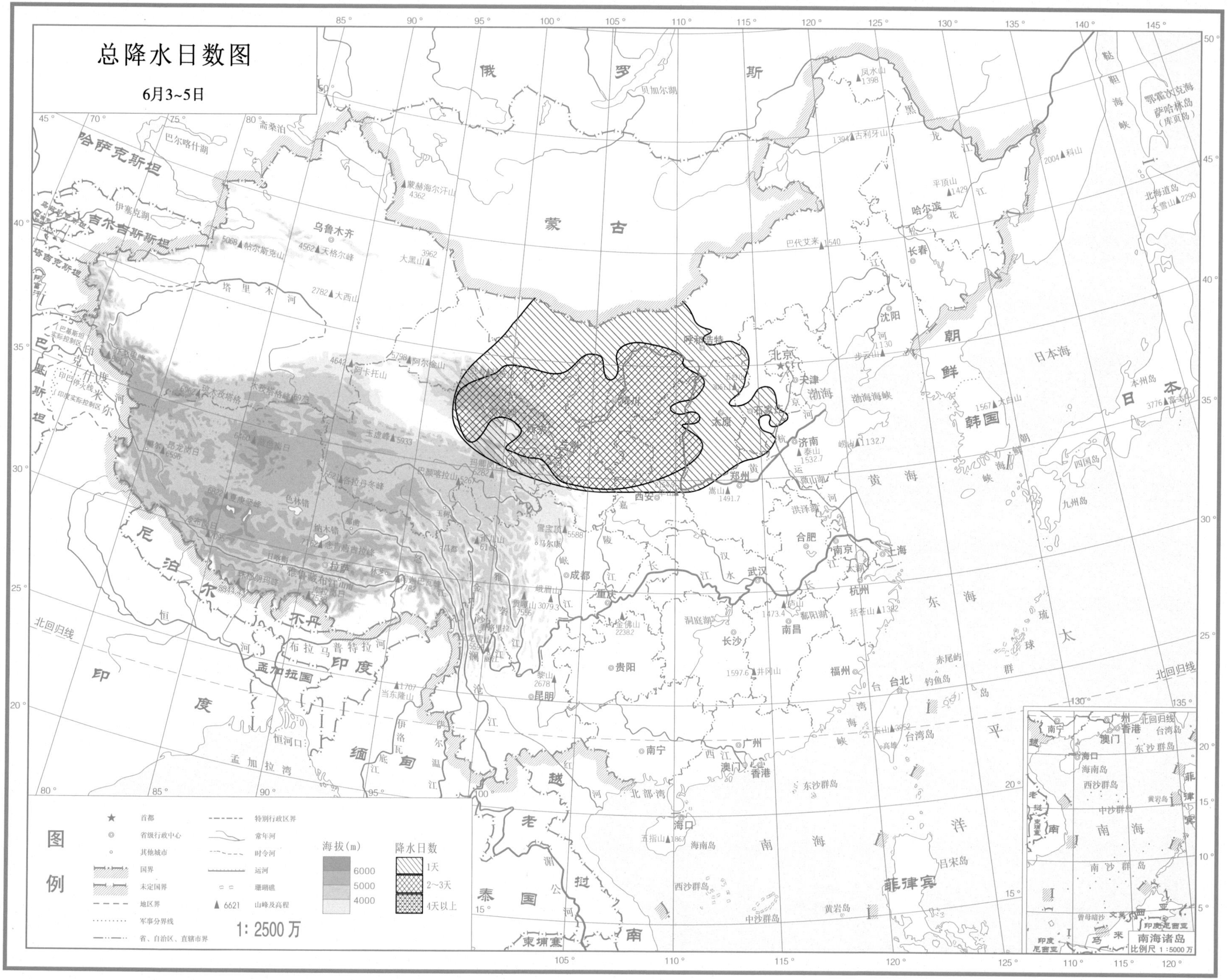
图例
首都
省级行政中心
其他城市
国界
未定国界
地区界
军事分界线
省、自治区、直辖市界
特别行政区界
常年河
时令河
运河
珊瑚礁
6621 山峰及高程
1: 2500 万
海拔(m)
6000
5000
4000
降水日数
1天
2~3天
4天以上
南海诸岛
比例尺 1：5000 万

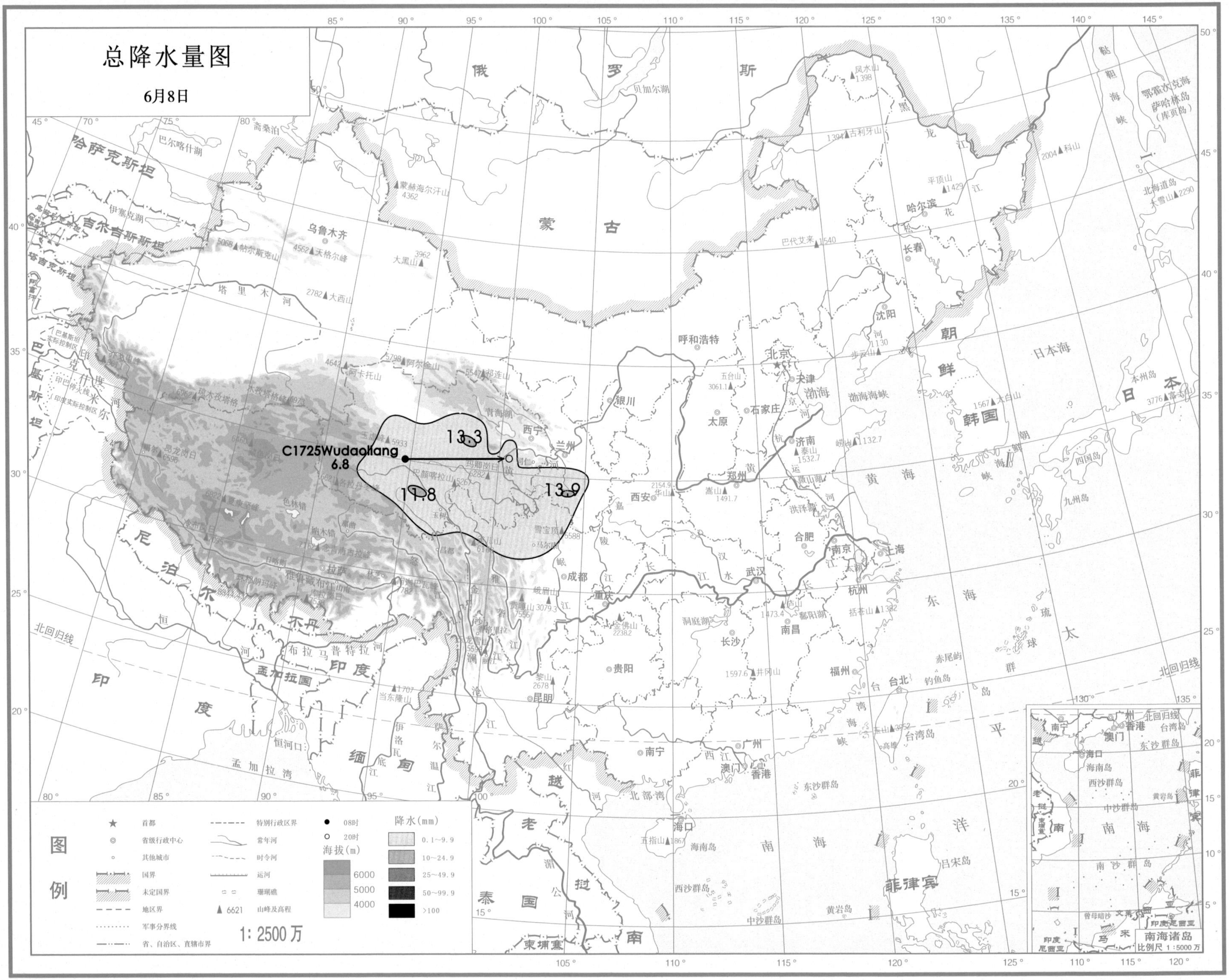

总降水量图
6月8日
C1725Wudaoliang
6.8
13.3
11.8
13.9
俄
罗
斯
蒙
古
哈萨克斯坦
吉尔吉斯斯坦
塔吉克斯坦
巴基斯坦
尼
泊
尔
不丹
印
度
孟加拉国
缅
甸
老
挝
泰
国
越
南
柬埔寨
朝
鲜
韩国
日
本
菲律宾
乌鲁木齐
呼和浩特
北京
天津
石家庄
太原
银川
西宁
兰州
西安
郑州
济南
合肥
南京
上海
杭州
武汉
长沙
南昌
福州
台北
广州
香港
澳门
南宁
海口
贵阳
昆明
成都
重庆
拉萨
哈尔滨
长春
沈阳
渤海
黄海
东海
南海
日本海
太平洋
孟加拉湾
海南岛
台湾岛
东沙群岛
西沙群岛
中沙群岛
南沙群岛
黄岩岛
北回归线
图例
首都
省级行政中心
其他城市
国界
未定国界
地区界
军事分界线
省、自治区、直辖市界
特别行政区界
常年河
时令河
运河
珊瑚礁
山峰及高程
08时
20时
降水(mm)
0.1~9.9
10~24.9
25~49.9
50~99.9
>100
海拔(m)
6000
5000
4000
1: 2500万
南海诸岛
比例尺 1:5000万

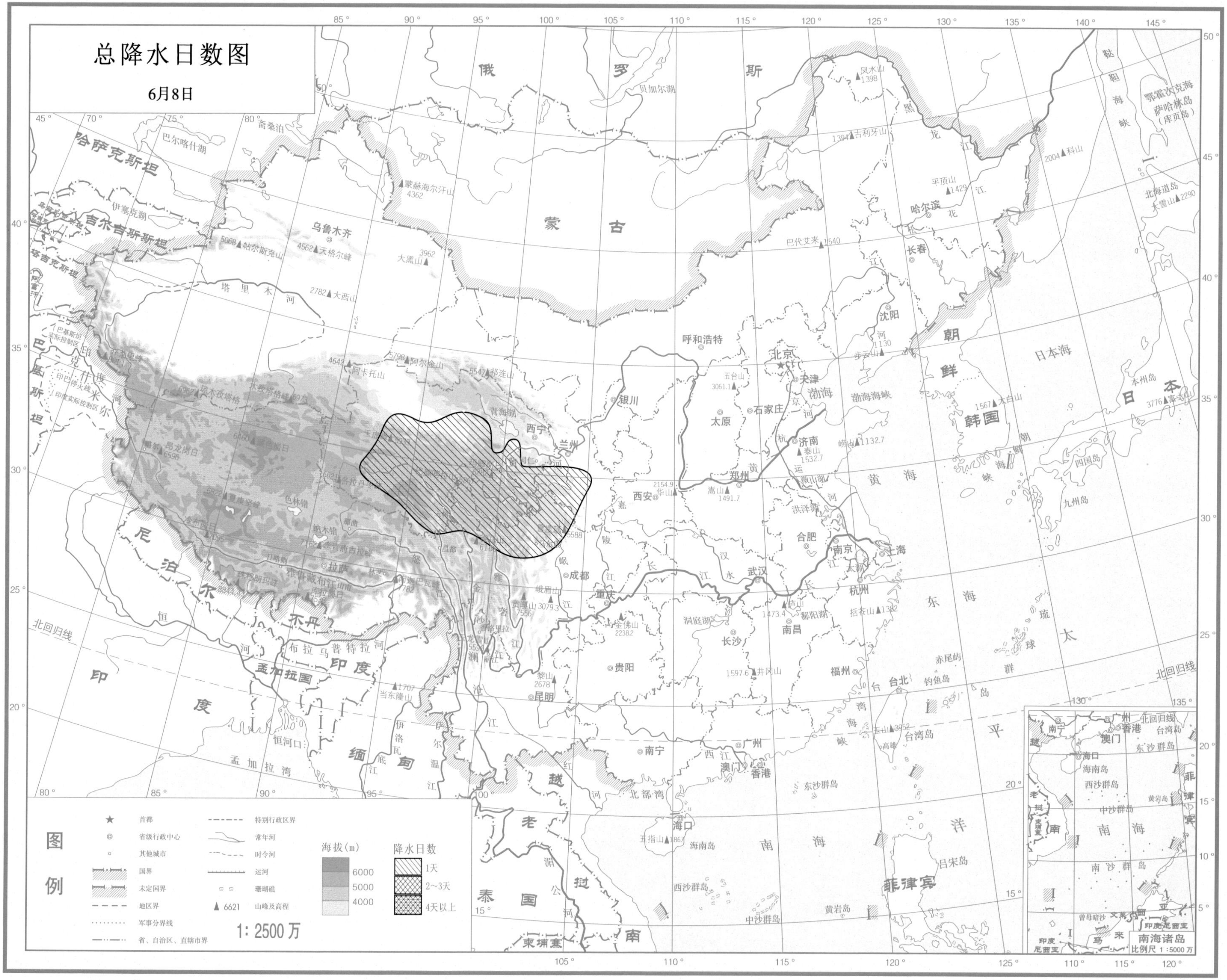
总降水日数图
6月8日
图例
首都
省级行政中心
其他城市
国界
未定国界
地区界
军事分界线
省、自治区、直辖市界
特别行政区界
常年河
时令河
运河
珊瑚礁
6621 山峰及高程
1: 2500万
海拔（m）
6000
5000
4000
降水日数
1天
2~3天
4天以上
南海诸岛
比例尺 1 : 5000 万

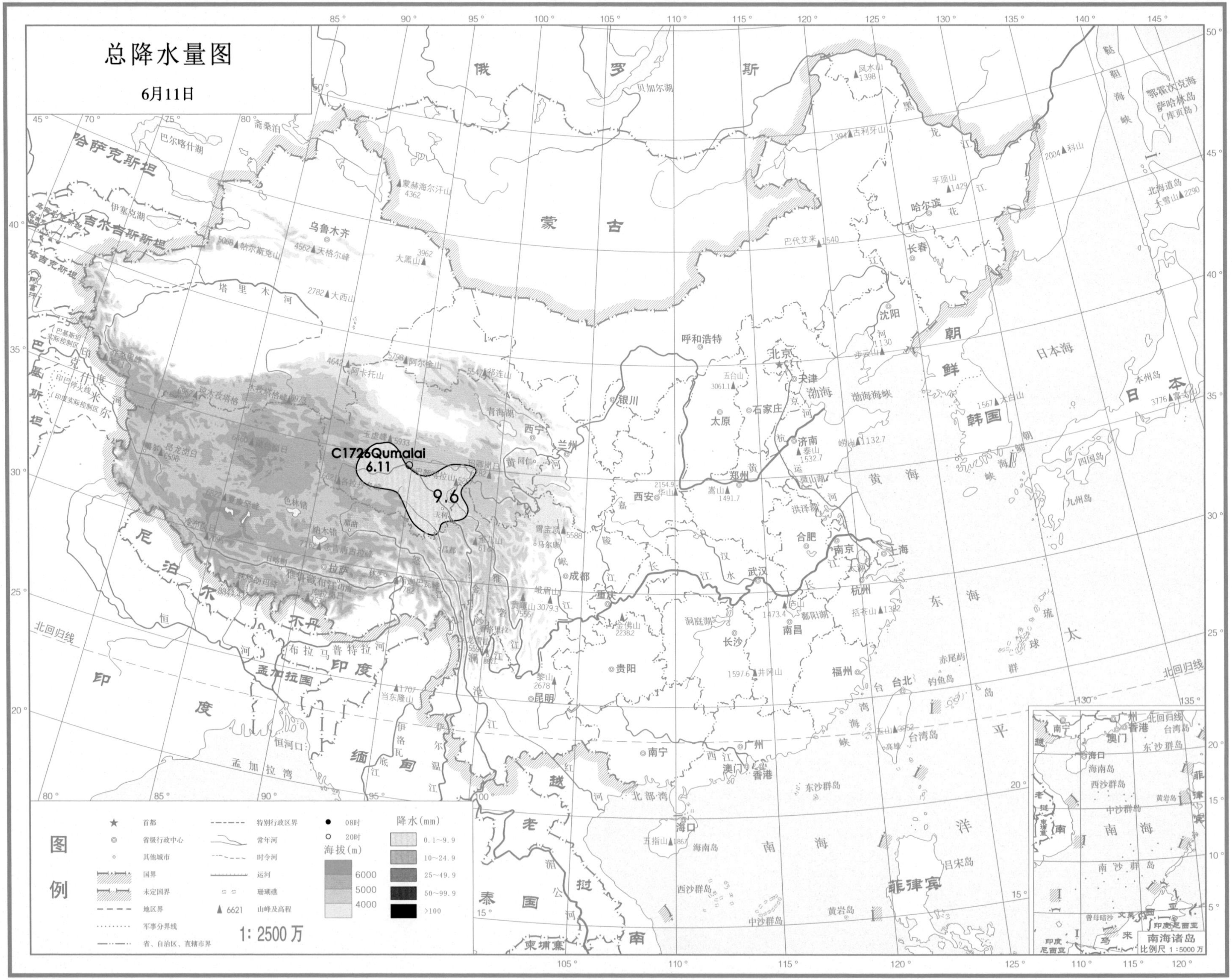
总降水量图
6月11日
C1726Qumalai
6.11
9.6
图例
首都
省级行政中心
其他城市
国界
未定国界
地区界
军事分界线
省、自治区、直辖市界
特别行政区界
常年河
时令河
运河
珊瑚礁
6621 山峰及高程
08时
20时
海拔(m)
6000
5000
4000
降水(mm)
0.1~9.9
10~24.9
25~49.9
50~99.9
>100
1: 2500 万
南海诸岛
比例尺 1:5000 万

总降水日数图

6月11日

俄罗斯
蒙古
哈萨克斯坦
吉尔吉斯斯坦
塔吉克斯坦
阿富汗
巴基斯坦
印度
尼泊尔
不丹
孟加拉国
缅甸
老挝
泰国
越南
柬埔寨
朝鲜
韩国
日本
菲律宾
图例
首都
省级行政中心
其他城市
国界
未定国界
地区界
军事分界线
省、自治区、直辖市界
特别行政区界
常年河
时令河
运河
珊瑚礁
6621 山峰及高程
海拔(m)
6000
5000
4000
降水日数
1天
2~3天
4天以上
1: 2500万
南海诸岛
比例尺 1 :5000万

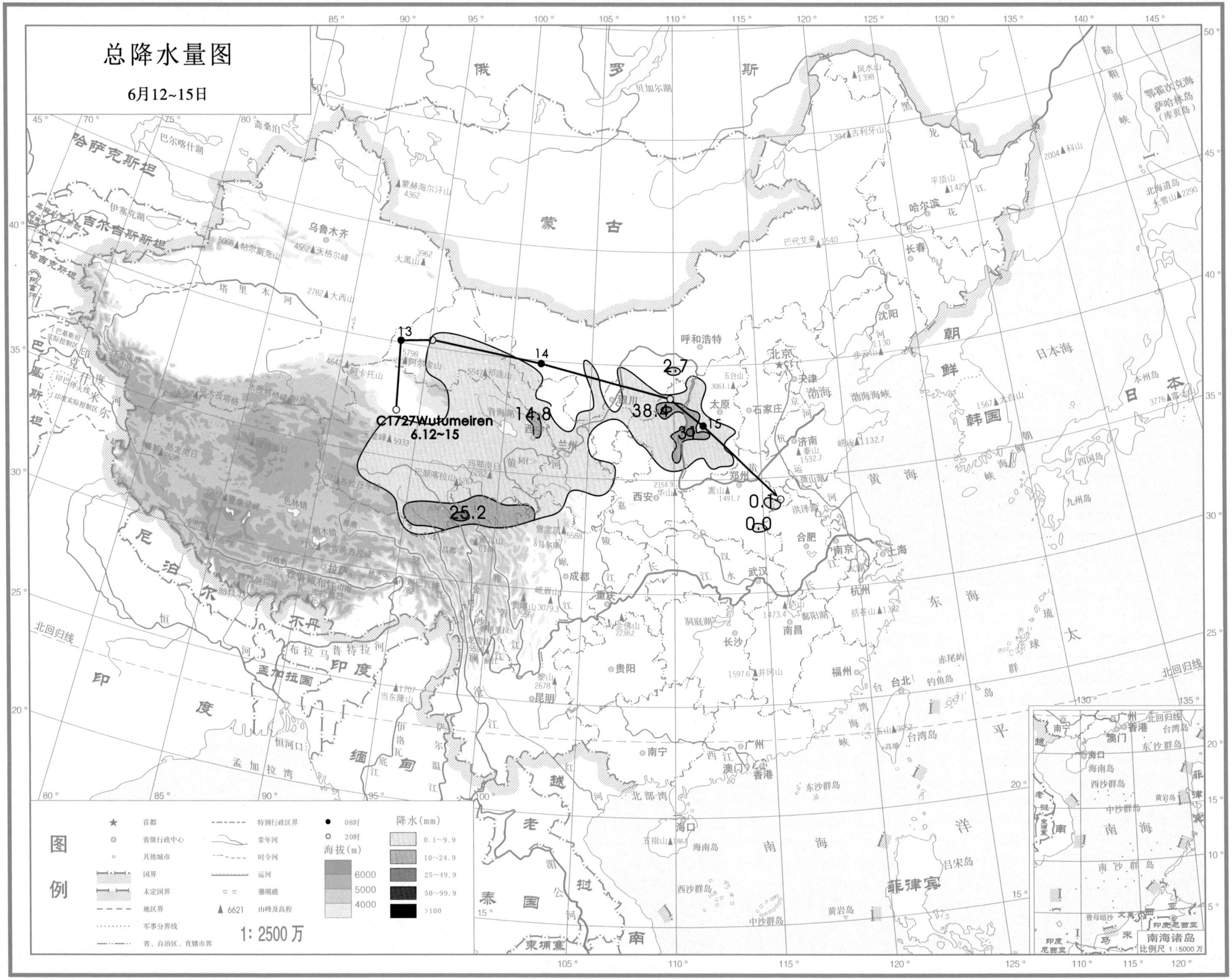
总降水量图
6月12~15日
C1727Wutumeiren
6.12~15
13
14
15
14.8
25.2
38.4
31
2.7
0.1
0.0
图例
首都
省级行政中心
其他城市
国界
未定国界
地区界
军事分界线
省、自治区、直辖市界
特别行政区界
常年河
时令河
运河
珊瑚礁
山峰及高程
08时
20时
海拔(m)
6000
5000
4000
降水(mm)
0.1~9.9
10~24.9
25~49.9
50~99.9
>100
1：2500万
南海诸岛
比例尺 1：5000万

总降水日数图

6月12~15日

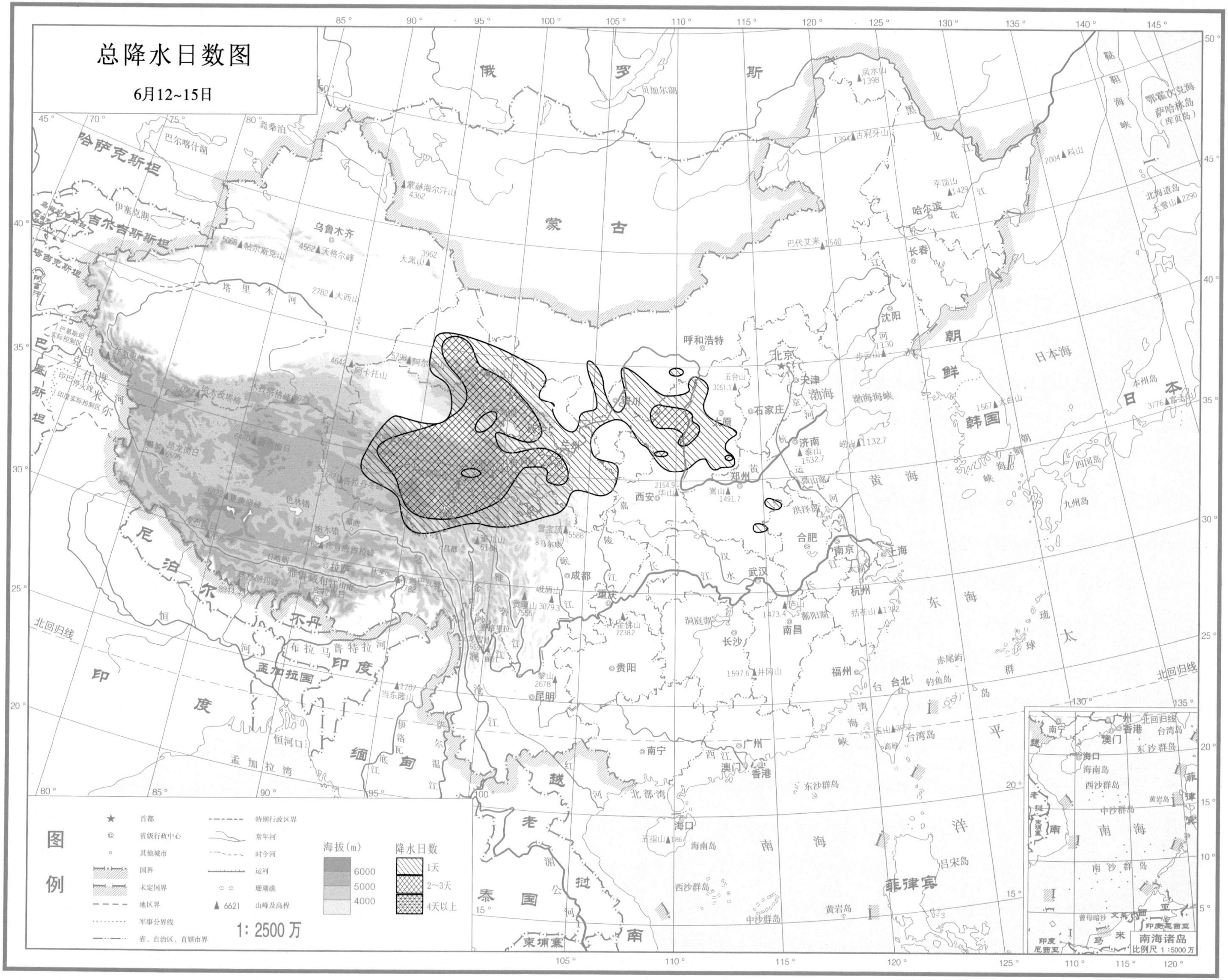

图例
首都
省级行政中心
其他城市
国界
未定国界
地区界
军事分界线
省、自治区、直辖市界
特别行政区界
常年河
时令河
运河
珊瑚礁
6621 山峰及高程
1: 2500 万
海拔(m)
6000
5000
4000
降水日数
1天
2~3天
4天以上
南海诸岛
比例尺 1:5000 万

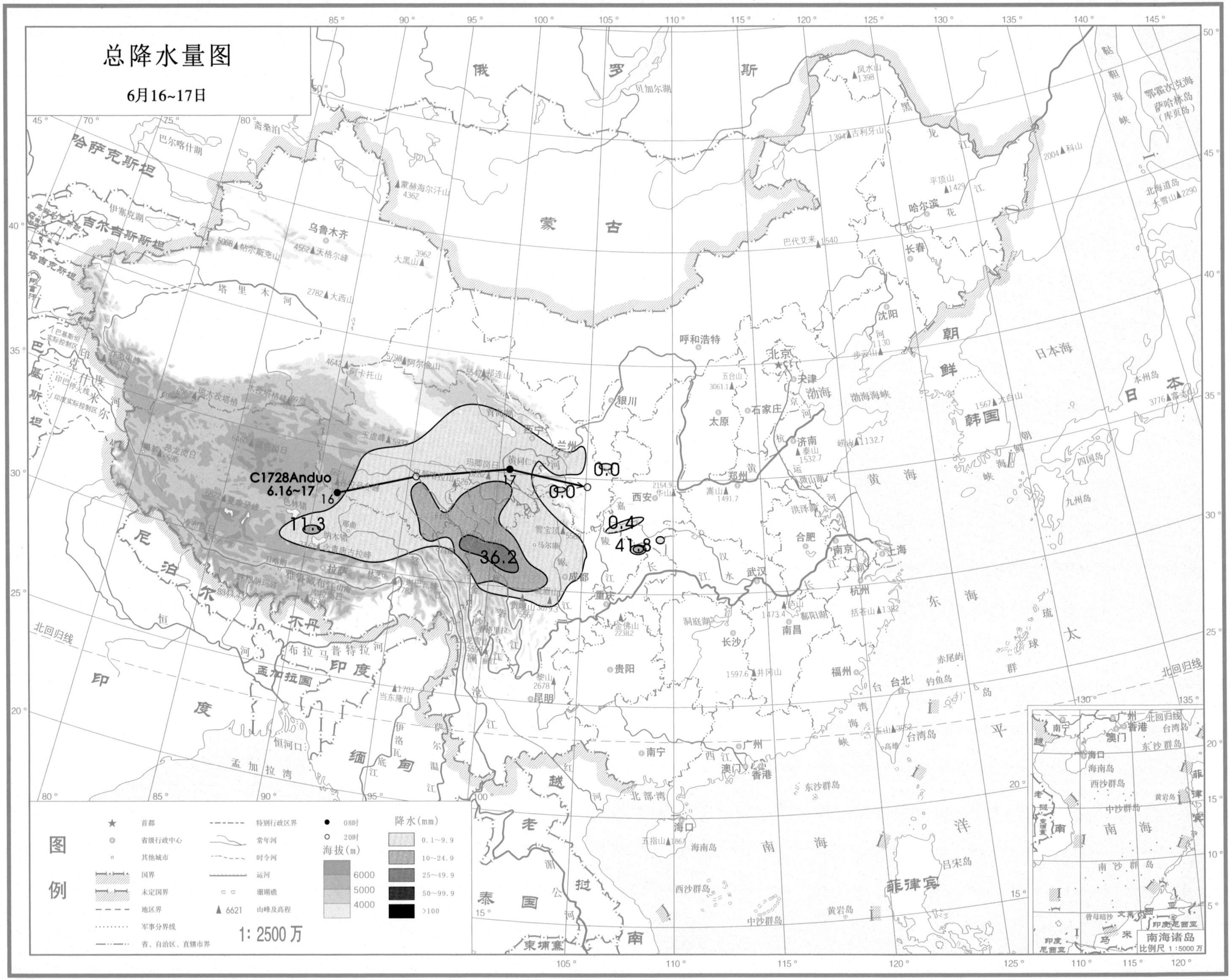
总降水量图
6月16~17日
C1728Anduo
6.16~17
16
17
11.3
36.2
0.0
0.0
0.4
41.8
图例
首都
省级行政中心
其他城市
国界
未定国界
地区界
军事分界线
省、自治区、直辖市界
特别行政区界
常年河
时令河
运河
珊瑚礁
6621 山峰及高程
08时
20时
海拔(m)
6000
5000
4000
降水(mm)
0.1~9.9
10~24.9
25~49.9
50~99.9
>100
1:2500万
南海诸岛
比例尺 1:5000万

总降水日数图

6月16~17日

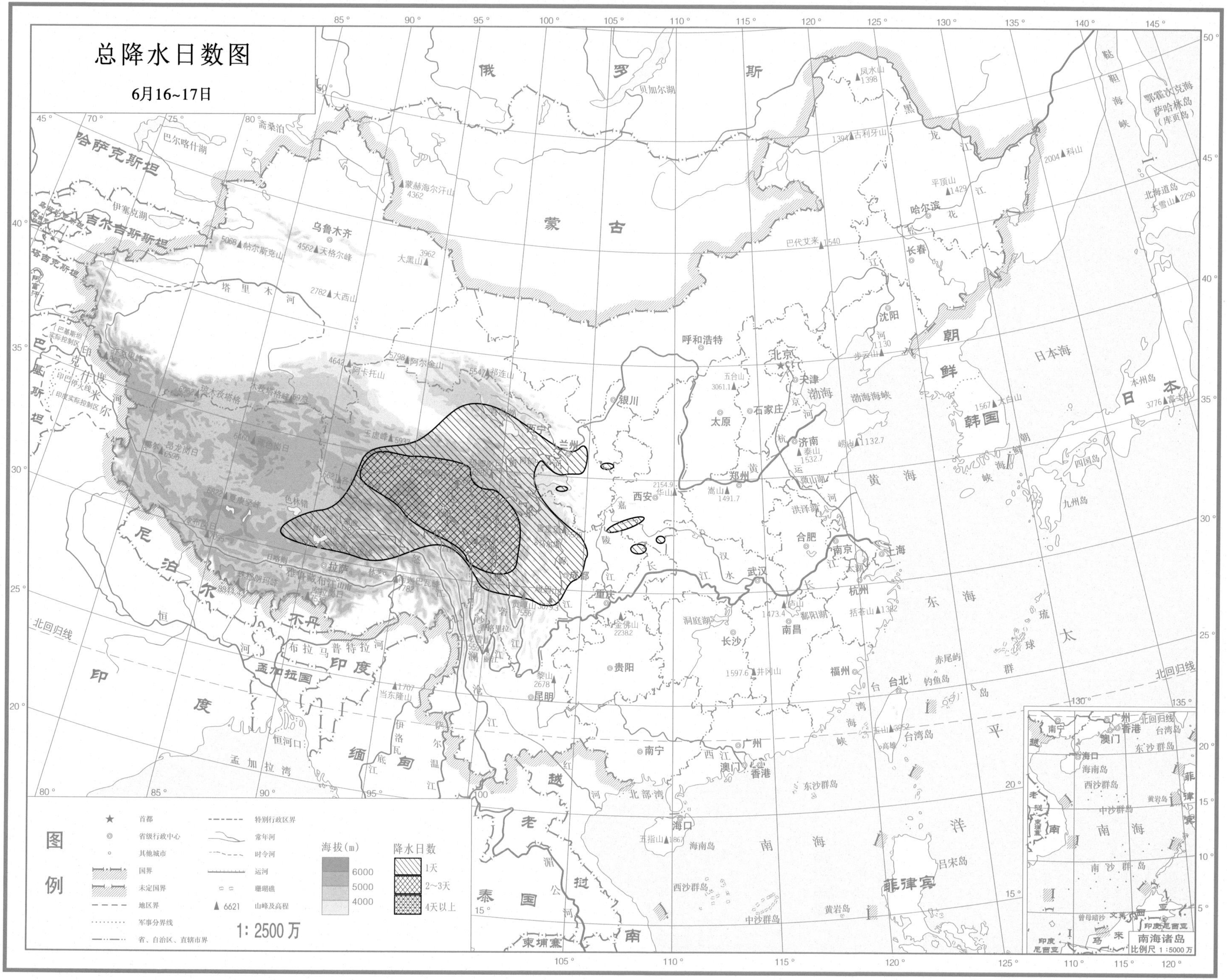

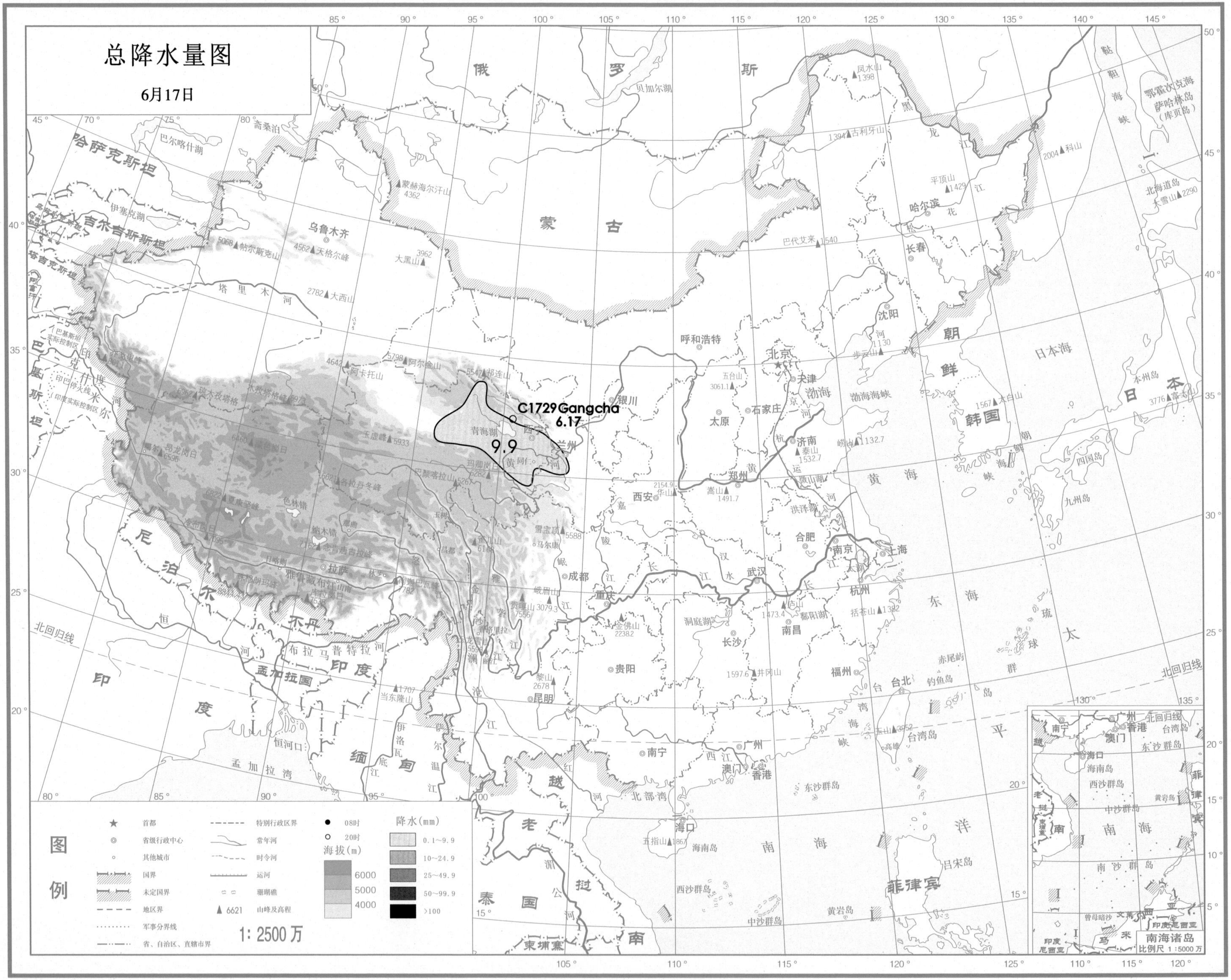
总降水量图
6月17日
C1729Gangcha
6.17
9.9
图例
首都
省级行政中心
其他城市
国界
未定国界
地区界
军事分界线
省、自治区、直辖市界
特别行政区界
常年河
时令河
运河
珊瑚礁
山峰及高程
08时
20时
海拔(m)
6000
5000
4000
降水(mm)
0.1~9.9
10~24.9
25~49.9
50~99.9
>100
1: 2500万
南海诸岛
比例尺 1:5000万

总降水日数图

6月17日

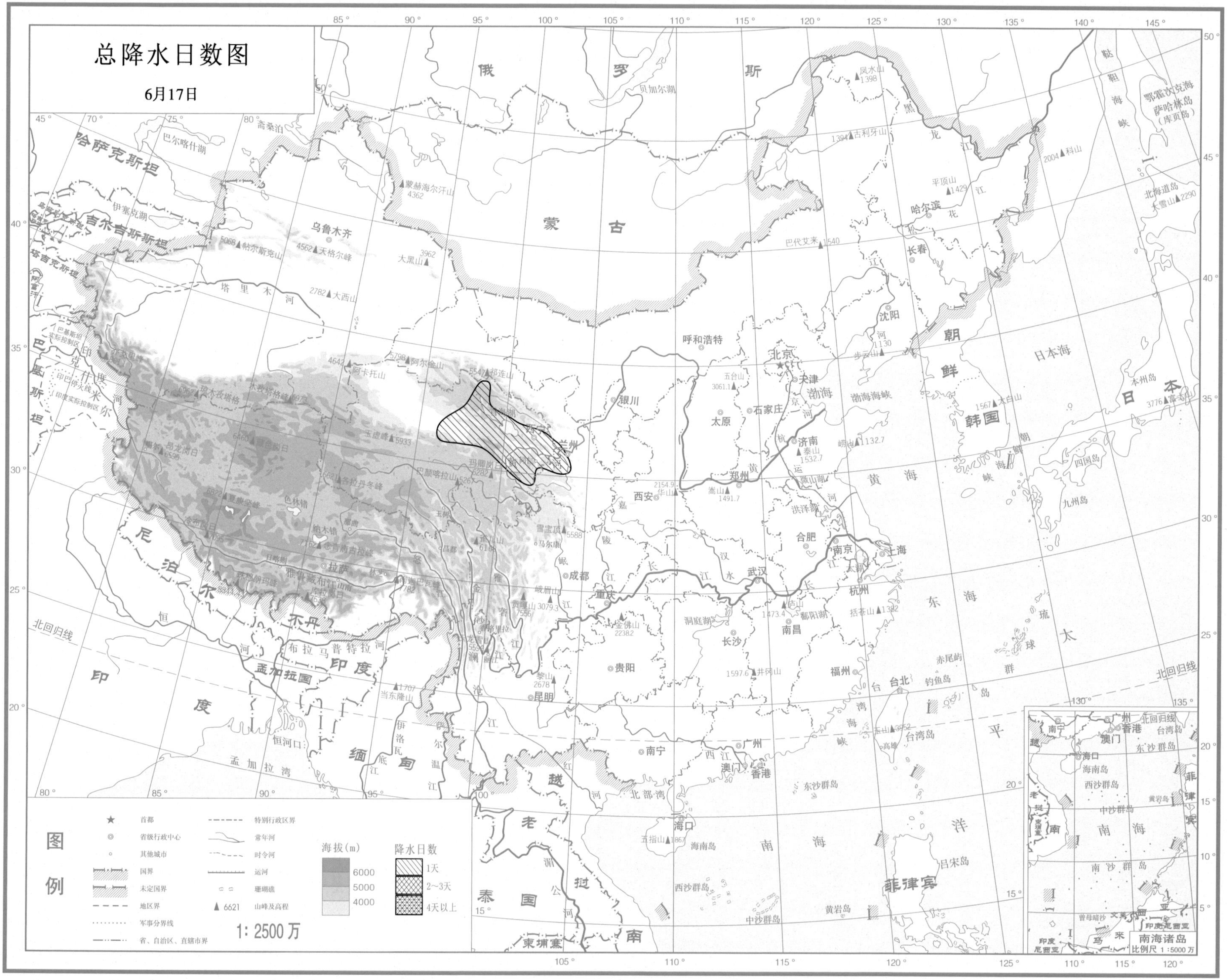

高原低涡 第1部分

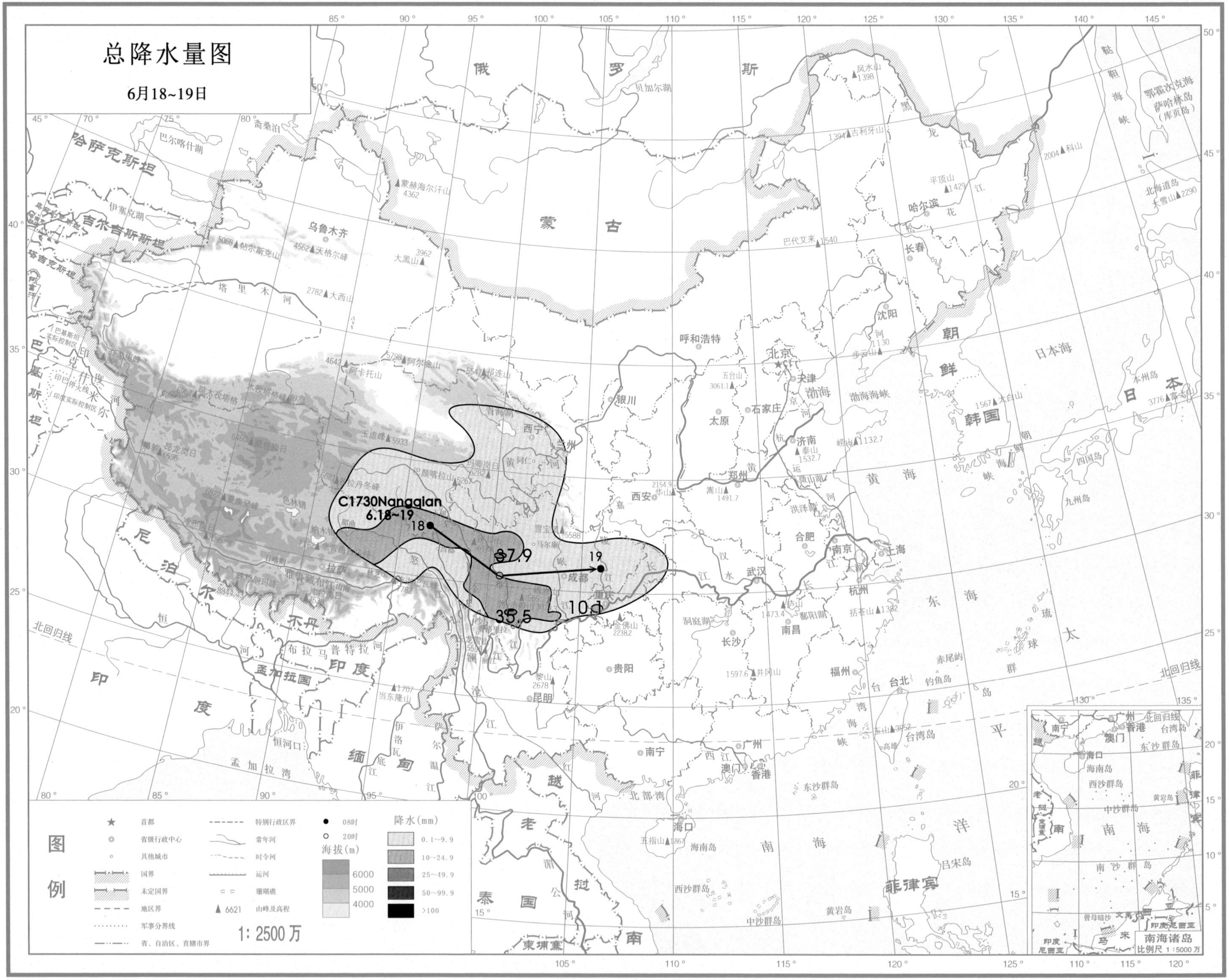
总降水量图
6月18~19日
C1730Nangqian
6.18~19
18
19
37.9
35.5
10.1
图例
首都
省级行政中心
其他城市
国界
未定国界
地区界
军事分界线
省、自治区、直辖市界
特别行政区界
常年河
时令河
运河
珊瑚礁
6621 山峰及高程
08时
20时
海拔(m)
6000
5000
4000
降水(mm)
0.1~9.9
10~24.9
25~49.9
50~99.9
>100
1: 2500万
南海诸岛
比例尺 1:5000万

总降水日数图

6月18~19日

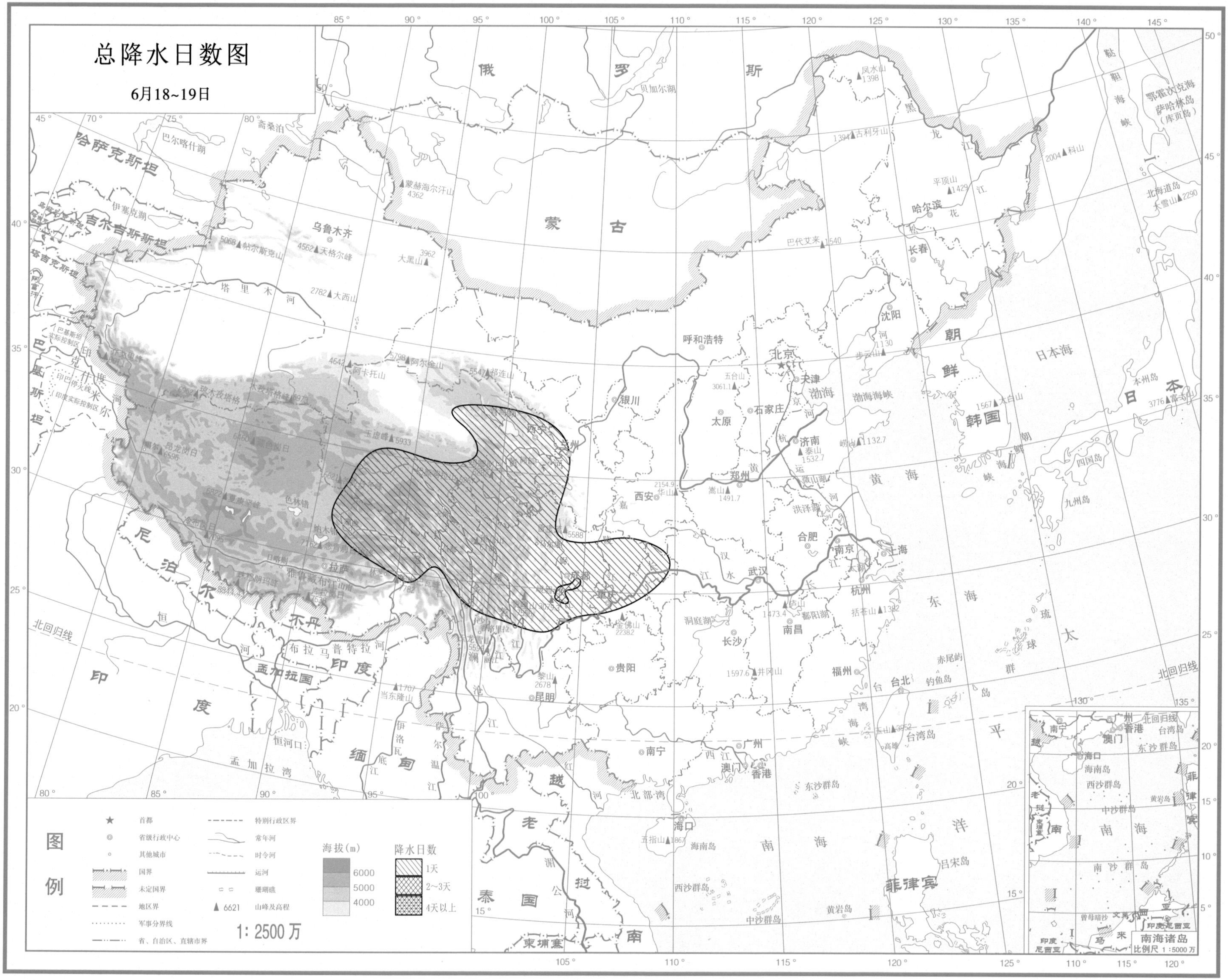

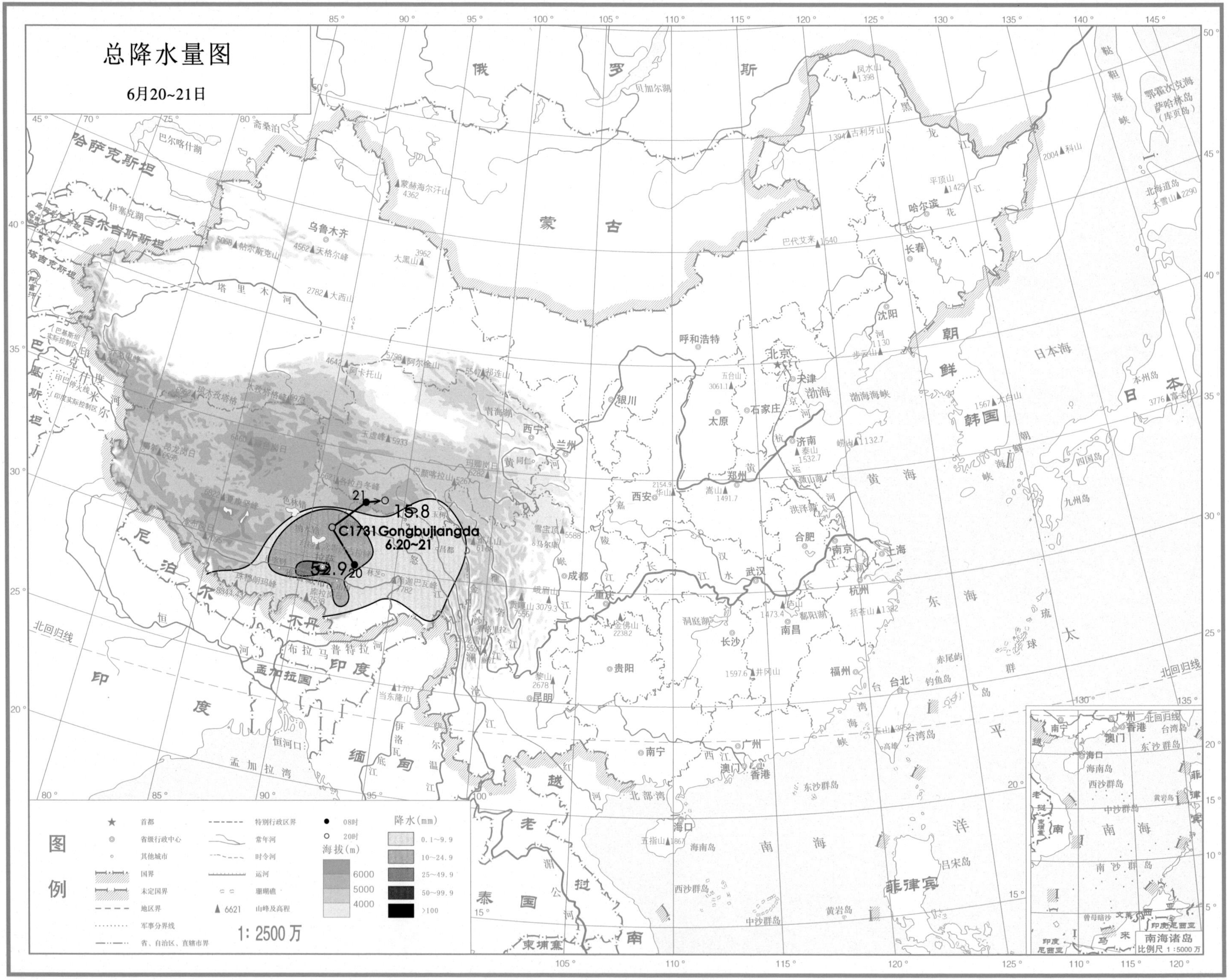
总降水量图
6月20~21日
C1731 Gongbujiangda
6.20~21
15.8
52.9
21
20
图例
首都
省级行政中心
其他城市
国界
未定国界
地区界
军事分界线
省、自治区、直辖市界
特别行政区界
常年河
时令河
运河
珊瑚礁
6621 山峰及高程
08时
20时
降水(mm)
0.1~9.9
10~24.9
25~49.9
50~99.9
>100
海拔(m)
6000
5000
4000
1: 2500万
南海诸岛
比例尺 1:5000万

总降水日数图

6月20~21日

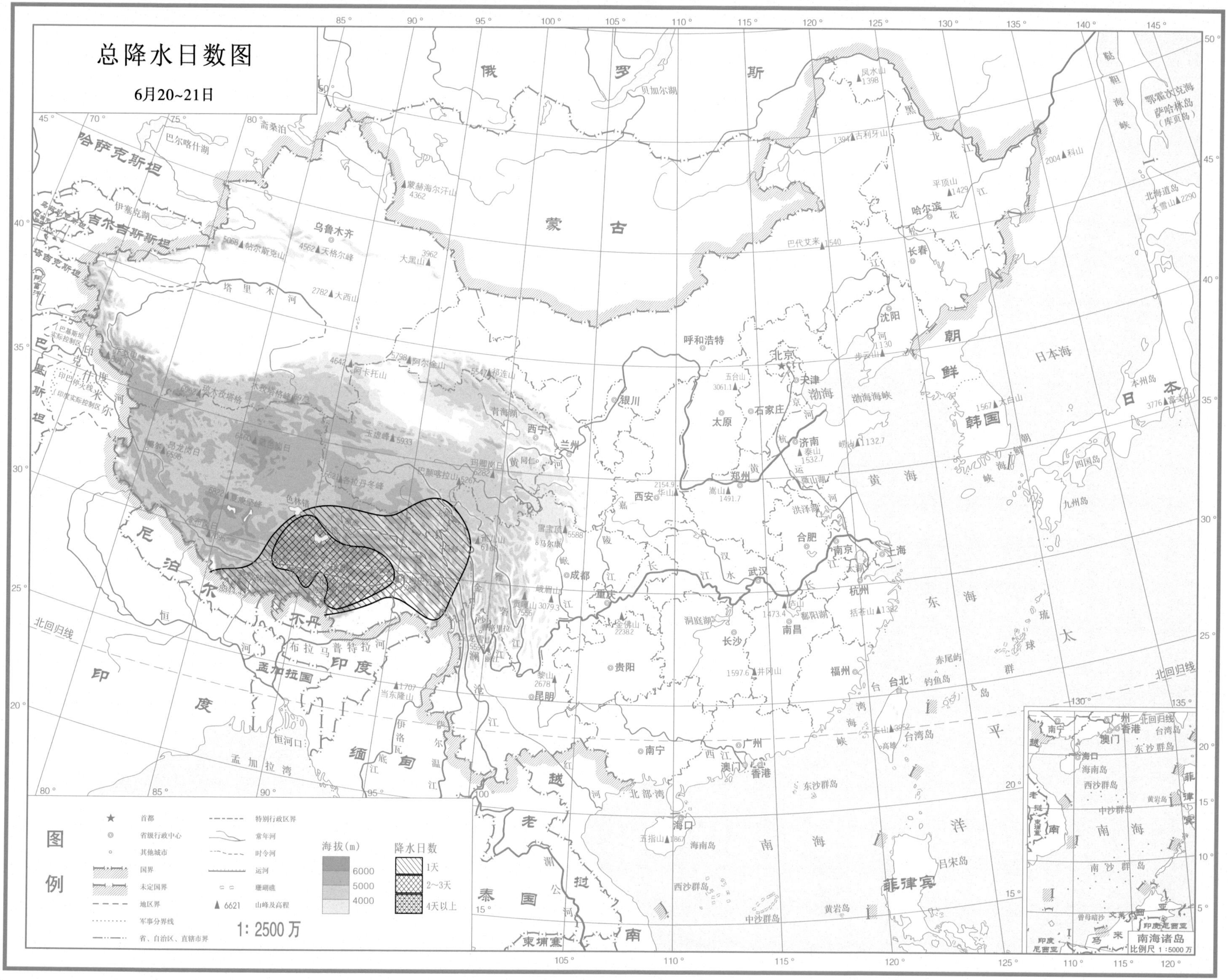

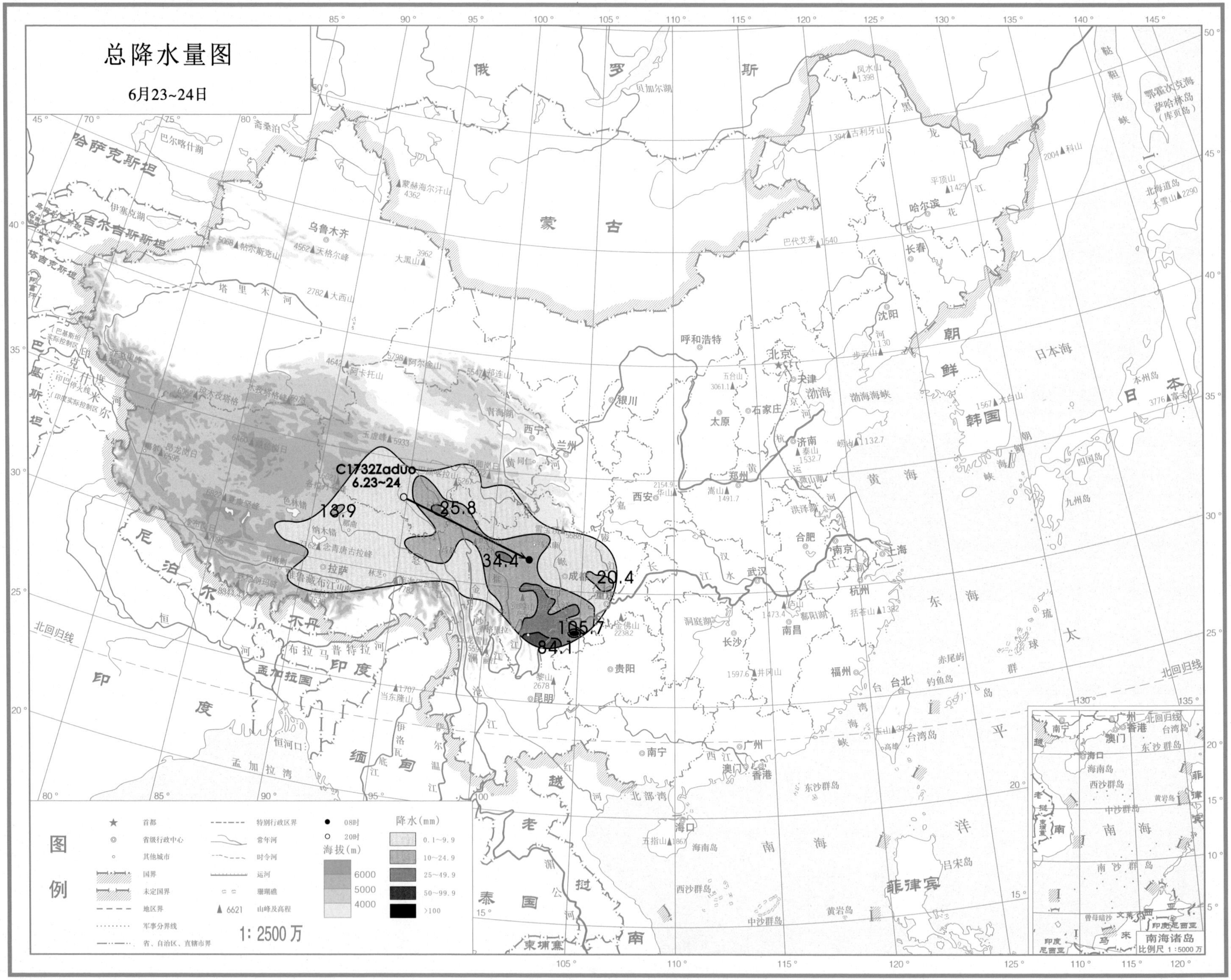
总降水量图
6月23~24日
C1732Zaduo
6.23~24
13.9
25.8
34.4
20.4
105.7
84.1
图例
首都
省级行政中心
其他城市
国界
未定国界
地区界
军事分界线
省、自治区、直辖市界
特别行政区界
常年河
时令河
运河
珊瑚礁
6621 山峰及高程
08时
20时
海拔(m)
6000
5000
4000
降水(mm)
0.1~9.9
10~24.9
25~49.9
50~99.9
>100
1: 2500万
南海诸岛
比例尺 1:5000万

总降水日数图

6月23~24日

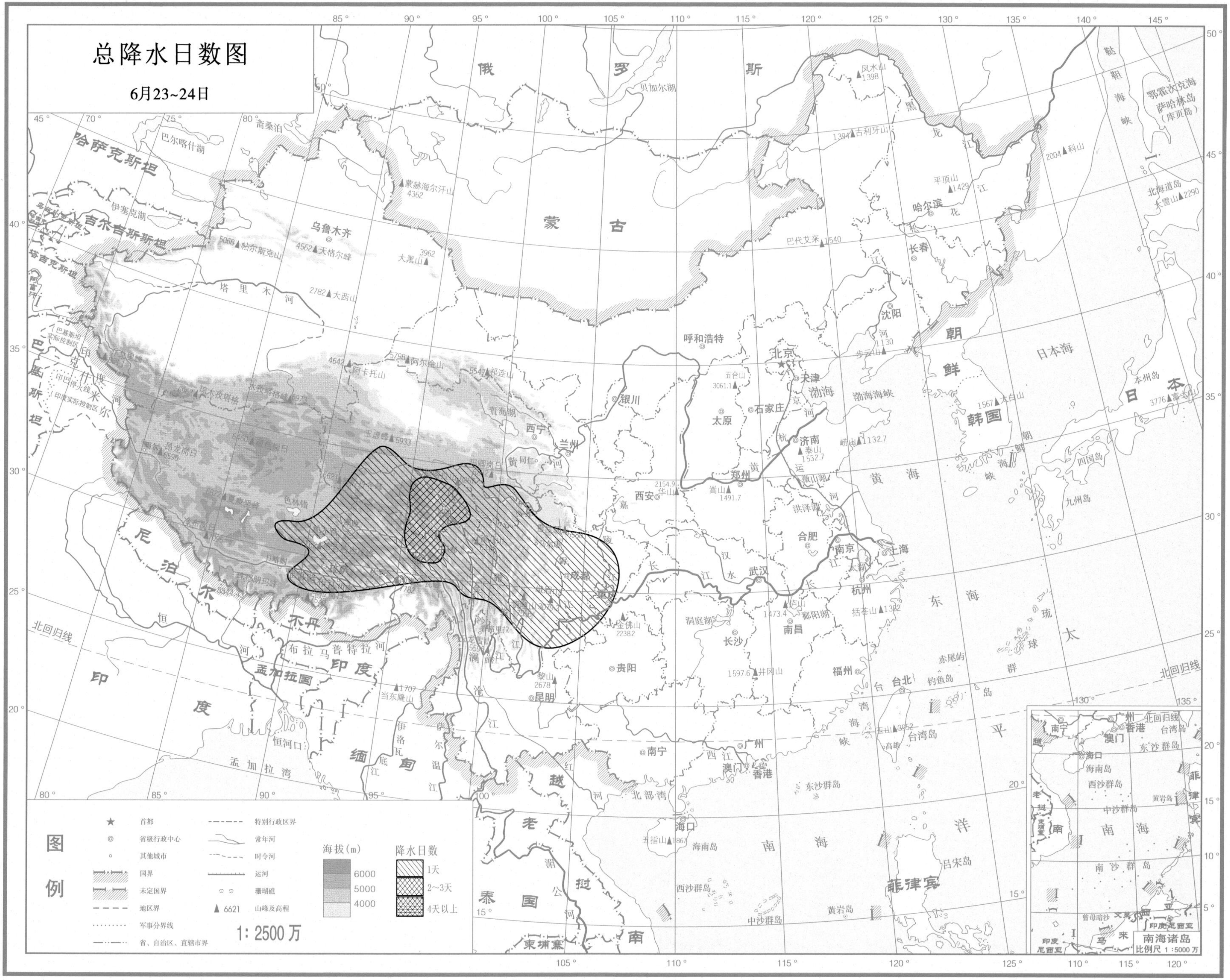

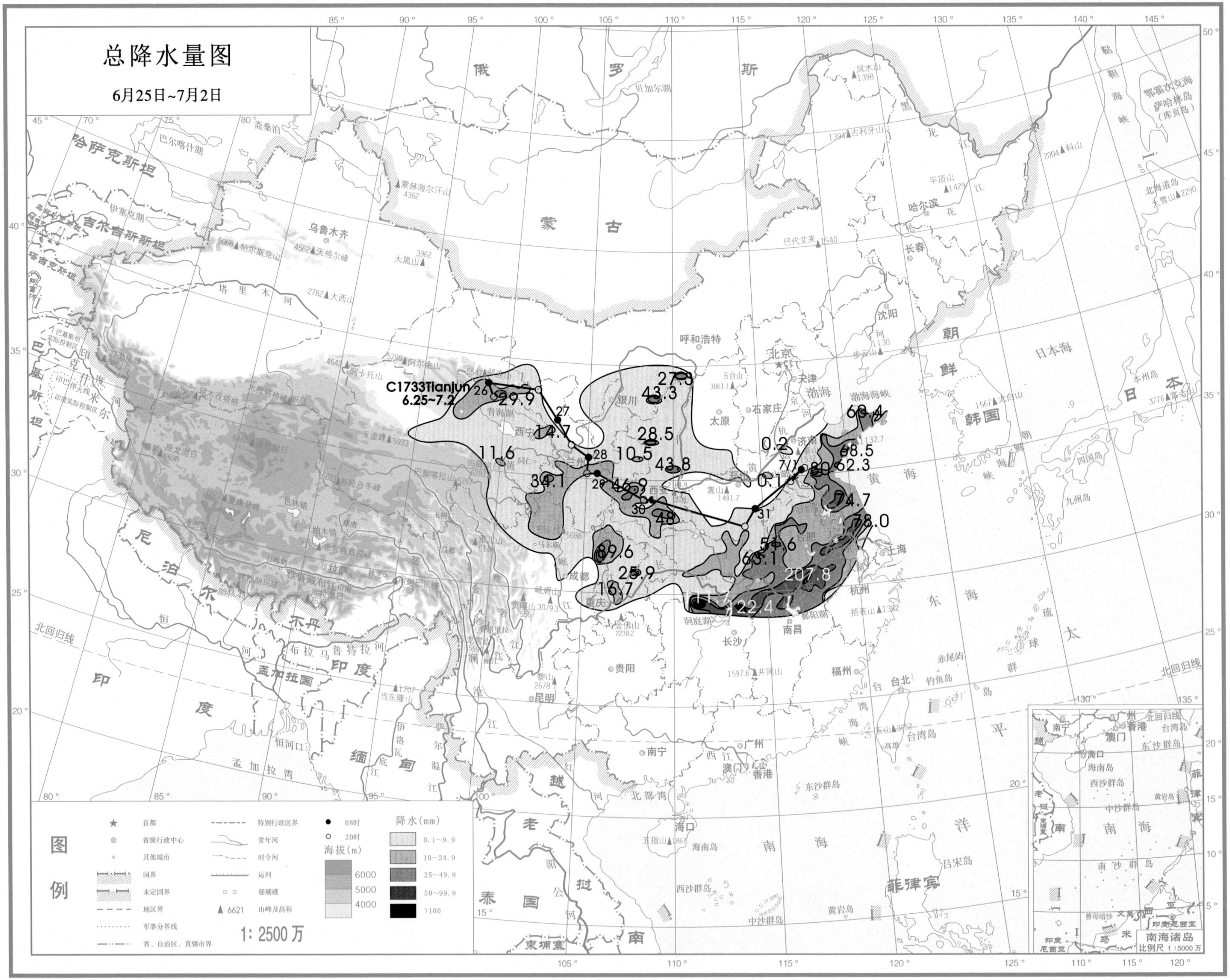
总降水量图
6月25日~7月2日
C1733Tianjun
6.25~7.2
图例
首都
省级行政中心
其他城市
国界
未定国界
地区界
军事分界线
省、自治区、直辖市界
特别行政区界
常年河
时令河
运河
珊瑚礁
6621 山峰及高程
08时
20时
海拔(m)
6000
5000
4000
降水(mm)
0.1~9.9
10~24.9
25~49.9
50~99.9
>100
1: 2500 万
南海诸岛
比例尺 1:5000 万

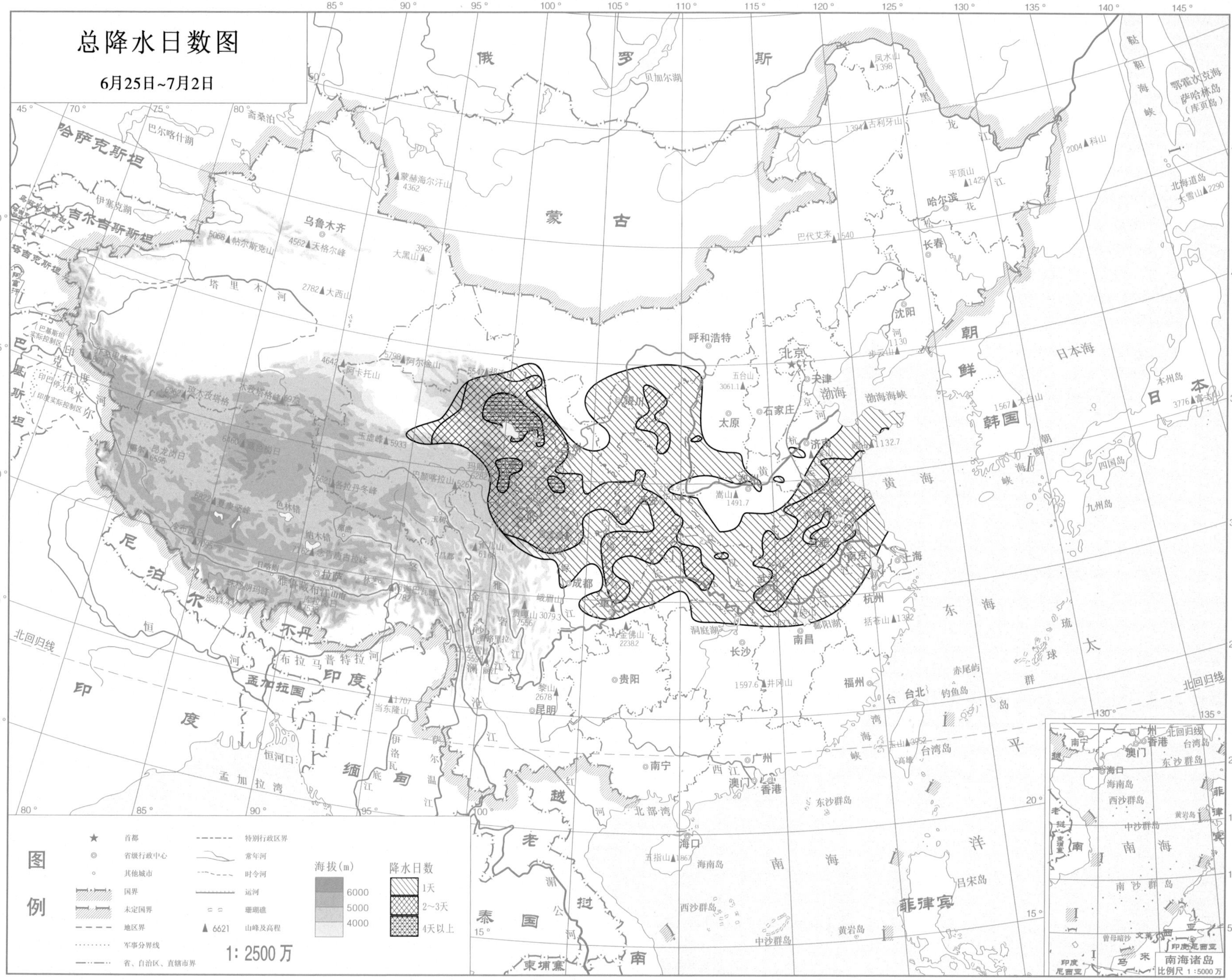
总降水日数图
6月25日~7月2日
图例
首都
省级行政中心
其他城市
国界
未定国界
地区界
军事分界线
省、自治区、直辖市界
特别行政区界
常年河
时令河
运河
珊瑚礁
6621 山峰及高程
1: 2500 万
海拔(m)
6000
5000
4000
降水日数
1天
2~3天
4天以上
南海诸岛
比例尺 1:5000 万

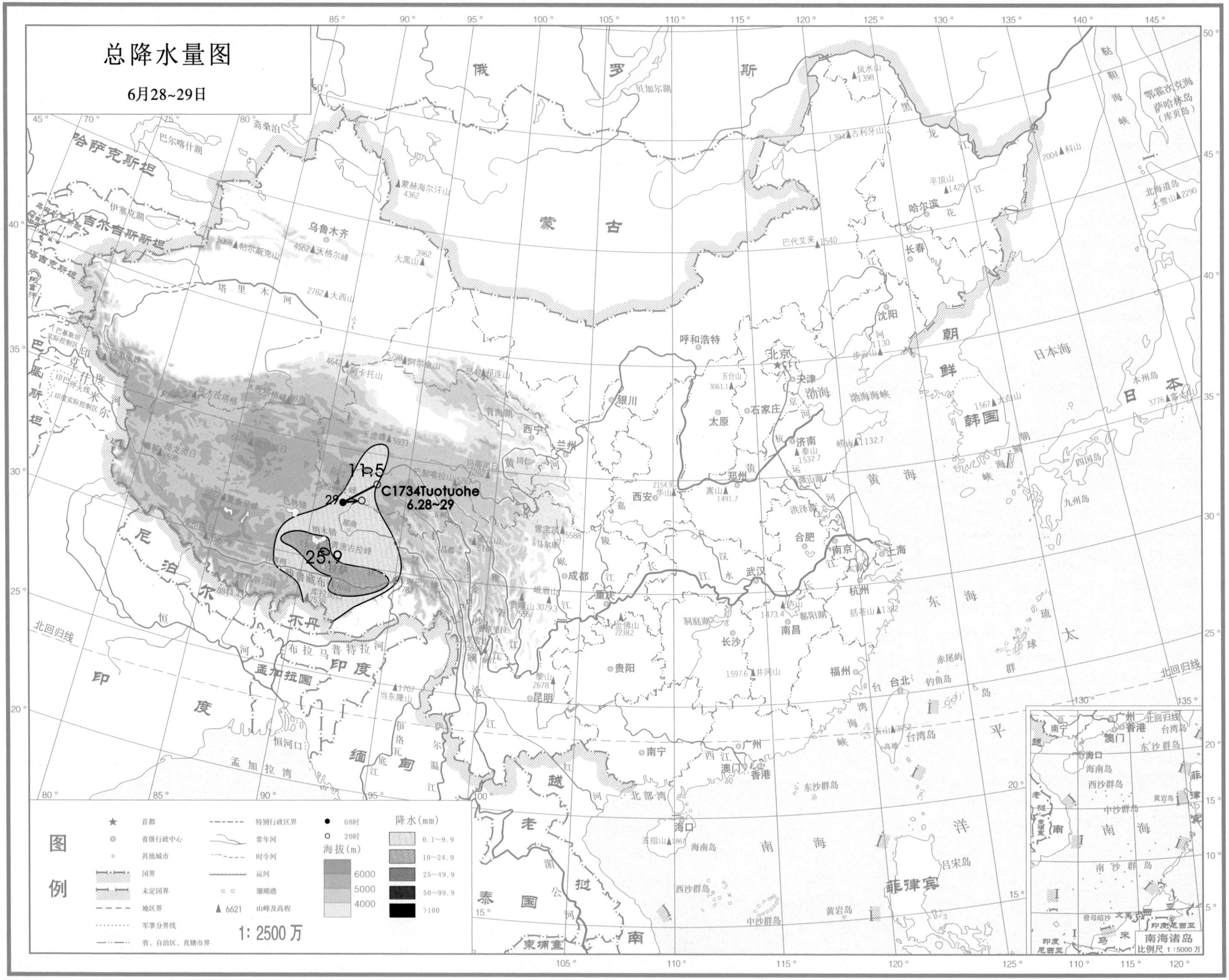
11.5
C1734Tuotuohe
6.28~29
29
25.9
图例
首都
省级行政中心
其他城市
国界
未定国界
地区界
军事分界线
省、自治区、直辖市界
特别行政区界
常年河
时令河
运河
珊瑚礁
6621 山峰及高程
● 08时
○ 20时
海拔(m)
6000
5000
4000
降水(mm)
0.1~9.9
10~24.9
25~49.9
50~99.9
>100
1:2500万
南海诸岛
比例尺 1:5000万

总降水量图

6月28~29日

总降水日数图

6月28~29日

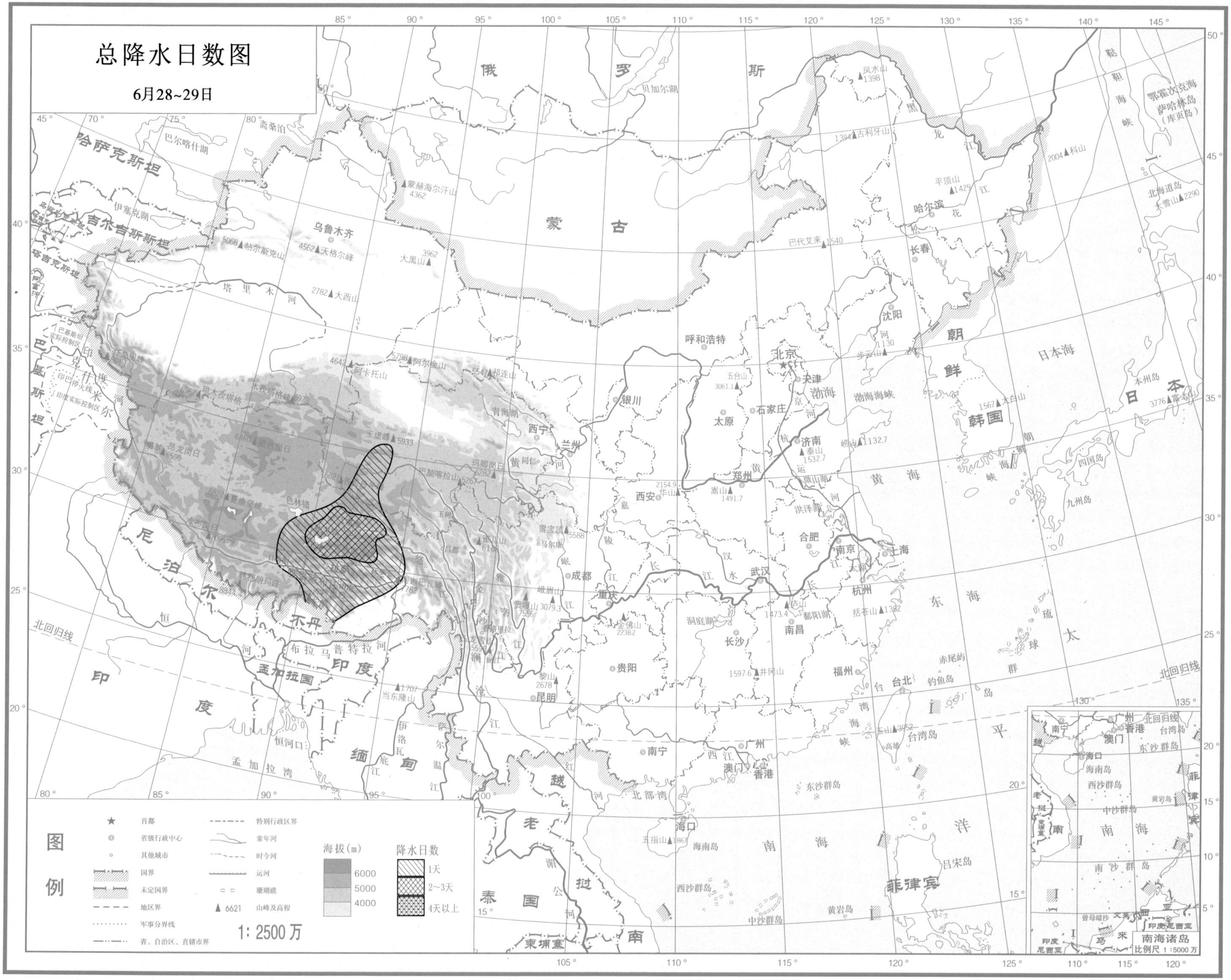

图例
首都
省级行政中心
其他城市
国界
未定国界
地区界
军事分界线
省、自治区、直辖市界
特别行政区界
常年河
时令河
运河
珊瑚礁
6621 山峰及高程
海拔(m)
6000
5000
4000
降水日数
1天
2~3天
4天以上
1: 2500 万
南海诸岛
比例尺 1:5000 万

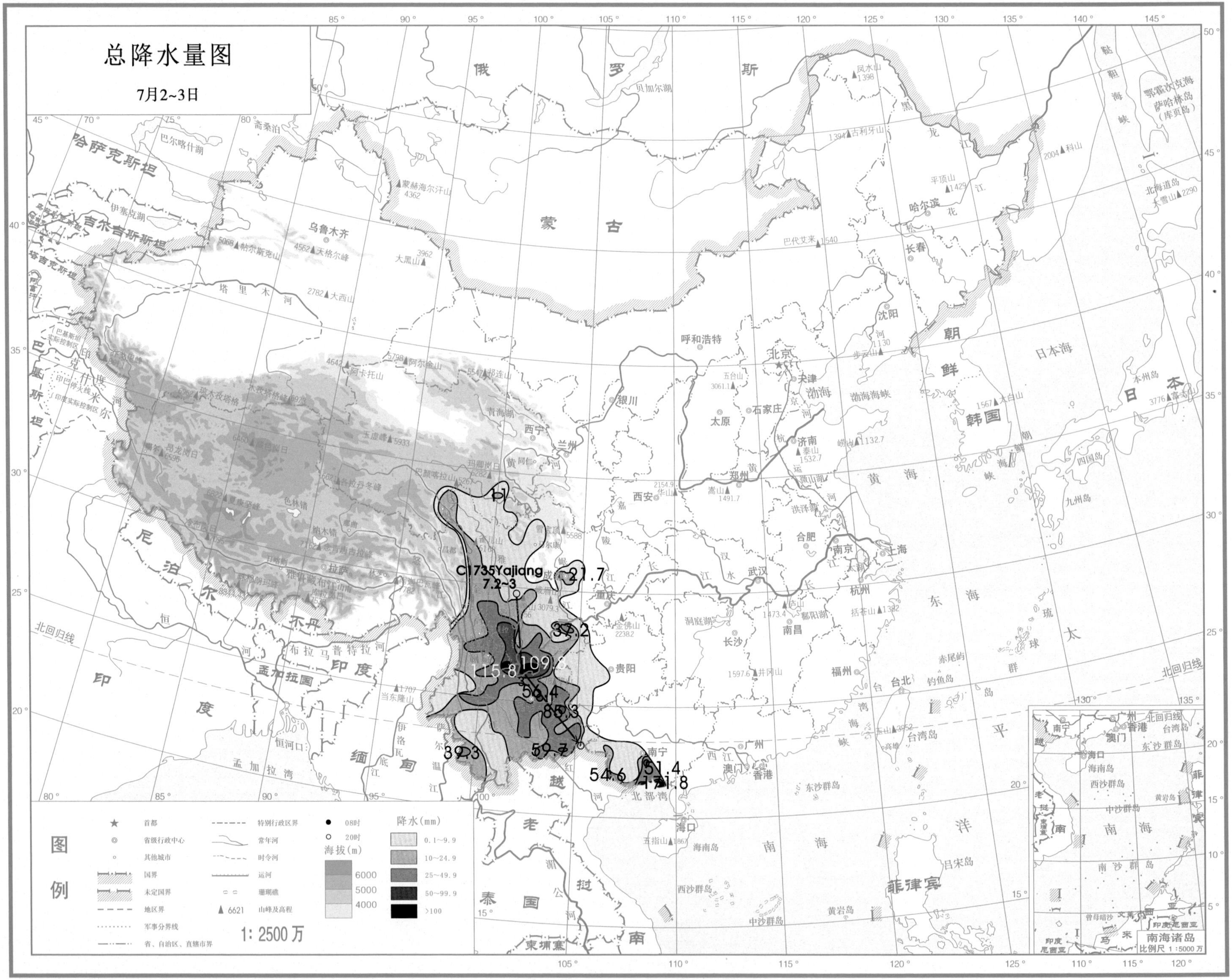
总降水量图
7月2~3日
C1735Yajiang
7.2~3
115.8
109.8
86.3
59.7
56.4
54.6
51.4
39.3
39.2
21.7
图例
首都
省级行政中心
其他城市
国界
未定国界
地区界
军事分界线
省、自治区、直辖市界
特别行政区界
常年河
时令河
运河
珊瑚礁
6621 山峰及高程
08时
20时
海拔(m)
6000
5000
4000
降水(mm)
0.1~9.9
10~24.9
25~49.9
50~99.9
>100
1: 2500万
南海诸岛
比例尺 1:5000万

总降水日数图

7月2~3日

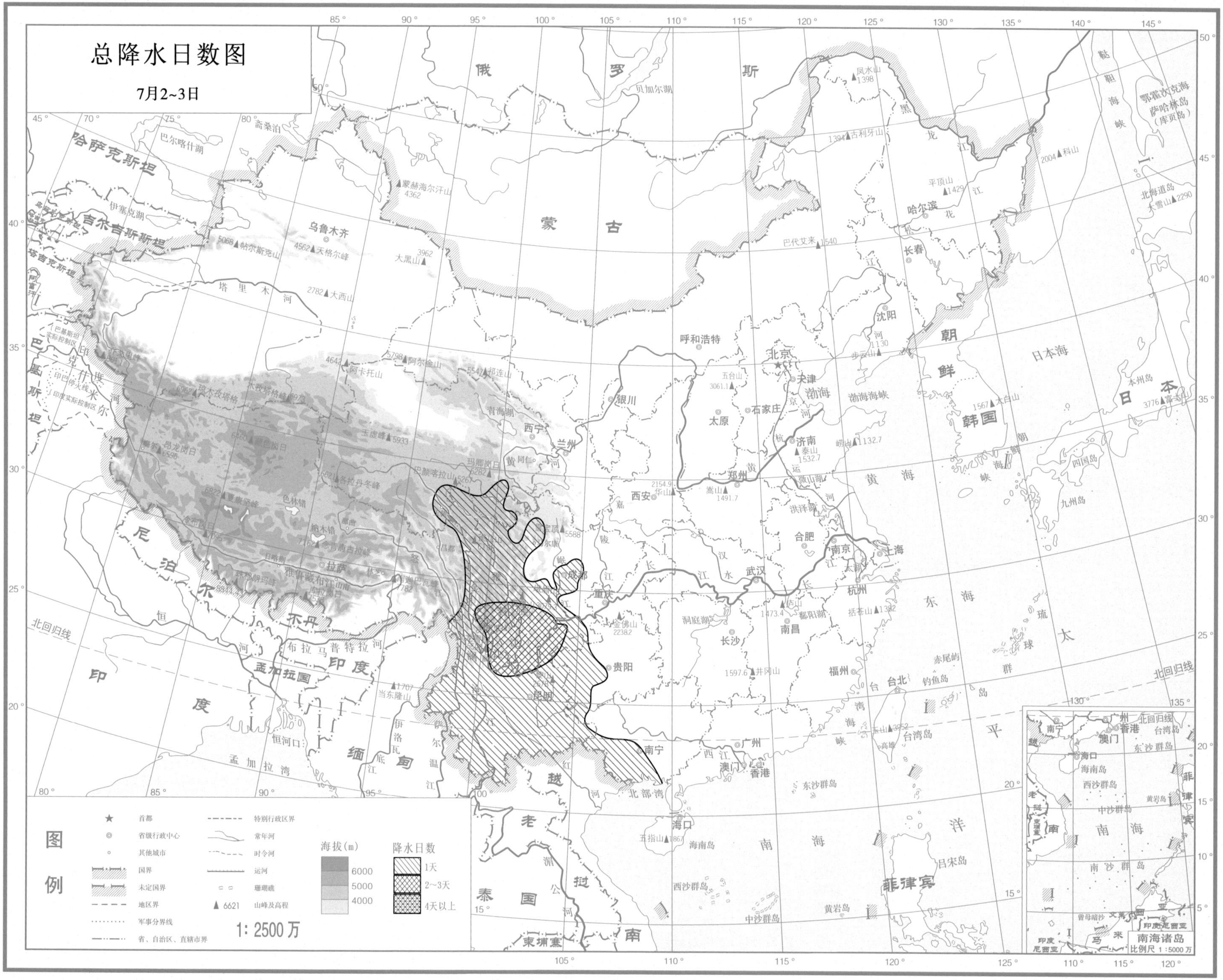

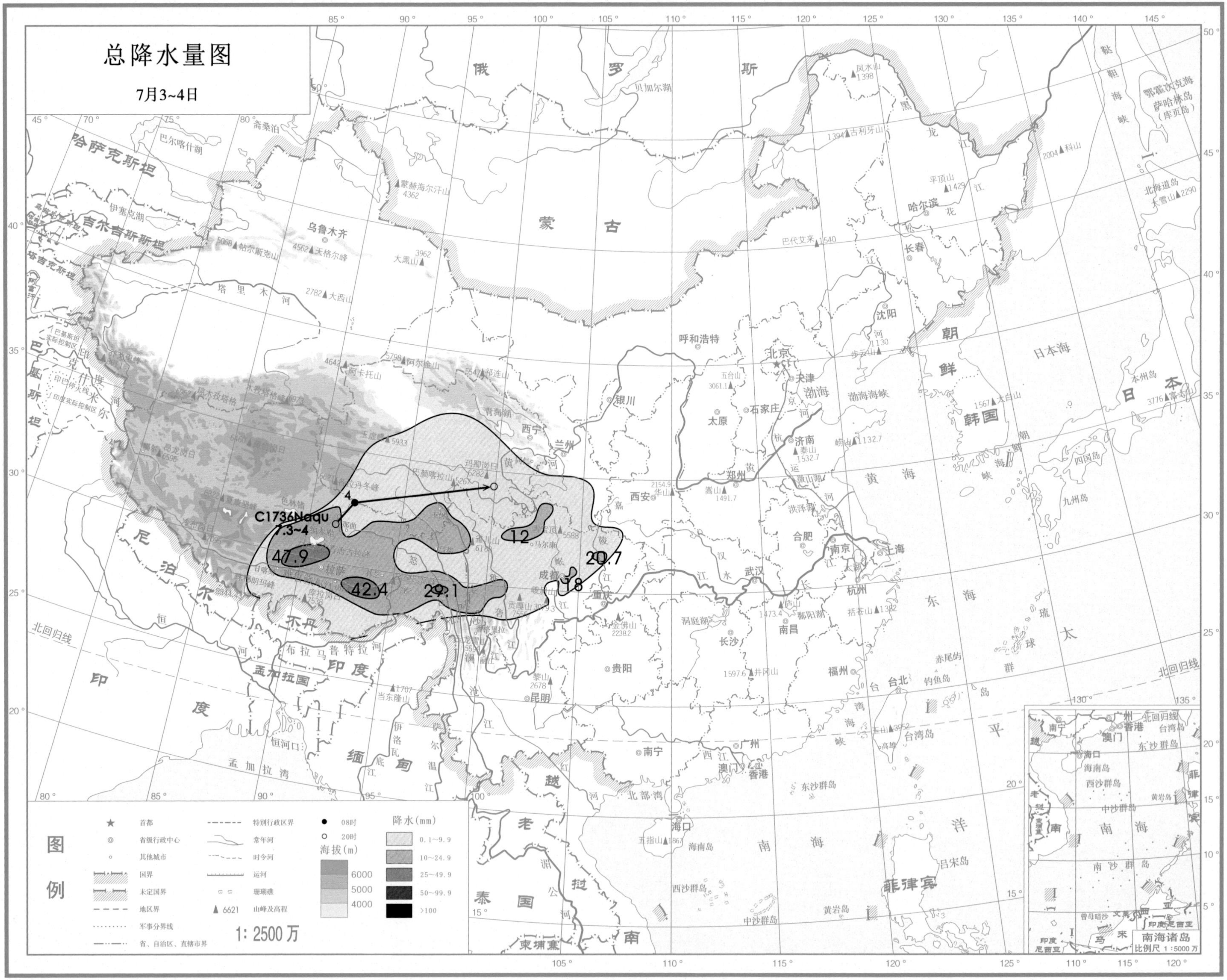
总降水量图
7月3~4日
C1736Naqu
7.3~4
4
47.9
42.4
29.1
12
20.7
18
图例
首都
省级行政中心
其他城市
国界
未定国界
地区界
军事分界线
省、自治区、直辖市界
特别行政区界
常年河
时令河
运河
珊瑚礁
山峰及高程
08时
20时
降水(mm)
0.1~9.9
10~24.9
25~49.9
50~99.9
>100
海拔(m)
6000
5000
4000
1: 2500 万
南海诸岛
比例尺 1:5000 万

总降水日数图

7月3~4日

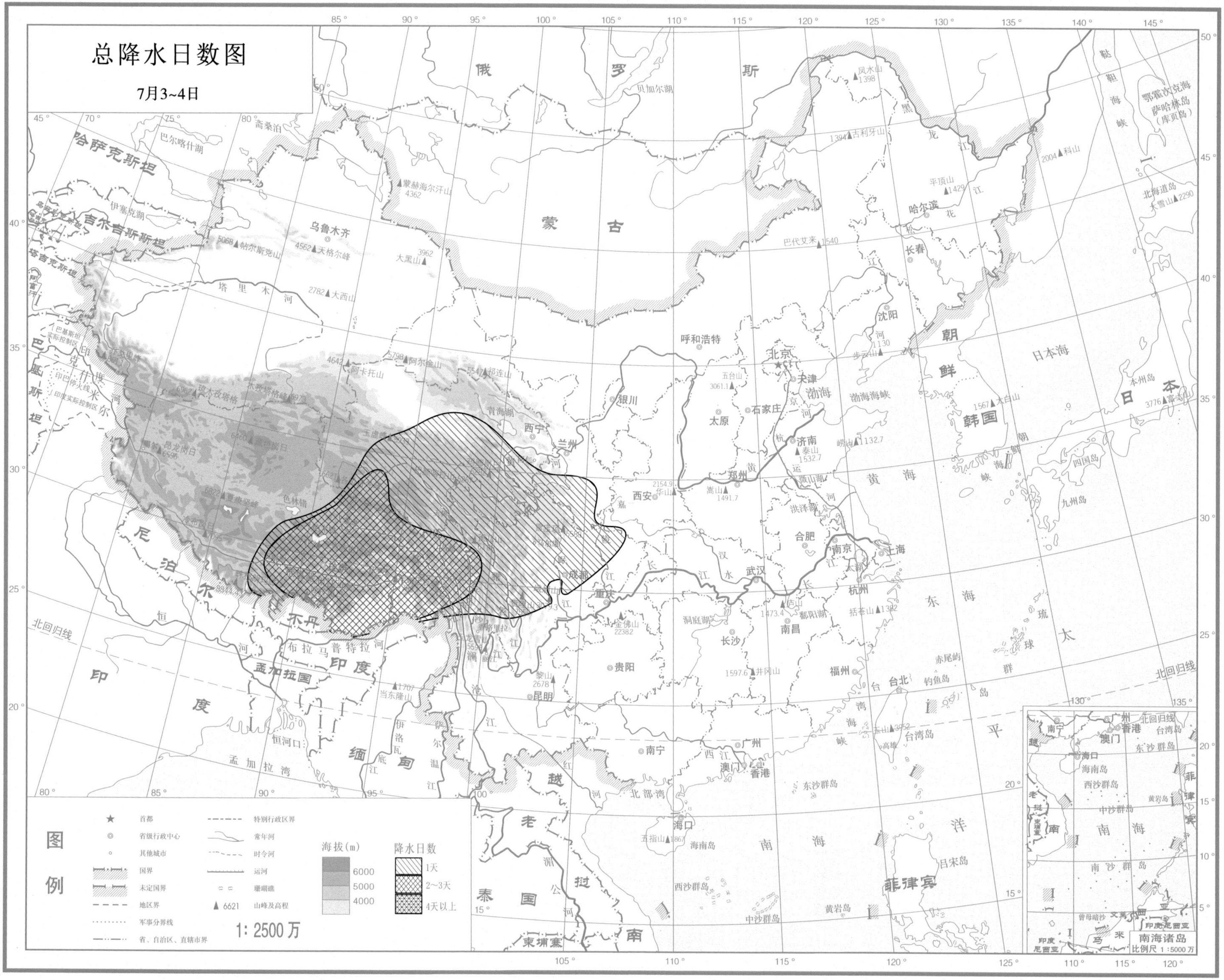

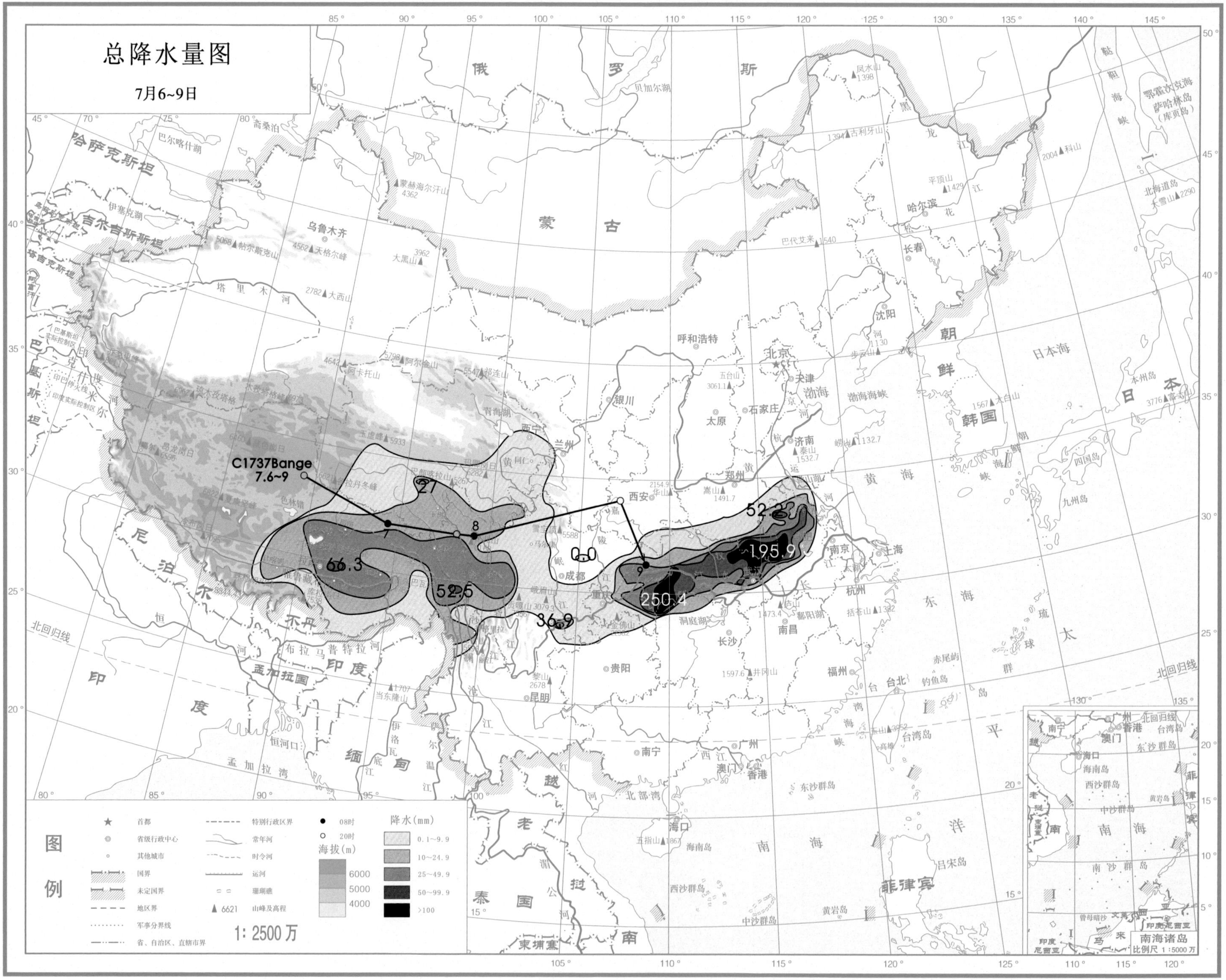

总降水量图
7月6~9日
C1737Bange
7.6~9
27
66.3
52.5
0.0
36.9
52.2
195.9
250.4
图例
首都
省级行政中心
其他城市
国界
未定国界
地区界
军事分界线
省、自治区、直辖市界
特别行政区界
常年河
时令河
运河
珊瑚礁
山峰及高程
08时
20时
海拔(m)
6000
5000
4000
降水(mm)
0.1~9.9
10~24.9
25~49.9
50~99.9
>100
1: 2500万
南海诸岛
比例尺 1:5000万

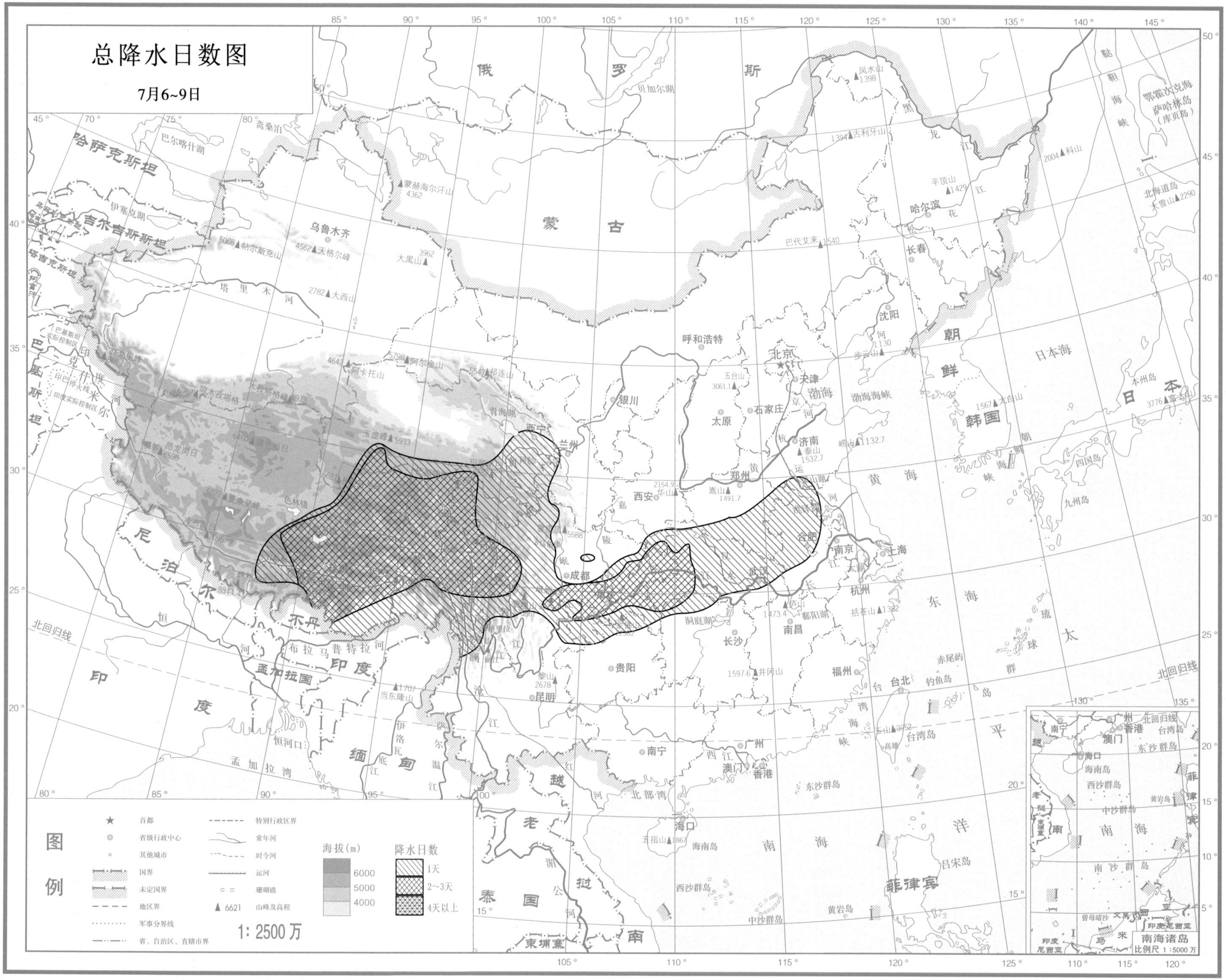
总降水日数图
7月6~9日
图例
首都
省级行政中心
其他城市
国界
未定国界
地区界
军事分界线
省、自治区、直辖市界
特别行政区界
常年河
时令河
运河
珊瑚礁
山峰及高程
海拔(m)
6000
5000
4000
降水日数
1天
2~3天
4天以上
1: 2500万
南海诸岛
比例尺 1:5000万
俄 罗 斯
蒙 古
哈萨克斯坦
吉尔吉斯斯坦
塔吉克斯坦
巴基斯坦
印度
尼泊尔
不丹
孟加拉国
缅甸
老挝
泰国
越南
柬埔寨
朝鲜
韩国
日本
菲律宾
北京
天津
石家庄
太原
呼和浩特
沈阳
长春
哈尔滨
济南
郑州
西安
兰州
西宁
银川
乌鲁木齐
成都
贵阳
昆明
南宁
广州
长沙
武汉
南昌
合肥
南京
上海
杭州
福州
台北
海口
香港
澳门
拉萨
渤海
黄海
东海
南海
日本海
太平洋
北回归线

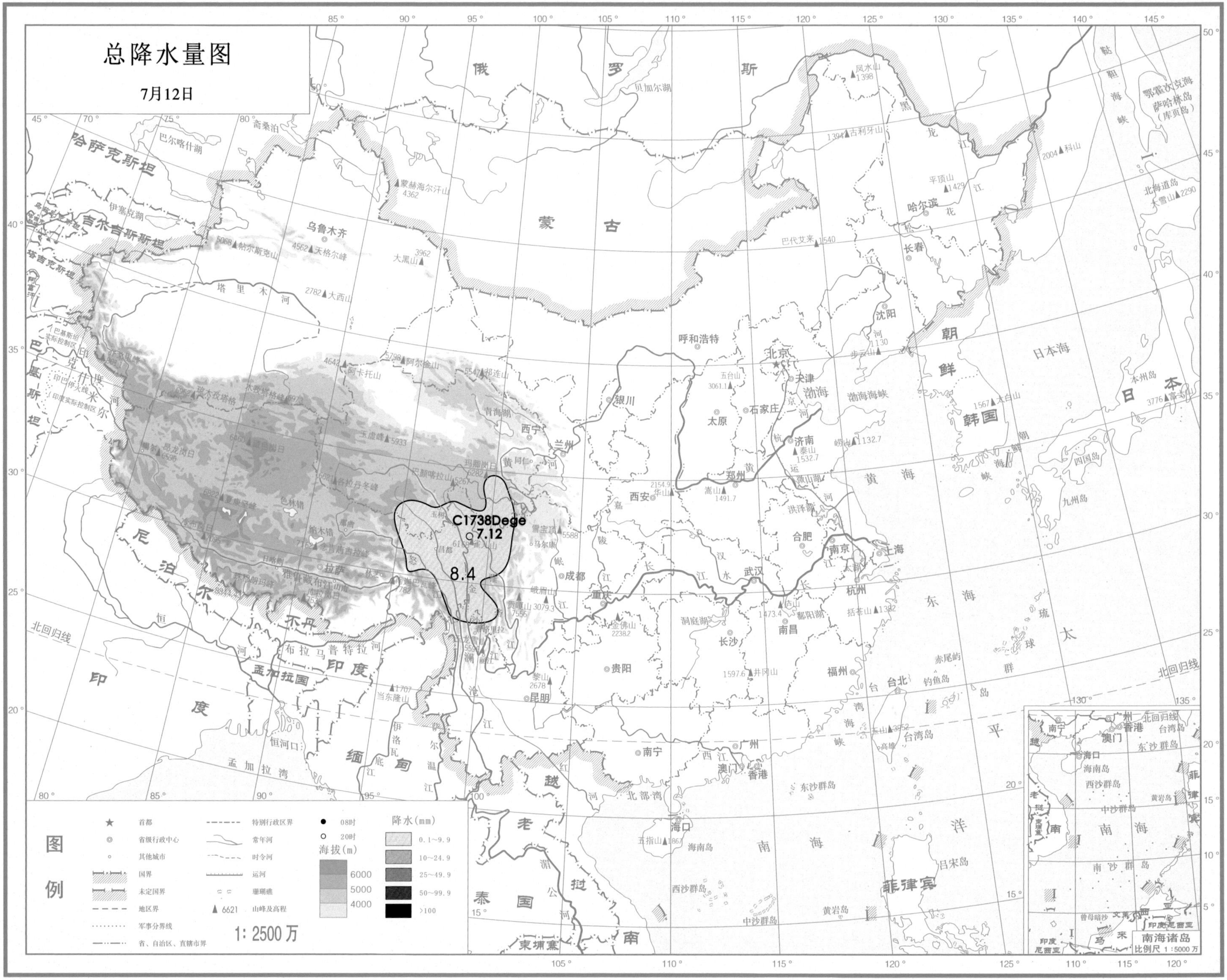
总降水量图
7月12日
C1738Dege
7.12
8.4
图例
首都
省级行政中心
其他城市
国界
未定国界
地区界
军事分界线
省、自治区、直辖市界
特别行政区界
常年河
时令河
运河
珊瑚礁
6621 山峰及高程
08时
20时
海拔(m)
6000
5000
4000
降水(mm)
0.1～9.9
10～24.9
25～49.9
50～99.9
>100
1: 2500万
南海诸岛
比例尺 1:5000万

总降水日数图

7月12日

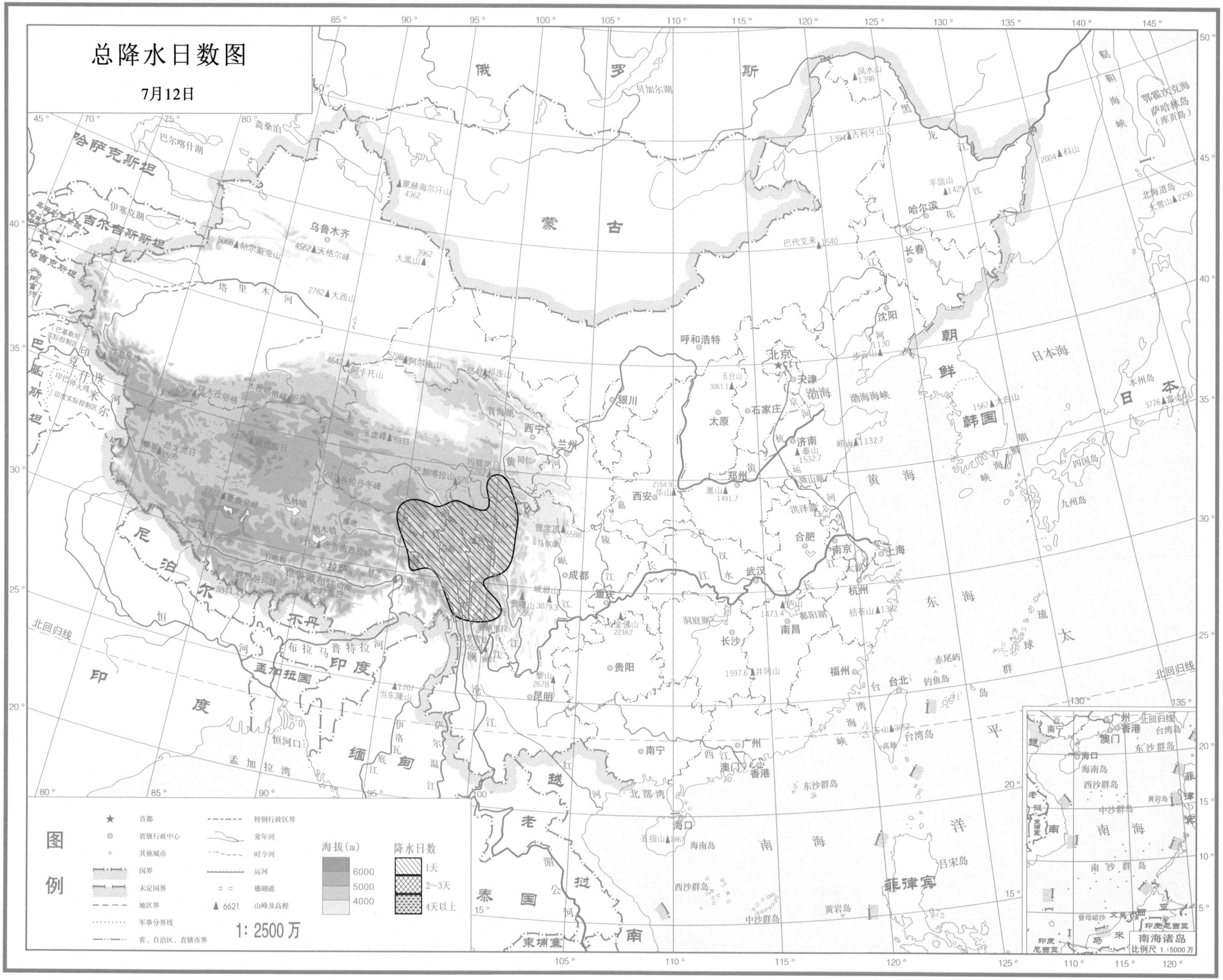

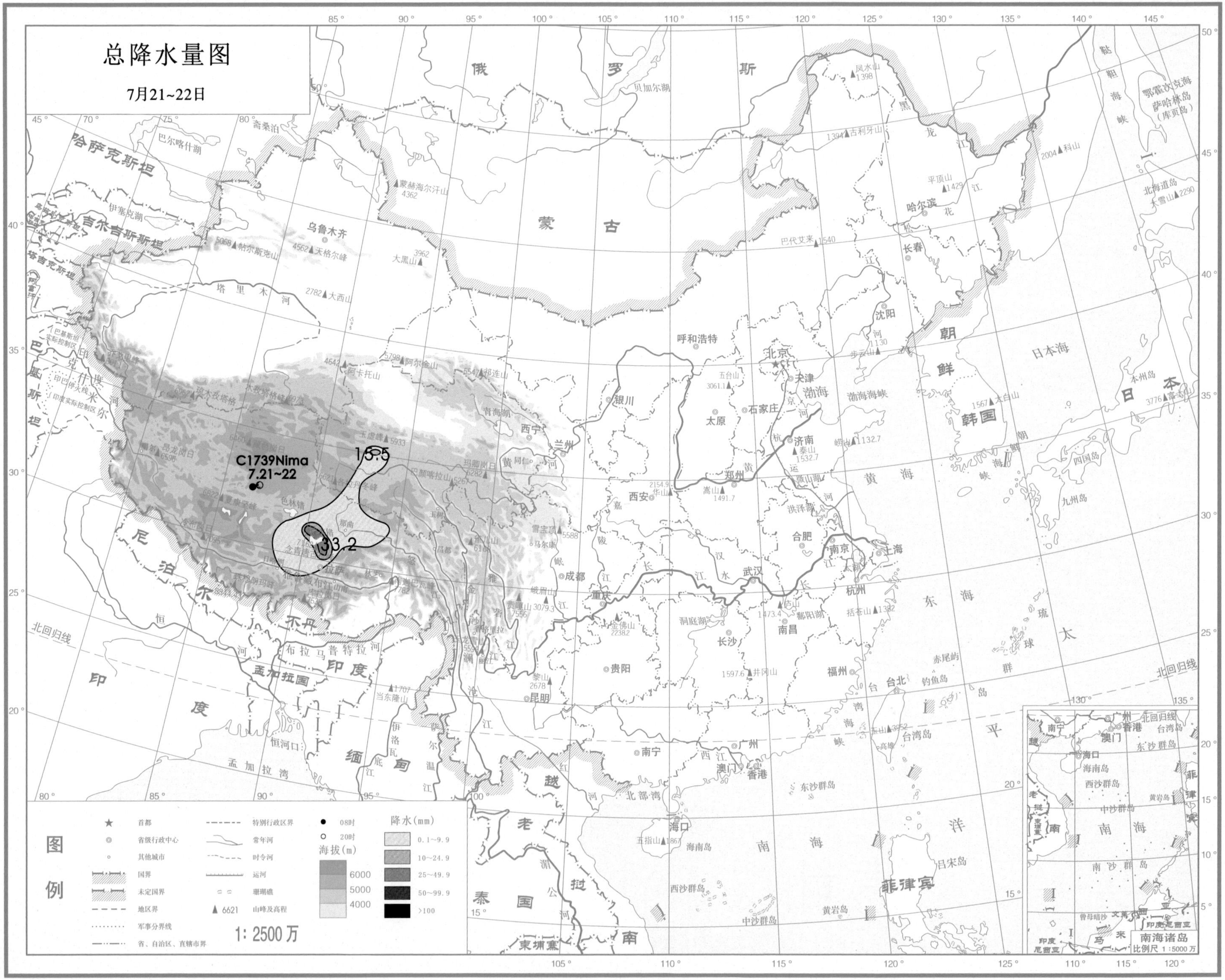
总降水量图
7月21~22日
C1739Nima
7.21~22
15.5
33.2
图例
首都
省级行政中心
其他城市
国界
未定国界
地区界
军事分界线
省、自治区、直辖市界
特别行政区界
常年河
时令河
运河
珊瑚礁
6621 山峰及高程
08时
20时
海拔(m)
6000
5000
4000
降水(mm)
0.1~9.9
10~24.9
25~49.9
50~99.9
>100
1: 2500万
南海诸岛
比例尺 1:5000万

总降水日数图

7月21~22日

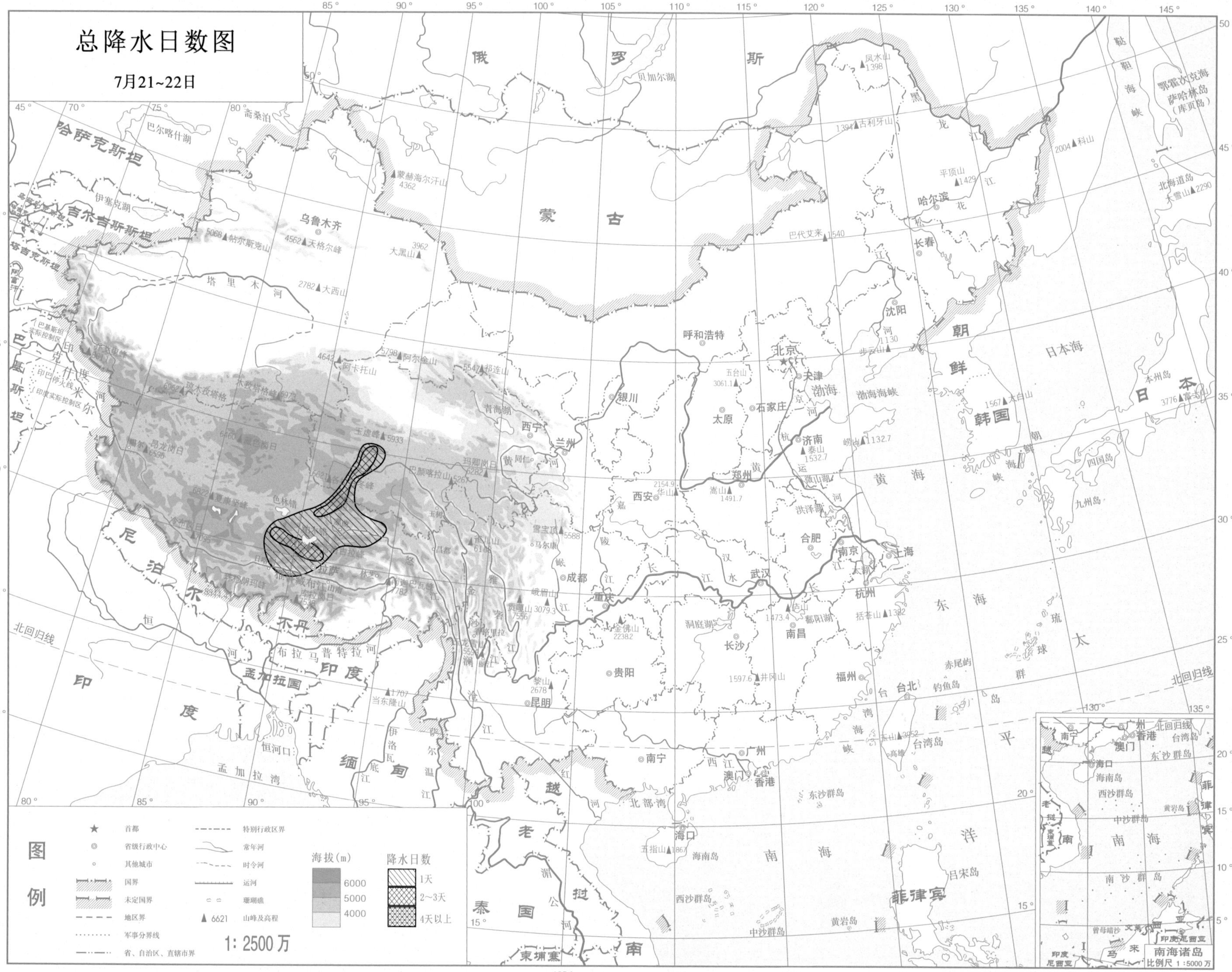
图例
首都
省级行政中心
其他城市
国界
未定国界
地区界
军事分界线
省、自治区、直辖市界
特别行政区界
常年河
时令河
运河
珊瑚礁
山峰及高程
海拔(m)
6000
5000
4000
降水日数
1天
2~3天
4天以上
1:2500万
南海诸岛
比例尺 1:5000万

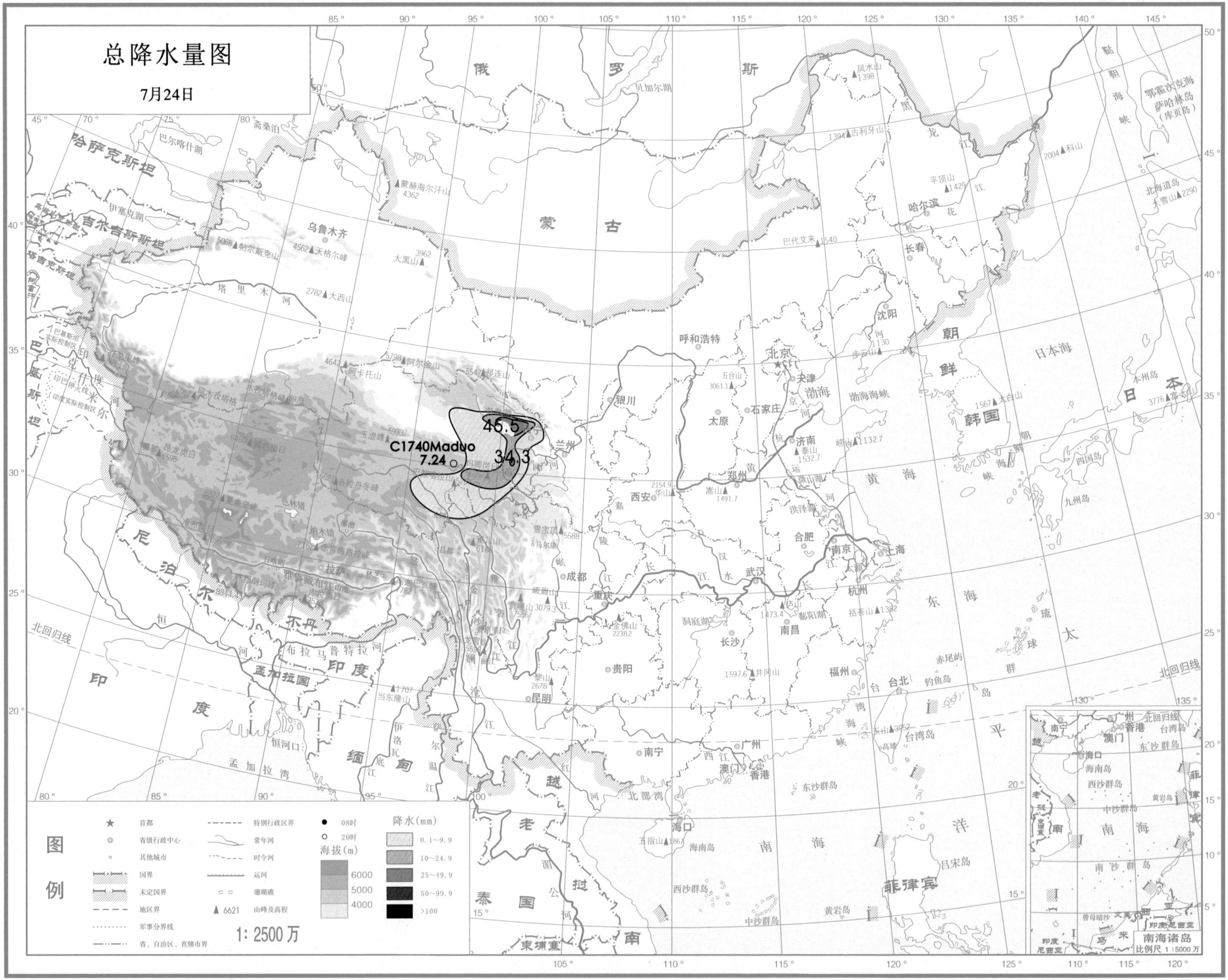
总降水量图
7月24日
C1740Maduo
7.24
45.5
34.3
图例
首都
省级行政中心
其他城市
国界
未定国界
地区界
军事分界线
省、自治区、直辖市界
特别行政区界
常年河
时令河
运河
珊瑚礁
6621 山峰及高程
08时
20时
海拔(m)
6000
5000
4000
降水(mm)
0.1～9.9
10～24.9
25～49.9
50～99.9
>100
1: 2500万
南海诸岛
比例尺 1:5000万

总降水日数图

7月24日

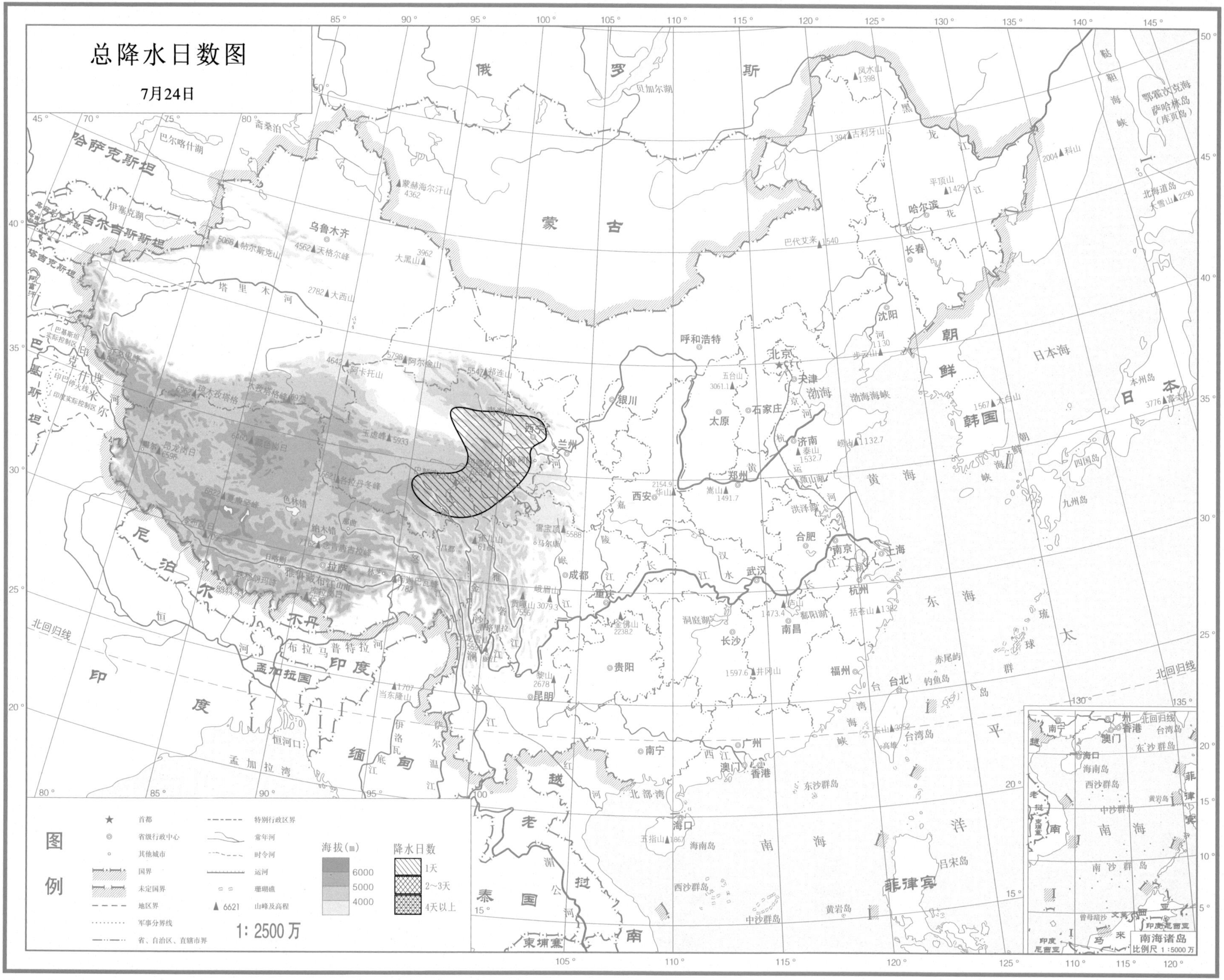

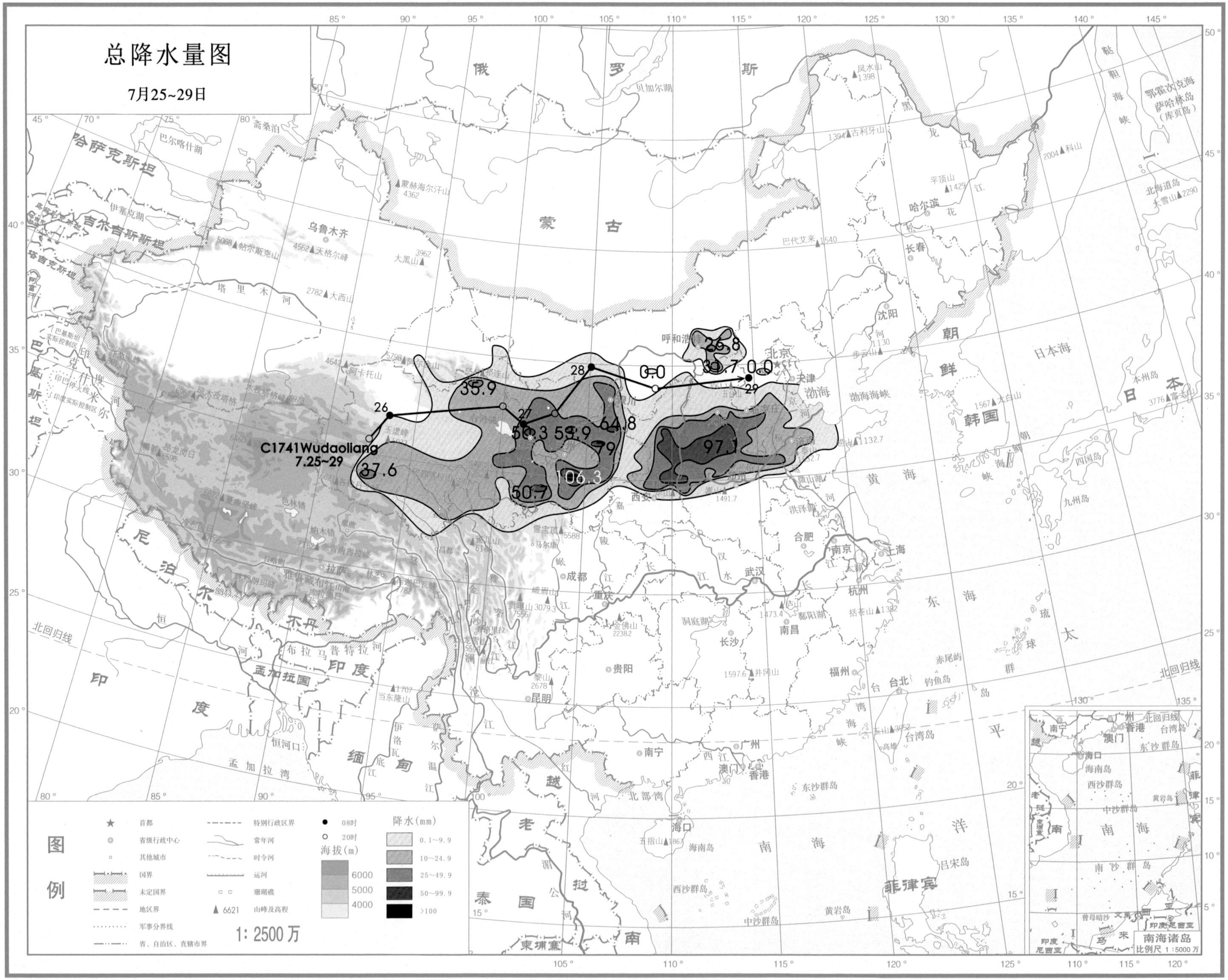
总降水量图
7月25~29日
C1741Wudaoliang
7.25~29
26
27
28
29
35.9
37.6
50.3
53.9
64.8
79
106.3
50.7
97.1
0.0
26.8
31.7
0.0
图例
首都
省级行政中心
其他城市
国界
未定国界
地区界
军事分界线
省、自治区、直辖市界
特别行政区界
常年河
时令河
运河
珊瑚礁
6621 山峰及高程
08时
20时
海拔(m)
6000
5000
4000
降水(mm)
0.1~9.9
10~24.9
25~49.9
50~99.9
>100
1: 2500万
南海诸岛
比例尺 1:5000万

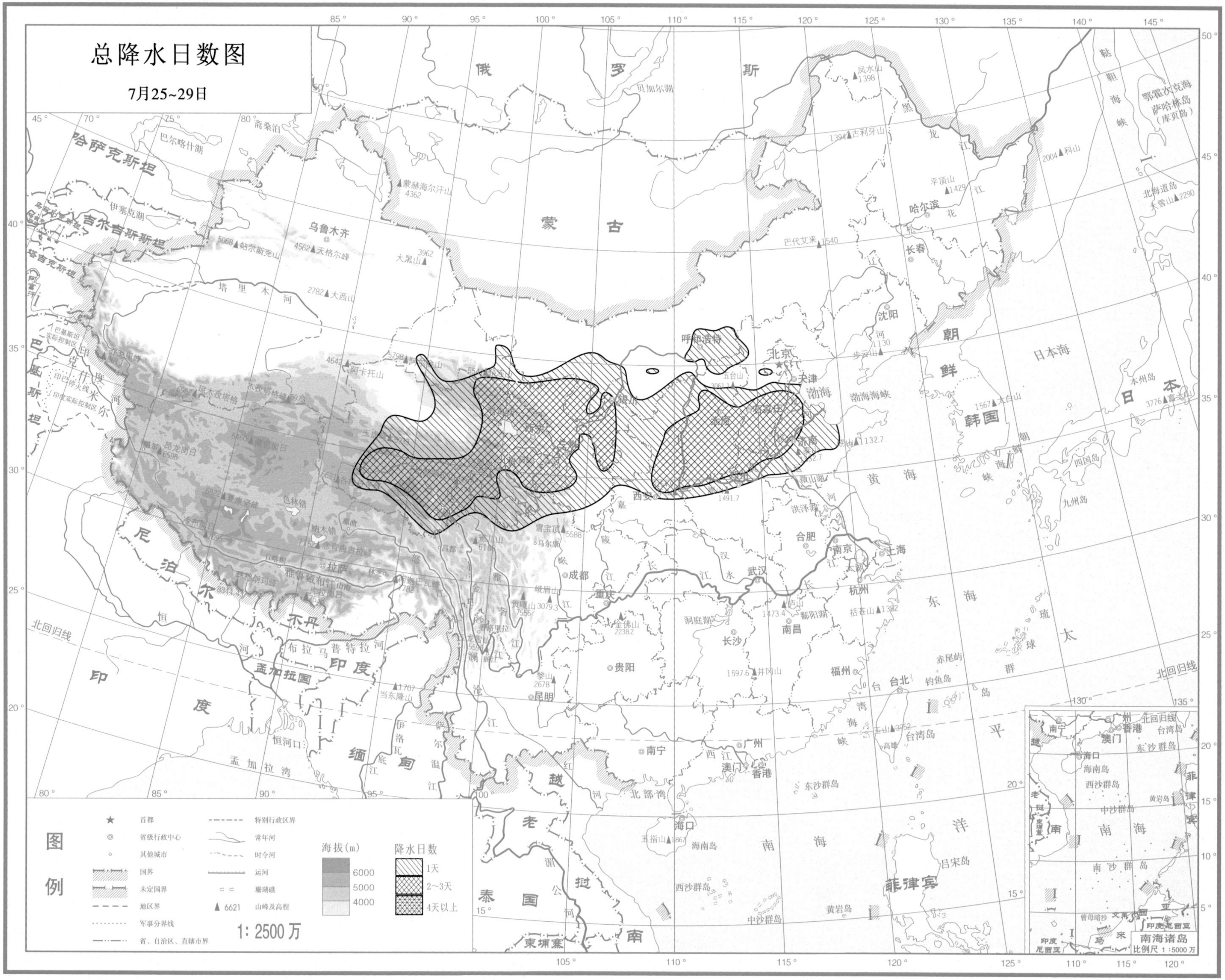

总降水日数图
7月25~29日
俄 罗 斯
蒙 古
哈萨克斯坦
吉尔吉斯斯坦
塔吉克斯坦
巴基斯坦
尼泊尔
不丹
印度
孟加拉国
缅甸
老挝
泰国
柬埔寨
越南
朝鲜
韩国
日本
菲律宾
乌鲁木齐
呼和浩特
北京
天津
济南
银川
西安
成都
重庆
武汉
合肥
南京
上海
杭州
长沙
南昌
福州
台北
贵阳
昆明
南宁
广州
香港
澳门
海口
拉萨
哈尔滨
长春
沈阳
渤海
黄海
东海
南海
日本海
太平洋
北回归线
南海诸岛
比例尺 1:5000 万
图例
首都
省级行政中心
其他城市
国界
未定国界
地区界
军事分界线
省、自治区、直辖市界
特别行政区界
常年河
时令河
运河
珊瑚礁
6621 山峰及高程
海拔(m)
6000
5000
4000
降水日数
1天
2~3天
4天以上
1: 2500 万

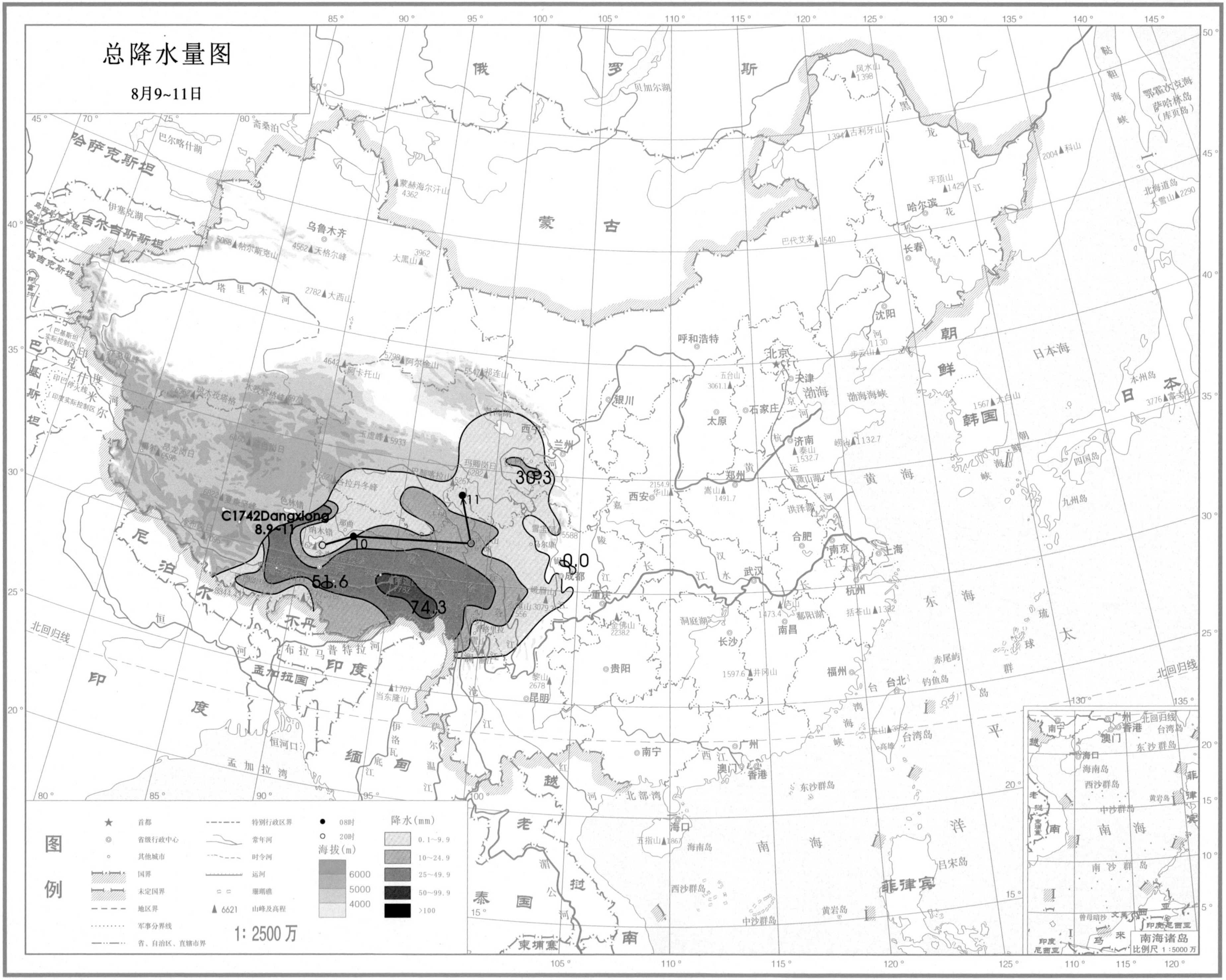
总降水量图
8月9~11日
C1742Dangxiong
8.9~11
10
11
30.3
0.0
51.6
74.3
图例
首都
省级行政中心
其他城市
国界
未定国界
地区界
军事分界线
省、自治区、直辖市界
特别行政区界
常年河
时令河
运河
珊瑚礁
山峰及高程
08时
20时
海拔(m)
6000
5000
4000
降水(mm)
0.1~9.9
10~24.9
25~49.9
50~99.9
>100
1: 2500 万
南海诸岛
比例尺 1:5000 万

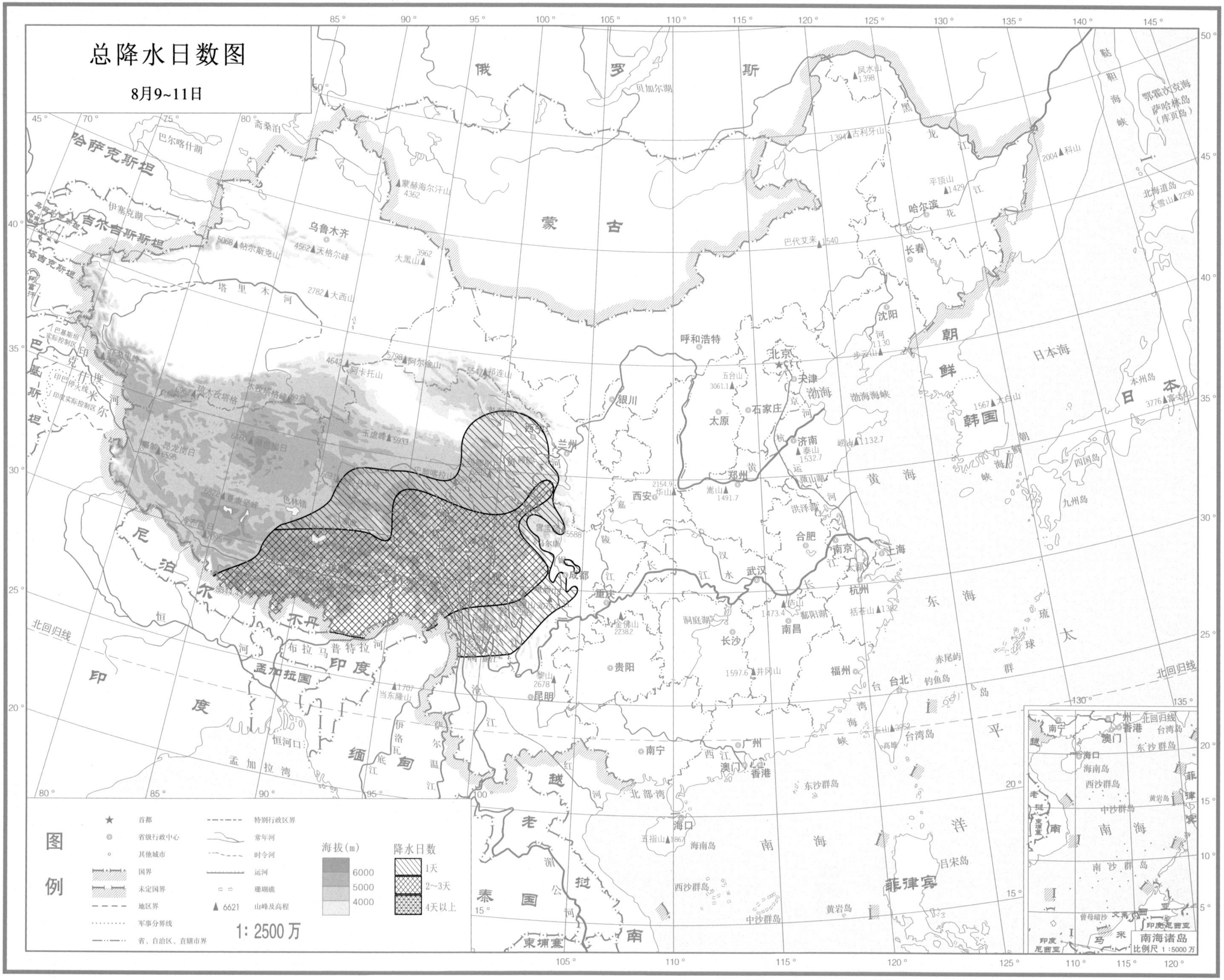
总降水日数图
8月9~11日
图例
首都
省级行政中心
其他城市
国界
未定国界
地区界
军事分界线
省、自治区、直辖市界
特别行政区界
常年河
时令河
运河
珊瑚礁
6621 山峰及高程
海拔(m)
6000
5000
4000
降水日数
1天
2~3天
4天以上
1: 2500万
南海诸岛
比例尺 1:5000 万

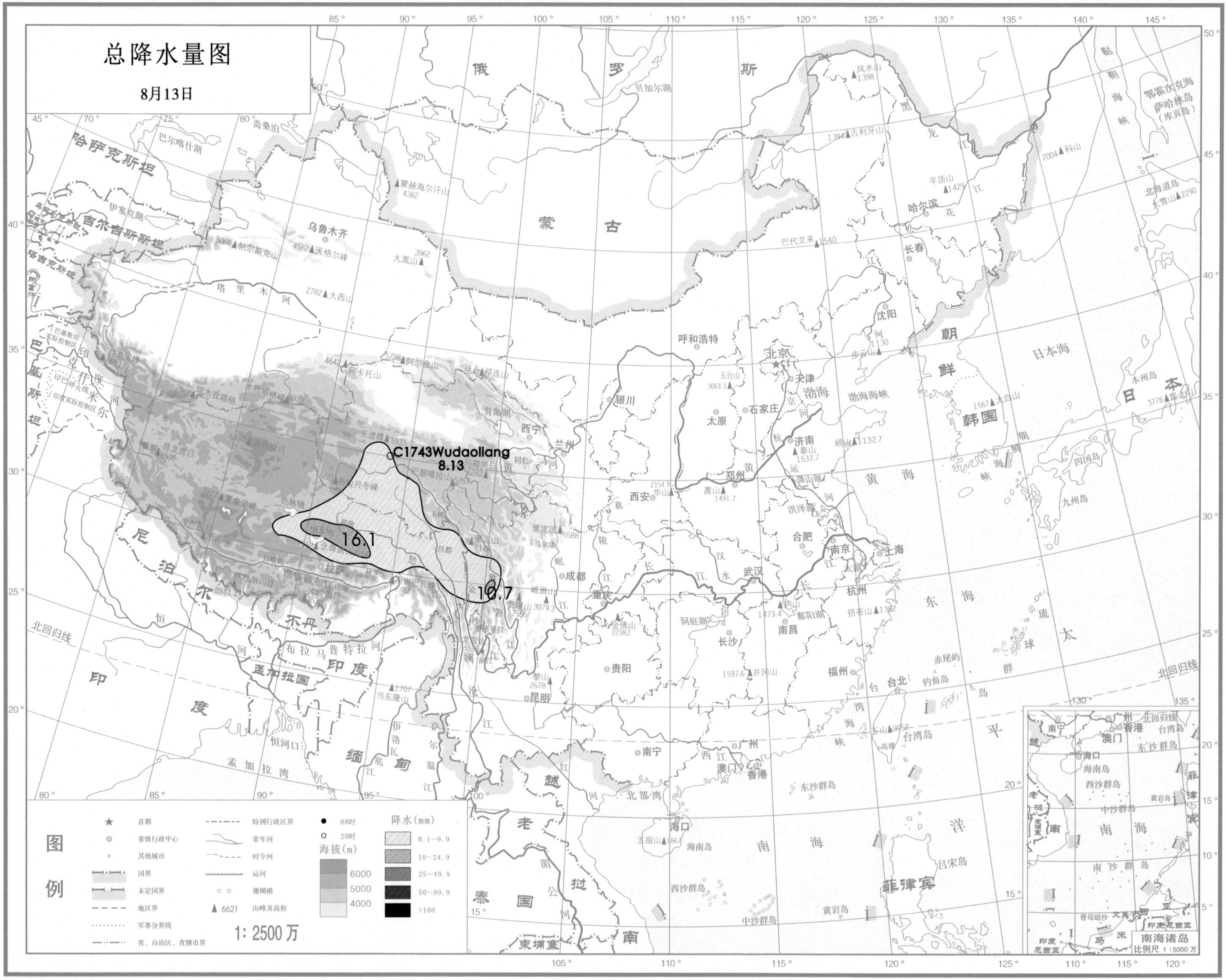
总降水量图
8月13日
C1743Wudaoliang
8.13
16.1
10.7
图例
首都
省级行政中心
其他城市
国界
未定国界
地区界
军事分界线
省、自治区、直辖市界
特别行政区界
常年河
时令河
运河
珊瑚礁
6621 山峰及高程
08时
20时
海拔(m)
6000
5000
4000
降水(mm)
0.1~9.9
10~24.9
25~49.9
50~99.9
>100
1:2500万
南海诸岛
比例尺 1:5000万

总降水日数图

8月13日

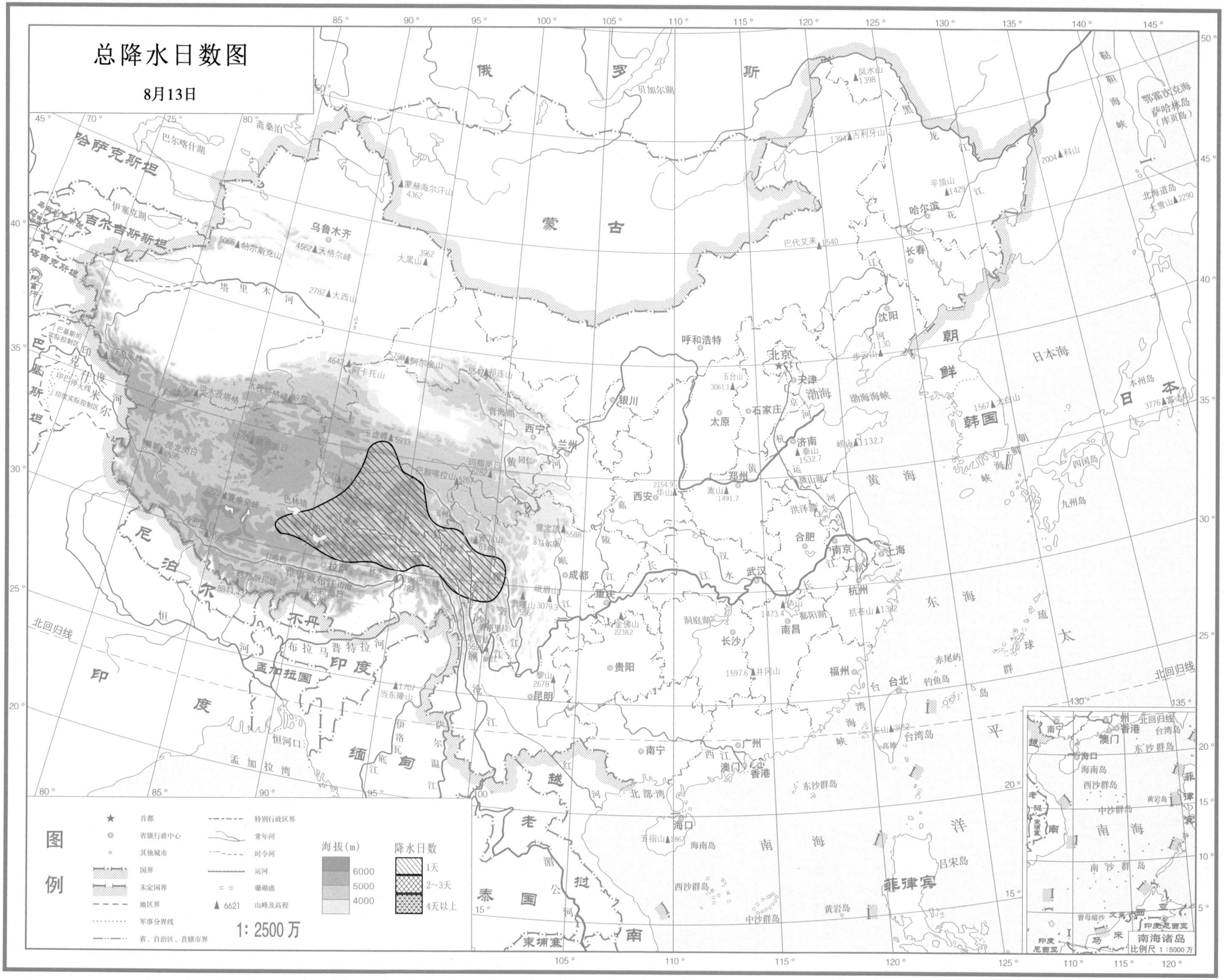

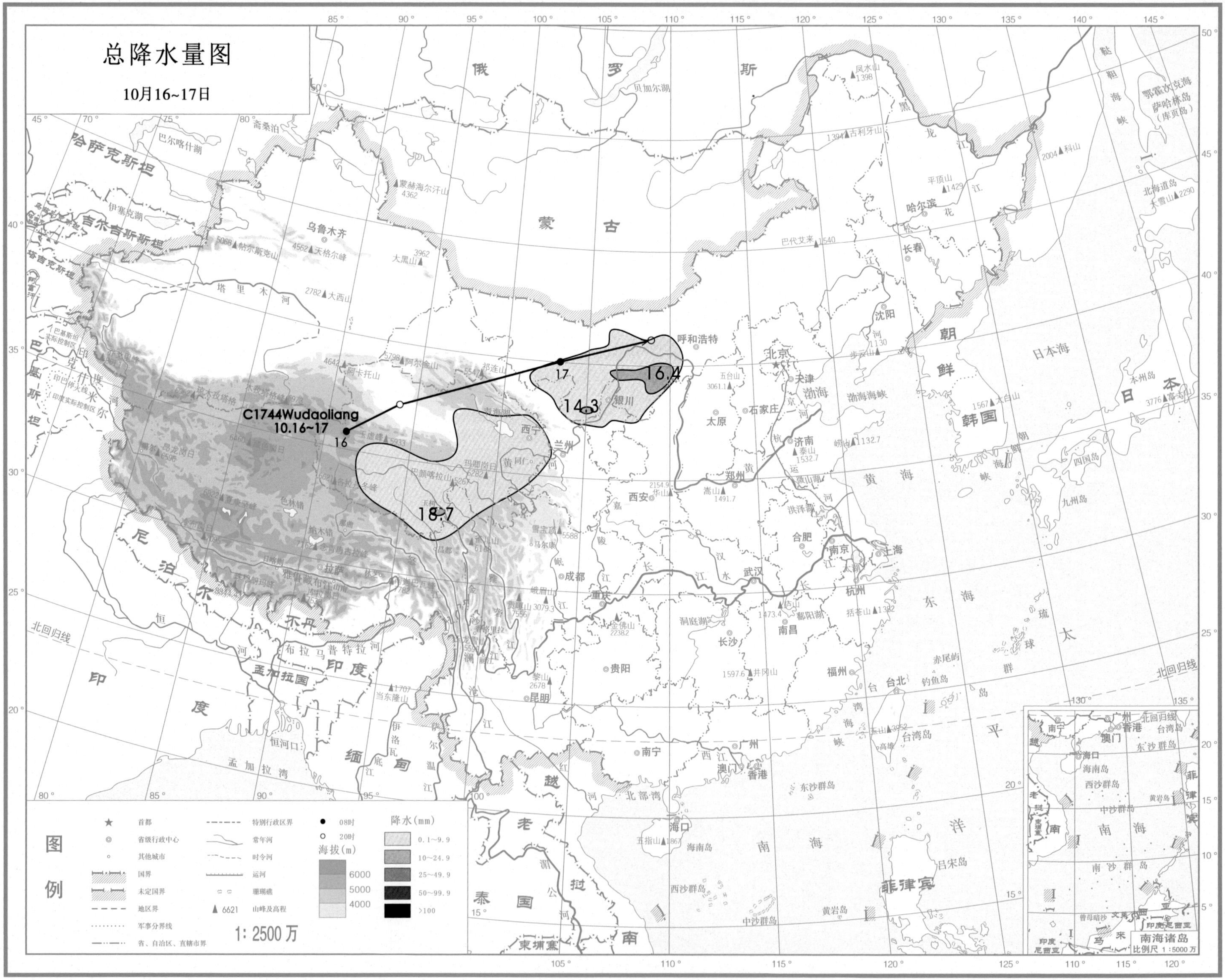
总降水量图
10月16~17日
C1744Wudaoliang
10.16~17
16
17
18.7
14.3
16.4
图例
首都
省级行政中心
其他城市
国界
未定国界
地区界
军事分界线
省、自治区、直辖市界
特别行政区界
常年河
时令河
运河
珊瑚礁
山峰及高程
08时
20时
海拔(m)
6000
5000
4000
降水(mm)
0.1~9.9
10~24.9
25~49.9
50~99.9
>100
1：2500万
南海诸岛
比例尺 1：5000万

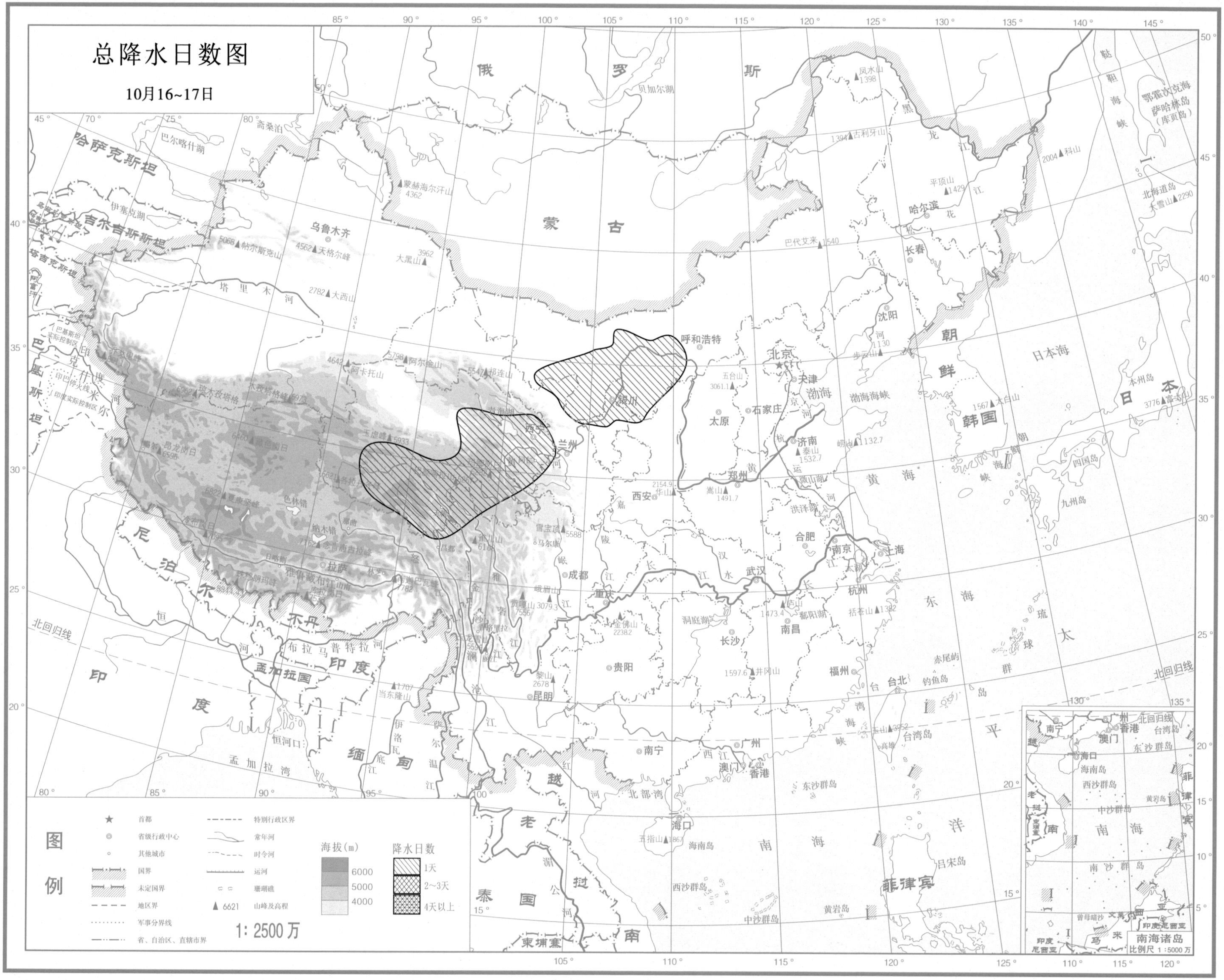
总降水日数图
10月16~17日
图例
首都
省级行政中心
其他城市
国界
未定国界
地区界
军事分界线
省、自治区、直辖市界
特别行政区界
常年河
时令河
运河
珊瑚礁
6621 山峰及高程
海拔(m)
6000
5000
4000
降水日数
1天
2~3天
4天以上
1: 2500 万
南海诸岛
比例尺 1：5000 万

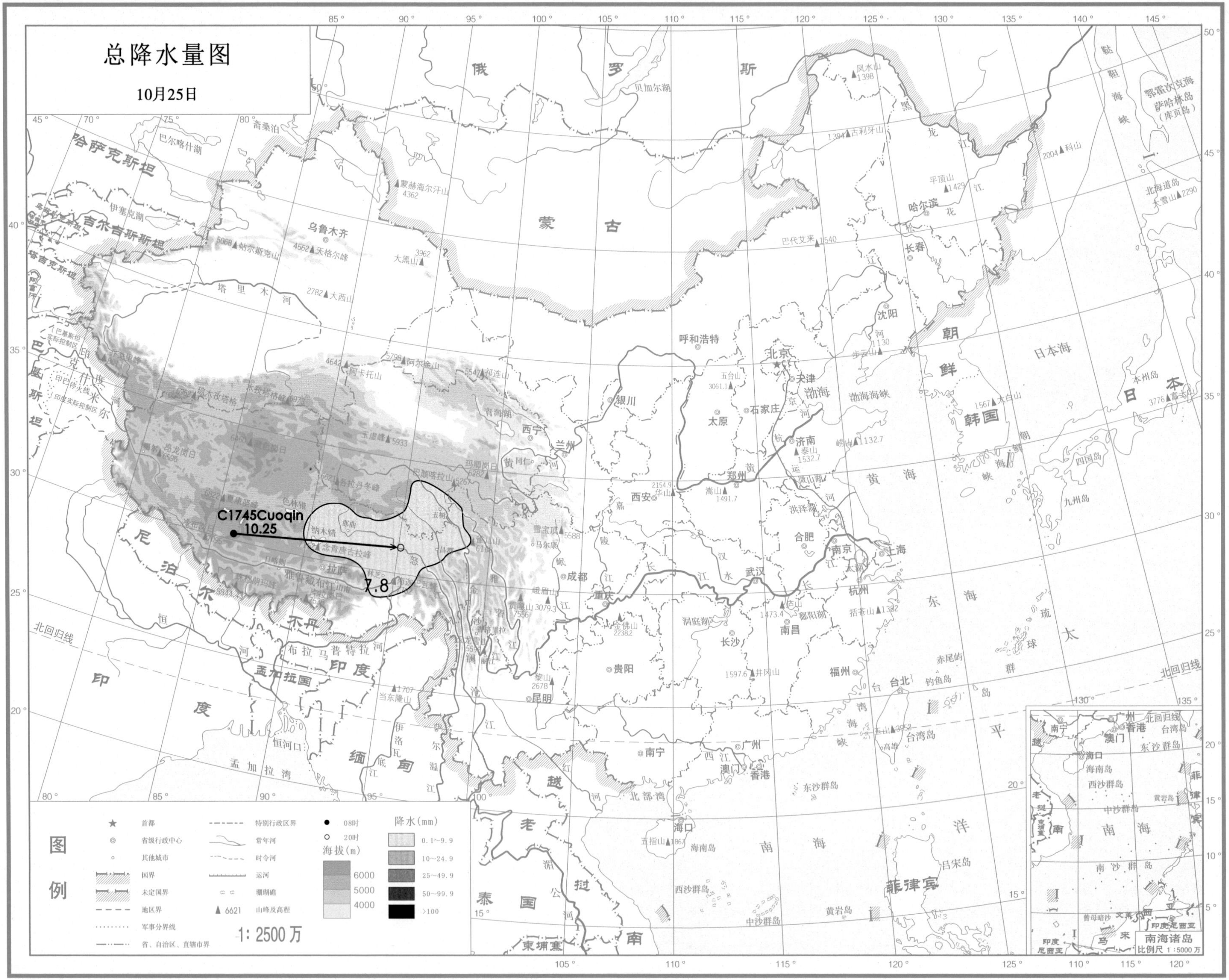
总降水量图
10月25日
C1745Cuoqin
10.25
7.8
图例
首都
省级行政中心
其他城市
国界
未定国界
地区界
军事分界线
省、自治区、直辖市界
特别行政区界
常年河
时令河
运河
珊瑚礁
山峰及高程
08时
20时
海拔(m)
6000
5000
4000
降水(mm)
0.1～9.9
10～24.9
25～49.9
50～99.9
>100
1: 2500 万
南海诸岛
比例尺 1:5000 万

总降水日数图

10月25日

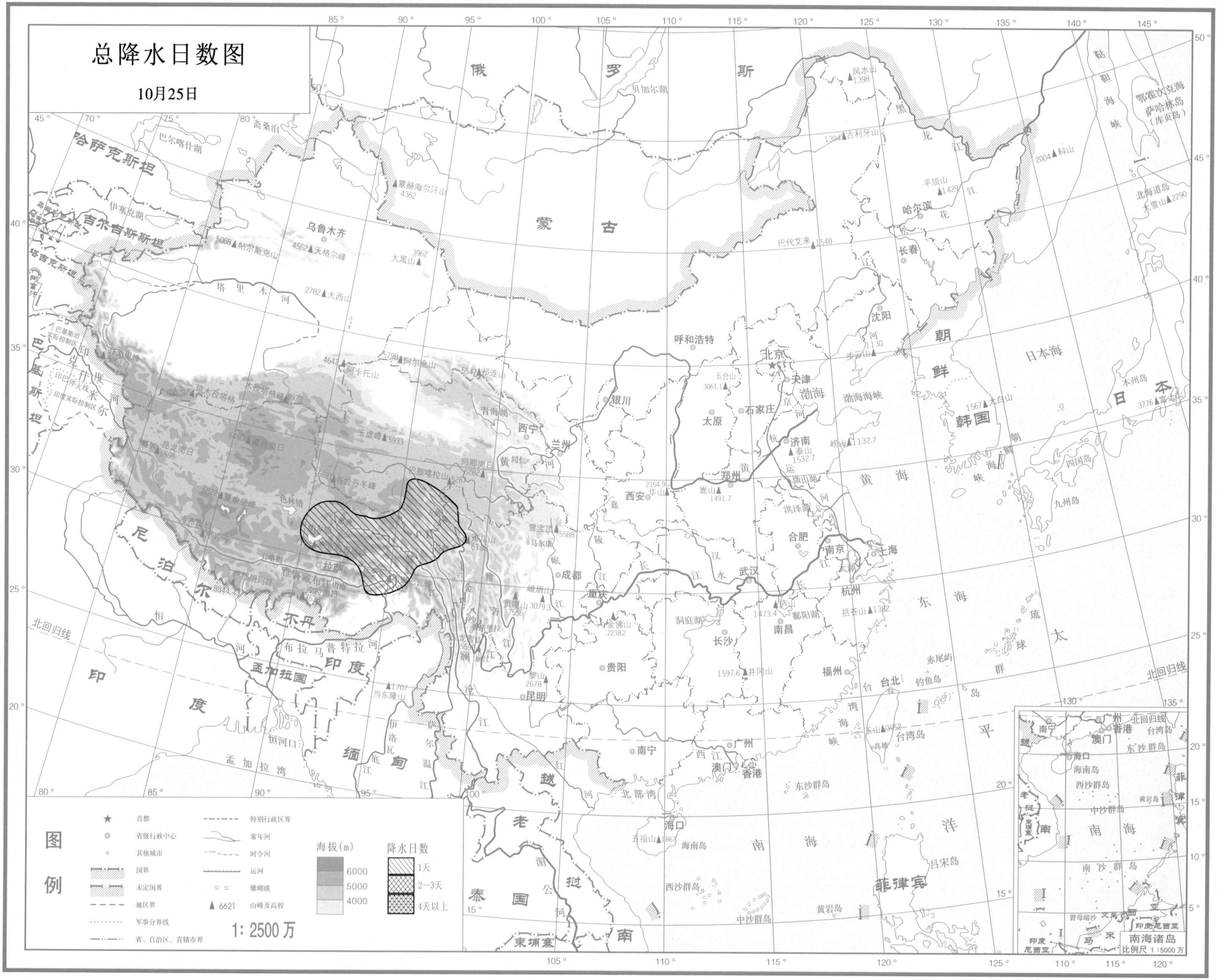

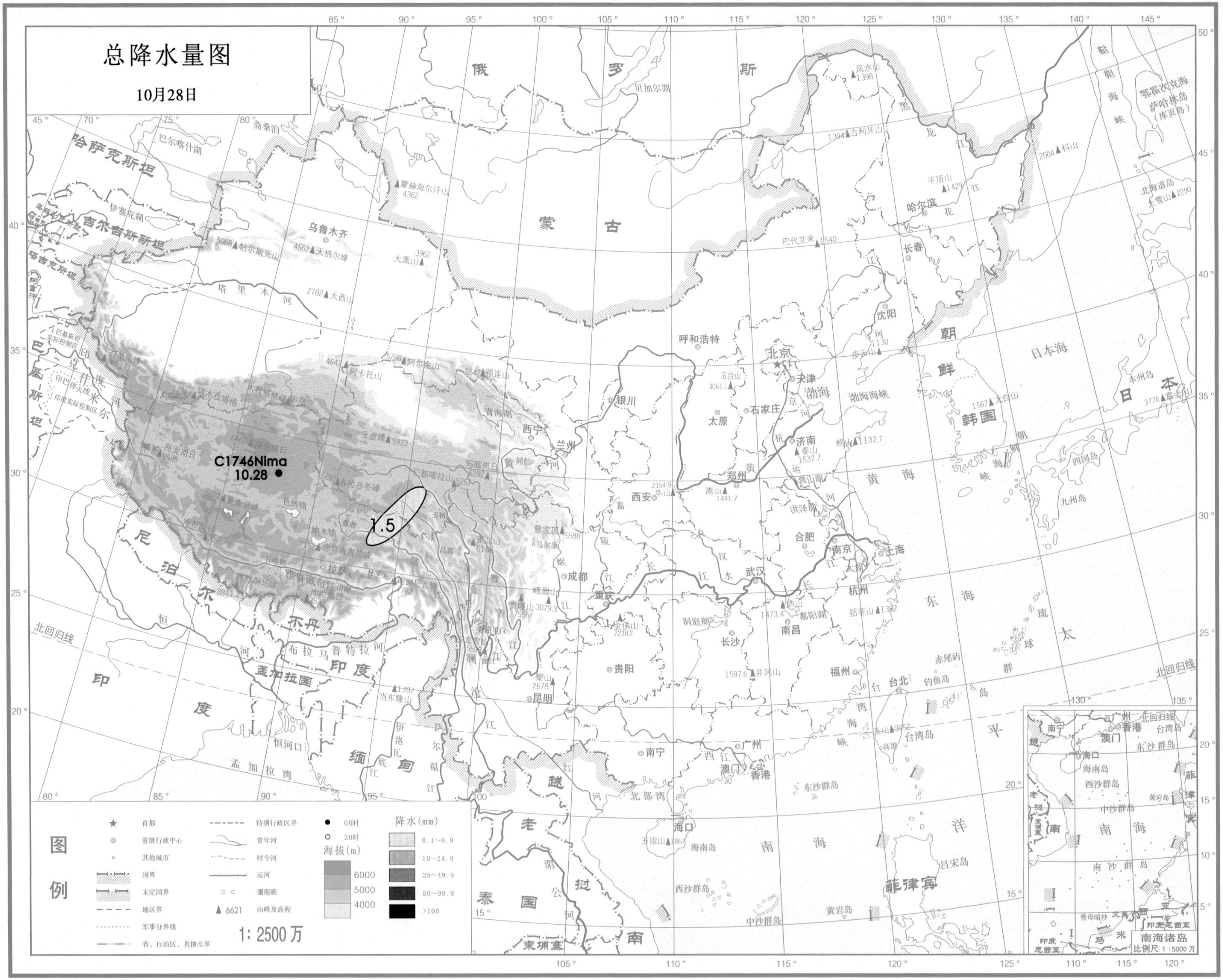
总降水量图
10月28日
C1746Nima
10.28
1.5
图例
首都
省级行政中心
其他城市
国界
未定国界
地区界
军事分界线
省、自治区、直辖市界
特别行政区界
常年河
时令河
运河
珊瑚礁
6621 山峰及高程
08时
20时
海拔(m)
6000
5000
4000
降水(mm)
0.1~9.9
10~24.9
25~49.9
50~99.9
>100
1: 2500 万
南海诸岛
比例尺 1:5000 万

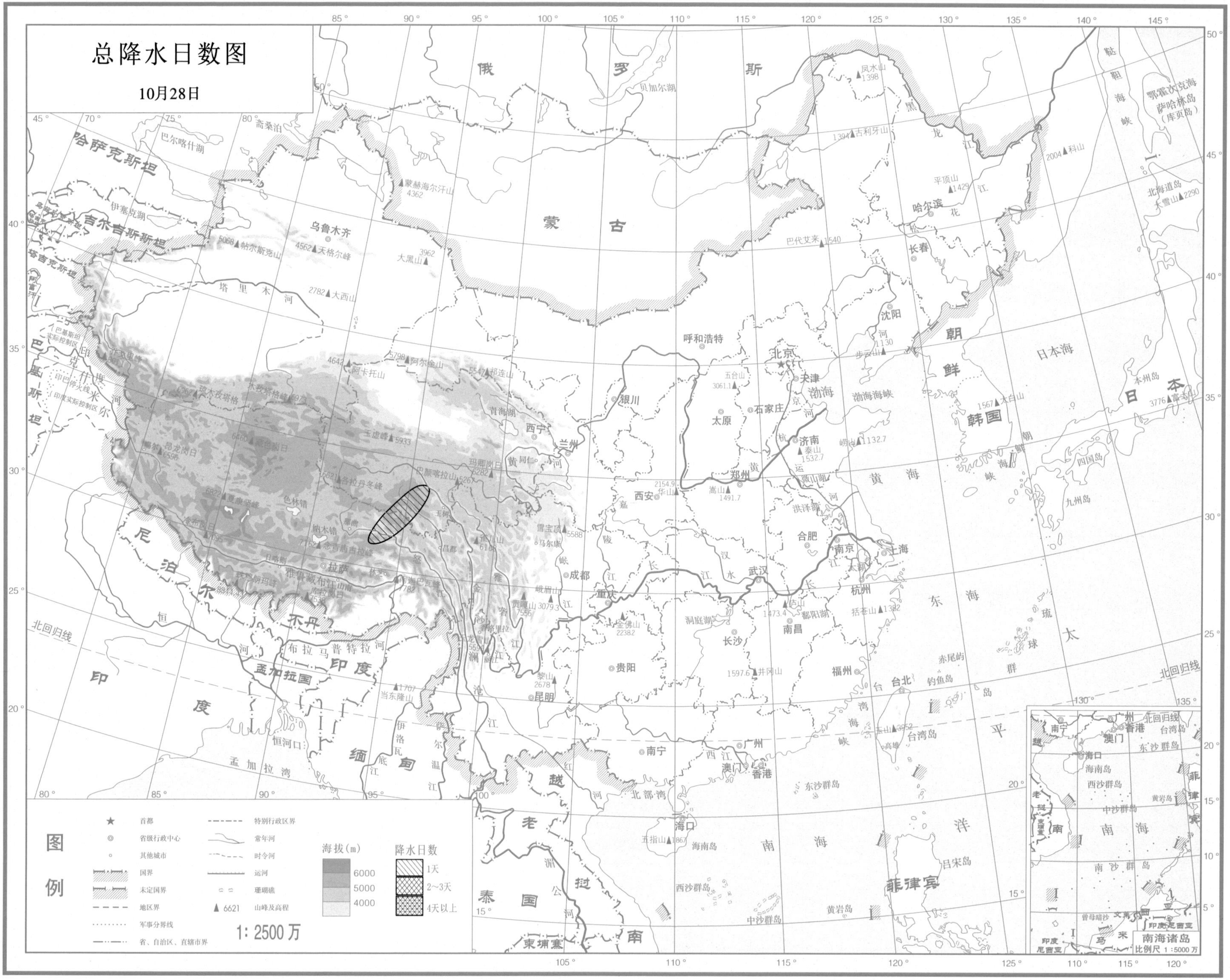
总降水日数图
10月28日
图例
首都
省级行政中心
其他城市
国界
未定国界
地区界
军事分界线
省、自治区、直辖市界
特别行政区界
常年河
时令河
运河
珊瑚礁
6621 山峰及高程
1：2500万
海拔（m）
6000
5000
4000
降水日数
1天
2~3天
4天以上
南海诸岛
比例尺 1：5000万

高原低涡中心位置资料表

月	日	时	中心位置		位势高度/位势什米	月	日	时	中心位置		位势高度/位势什米	月	日	时	中心位置		位势高度/位势什米
			北纬/(°)	东经/(°)					北纬/(°)	东经/(°)					北纬/(°)	东经/(°)	
① 2月10日 (C1701)格尔木，Geermu						⑤ 3月28日 (C1705)沱沱河，Tuotuohe						⑨ 4月9日 (C1709)郎木寺，Langmusi					
2	10	08	36.4	93.7	560	3	28	08	33.3	92.6	575	4	9	20	33.9	102.1	568
消失						消失						消失					
② 2月24日 (C1702)色达，Seda						⑥ 4月1日 (C1706)浪卡子，Langqiazi						⑩ 4月11日 (C1710)甘孜，Ganzi					
2	24	20	32.3	100.2	564	4	1	20	28.8	91.2	576	4	11	08	31.8	101.9	567
消失						消失						消失					
③ 2月26~27日 (C1703)德格，Dege						⑦ 4月2日 (C1707)曲麻莱，Qumalai						⑪ 4月26日 (C1711)玛沁，Maqin					
2	26	20	32.2	98.9	564	4	2	08	34.6	96.3	572	4	26	08	35.1	99.9	570
	27	08	32.9	99.1	564			20	35.4	101.7	569						
消失						消失						消失					
④ 3月18日 (C1704)托勒，Tuole						⑧ 4月4日 (C1708)曲麻莱，Qumalai											
3	18	20	38.3	98.3	560	4	4	08	35.3	94.0	568						
消失						消失											

高原低涡中心位置资料表（续-1）

月	日	时	中心位置		位势高度/位势什米
			北纬/(°)	东经/(°)	
⑫ 4月27~28日（C1712）巴青，Baqing					
4	27	08	32.1	94.6	575
		20	31.6	98.9	575
	28	08	32.0	97.5	576
		20	32.7	94.8	574
消失					
⑬ 5月3~5日（C1713）尼木，Nimu					
5	3	20	29.8	90.4	579
	4	08	28.4	89.4	580
		20	33.0	94.0	575
	5	08	32.7	99.1	575
		20	32.7	101.3	575
消失					

月	日	时	中心位置		位势高度/位势什米
			北纬/(°)	东经/(°)	
⑭ 5月6~10日（C1714）共和，Gonghe					
5	6	20	35.8	100.0	573
	7	08	37.0	102.2	571
		20	35.5	109.8	569
	8	08	37.0	112.5	565
		20	36.0	116.0	563
	9	08	36.9	120.0	560
		20	38.4	124.0	560
	10	08	41.0	131.0	558
消失					
⑮ 5月11日（C1715）隆子，Longzi					
5	11	08	28.2	93.0	582
消失					

月	日	时	中心位置		位势高度/位势什米
			北纬/(°)	东经/(°)	
⑯ 5月15~17日（C1716）岗巴，Gangba					
5	15	08	28.6	89.0	580
		20	28.1	90.6	578
	16	08	26.0	91.0	578
		20	27.0	94.3	579
	17	08	26.0	94.0	580
消失					

高原低涡中心位置资料表（续-2）

⑰ 5月15~22日

（C1717）大柴旦，Dachaidan

月	日	时	中心位置		位势高度/位势什米
			北纬/(°)	东经/(°)	
5	15	08	38.6	96.0	576
		20	38.9	95.4	578
	16	08	37.0	99.6	577
		20	37.8	98.9	576
	17	08	37.5	100.1	574
		20	34.8	104.8	574
	18	08	36.7	105.7	573
		20	35.7	108.6	574
	19	08	35.3	110.1	574
		20	35.6	113.8	575
	20	08	33.1	117.0	576
		20	32.5	120.7	577
	21	08	34.1	122.0	577
		20	34.4	124.3	577
	22	08	33.2	127.2	578

消失

⑱ 5月18日

（C1718）狮泉河，Shiquanhe

月	日	时	中心位置		位势高度/位势什米
			北纬/(°)	东经/(°)	
5	18	08	33.5	82.0	578
		20	31.2	91.2	579

消失

⑲ 5月19~20日

（C1719）玛多，Maduo

月	日	时	北纬/(°)	东经/(°)	位势高度/位势什米
5	19	20	35.0	96.4	578
	20	08	33.8	101.7	579
		20	34.0	103.8	579

消失

⑳ 5月25~28日

（C1720）刚察，Gangcha

月	日	时	中心位置		位势高度/位势什米
			北纬/(°)	东经/(°)	
5	25	08	37.4	100.7	579
		20	36.6	102.6	579
	26	08	34.7	105.1	577
		20	32.0	110.9	577
	27	08	31.3	113.0	577
		20	29.7	116.0	578
	28	08	29.4	118.5	579
		20	29.7	123.0	580

消失

高原低涡中心位置资料表（续-3）

月	日	时	中心位置		位势高度/位势什米
			北纬/(°)	东经/(°)	
㉑5月26~29日（C1721）尼玛，Nima					
5	26	20	30.8	87.2	579
	27	08	32.1	87.0	579
		20	33.7	92.1	577
	28	08	34.6	94.1	577
		20	36.2	101.1	578
	29	08	36.0	105.2	578
		20	36.3	110.8	577
消失					
㉒5月30~31日（C1722）班戈，Bange					
5	30	20	34.4	88.1	577
	31	08	35.0	95.1	577
		20	35.0	101.2	576
消失					

月	日	时	中心位置		位势高度/位势什米
			北纬/(°)	东经/(°)	
㉓6月2~3日（C1723）德令哈，Delingha					
6	2	08	37.2	97.8	574
		20	36.9	101.3	575
	3	08	34.1	101.1	576
		20	34.6	101.1	576
消失					
㉔6月3~5日（C1724）天峻，Tianjun					
6	3	20	37.7	99.7	575
	4	08	38.7	101.9	572
		20	40.3	102.2	572
	5	08	39.9	104.2	570
		20	42.0	108.4	568
消失					

月	日	时	中心位置		位势高度/位势什米
			北纬/(°)	东经/(°)	
㉕6月8日（C1725）五道梁，Wudaoliang					
6	8	08	35.0	94.6	577
		20	35.6	100.5	577
消失					
㉖6月11日（C1726）曲麻莱，Qumalai					
6	11	20	34.7	94.8	580
消失					

高原低涡中心位置资料表（续-4）

月	日	时	中心位置 北纬/(°)	中心位置 东经/(°)	位势高度/位势什米
㉗6月12~15日（C1727）乌图美仁，Wutumeiren					
6	12	20	37.0	93.6	579
	13	08	40.0	93.2	579
		20	40.3	95.1	579
	14	08	39.8	101.8	581
		20	38.5	109.7	582
	15	08	37.3	111.7	579
		20	34.0	116.0	579
消失					
㉘6月16~17日（C1728）安多，Anduo					
6	16	08	33.0	91.1	581
		20	34.3	95.3	580
	17	08	35.1	100.5	580
		20	34.6	105.0	580
消失					

月	日	时	中心位置 北纬/(°)	中心位置 东经/(°)	位势高度/位势什米
㉙6月17日（C1729）刚察，Gangcha					
6	17	20	37.3	100.5	580
消失					
㉚6月18~19日（C1730）囊谦，Nangqian					
6	18	08	32.2	96.5	581
		20	30.4	100.5	580
	19	08	31.0	106.0	581
消失					

月	日	时	中心位置 北纬/(°)	中心位置 东经/(°)	位势高度/位势什米
㉛6月20~21日（C1731）工布江达，Gongbujiangda					
6	20	08	30.0	92.7	582
		20	31.4	91.2	580
	21	08	32.8	92.8	580
		20	33.0	93.8	580
消失					
㉜6月23~24日（C1732）杂多，Zaduo					
6	23	20	33.3	94.7	580
	24	08	31.2	102.0	581
消失					

高原低涡中心位置资料表（续-5）

月	日	时	中心位置		位势高度 / 位势什米
			北纬/(°)	东经/(°)	
㉝6月25日~7月2日					
（C1733）天峻，Tianjun					
6	25	20	38.2	99.2	581
	26	08	38.8	98.8	581
		20	38.7	101.8	582
	27	08	37.4	103.1	581
		20	36.4	104.0	582
	28	08	35.9	105.0	581
		20	35.2	104.9	582
	29	08	35.2	105.5	580
		20	34.1	108.2	580
	30	08	34.1	108.7	578
		20	32.9	113.9	579
7	1	08	33.6	114.5	578
		20	35.3	117.5	578
	2	08	35.2	117.3	578
		20	34.8	116.6	580
消失					

月	日	时	中心位置		位势高度 / 位势什米
			北纬/(°)	东经/(°)	
㉞6月28~29日					
（C1734）沱沱河，Tuotuohe					
6	28	20	33.6	93.2	584
	29	08	32.6	91.5	584
		20	32.8	92.5	582
消失					
㉟7月2~3日					
（C1735）雅江，Yajiang					
7	2	20	29.7	101.4	583
	3	08	26.3	102.0	583
		20	23.1	105.2	584
消失					
㊱7月3~4日					
（C1736）那曲，Naqu					
7	3	20	31.6	91.4	582
	4	08	32.7	92.2	580
		20	34.3	99.9	581
消失					

月	日	时	中心位置		位势高度 / 位势什米
			北纬/(°)	东经/(°)	
㊲7月6~9日					
（C1737）班戈，Bange					
7	6	20	33.4	89.2	584
	7	08	32.0	94.3	585
		20	32.0	98.1	584
	8	08	32.0	99.1	584
		20	34.0	107.1	583
	9	08	31.2	108.6	580
消失					
㊳7月12日					
（C1738）德格，Dege					
7	12	20	32.0	98.8	586
消失					
㊴7月21~22日					
（C1739）尼玛，Nima					
7	21	20	32.6	86.9	584
	22	08	32.4	86.5	583
消失					

高原低涡中心位置资料表（续-6）

月	日	时	中心位置 北纬/(°)	中心位置 东经/(°)	位势高度/位势什米
㊵ 7月24日（C1740）玛多，Maduo					
7	24	20	35.1	97.4	583
消失					
㊶ 7月25~29日（C1741）五道梁，Wudaoliang					
7	25	20	35.6	92.4	583
	26	08	36.7	93.3	582
		20	37.8	99.9	583
	27	08	37.1	101.2	584
		20	37.7	103.0	585
	28	08	39.8	105.0	586
		20	39.0	108.9	585
	29	08	39.4	114.6	582
消失					

月	日	时	中心位置 北纬/(°)	中心位置 东经/(°)	位势高度/位势什米
㊷ 8月9~11日（C1742）当雄，Dangxiong					
8	9	20	30.6	91.0	584
	10	08	31.2	92.6	581
		20	31.7	98.9	581
	11	08	33.7	98.2	581
消失					
㊸ 8月13日（C1743）五道梁，Wudaoliang					
8	13	20	35.0	93.8	583
消失					

月	日	时	中心位置 北纬/(°)	中心位置 东经/(°)	位势高度/位势什米
㊹ 10月16~17日（C1744）五道梁，Wudaoliang					
10	16	08	35.7	91.1	575
		20	37.3	93.9	575
	17	08	40.0	103.2	574
		20	41.1	108.8	571
消失					
㊺ 10月25日（C1745）措勤，Cuoqin					
10	25	08	30.2	86.0	578
		20	31.1	95.0	580
消失					
㊻ 10月28日（C1746）尼玛，Nima					
10	28	08	33.3	87.7	576
消失					

第二部分

高原切变线

Tibetan Plateau Shear Line

2017年 高原切变线概况

2017年发生在青藏高原上的切变线共有48次，其中在青藏高原东部生成的切变线共有33次，在青藏高原西部生成的切变线共有15次（表11~表13）。

2017年初高原切变线出现在1月中旬，最后一个高原切变线生成在11月下旬（表11）。从月际分布看， 8月出现次数最多，有10次；2017年切变线主要集中在5~8月，约占67%（表11）。移出高原的青藏高原切变线较少，全年只有1次，出现在3月（表14）。本年度除12月外，每月均有高原切变线生成，且各月生成高原切变线的次数有差异，具体详见表11。

2017年青藏高原切变线源地主要在青藏高原东部（表12）。移出高原的青藏高原切变线共1次（表14~表16），移出高原的地点在甘肃（表17）。

本年度高原切变线北、南两侧最大风速最多的频率分别是北侧为4~10m/s，南侧为6~14m/s，分别约占83.3%和84.4%（表18）。夏半年，高原切变线北、南两侧最大风速最多的频率分别是北侧为4~10m/s，约占83.3%；南侧为6~12m/s，约占76.4%（表19）。冬半年，高原切变线北、南两侧最大风速的最多频率分别是北侧为4~12m/s，占94.4%；南侧为8~14m/s，占77.8%（表20）。

全年除影响青藏高原以外对我国其余地区有影响的高原切变线共有11次。其中4次高原切变线造成的过程降水量在50mm以上，它们是S1731、S1738、S1739、S1741高原切变线，分别在四川平武、云南马关、四川都江堰、四川若尔盖，造成过程降水量分别为142.2mm、75.1mm、131.8mm、60.5mm，降水日数分别为2天、1天、3天、2天。

2017年对我国影响较大的高原切变线主要是S1731、S1739。其中S1739高原切变线是造成我国降水最强、影响范围最广的一次过程，有超过20个测站出现了暴雨、大暴雨，主要分布在西藏、青海、甘肃、宁夏和四川。8月17日20时在高原东部岷县到囊谦生成的S1739高原切变线，切变线北、南两侧最大风速分别是6m/s、10m/s，此切变线生成初期在高原东部西南移。18日08时，切变线转为西北移，切变线北侧最大风速增强至12m/s，南侧最大风速维持不变。18日20时切变线向西方向移动至高原西部，切变线北、南两侧最大风速分别减弱为4m/s、6m/s。19日08时，切变线再次增强，转向东北方向移动，切变线北、南两侧最大风速均为10m/s。19日20时，切变线转向东南方向移动，切变线北、南两侧最大风速均为8m/s。20日08时，切变线继续增强并向东北方向移动，切变线北、南两侧最大风速分别是14m/s、10m/s。20日20时，切变线北、南两侧最大风速分别是8m/s、12m/s，之后消失。在此切变线活动过程中，南北侧风速同时有两次明显的减弱后再增强的变化过程。20日08时，切变线北侧风速达到最大值，为14m/s；20日20时，南侧风速达到最大值，为12m/s。受其影响，西藏和青海东部、甘肃和宁夏南部以及陕西、四川盆地出现了暴雨到大暴雨，降水日数为1~3天；云南北部部分地区普遍降了小到中雨，降水日数为1天。S1731高原切变线是对长江上游降水影响最大的一次过程。7月27日20时在高原东部班玛到沱沱河生成的S1731高原切变线，切变线北、南两侧最大风速分别是8m/s、4m/s，此切变线在高原东部西南移，28日08时，切变线移到高原南部并增强，切变线北、南两侧最大风速分别是8m/s、10m/s，之后转为东北移。28日20时，切变线减弱，其北、南两侧最大风速分别是6m/s、8m/s，之后切变线少动。29日08时，切变线北、南两侧最大风速分别是10m/s、8m/s，之后消失。在此切变线活动过程中，北侧风速先减弱后增强，南侧风速先增强后减弱。29日08时，切变线北侧风速达到最大值，为10m/s；28日08时，南侧风速达到最大值，为10m/s。受其影响，西藏东部、青海和陕西南部降了大雨到暴雨，降水日数为1~3天；四川盆地出现暴雨，降水日数为1~3天；甘肃南部出现小到中雨，降水日数为1~2天。

6月14日20时生成于高原东部玛多至安多的S1719高原切变线，是对青藏高原降水影响最大的高原切变线。该高原切变线生成后先南移再转为西南移。在切变线移动过程中，北侧最大风速先减弱后增强，南侧风速先增强再减弱。14日20时高原切变线生成时，切变线北、南两侧最大风速均为8m/s，之后切变线向南移。15日08时切变线北侧最大风速减弱到最小值，为4m/s；南侧最大风速增加到最大值，为 10m/s, 之后切变线转为西南移。15日20时切变线北、南两侧最大风速分别是10m/s、8m/s，之后切变线逐渐减弱消失。受其影响，西藏东部地区降了大雨到暴雨，降水日数为1~2天；青海南部、四川西北部地区降了中雨到大雨，降水日数为1~2天。

表11　高原切变线出现次数

月 / 年	1	2	3	4	5	6	7	8	9	10	11	12	合计
2017	1	2	4	3	7	8	7	10	2	3	1	0	48
几率/%	2.08	4.17	8.33	6.25	14.58	16.67	14.58	20.83	4.17	6.25	2.08	0.00	99.99

表12　高原东部切变线出现次数

月 / 年	1	2	3	4	5	6	7	8	9	10	11	12	合计
2017	1	2	4	3	4	7	3	5	1	2	1	0	33
几率/%	3.03	6.06	12.12	9.09	12.12	21.21	9.09	15.15	3.03	6.06	3.03	0.00	99.99

表13　高原西部切变线出现次数

月 / 年	1	2	3	4	5	6	7	8	9	10	11	12	合计
2017	0	0	0	0	3	1	4	5	1	1	0	0	15
几率/%	0.00	0.00	0.00	0.00	20.00	6.67	26.66	33.33	6.67	6.67	0.00	0.00	100

表14　高原切变线移出高原次数

月 年	1	2	3	4	5	6	7	8	9	10	11	12	合计
2017	0	0	1	0	0	0	0	0	0	0	0	0	1
移出几率/%	0.00	0.00	2.08	0.00	0.00	0.00	0.00	0.00	0.00	0.00	0.00	0.00	2.08
月移出率/%	0.00	0.00	100	0.00	0.00	0.00	0.00	0.00	0.00	0.00	0.00	0.00	100

表15　高原东部切变线移出高原次数

月 年	1	2	3	4	5	6	7	8	9	10	11	12	合计
2017	0	0	1	0	0	0	0	0	0	0	0	0	1
移出几率/%	0.00	0.00	3.03	0.00	0.00	0.00	0.00	0.00	0.00	0.00	0.00	0.00	3.03
月移出率/%	0.00	0.00	100	0.00	0.00	0.00	0.00	0.00	0.00	0.00	0.00	0.00	100

表16　高原西部切变线移出高原次数

月 年	1	2	3	4	5	6	7	8	9	10	11	12	合计
2017	0	0	0	0	0	0	0	0	0	0	0	0	0
移出几率/%	0.00	0.00	0.00	0.00	0.00	0.00	0.00	0.00	0.00	0.00	0.00	0.00	0.00
月移出率/%	0.00	0.00	0.00	0.00	0.00	0.00	0.00	0.00	0.00	0.00	0.00	0.00	0.00

表17　高原切变线移出高原的地区分布

地区 / 年	湖南	甘肃	宁夏	四川	重庆	贵州	云南	广西	合计
2017		1							1
出高原率/%		100							100

表18　高原切变线两侧最大风速频率分布

最大风速/(m/s)	2	4	6	8	10	12	14	16	18	20	22	24	26	28	合计
北侧/%	2.22	16.67	24.44	28.89	13.33	6.67	3.33	4.44	0.00	0.00	0.00	0.00	0.00	0.00	99.99
南侧/%	1.11	6.67	14.44	20.00	25.56	14.44	10.00	3.33	1.11	1.11	1.11	1.11	0.00	0.00	99.99

表19　夏半年高原切变线两侧最大风速频率分布

最大风速/ (m/s)	2	4	6	8	10	12	14	16	18	20	22	24	26	28	合计
北侧/%	2.78	18.06	22.22	30.56	12.50	5.56	4.16	4.16	0.00	0.00	0.00	0.00	0.00	0.00	100
南侧/%	1.39	8.33	16.67	20.83	26.39	12.50	8.33	2.78	1.39	0.00	0.00	1.39	0.00	0.00	100

表20　冬半年高原切变线两侧最大风速频率分布

最大风速/ (m/s)	2	4	6	8	10	12	14	16	18	20	22	24	26	28	合计
北侧/%	0.00	11.11	33.33	22.22	16.67	11.11	0.00	5.56	0.00	0.00	0.00	0.00	0.00	0.00	100
南侧/%	0.00	0.00	5.56	16.66	22.22	22.22	16.66	5.56	0.00	5.56	5.56	0.00	0.00	0.00	100

高原切变线纪要表

序号	编号	中英文名称	起止日期(月.日)	最大风速/(m/s)		发现时起-终点经纬度	移出高原的地区	移出高原的时间	移出高原的风速/(m/s)		路径趋向	影响切变线移出高原的天气系统
				北侧	南侧				北侧	南侧		
1	S1701	玛多-沱沱河,Maduo-Tuotuohe	1.11	10	14	98.7°E,35.4°N-90.6°E,34.0°N					西南移	
2	S1702	新龙-波密,Xinlong-Bomi	2.13	6	6	100.0°E,31.2°N-94.1°E,30.3°N					原地生消	
3	S1703	昌都-当雄,Changdu-Dangxiong	2.19	12	10	100.0°E,30.8°N-91.2°E,30.3°N					原地生消	
4	S1704	乌鞘岭-当雄,Wushaoling-Dangxiong	3.12~3.13	16	16	103.6°E,37.2°N-91.0°E,35.2°N	临泽	3.13^{08}	6	8	东北移出高原	蒙古高压
5	S1705	吉迈-安多,Jimai-Anduo	3.20	4	12	100.0°E,33.5°N-91.9°E,32.5°N					原地生消	
6	S1706	德格-嘉黎,Dege-Jiali	3.26	8	12	98.8°E,31.6°N-92.5°E,29.9°N					原地生消	
7	S1707	理县-昌都,Lixian-Changdu	3.28	6	8	103.2°E,32.0°N-97.5°E,31.2°N					原地生消	
8	S1708	贡觉-当雄,Gongjue-Dangxiong	4.10	10	20	97.5°E,32.2°N-91.1°E,30.6°N					原地生消	
9	S1709	色达-沱沱河,Seda-Tuotuohe	4.23~4.24	12	14	100.0°E,32.8°N-92.4°E,33.0°N					东南移转西移	
10	S1710	新龙-沱沱河,Xinlong-Tuotuohe	4.25	6	10	100.0°E,30.7°N-92.2°E,32.9°N					原地生消	
11	S1711	红原-囊谦,Hongyuan-Nangqian	5.6	4	12	102.8°E,32.3°N-97.0°E,32.0°N					原地生消	
12	S1712	杂多-措勤,Zaduo-Cuoqin	5.10	12	10	93.5°E,33.2°N-84.7°E,31.2°N					东南移	

高原切变线纪要表（续-1）

序号	编号	中英文名称	起止日期(月.日)	最大风速/(m/s)		发现时起-终点经纬度	移出高原的地区	移出高原的时间	移出高原的风速/(m/s)		路径趋向	影响切变线移出高原的天气系统
				北侧	南侧				北侧	南侧		
13	S1713	林芝-仲巴, Linzhi-Zhongba	5.13~5.14	16	24	94.7°E,30.1°N-84.7°E,30.1°N					东移转西南移再转东北移	
14	S1714	色达-那曲, Seda-Naqu	5.17	14	6	100.0°E,32.2°N-92.3°E,32.5°N					原地生消	
15	S1715	墨脱-定结, Motuo-Dingjie	5.22	6	14	94.9°E,28.8°N-87.4°E,27.9°N					东北移	
16	S1716	松潘-安多, Songpan-Anduo	5.23~5.25	16	16	103.9°E,32.3°N-92.0°E,32.2°N					西南移转东南移再转北移	
17	S1717	囊谦-安多, Nangqian-Anduo	5.29	8	10	97.6°E,32.4°N-91.9°E,32.3°N					东北移	
18	S1718	果洛-五道梁, Guoluo-Wudaoliang	6.10	8	14	99.0°E,34.8°N-90.6°E,35.3°N					原地生消	
19	S1719	玛多-安多, Maduo-Anduo	6.14~6.15	10	10	99.0°E,35.0°N-92.0°E,33.3°N					南移转西南移	
20	S1720	囊谦-沱沱河, Nangqian-Tuotuohe	6.17	8	10	97.3°E,32.3°N-91.3°E,33.0°N					原地生消	
21	S1721	嘉黎-拉孜, Jiali-Lazi	6.19	6	4	94.3°E,30.7°N-86.1°E,30.1°N					原地生消	
22	S1722	新龙-安多, Xinlong-Anduo	6.22	12	8	100.0°E,30.8°N-91.8°E,32.6°N					原地生消	
23	S1723	兴海-五道梁, Xinghai-Wudaoliang	6.23	4	14	100.0°E,35.5°N-92.2°E,35.2°N					原地生消	
24	S1724	茫崖-曲麻莱, Mangya-Qumalai	6.24	6	10	91.2°E,40.8°N-94.1°E,34.0°N					原地生消	

高原切变线纪要表（续-2）

序号	编号	中英文名称	起止日期(月.日)	最大风速/(m/s)		发现时起-终点经纬度	移出高原的地区	移出高原的时间	移出高原的风速/(m/s)		路径趋向	影响切变线移出高原的天气系统
				北侧	南侧				北侧	南侧		
25	S1725	八宿-申扎, Basu-Shenzha	6.25	10	8	97.7°E,30.3°N-88.4°E,30.2°N					原地生消	
26	S1726	嘉黎-昂仁, Jiali-Angren	7.2~7.3	10	6	93.8°E,30.6°N-87.1°E,29.9°N					东移	
27	S1727	色达-安多, Seda-Anduo	7.5	4	12	100.0°E,32.6°N-92.1°E,32.5°N					原地生消	
28	S1728	安多-改则, Anduo-Gaize	7.6	8	12	92.6°E,32.4°N-82.5°E,34.8°N					原地生消	
29	S1729	山丹-嘉黎, Shandan-Jiali	7.12	8	6	100.6°E,38.9°N-93.3°E,30.6°N					原地生消	
30	S1730	大柴旦-当雄, Dachaidan-Dangxiong	7.22~7.23	6	14	92.6°E,37.8°N-90.6°E,30.4°N					东北移转西南移	
31	S1731	班玛-沱沱河, Banma-Tuotuohe	7.27~7.29	10	10	100.0°E,33.2°N-92.0°E,33.5°N					西南移转东北移再转西南移	
32	S1732	嘉黎-拉孜, Jiali-Lazi	7.30	4	2	92.4°E,30.5°N-86.1°E,30.1°N					原地生消	
33	S1733	杂多-昂仁, Zaduo-Angren	8.1~8.2	8	8	92.7°E,33.4°N-87.2°E,29.7°N					东移	
34	S1734	改则-狮泉河, Gaize-Shiquanhe	8.3	4	4	85.4°E,34.7°N-80.0°E,34.0°N					原地生消	
35	S1735	曲麻莱-尼玛, Qumalai-Nima	8.6~8.7	14	16	95.8°E,34.6°N-86.5°E,31.2°N					东南移转西南移	
36	S1736	林芝-拉孜, Linzhi-Lazi	8.8	6	8	94.5°E,28.0°N-85.9°E,30.5°N					原地生消	

高原切变线纪要表（续-3）

序号	编号	中英文名称	起止日期(月.日)	最大风速/(m/s)		发现时起-终点经纬度	移出高原的地区	移出高原的时间	移出高原的风速/(m/s)		路径趋向	影响切变线移出高原的天气系统
				北侧	南侧				北侧	南侧		
37	S1737	玉树-安多, Yushu-Anduo	8.12	6	10	97.3°E,32.2°N-92.0°E,32.8°N					原地生消	
38	S1738	海晏-雅江, Haiyan-Yajiang	8.14~8.15	8	10	100.2°E,37.0°N-101.2°E,29.9°N					南移	
39	S1739	岷县-囊谦, Minxian-Nangqian	8.17~8.20	14	12	103.9°E,34.3°N-97.2°E,31.9°N					西南移转西北移折向东北移再转东南移	
40	S1740	杂多-昂仁, Zaduo-Angren	8.22	6	10	93.8°E,33.7°N-86.6°E,29.2°N					原地生消	
41	S1741	吉迈-沱沱河, Jimai-Tuotuohe	8.28~8.29	8	12	100.0°E,33.5°N-92.6°E,33.0°N					东北移	
42	S1742	甘孜-那曲, Ganzi-Naqu	8.29~8.30	12	8	100.0°E,32.0°N-91.9°E,31.9°N					西北移	
43	S1743	杂多-尼玛, Zaduo-Nima	9.20	8	12	94.5°E,33.3°N-86.5°E,31.4°N					原地生消	
44	S1744	玛曲-治多, Maqu-Zhiduo	9.28	16	12	102.0°E,34.1°N-95.1°E,33.5°N					原地生消	
45	S1745	江达-安多, Jiangda-Anduo	10.11	8	14	97.4°E,32.1°N-91.5°E,32.0°N					原地生消	
46	S1746	曲麻莱-尼玛, Qumalai-Nima	10.29	10	12	95.4°E,34.6°N-85.7°E,30.6°N					东北移	
47	S1747	德令哈-索县, Delingha-Suoxian	10.30~11.1	8	22	95.9°E,36.6°N-94.0°E,31.2°N					渐南移	
48	S1748	昌都-那曲, Changdu-Naqu	11.22	8	14	97.6°E,32.0°N-91.8°E,32.1°N					原地生消	

高原切变线对我国影响简表

序号	编号	简述活动的情况	高原切变线对我国的影响			
			项目	时间(月.日)	概况	极值
1	S1701	高原中部西南移	降水	1.11	西藏北部，青海东南、南、西南部和四川西北部地区降水量为0.1~4mm，降水日数为1天	青海杂多 3.4mm（1天）
2	S1702	高原东南部原地生消	降水	2.13	西藏东部个别地区降水量为0.1～1mm，降水日数为1天	西藏米林 0.3mm（1天）
3	S1703	高原东南部原地生消	降水	2.19	四川西部个别地区降水量为0.1mm，降水日数为1天	四川道孚 0.1mm（1天）
4	S1704	高原东北部东北移出高原	降水	3.12~3.13	青海中、西南、南、东北、东、东南部，甘肃西、南部，宁夏南部和四川西北、北部地区降水量为0.1~31mm，降水日数为1~2天	宁夏六盘山 30.2mm（1天）
5	S1705	高原东部原地生消	降水	3.20	西藏东、中部，青海西部个别地区和四川西、北部地区降水量为0.1~10mm，降水日数为1天	四川小金 9.9mm（1天）
6	S1706	高原东南部原地生消	降水	3.26	西藏北部和南部个别地区降水量为0.1~1mm，降水日数为1天	西藏错那 0.3mm（1天）
7	S1707	高原东南部原地生消	降水	3.28	西藏东部、青海南部和四川西部地区降水量为0.1~1mm，降水日数为1天	青海杂多 0.4mm（1天）
8	S1708	高原南部原地生消	降水	4.10	西藏东部、青海南部个别地区和四川西北部地区降水量为0.1~7mm，降水日数为1天	西藏波密 6.8mm（1天）
9	S1709	高原东部东南移转西移	降水	4.23~4.24	西藏南、中、东部，青海西南、南部和四川西北、中、北、西部地区降水量为0.1~17mm，降水日数为1~2天	四川康定 16.8mm（1天）
10	S1710	高原东南部原地生消	降水	4.25	西藏东、中部，青海西南、南部和四川西北、西部地区降水量为0.1~29mm，降水日数为1天	四川康定 28.2mm（1天）

高原切变线对我国影响简表（续-1）

序号	编号	简述活动的情况	高原切变线对我国的影响			
			项目	时间(月.日)	概　　况	极值
11	S1711	高原东南部原地生消	降水	5.6	西藏东部，青海南部及东南部个别地区和四川西、北部地区降水量为0.1~16mm，降水日数为1天	四川金川 15.3mm（1天）
12	S1712	高原西南部东南移	降水	5.10	西藏南、中、北、东北部，青海西南、南、东南部和四川西北部地区降水量为0.1~13mm，降水日数为1天	青海治多 12.5mm（1天）
13	S1713	高原西南部东移转西南移再转东北移	降水	5.13~5.14	西藏南、中、东、东南部，青海西、南部，四川西部和云南西北部地区降水量为0.1~15mm，降水日数为1~2天	西藏拉孜 14.2mm（1天）
14	S1714	高原东南部原地生消	降水	5.17	西藏南、中、北、东部和四川西北部地区降水量为0.1~6mm，降水日数为1天	西藏日喀则 6.0mm（1天）
15	S1715	高原南部东北移	降水	5.22	西藏南、东南、中、东北部，青海南部和四川西北部地区降水量为0.1~9mm，降水日数为1天	青海清水河 8.4mm（1天）
16	S1716	高原东南部西南移转东南移再转北移	降水	5.23~5.25	西藏中、南、东、东南部，青海南、西南部，四川西、中、西北部和云南西北部地区降水量为0.1~33mm，降水日数为1~3天	四川雅江 32.7mm（2天）
17	S1717	高原南部东北移	降水	5.29	西藏中、北、东部，青海东南、南、西南部，甘肃西南部和四川西北部地区降水量为0.1~18mm，降水日数为1天	西藏索县 18.0mm（1天）
18	S1718	高原中部原地生消	降水	6.10	西藏中、北、东部，青海东南、南、西南部和四川西北部个别地区降水量为0.1~12mm，降水日数为1天	西藏嘉黎 11.2mm（1天）
19	S1719	高原东部南移转西南移	降水	6.14~6.15	西藏北、中、南、东部，青海东南、南、西南部和四川西、西北部地区降水量为0.1~60mm，降水日数为1~2天	西藏索县 59.1mm（2天）
20	S1720	高原中部原地生消	降水	6.17	西藏东、中、北部，青海西南、南部和四川西北部个别地区降水量为0.1~18mm，降水日数为1天	西藏索县 17.6mm（1天）

高原切变线对我国影响简表（续-2）

序号	编号	简述活动的情况	高原切变线对我国的影响			
			项目	时间(月.日)	概况	极值
21	S1721	高原南部原地生消	降水	6.19	西藏南、北、中、东南部地区降水量为0.1~27mm，降水日数为1天	西藏米林 26.7mm（1天）
22	S1722	高原东南部原地生消	降水	6.22	西藏南、东、北、中部，青海南部和四川西部地区降水量为0.1~55mm，降水日数为1天	西藏拉萨 50.5mm（1天）
23	S1723	高原东部原地生消	降水	6.23	西藏中、东部，青海北部个别地区与南、东南、西南部和四川西北部地区降水量为0.1~14mm，降水日数为1天	西藏安多 13.9mm（1天）
24	S1724	高原北部原地生消	降水	6.24	青海中、西部和甘肃西北部个别地区降水量为0.1~5mm，降水日数为1天	青海五道梁 5.0mm（1天）
25	S1725	高原南部原地生消	降水	6.25	西藏南、中、东、东南部，青海南部，四川西、西南部和云南西北部地区降水量为0.1~40mm，降水日数为1天	四川道孚 39.1mm（1天）
26	S1726	高原南部东移	降水	7.2~7.3	西藏南、中、东、东南部，青海东南部，甘肃西南部和四川西、北部地区降水量为0.1~42mm，降水日数为1~2天	西藏米林 41.8mm（2天）
27	S1727	高原东南部原地生消	降水	7.5	西藏中、东部，青海西、东南、中部和四川西北部地区降水量为0.1~35mm，降水日数为1天	四川德格 34.4mm（1天）
28	S1728	高原中部原地生消	降水	7.6	西藏南、中、东南、东部和青海西南部地区降水量为0.1~17mm，降水日数为1天	西藏那曲 16.4mm（1天）
29	S1729	高原东部原地生消	降水	7.12	西藏北、东部，青海南、东南、西南部，甘肃西南部和四川西北部地区降水量为0.1~9mm，降水日数为1天	四川巴塘 8.4mm（1天）
30	S1730	高原中部东北移转西南移	降水	7.22~7.23	西藏南、中、东部，青海西南、中、北、东北、西北部和甘肃西、北部地区降水量为0.1~34mm，降水日数为1~2天	西藏当雄 33.2mm（1天）

高原切变线对我国影响简表（续-3）

序号	编号	简述活动的情况	高原切变线对我国的影响			
			项目	时间(月.日)	概　况	极值
31	S1731	高原东部西南移转东北移再转西南移	降水	7.27~7.29	西藏南、中、东、东南部，青海东南、南部，甘肃南部，陕西西南部，四川大部和重庆北部个别地区降水量为0.1~145mm，降水日数为1～3天。其中四川和陕西有成片降水量大于25mm的降水区，降雨日数为1~2天	四川平武 142.2mm（2天）
32	S1732	高原南部原地生消	降水	7.30	西藏南、中、东部地区降水量为0.1~27mm，降水日数为1天	西藏浪卡子 26.5mm（1天）
33	S1733	高原南部东移	降水	8.1~8.2	西藏南、中、东部，青海南、东南、西南部和四川西、西北部地区降水量为0.1~27mm，降水日数为1~2天	四川色达 26.2mm（2天）
34	S1734	高原西部原地生消	降水	8.3	西藏西部个别地区降水量为0.1~4mm，降水日数为1天	西藏狮泉河 3.2mm（1天）
35	S1735	高原中部东南移转西南移	降水	8.6~8.7	西藏南、中、东部，青海南、西南部和四川西北部地区降水量为0.1~34mm，降水日数为1~2天	四川德格 33.6mm（1天）
36	S1736	高原南部原地生消	降水	8.8	西藏南、中、东部地区降水量为0.1~28mm，降水日数为1天	西藏申扎 27.3mm（1天）
37	S1737	高原南部原地生消	降水	8.12	西藏南、中、东部地区降水量为0.1~12mm，降水日数为1天	西藏隆子 11.1mm（1天）
38	S1738	高原东部南移	降水	8.14~8.15	西藏东、东南部，青海北部个别地区与南、东南部，四川、云南大部地区降水量为0.1~80mm，降水日数为1~2天。其中云南有成片降水量大于25mm的降水区，降水日数为1天	云南马关 75.1mm（1天）

高原切变线对我国影响简表（续-4）

序号	编号	简述活动的情况	高原切变线对我国的影响			
			项目	时间(月.日)	概况	极值
39	S1739	高原东部西南移转西北移折向东北移再转东南移	降水	8.17~8.20	西藏南、中、东、东南部，青海西南、南、东南、东、东北部，甘肃中、南部，宁夏中、南部，陕西西南部，四川大部和云南西北部地区降水量为0.1~135mm，降水日数为1~3天。其中西藏、青海、四川和甘肃有成片降水量大于25mm的降水区，降水日数为1~3天	四川都江堰 131.8mm（3天）
40	S1740	高原南部原地生消	降水	8.22	西藏南、中、东部地区和青海西南部地区降水量为0.1~19mm，降水日数为1天	西藏索县 18.7mm（1天）
41	S1741	高原东部东北移	降水	8.28~8.29	西藏东、东南部，青海东、东北、东南、中、南部，甘肃中、南部和四川西北、北部地区降水量为0.1~65mm，降水日数为1~2天。其中四川有成片降水量大于25mm的降水区，降水日数为2天	四川若尔盖 60.5mm（2天）
42	S1742	高原东部西北移	降水	8.29~8.30	西藏南、中、东、东南部，青海西南、南、东南部，甘肃西南部个别地区和四川西北、西、北部地区降水量为0.1~33mm，降水日数为1~2天	四川道孚 32.5mm（2天）
43	S1743	高原南部原地生消	降水	9.20	西藏南、中、北部和青海西南部地区降水量为0.1~14mm，降水日数为1天	西藏墨竹工卡 13.2mm（1天）
44	S1744	高原东部原地生消	降水	9.28	西藏东北部，青海南、东南部，甘肃西南部和四川西北、北部地区降水量为0.1~10mm，降水日数为1天	四川若尔盖 9.7mm（1天）
45	S1745	高原南部原地生消	降水	10.11	西藏中、东部，青海南部和四川西北部地区降水量为0.1~16mm，降水日数为1天	四川石渠 15.6mm（1天）

高原切变线对我国影响简表（续-5）

序号	编号	简述活动的情况	高原切变线对我国的影响			
			项目	时间(月.日)	概况	极值
46	S1746	高原南部东北移	降水	10.29	西藏中、北部，青海西南、南、东南部，甘肃西南部和四川北部地区降水量为0.1~10mm，降水日数为1天	甘肃玛曲 9.6mm（1天）
47	S1747	高原中部渐南移	降水	10.30~11.1	西藏东半部大部，青海西南、南、东南部，四川西、中、北、西北部和云南西、西北部地区降水量为0.1~28mm，降水日数为1~3天	西藏察隅 27.8mm（1天）
48	S1748	高原南部原地生消	降水	11.22	四川西北部个别地区降水量为0.1~2mm，降水日数为1天	四川石渠 1.6mm（1天）

2017年高原切变线编号、名称、日期对照表

未移出高原的高原切变线		移出高原的高原切变线
① S1701 玛多-沱沱河	⑨ S1709 色达-沱沱河	④ S1704 乌鞘岭-当雄
Maduo-Tuotuohe	Seda-Tuotuohe	Wushaoling-Dangxiong
1.11	4.23~4.24	3.12~3.13
② S1702 新龙-波密	⑩ S1710 新龙-沱沱河	
Xinlong-Bomi	Xinlong-Tuotuohe	
2.13	4.25	
③ S1703 昌都-当雄	⑪ S1711 红原-囊谦	
Changdu-Dangxiong	Hongyuan-Nangqian	
2.19	5.6	
⑤ S1705 吉迈-安多	⑫ S1712 杂多-措勤	
Jimai-Anduo	Zaduo-Cuoqin	
3.20	5.10	
⑥ S1706 德格-嘉黎	⑬ S713 林芝-仲巴	
Dege-Jiali	Linzhi-Zhongba	
3.26	5.13~5.14	
⑦ S1707 理县-昌都	⑭ S1714 色达-那曲	
Lixian-Changdu	Seda-Naqu	
3.28	5.17	
⑧ S1708 贡觉-当雄	⑮ S1715 墨脱-定结	
Gongjue-Dangxiong	Motuo-Dingjie	
4.10	5.22	

2017年高原切变线编号、名称、日期对照表（续-1）

未移出高原的高原切变线		
⑯ S1716 松潘-安多	㉓ S1723 兴海-五道梁	㉚ 1730 大柴旦-当雄
Songpan-Anduo	Xinghai-Wudaoliang	Dachaidan-Dangxiong
5.23~5.25	6.23	7.22~7.23
⑰ S1717 囊谦-安多	㉔ S1724 茫崖-曲麻莱	㉛ S1731 班玛-沱沱河
Nangqian-Anduo	Mangya-Qumalai	Banma-Tuotuohe
5.29	6.24	7.27~7.29
⑱ S1718 果洛-五道梁	㉕ S1725 八宿-申扎	㉜ S1732 嘉黎-拉孜
Guoluo-Wudaoliang	Basu-Shenzha	Jiali-Lazi
6.10	6.25	7.30
⑲ S1719 玛多-安多	㉖ S1726 嘉黎-昂仁	㉝ S1733 杂多-昂仁
Maduo-Anduo	Jiali-Angren	Zaduo-Angren
6.14~6.15	7.2~7.3	8.1~8.2
⑳ S1720 囊谦-沱沱河	㉗ S1727 色达-安多	㉞ S1734 改则-狮泉河
Nangqian-Tuotuohe	Seda-Anduo	Gaize-Shiquanhe
6.17	7.5	8.3
㉑ S1721 嘉黎-拉孜	㉘ S1728 安多-改则	㉟ S1735 曲麻莱-尼玛
Jiali-Lazi	Anduo-Gaize	Qumalai-Nima
6.19	7.6	8.6~8.7
㉒ S1722 新龙-安多	㉙ S1729 山丹-嘉黎	㊱ S1736 林芝-拉孜
Xinlong-Anduo	Shandan-Jiali	Linzhi-Lazi
6.22	7.12	8.8

2017年高原切变线编号、名称、日期对照表（续-2）

未移出高原的高原切变线	
㊲ S1737 玉树-安多	㊸ S1743 杂多-尼玛
Yushu-Anduo	Zaduo-Nima
8.12	9.20
㊳ S1738 海晏-雅江	㊹ S1744 玛曲-治多
Haiyan-Yajiang	Maqu-Zhiduo
8.14~8.15	9.28
㊴ S1739 岷县-囊谦	㊺ S1745 江达-安多
Minxian-Nangqian	Jiangda-Anduo
8.17~8.20	10.11
㊵ S1740 杂多-昂仁	㊻ S1746 曲麻莱-尼玛
Zaduo-Angren	Qumalai-Nima
8.22	10.29
㊶ S1741 吉迈-沱沱河	㊼ S1747 德令哈-索县
Jimai-Tuotuohe	Delingha-Suoxian
8.28~8.29	10.30~11.1
㊷ S1742 甘孜-那曲	㊽ S1748 昌都-那曲
Ganzi-Naqu	Changdu-Naqu
8.29~8.30	11.22

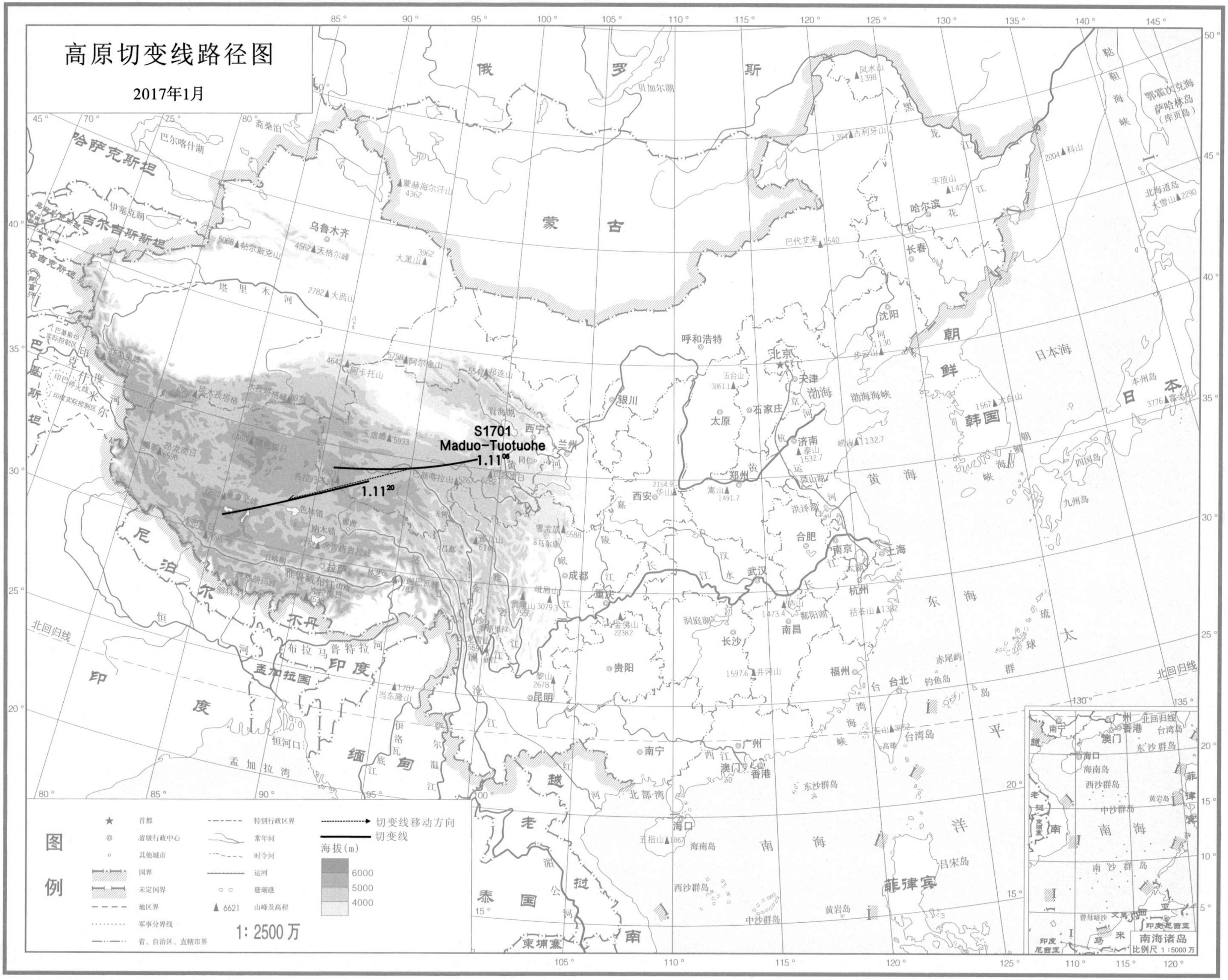
高原切变线路径图
2017年1月
S1701
Maduo–Tuotuohe
1.11[08]
1.11[20]
图例
首都
省级行政中心
其他城市
国界
未定国界
地区界
军事分界线
省、自治区、直辖市界
特别行政区界
常年河
时令河
运河
珊瑚礁
6621 山峰及高程
切变线移动方向
切变线
海拔(m)
6000
5000
4000
1：2500万
南海诸岛
比例尺 1：5000万

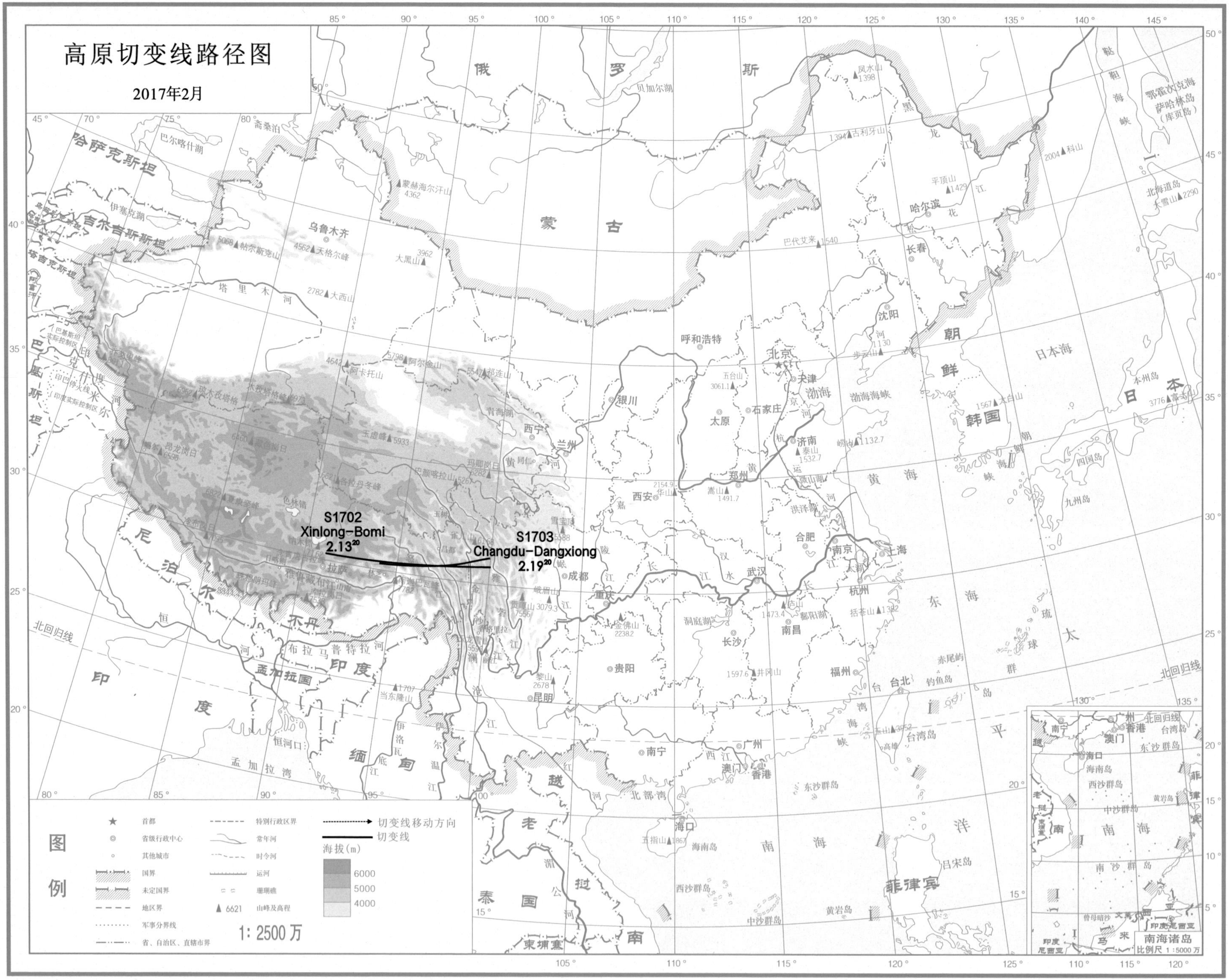
高原切变线路径图
2017年2月
S1702
Xinlong-Bomi
2.13[20]
S1703
Changdu-Dangxiong
2.19[20]
图例
首都
省级行政中心
其他城市
国界
未定国界
地区界
军事分界线
省、自治区、直辖市界
特别行政区界
常年河
时令河
运河
珊瑚礁
6621 山峰及高程
切变线移动方向
切变线
海拔(m)
6000
5000
4000
1: 2500 万
南海诸岛
比例尺 1:5000 万

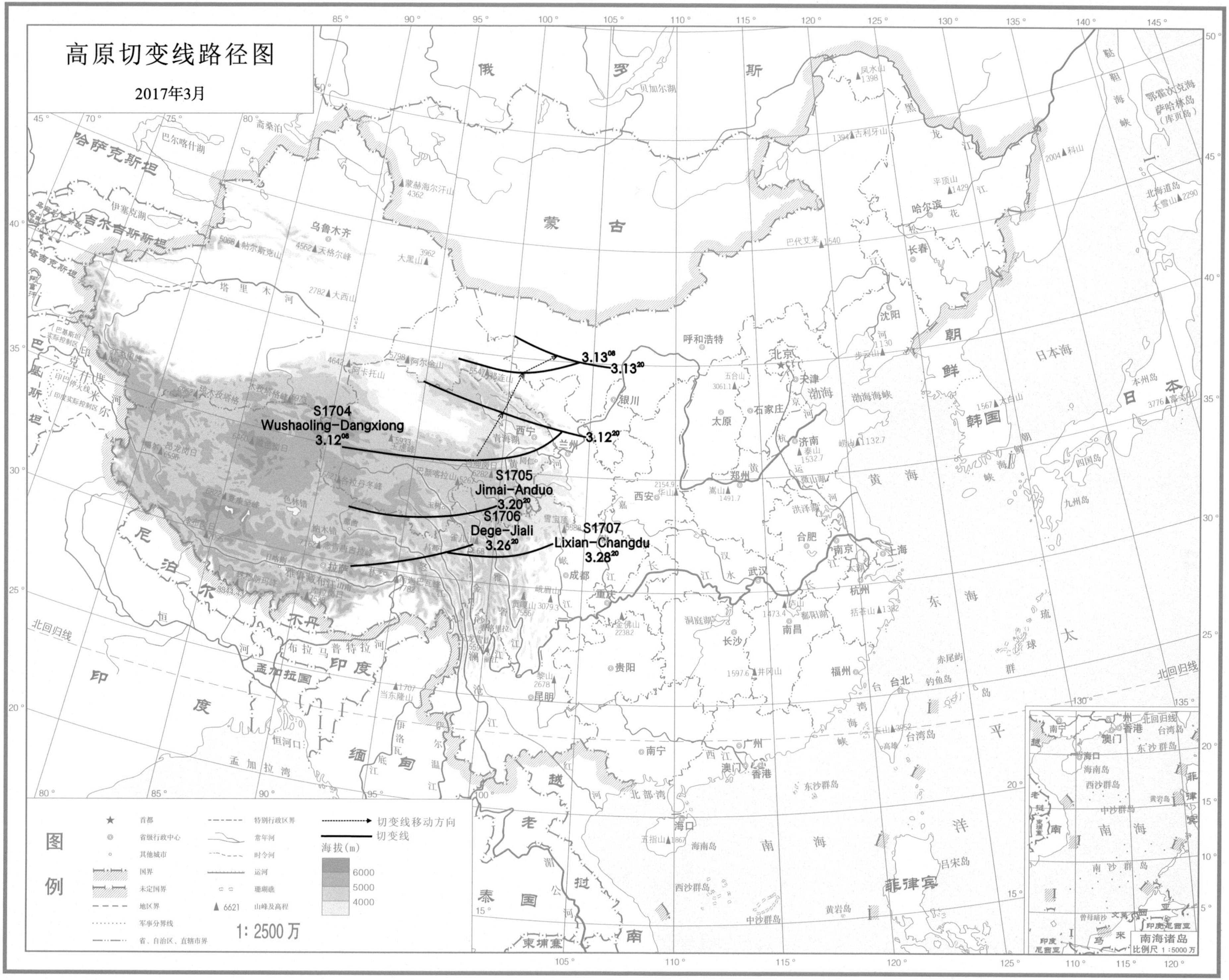
高原切变线路径图
2017年3月
S1704
Wushaoling-Dangxiong
3.12[08]
3.12[20]
3.13[08]
3.13[20]
S1705
Jimai-Anduo
3.20[20]
S1706
Dege-Jiali
3.26[20]
S1707
Lixian-Changdu
3.28[20]
图例
首都
省级行政中心
其他城市
国界
未定国界
地区界
军事分界线
省、自治区、直辖市界
特别行政区界
常年河
时令河
运河
珊瑚礁
6621 山峰及高程
切变线移动方向
切变线
海拔(m)
6000
5000
4000
1: 2500 万
南海诸岛
比例尺 1 : 5000 万

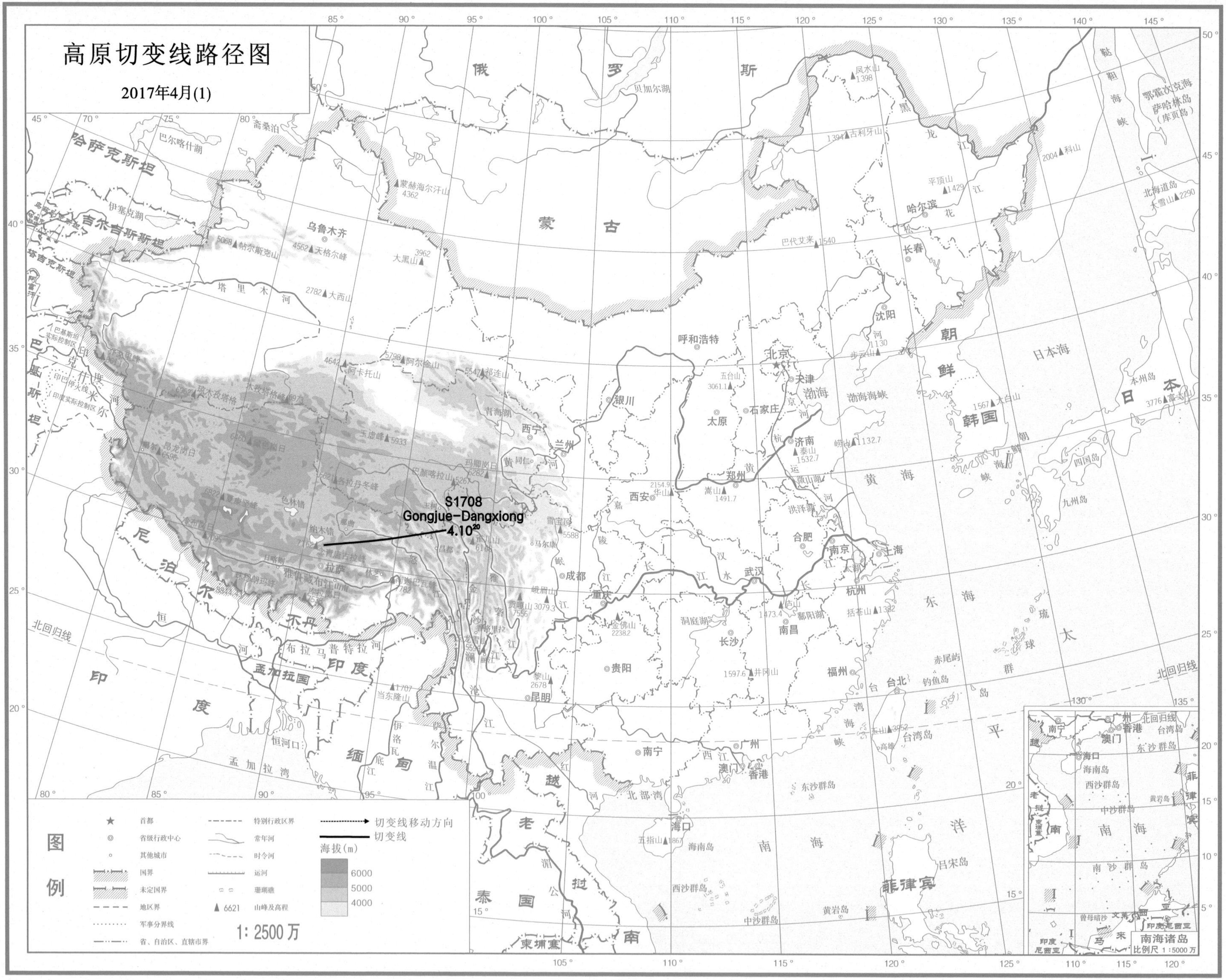
高原切变线路径图
2017年4月(1)
S1708
Gongjue–Dangxiong
4.10[20]
图例
首都
省级行政中心
其他城市
国界
未定国界
地区界
军事分界线
省、自治区、直辖市界
特别行政区界
常年河
时令河
运河
珊瑚礁
6621 山峰及高程
切变线移动方向
切变线
海拔(m)
6000
5000
4000
1: 2500万
南海诸岛
比例尺 1:5000万

高原切变线路径图

2017年4月(2)

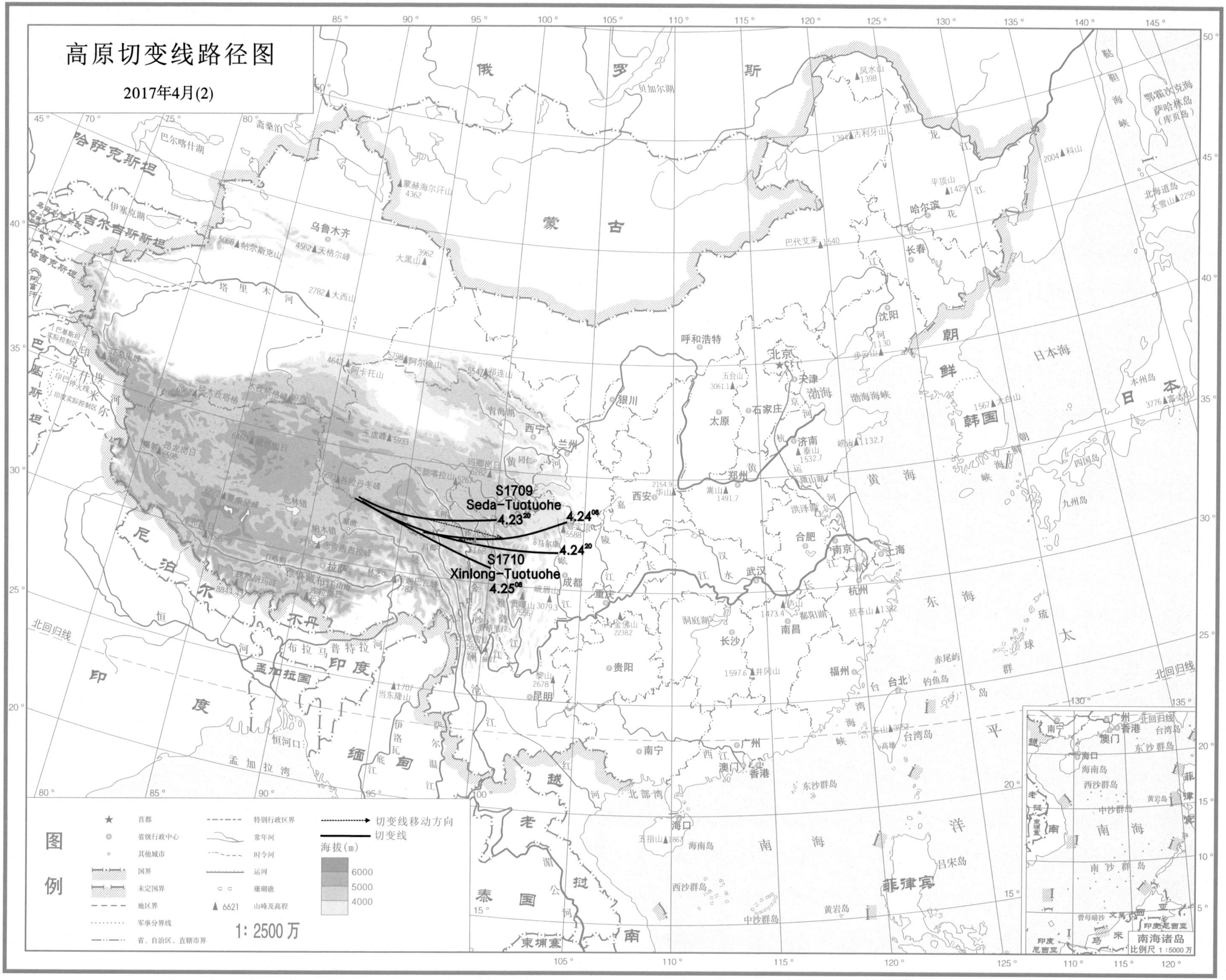
S1709
Seda-Tuotuohe
4.23[20]
4.24[08]
4.24[20]
S1710
Xinlong-Tuotuohe
4.25[08]
图例
首都
省级行政中心
其他城市
国界
未定国界
地区界
军事分界线
省、自治区、直辖市界
特别行政区界
常年河
时令河
运河
珊瑚礁
山峰及高程
切变线移动方向
切变线
海拔(m)
6000
5000
4000
1: 2500万
南海诸岛
比例尺 1:5000万

高原切变线路径图

2017年5月(1)

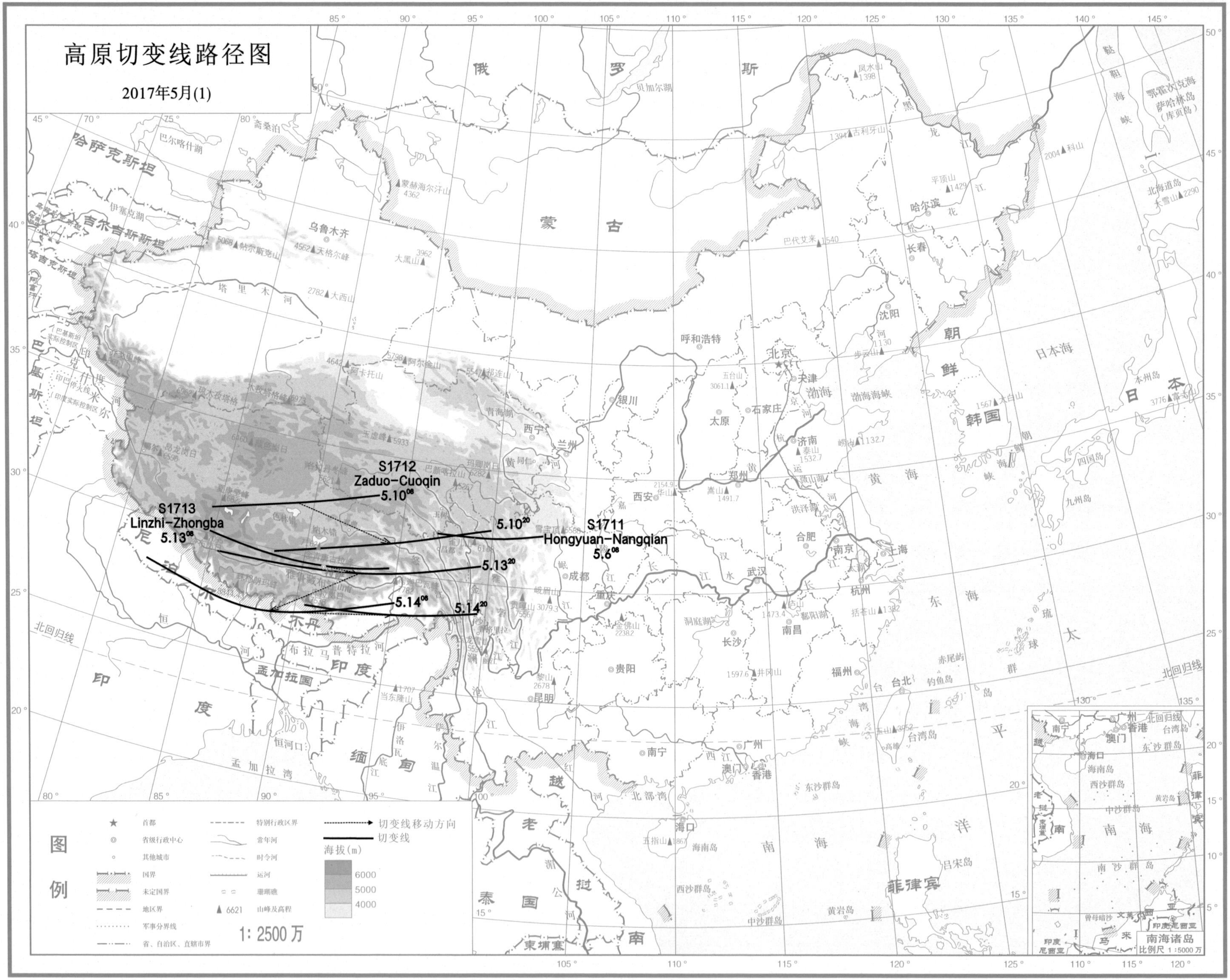
S1712
Zaduo-Cuoqin
5.10[08]
S1713
Linzhi-Zhongba
5.13[08]
5.10[20]
S1711
Hongyuan-Nangqian
5.6[08]
5.13[20]
5.14[08]
5.14[20]
图例
首都
省级行政中心
其他城市
国界
未定国界
地区界
军事分界线
省、自治区、直辖市界
特别行政区界
常年河
时令河
运河
珊瑚礁
山峰及高程
切变线移动方向
切变线
海拔(m)
6000
5000
4000
1:2500万
南海诸岛
比例尺 1:5000万

高原切变线路径图

2017年5月(2)

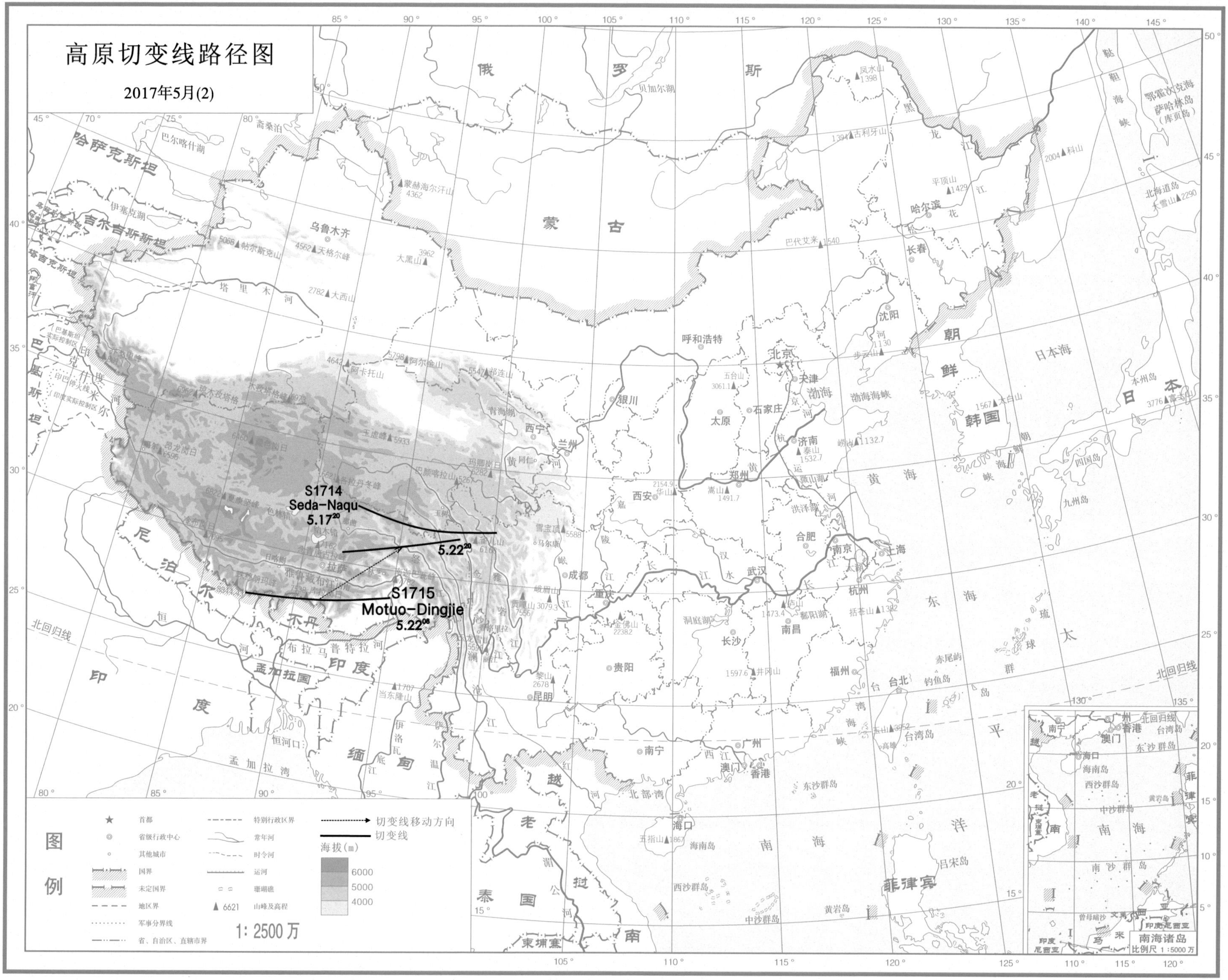
S1714
Seda-Naqu
5.17[20]
5.22[20]
S1715
Motuo-Dingjie
5.22[08]
图例
首都
省级行政中心
其他城市
国界
未定国界
地区界
军事分界线
省、自治区、直辖市界
特别行政区界
常年河
时令河
运河
珊瑚礁
6621 山峰及高程
切变线移动方向
切变线
海拔(m)
6000
5000
4000
1: 2500万
南海诸岛
比例尺 1:5000万

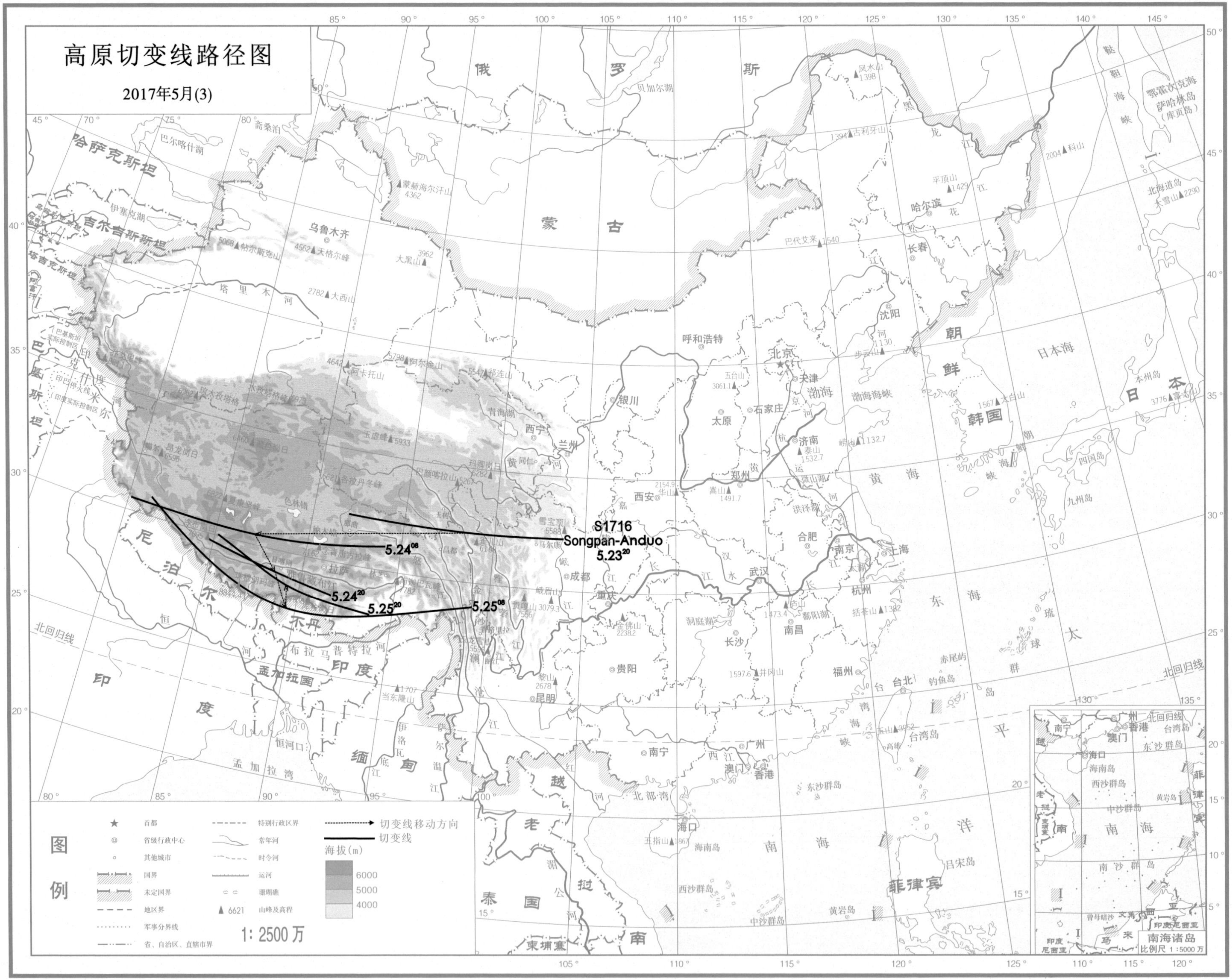
高原切变线路径图
2017年5月(3)
S1716
Songpan-Anduo
5.23[20]
5.24[08]
5.24[20]
5.25[20]
5.25[08]
图例
首都
省级行政中心
其他城市
国界
未定国界
地区界
军事分界线
省、自治区、直辖市界
特别行政区界
常年河
时令河
运河
珊瑚礁
6621 山峰及高程
切变线移动方向
切变线
海拔(m)
6000
5000
4000
1: 2500万
南海诸岛
比例尺 1:5000万

高原切变线路径图

2017年5月(4)

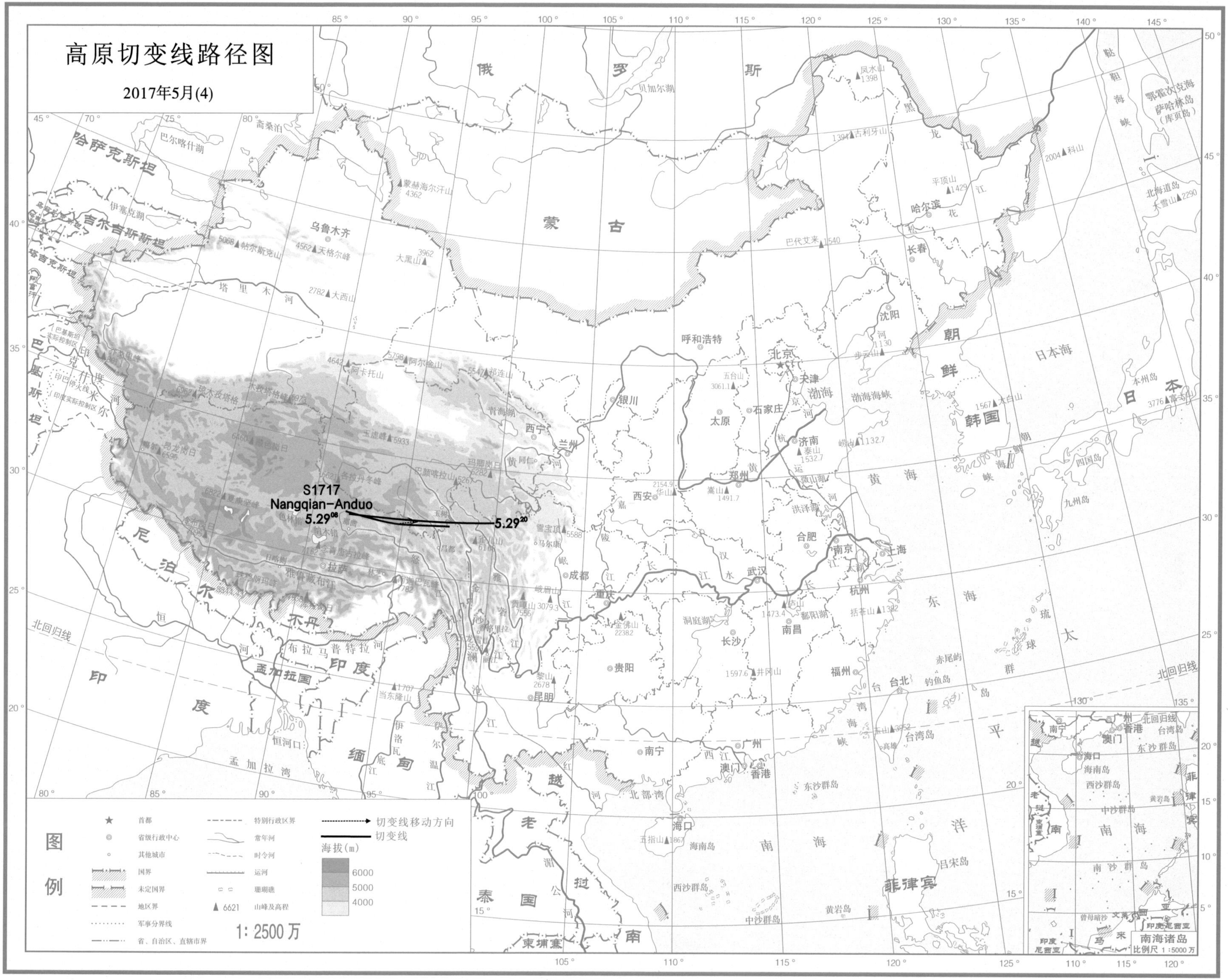
S1717
Nangqian-Anduo
5.29^08
5.29^20
图例
首都
省级行政中心
其他城市
国界
未定国界
地区界
军事分界线
省、自治区、直辖市界
特别行政区界
常年河
时令河
运河
珊瑚礁
6621 山峰及高程
切变线移动方向
切变线
海拔(m)
6000
5000
4000
1: 2500万
南海诸岛
比例尺 1:5000万

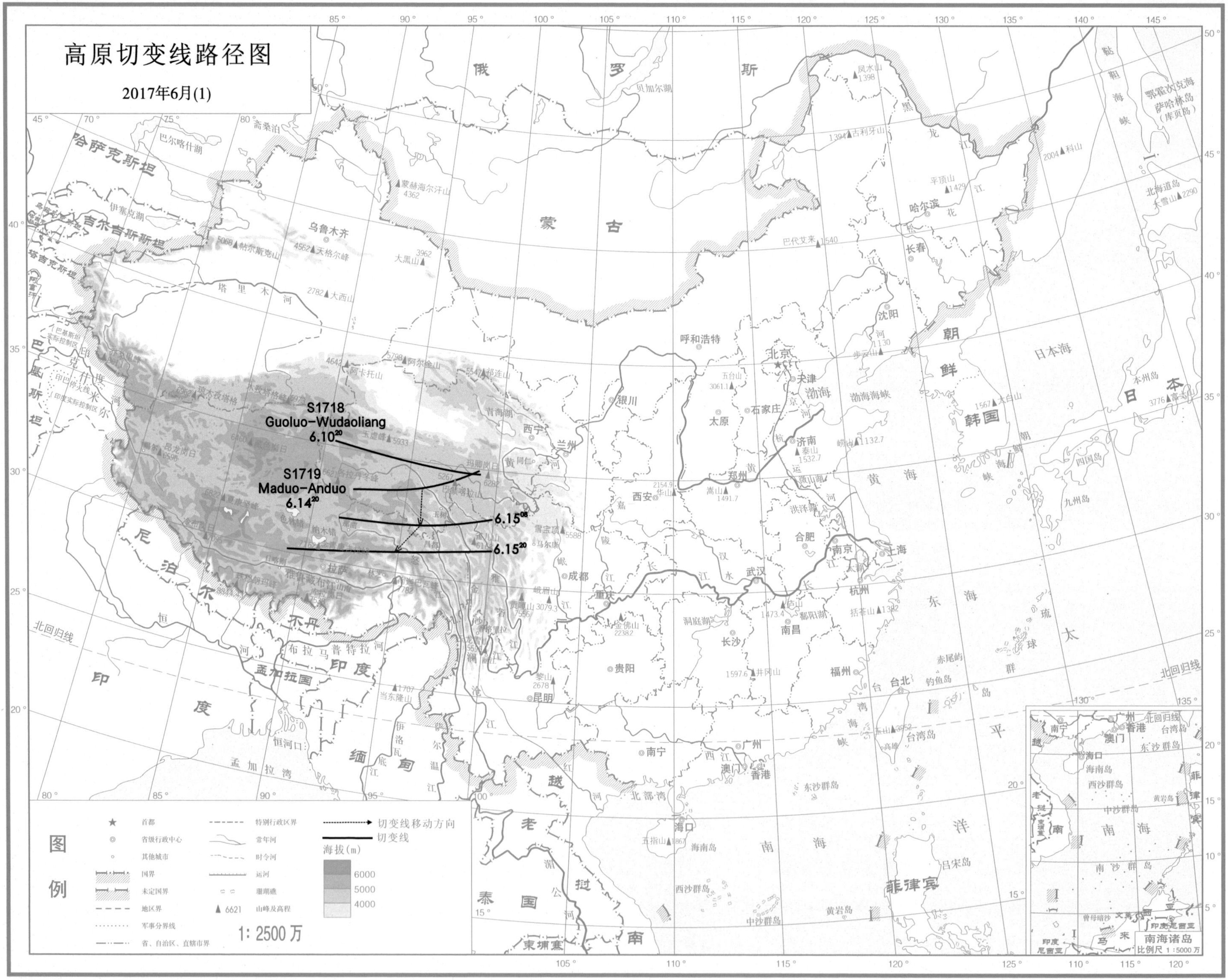
高原切变线路径图
2017年6月(1)
S1718
Guoluo-Wudaoliang
6.10[20]
S1719
Maduo-Anduo
6.14[20]
6.15[08]
6.15[20]
切变线移动方向
切变线
海拔(m)
6000
5000
4000
图例
首都
省级行政中心
其他城市
国界
未定国界
地区界
军事分界线
省、自治区、直辖市界
特别行政区界
常年河
时令河
运河
珊瑚礁
6621 山峰及高程
1: 2500 万
南海诸岛
比例尺 1:5000 万

高原切变线路径图

2017年6月(2)

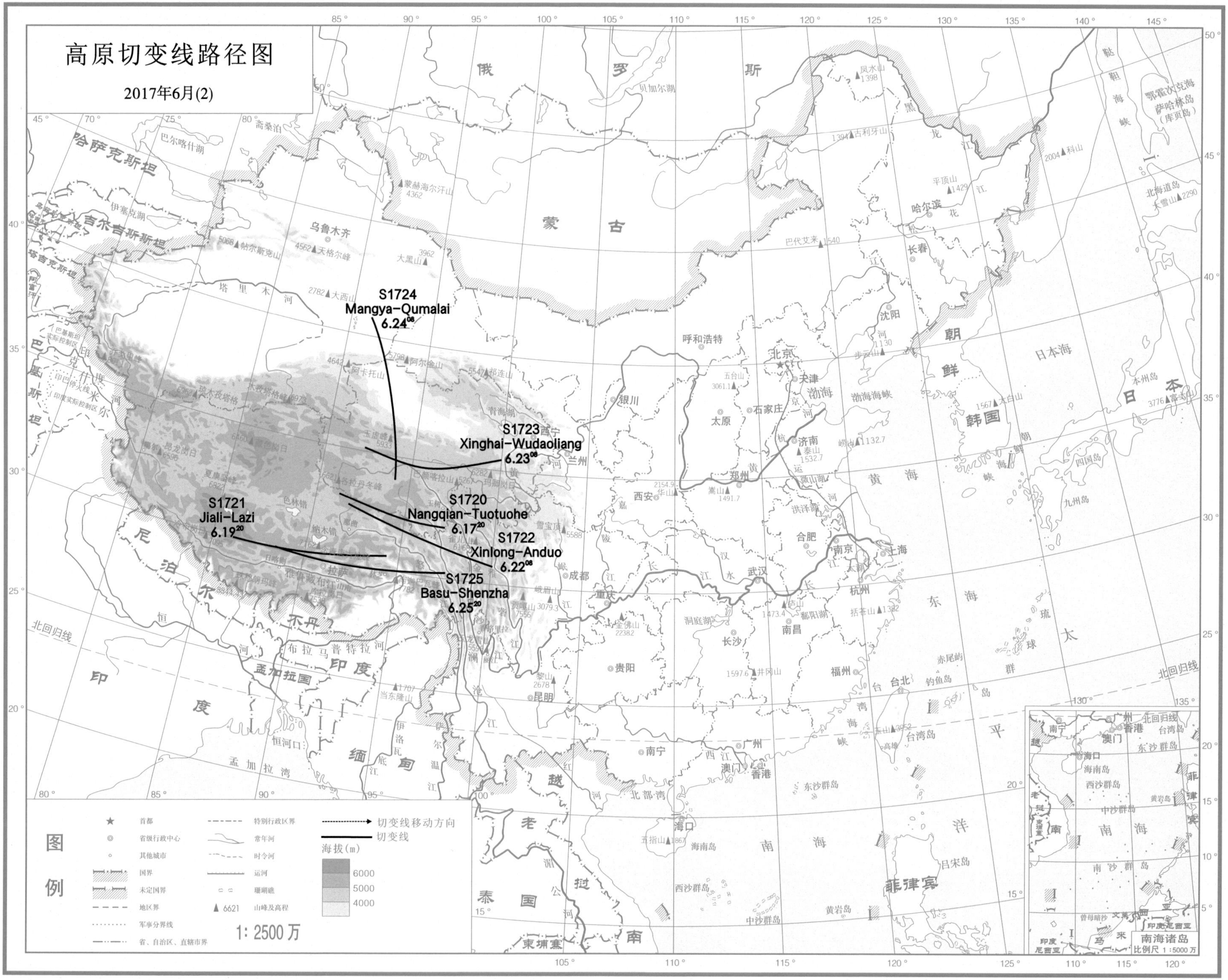
S1724
Mangya–Qumalai
6.24[08]
S1723
Xinghai–Wudaoliang
6.23[08]
S1720
Nangqian–Tuotuohe
6.17[20]
S1721
Jiali–Lazi
6.19[20]
S1722
Xinlong–Anduo
6.22[08]
S1725
Basu–Shenzha
6.25[20]
图例
首都
省级行政中心
其他城市
国界
未定国界
地区界
军事分界线
省、自治区、直辖市界
特别行政区界
常年河
时令河
运河
珊瑚礁
6621 山峰及高程
切变线移动方向
切变线
海拔(m)
6000
5000
4000
1: 2500 万
南海诸岛
比例尺 1:5000 万

高原切变线路径图

2017年7月(1)

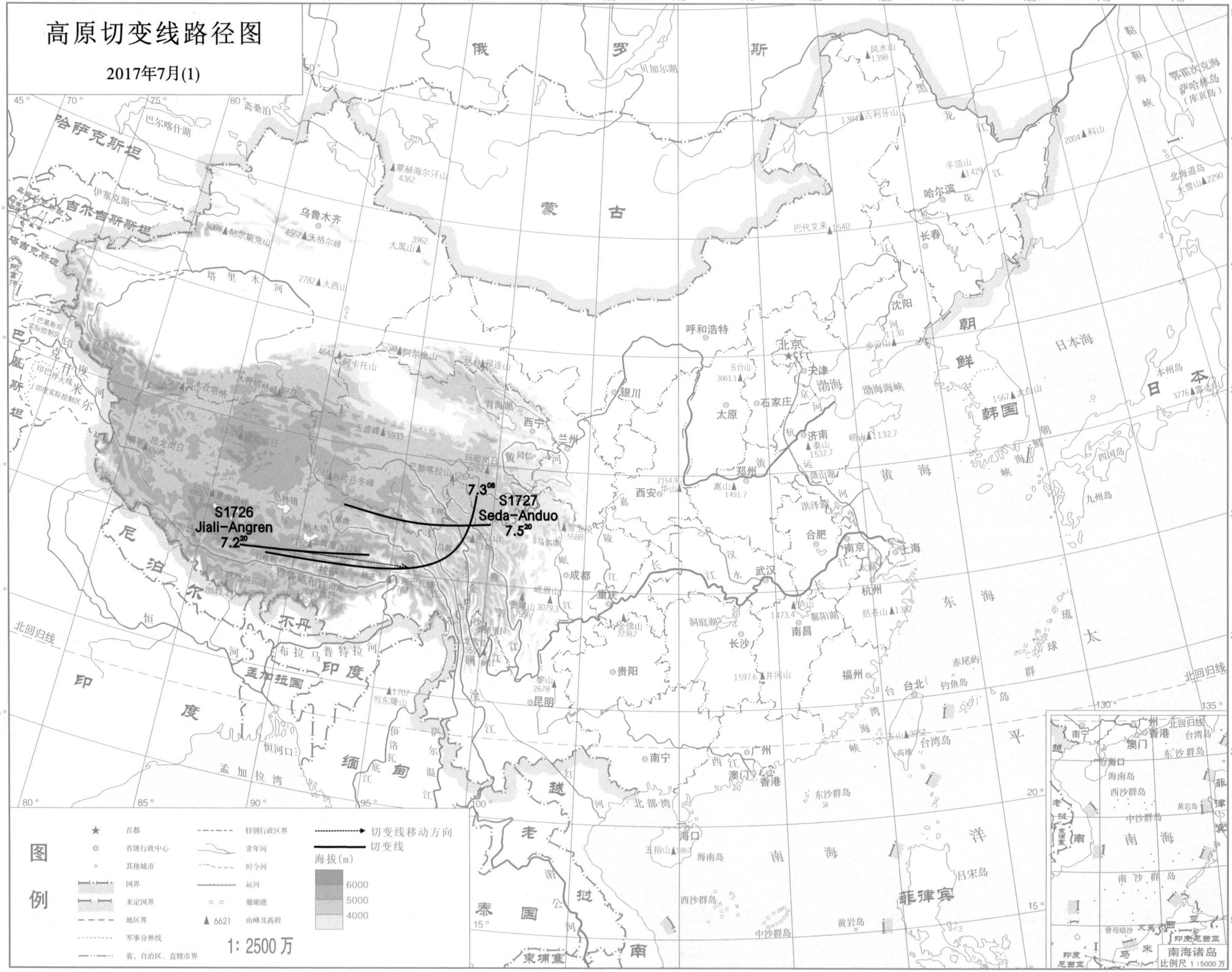

高原切变线路径图

2017年7月(2)

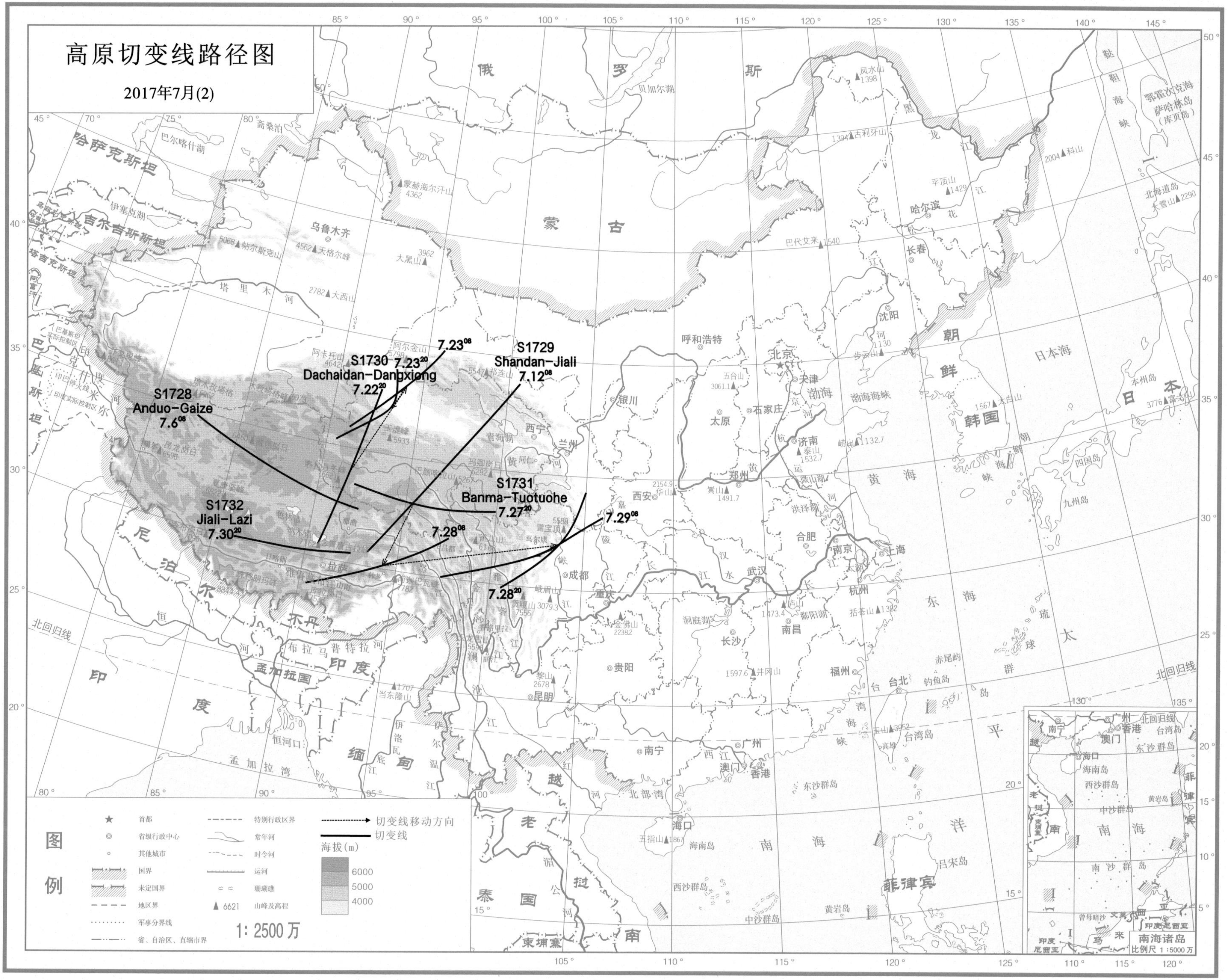

S1728
Anduo-Gaize
7.6 08
S1730
Dachaidan-Dangxiong
7.22 20
7.23 20
7.23 08
S1729
Shandan-Jiali
7.12 08
S1731
Banma-Tuotuohe
7.27 20
S1732
Jiali-Lazi
7.30 20
7.28 08
7.28 20
7.29 08
图例
首都
省级行政中心
其他城市
国界
未定国界
地区界
军事分界线
省、自治区、直辖市界
特别行政区界
常年河
时令河
运河
珊瑚礁
山峰及高程
切变线移动方向
切变线
海拔(m)
6000
5000
4000
1:2500万
南海诸岛
比例尺 1:5000万

高原切变线路径图

2017年8月(1)

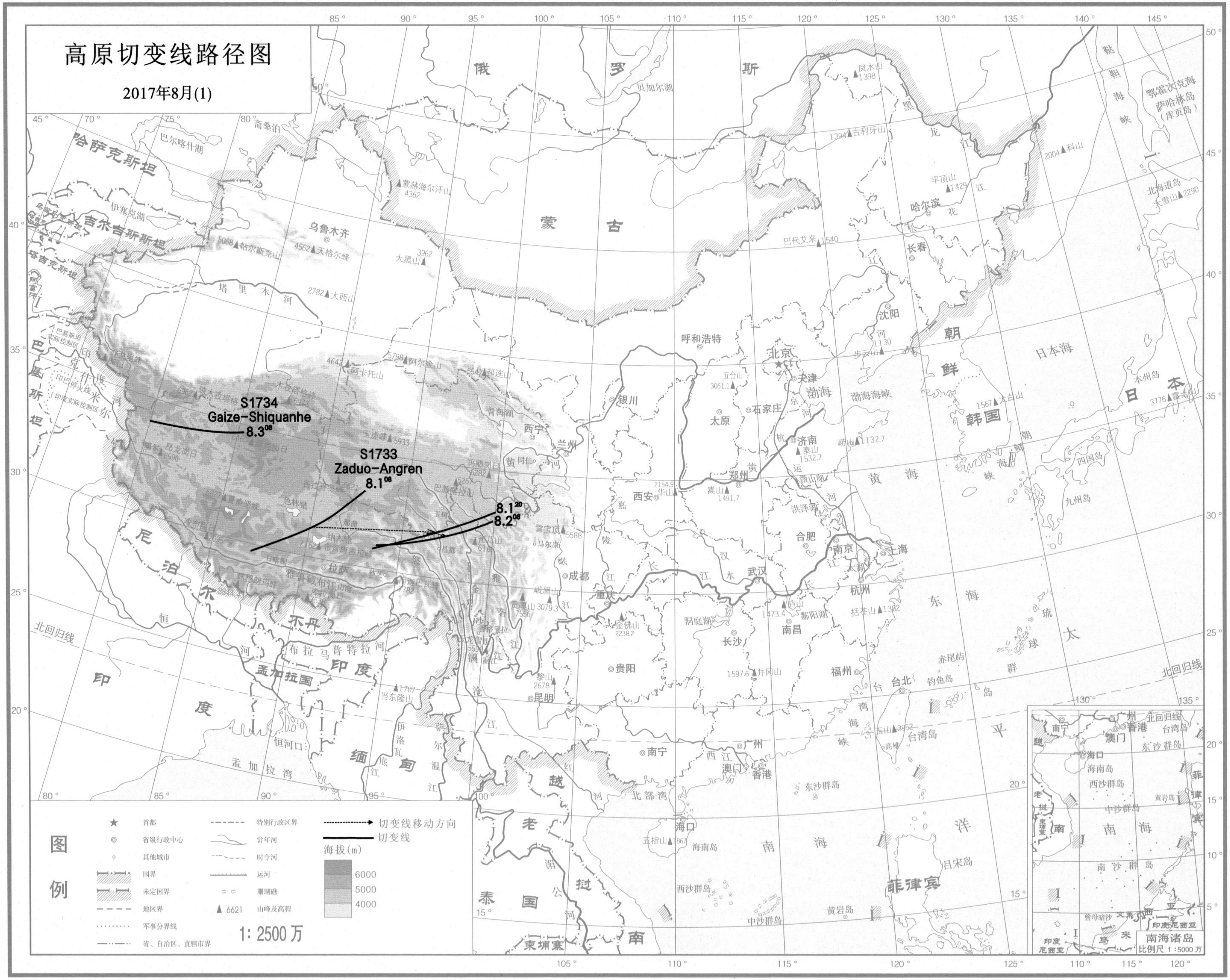
S1734
Gaize-Shiquanhe
8.3[08]
S1733
Zaduo-Angren
8.1[08]
8.1[20]
8.2[08]
图例
首都
省级行政中心
其他城市
国界
未定国界
地区界
军事分界线
省、自治区、直辖市界
特别行政区界
常年河
时令河
运河
珊瑚礁
山峰及高程
切变线移动方向
切变线
海拔(m)
6000
5000
4000
1:2500万
南海诸岛
比例尺 1:5000万

高原切变线路径图

2017年8月(2)

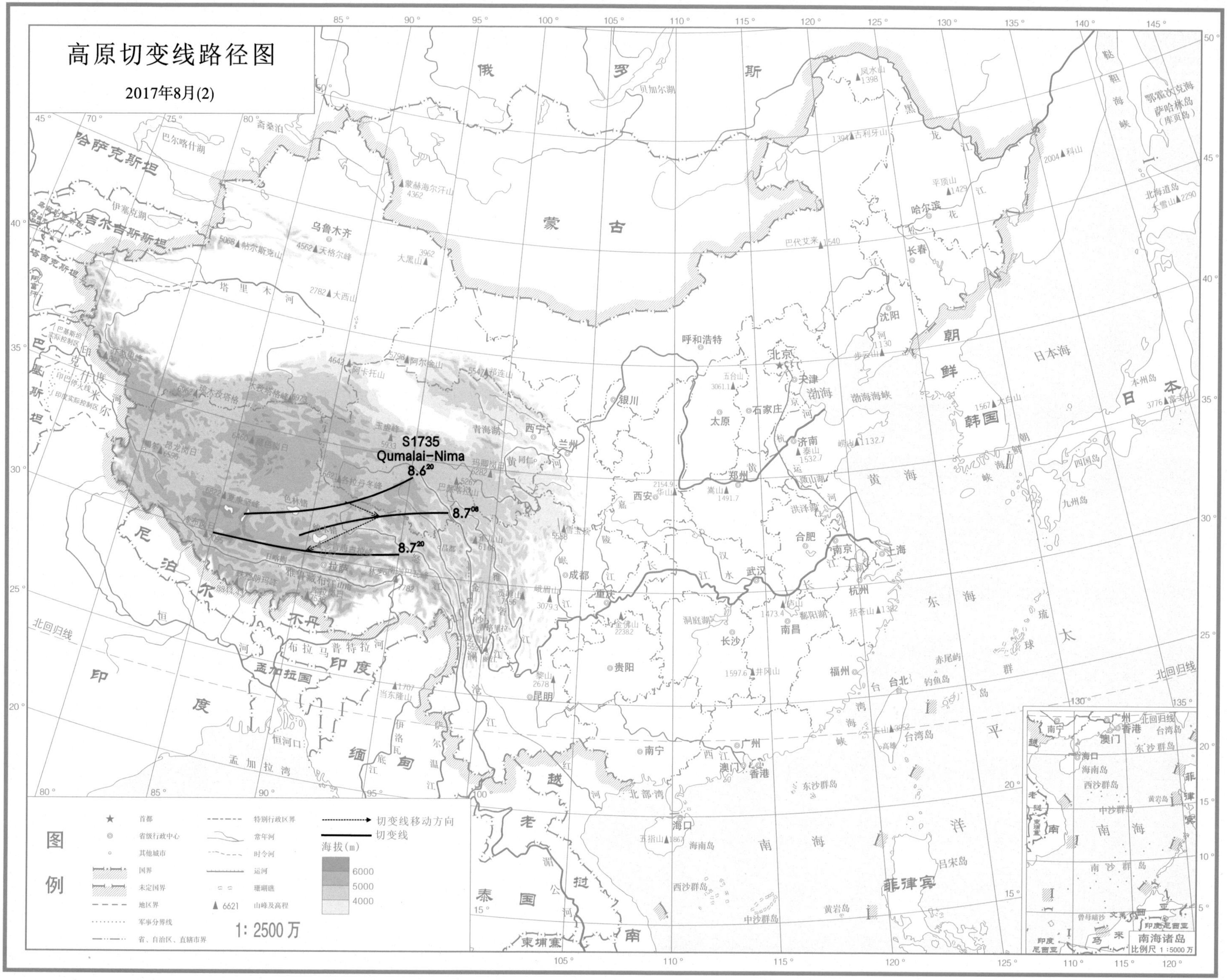
S1735
Qumalai–Nima
8.6 20
8.7 08
8.7 20
图例
首都
省级行政中心
其他城市
国界
未定国界
地区界
军事分界线
省、自治区、直辖市界
特别行政区界
常年河
时令河
运河
珊瑚礁
6621 山峰及高程
切变线移动方向
切变线
海拔(m)
6000
5000
4000
1：2500万
南海诸岛
比例尺 1：5000万

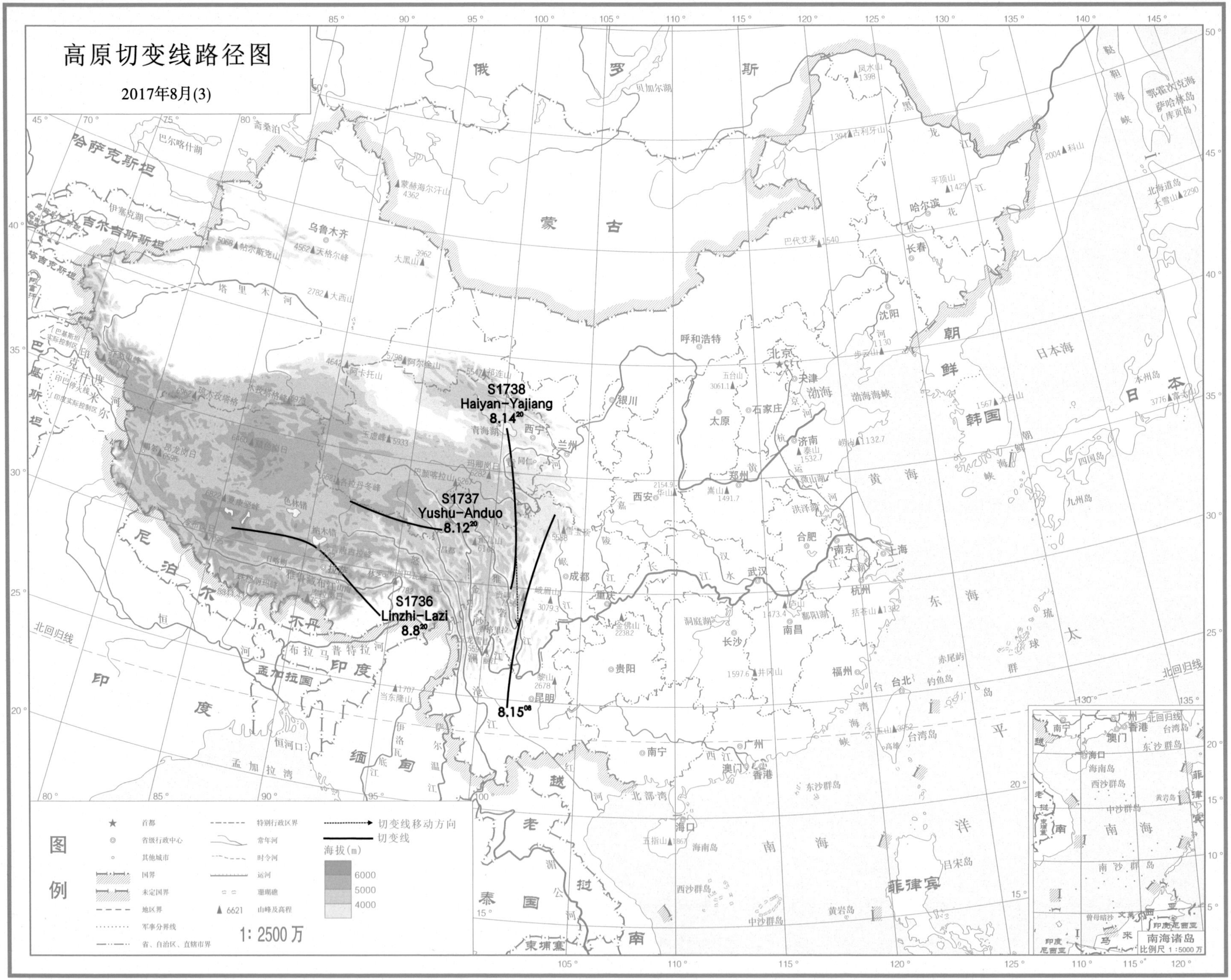
高原切变线路径图
2017年8月(3)
S1738
Haiyan-Yajiang
8.14[20]
S1737
Yushu-Anduo
8.12[20]
S1736
Linzhi-Lazi
8.8[20]
8.15[08]
图例
首都
省级行政中心
其他城市
国界
未定国界
地区界
军事分界线
省、自治区、直辖市界
特别行政区界
常年河
时令河
运河
珊瑚礁
6621 山峰及高程
切变线移动方向
切变线
海拔(m)
6000
5000
4000
1：2500万
南海诸岛
比例尺 1：5000万

高原切变线路径图

2017年8月(4)

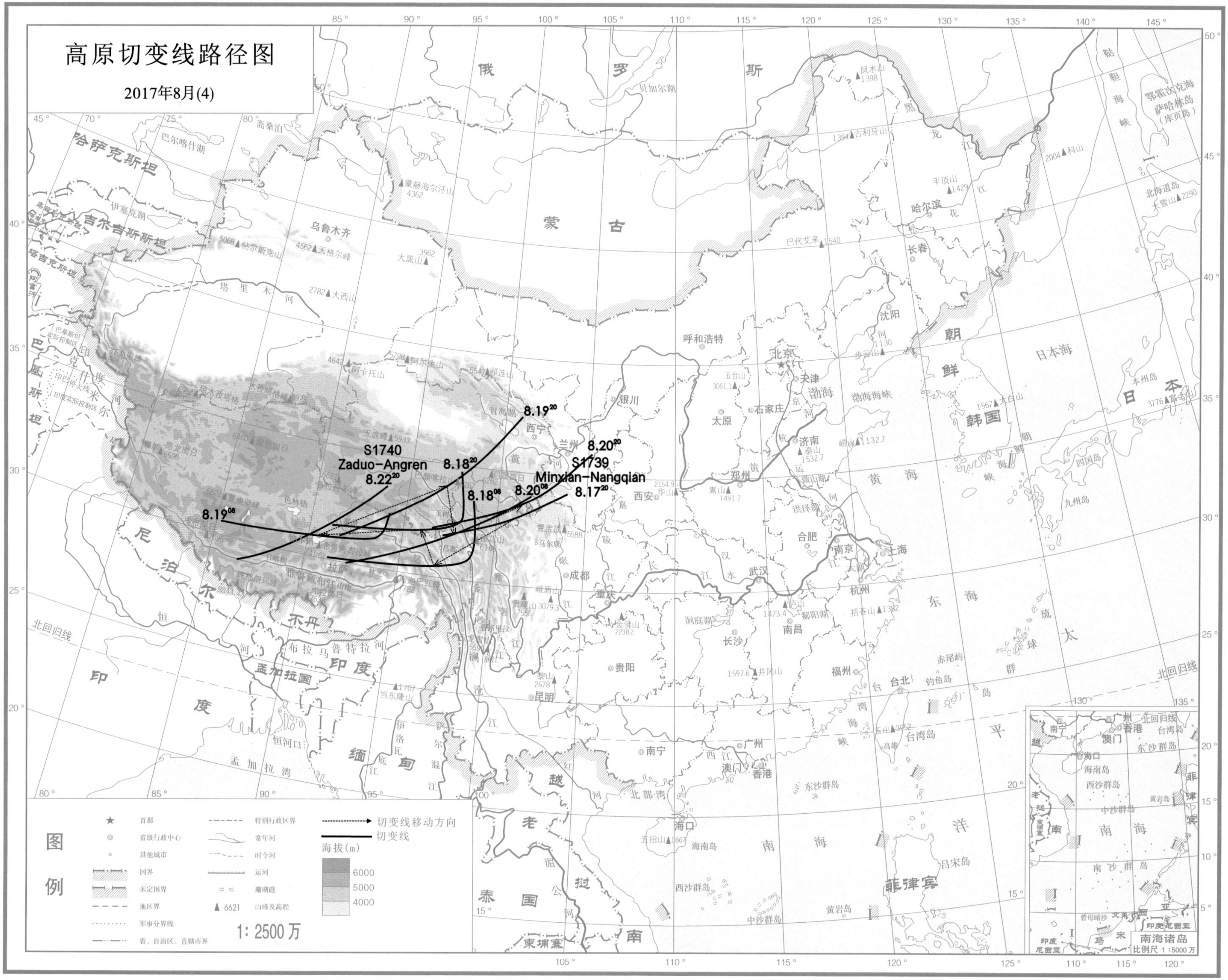
8.19^{20}
8.20^{20}
S1740
Zaduo-Angren
8.18^{20}
8.22^{20}
S1739
Minxian-Nangqian
8.18^{08}
8.20^{08}
8.17^{20}
8.19^{08}
图例
首都
省级行政中心
其他城市
国界
未定国界
地区界
军事分界线
省、自治区、直辖市界
特别行政区界
常年河
时令河
运河
珊瑚礁
山峰及高程
切变线移动方向
切变线
海拔(m)
6000
5000
4000
1: 2500万
南海诸岛
比例尺 1:5000万

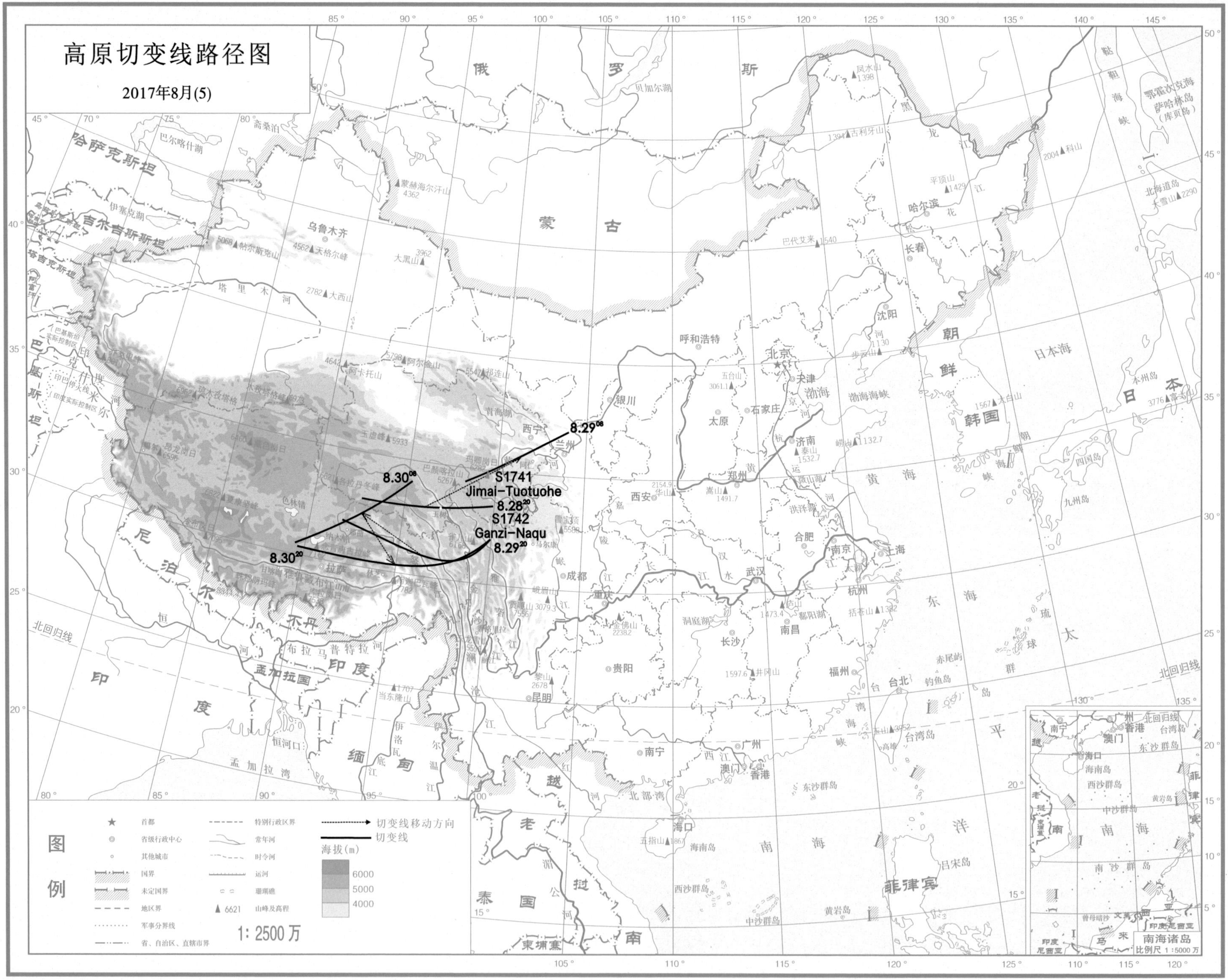
高原切变线路径图
2017年8月(5)
8.29[08]
8.30[08]
S1741
Jimai-Tuotuohe
8.28[20]
S1742
Ganzi-Naqu
8.29[20]
8.30[20]
图例
首都
省级行政中心
其他城市
国界
未定国界
地区界
军事分界线
省、自治区、直辖市界
特别行政区界
常年河
时令河
运河
珊瑚礁
山峰及高程
切变线移动方向
切变线
海拔(m)
6000
5000
4000
1: 2500 万
南海诸岛
比例尺 1:5000 万

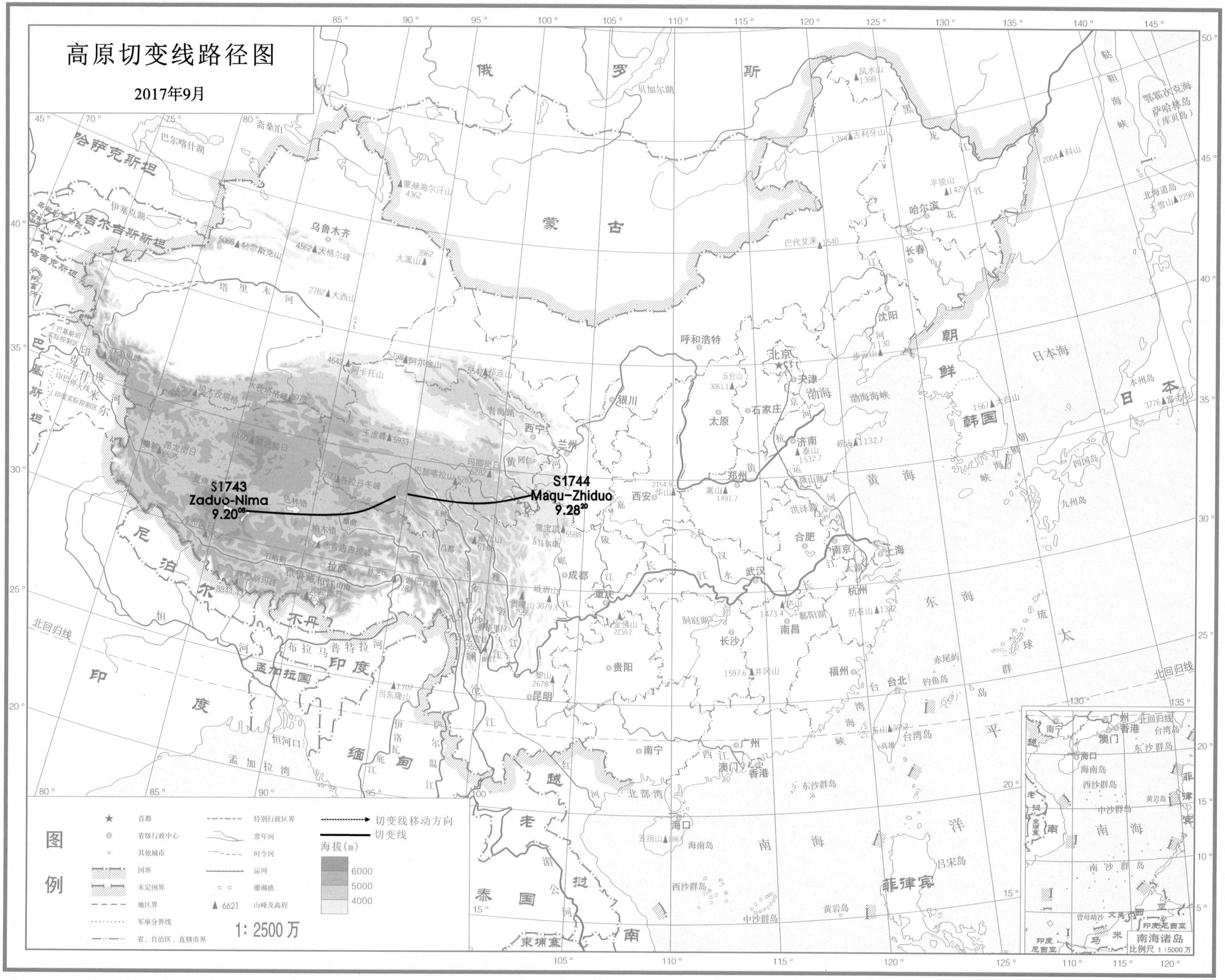
高原切变线路径图
2017年9月
S1743
Zaduo-Nima
9.20 08
S1744
Maqu-Zhiduo
9.28 20
图例
首都
省级行政中心
其他城市
国界
未定国界
地区界
军事分界线
省、自治区、直辖市界
特别行政区界
常年河
时令河
运河
珊瑚礁
6621 山峰及高程
切变线移动方向
切变线
海拔(m)
6000
5000
4000
1: 2500 万
南海诸岛
比例尺 1:5000 万

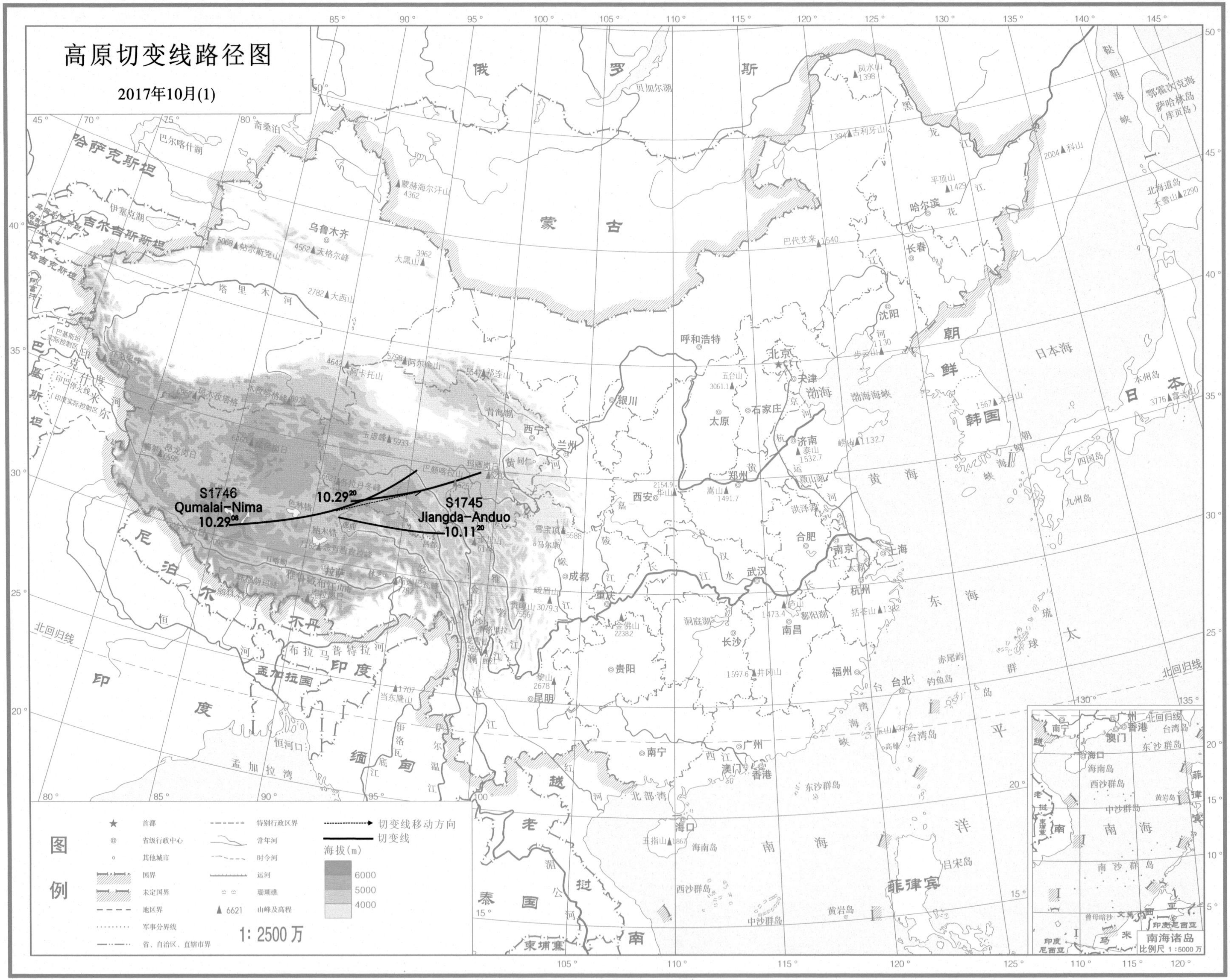
高原切变线路径图
2017年10月(1)
S1746
Qumalai–Nima
10.29[08]
10.29[20]
S1745
Jiangda–Anduo
10.11[20]
图例
首都
省级行政中心
其他城市
国界
未定国界
地区界
军事分界线
省、自治区、直辖市界
特别行政区界
常年河
时令河
运河
珊瑚礁
山峰及高程
切变线移动方向
切变线
海拔(m)
6000
5000
4000
1: 2500 万
南海诸岛
比例尺 1:5000 万

高原切变线路径图

2017年10月(2)

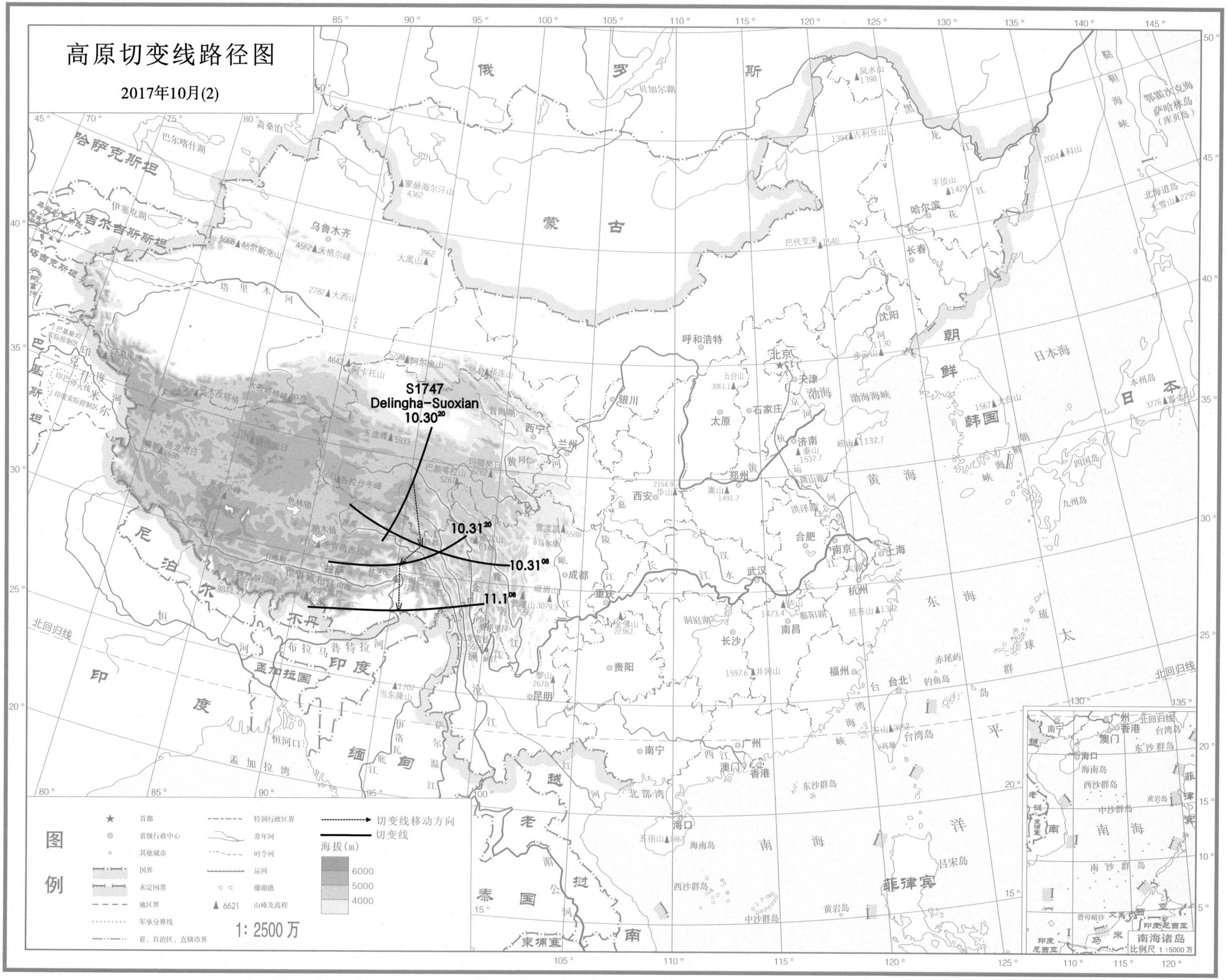
S1747
Delingha-Suoxian
10.30[20]
10.31[20]
10.31[08]
11.1[08]
图例
首都
省级行政中心
其他城市
国界
未定国界
地区界
军事分界线
省、自治区、直辖市界
特别行政区界
常年河
时令河
运河
珊瑚礁
山峰及高程
切变线移动方向
切变线
海拔(m)
6000
5000
4000
1: 2500 万
南海诸岛
比例尺 1:5000 万

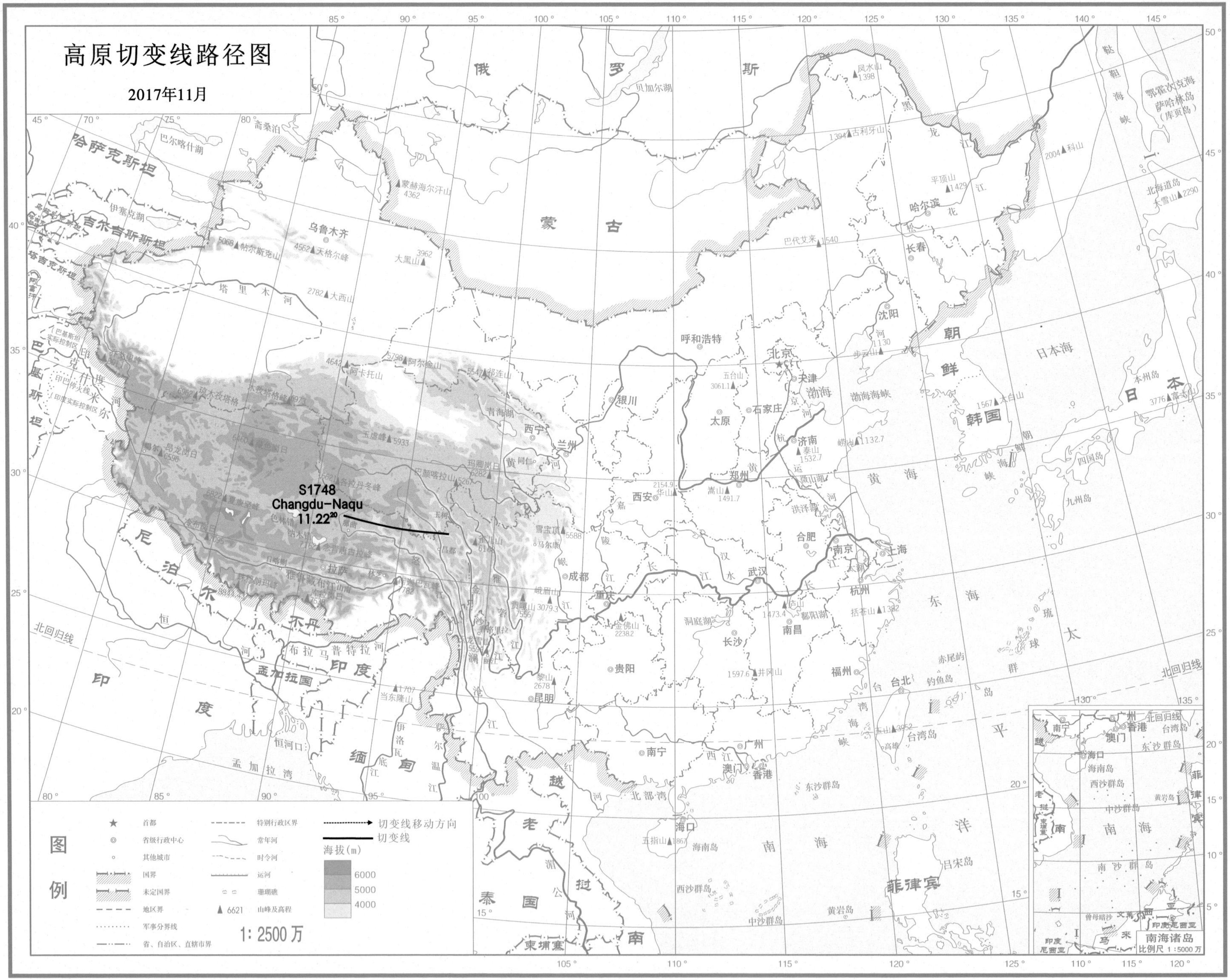
高原切变线路径图
2017年11月
S1748
Changdu-Naqu
11.22[20]
图例
首都
省级行政中心
其他城市
国界
未定国界
地区界
军事分界线
省、自治区、直辖市界
特别行政区界
常年河
时令河
运河
珊瑚礁
6621 山峰及高程
切变线移动方向
切变线
海拔(m)
6000
5000
4000
1: 2500 万
南海诸岛
比例尺 1:5000 万

青 藏 高 原 切 变 线 降 水 资 料

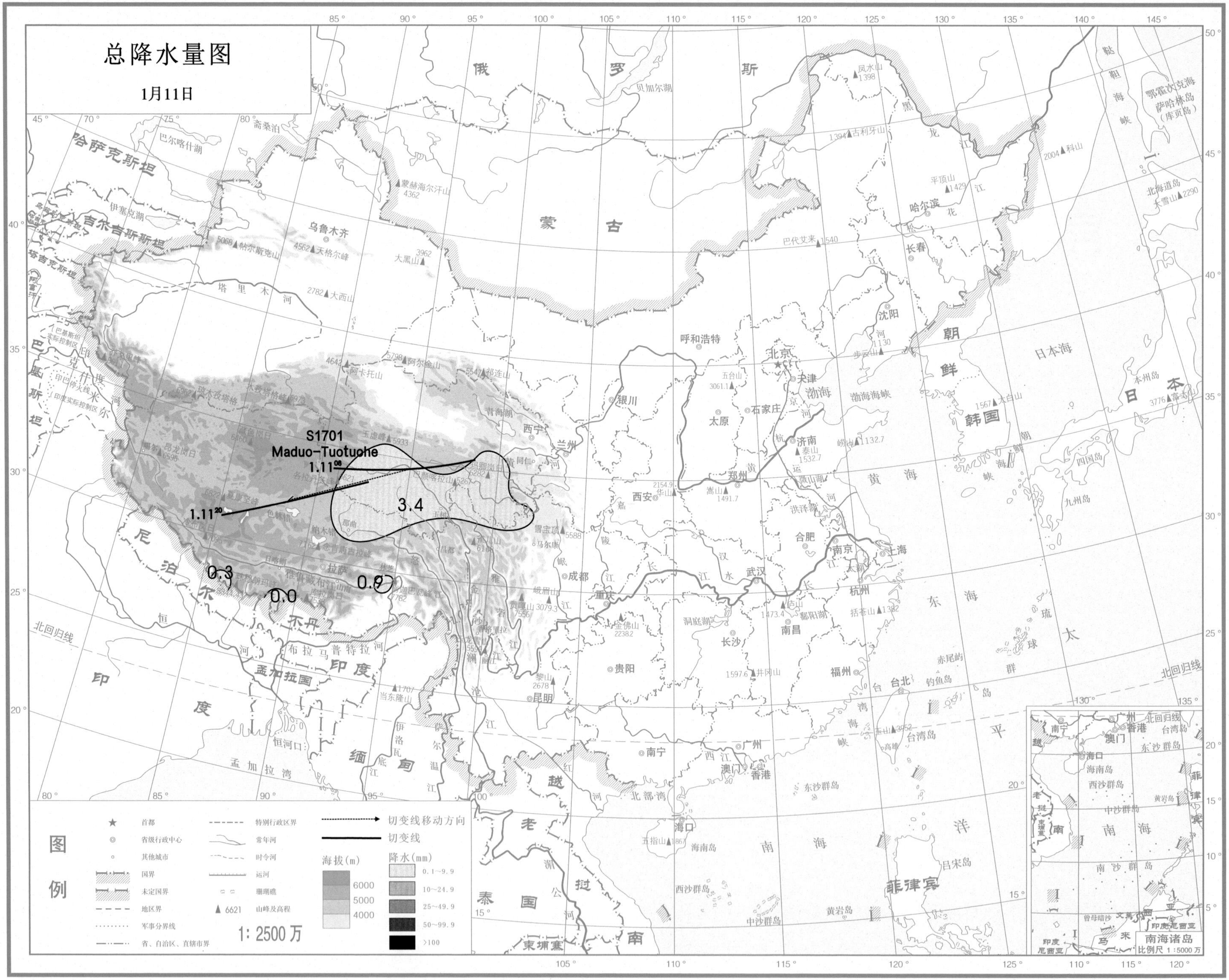
总降水量图
1月11日
S1701
Maduo-Tuotuohe
1.11 08
1.11 20
3.4
0.3
0.0
0.0
图例
首都
省级行政中心
其他城市
国界
未定国界
地区界
军事分界线
省、自治区、直辖市界
特别行政区界
常年河
时令河
运河
珊瑚礁
山峰及高程
切变线移动方向
切变线
海拔(m)
6000
5000
4000
降水(mm)
0.1~9.9
10~24.9
25~49.9
50~99.9
>100
1: 2500万
南海诸岛
比例尺 1:5000万

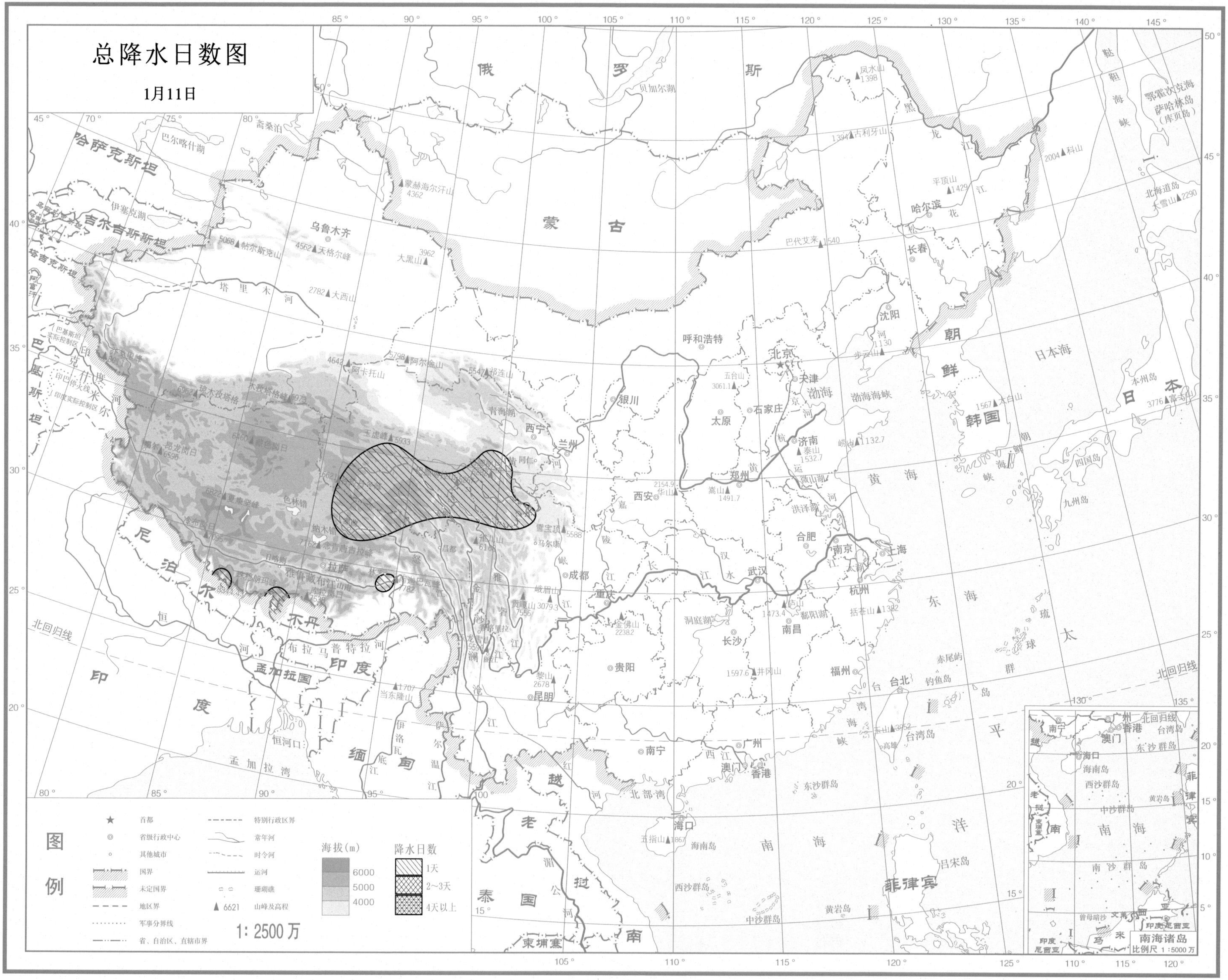
总降水日数图
1月11日
图例
首都
省级行政中心
其他城市
国界
未定国界
地区界
军事分界线
省、自治区、直辖市界
特别行政区界
常年河
时令河
运河
珊瑚礁
6621 山峰及高程
海拔(m)
6000
5000
4000
降水日数
1天
2~3天
4天以上
1：2500万
南海诸岛
比例尺 1：5000万
俄罗斯
蒙古
哈萨克斯坦
吉尔吉斯斯坦
塔吉克斯坦
尼泊尔
不丹
印度
孟加拉国
缅甸
老挝
泰国
越南
柬埔寨
菲律宾
朝鲜
韩国
日本
乌鲁木齐
拉萨
西宁
兰州
银川
呼和浩特
北京
天津
石家庄
太原
济南
郑州
西安
成都
重庆
武汉
合肥
南京
上海
杭州
南昌
长沙
贵阳
昆明
南宁
广州
香港
澳门
福州
台北
海口
沈阳
长春
哈尔滨
北回归线

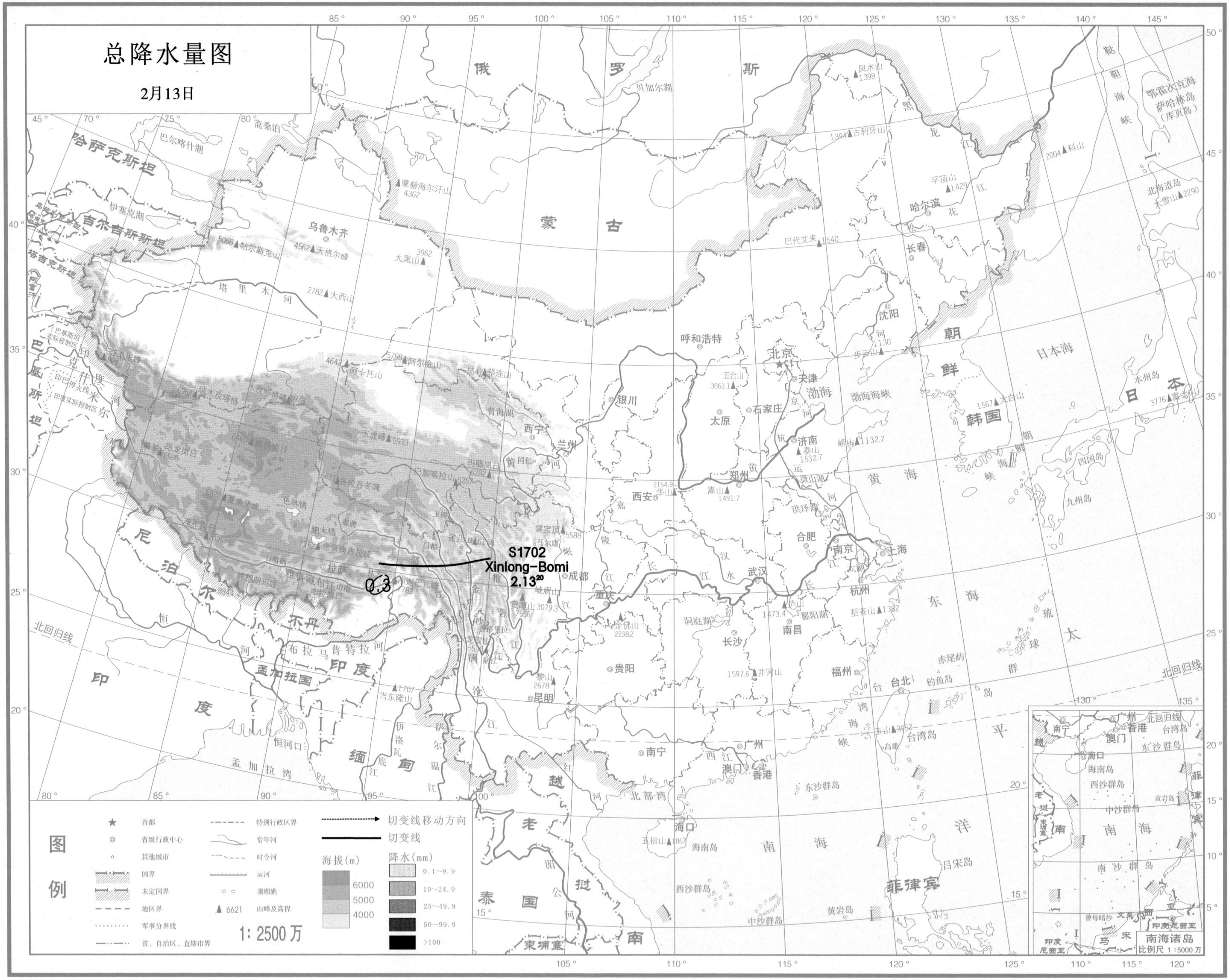
总降水量图
2月13日
S1702
Xinlong-Bomi
2.13[20]
0.3
图例
首都
省级行政中心
其他城市
国界
未定国界
地区界
军事分界线
省、自治区、直辖市界
特别行政区界
常年河
时令河
运河
珊瑚礁
6621 山峰及高程
1: 2500 万
切变线移动方向
切变线
海拔(m)
6000
5000
4000
降水(mm)
0.1~9.9
10~24.9
25~49.9
50~99.9
>100
南海诸岛
比例尺 1:5000 万

总降水日数图

2月13日

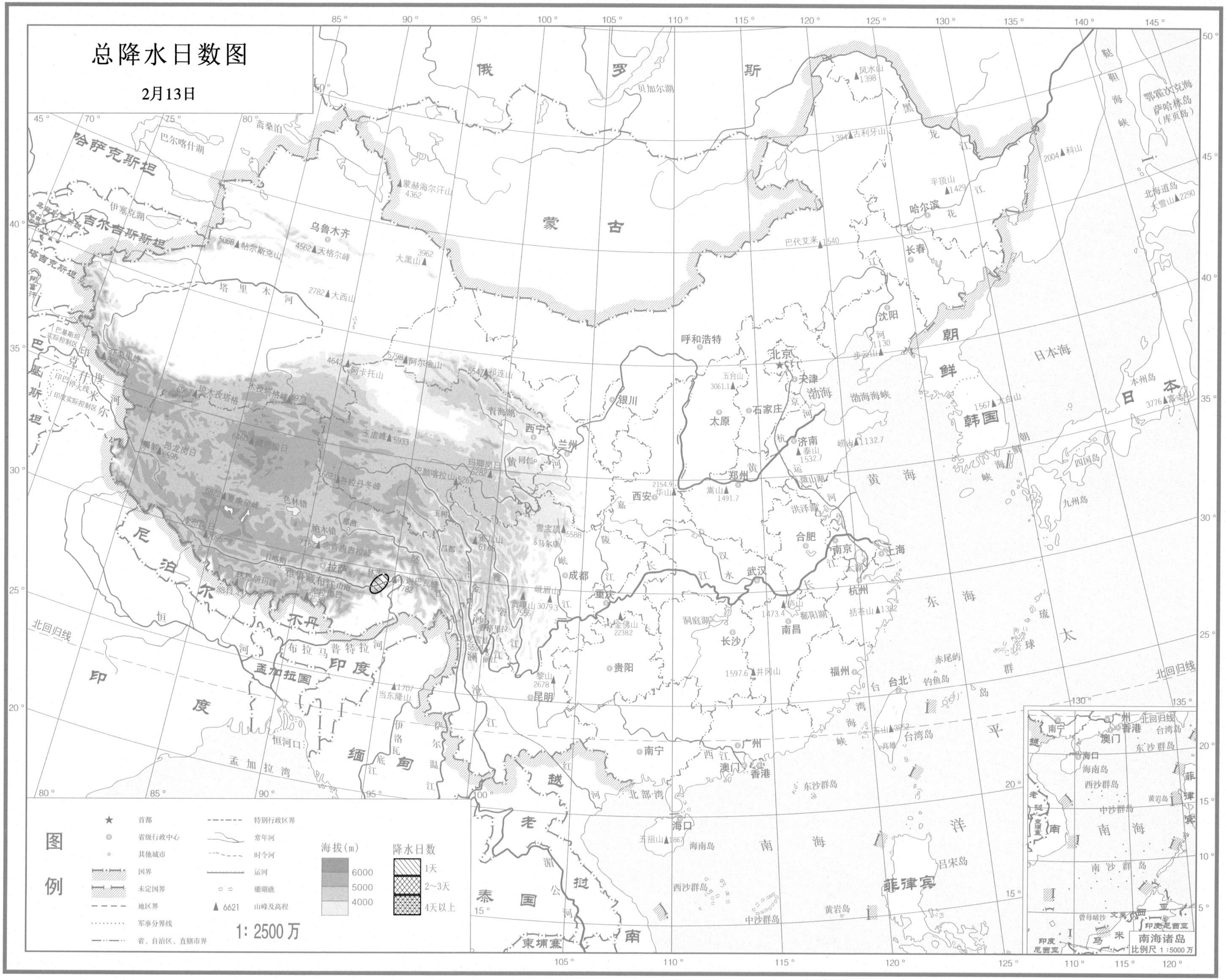

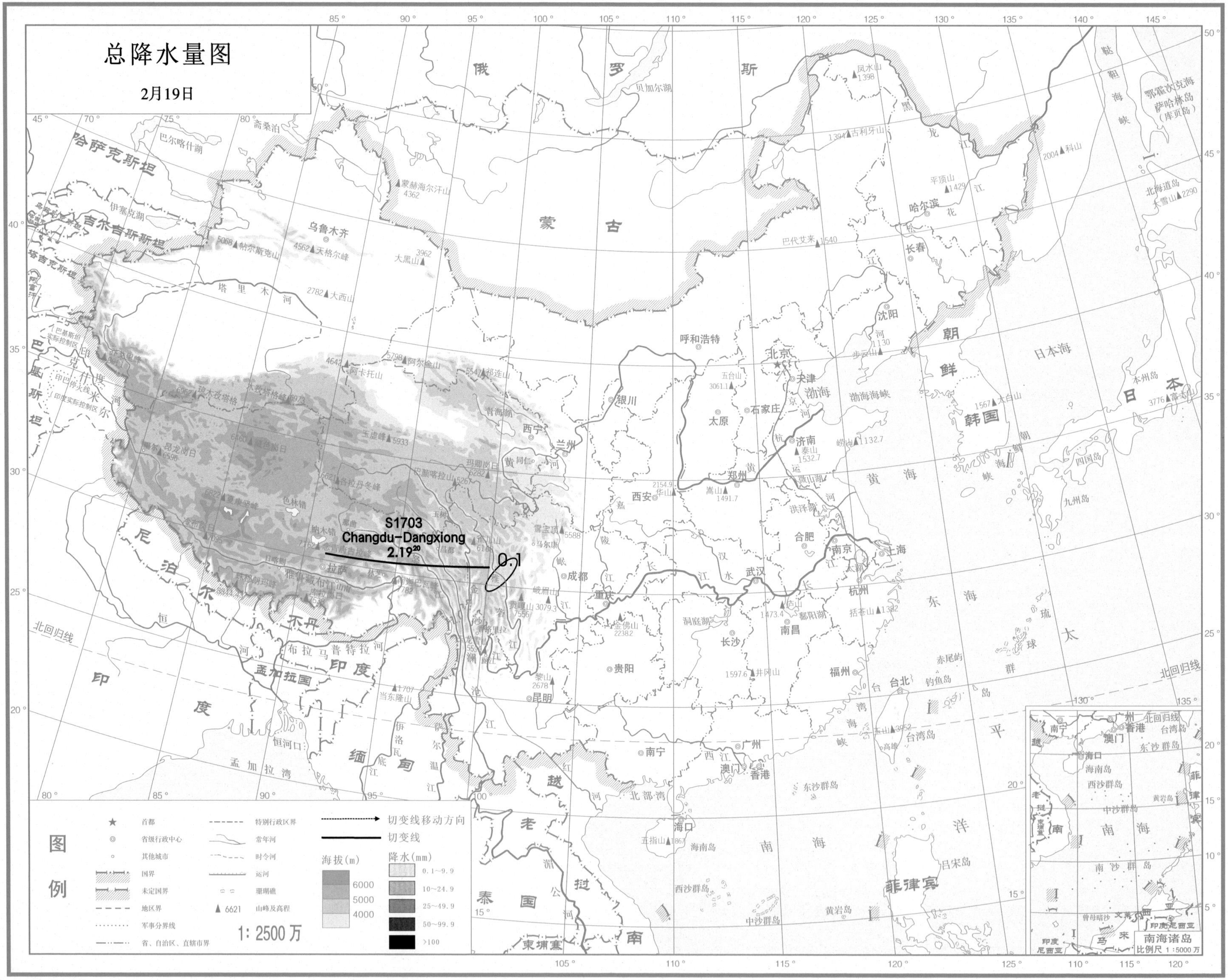
总降水量图
2月19日
S1703
Changdu-Dangxiong
2.19[20]
0.1
图例
首都
省级行政中心
其他城市
国界
未定国界
地区界
军事分界线
省、自治区、直辖市界
特别行政区界
常年河
时令河
运河
珊瑚礁
6621 山峰及高程
切变线移动方向
切变线
海拔(m)
6000
5000
4000
降水(mm)
0.1~9.9
10~24.9
25~49.9
50~99.9
>100
1: 2500万
俄罗斯
蒙古
哈萨克斯坦
吉尔吉斯斯坦
塔吉克斯坦
尼泊尔
不丹
印度
孟加拉国
缅甸
老挝
泰国
越南
柬埔寨
朝鲜
韩国
日本
菲律宾
北京
天津
上海
乌鲁木齐
拉萨
西宁
兰州
银川
呼和浩特
成都
重庆
西安
太原
石家庄
济南
郑州
武汉
合肥
南京
杭州
长沙
南昌
福州
贵阳
昆明
南宁
广州
海口
台北
香港
澳门
沈阳
长春
哈尔滨
日本海
渤海
黄海
东海
南海
太平洋
北回归线
南海诸岛
比例尺 1:5000万

总降水日数图

2月19日

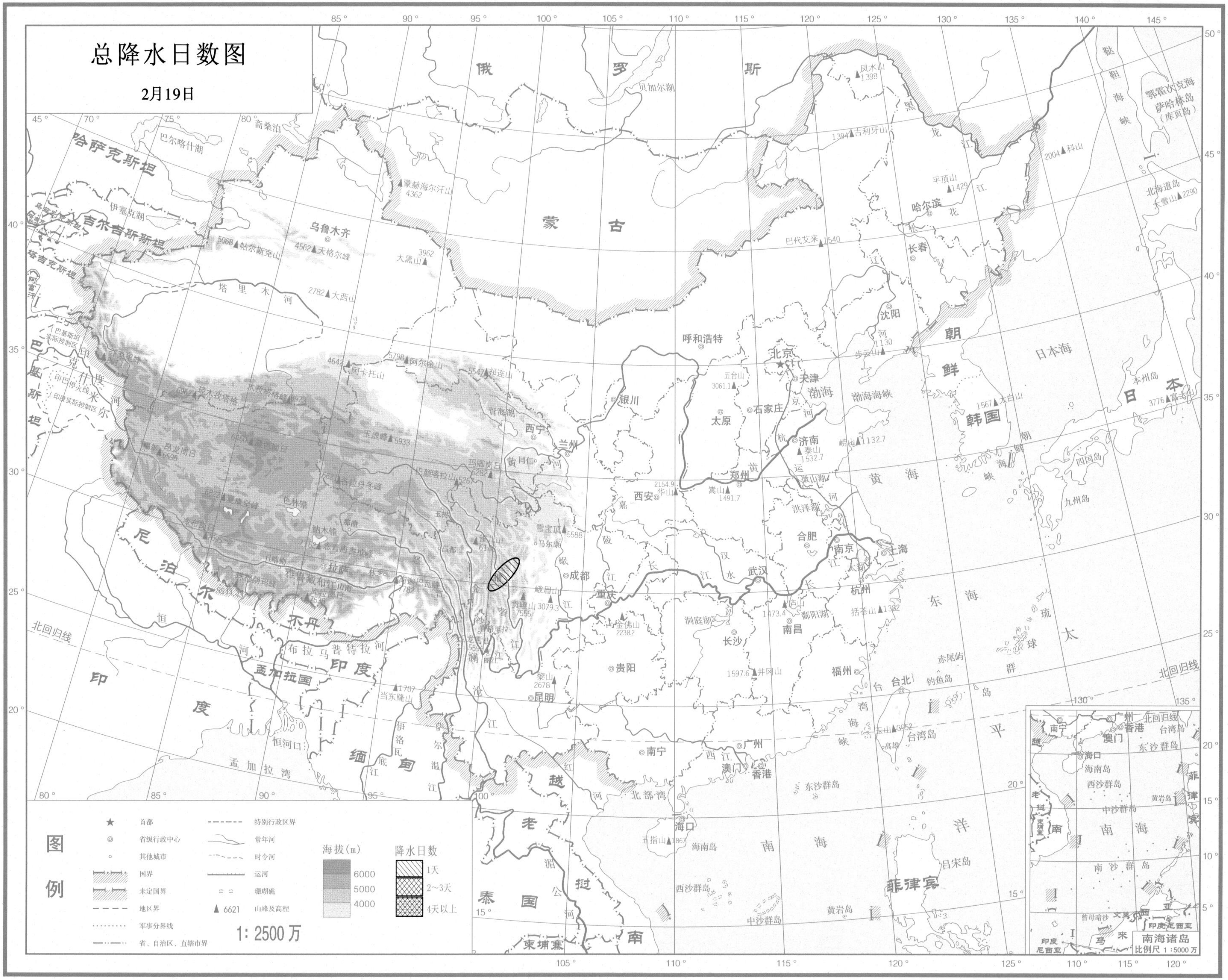

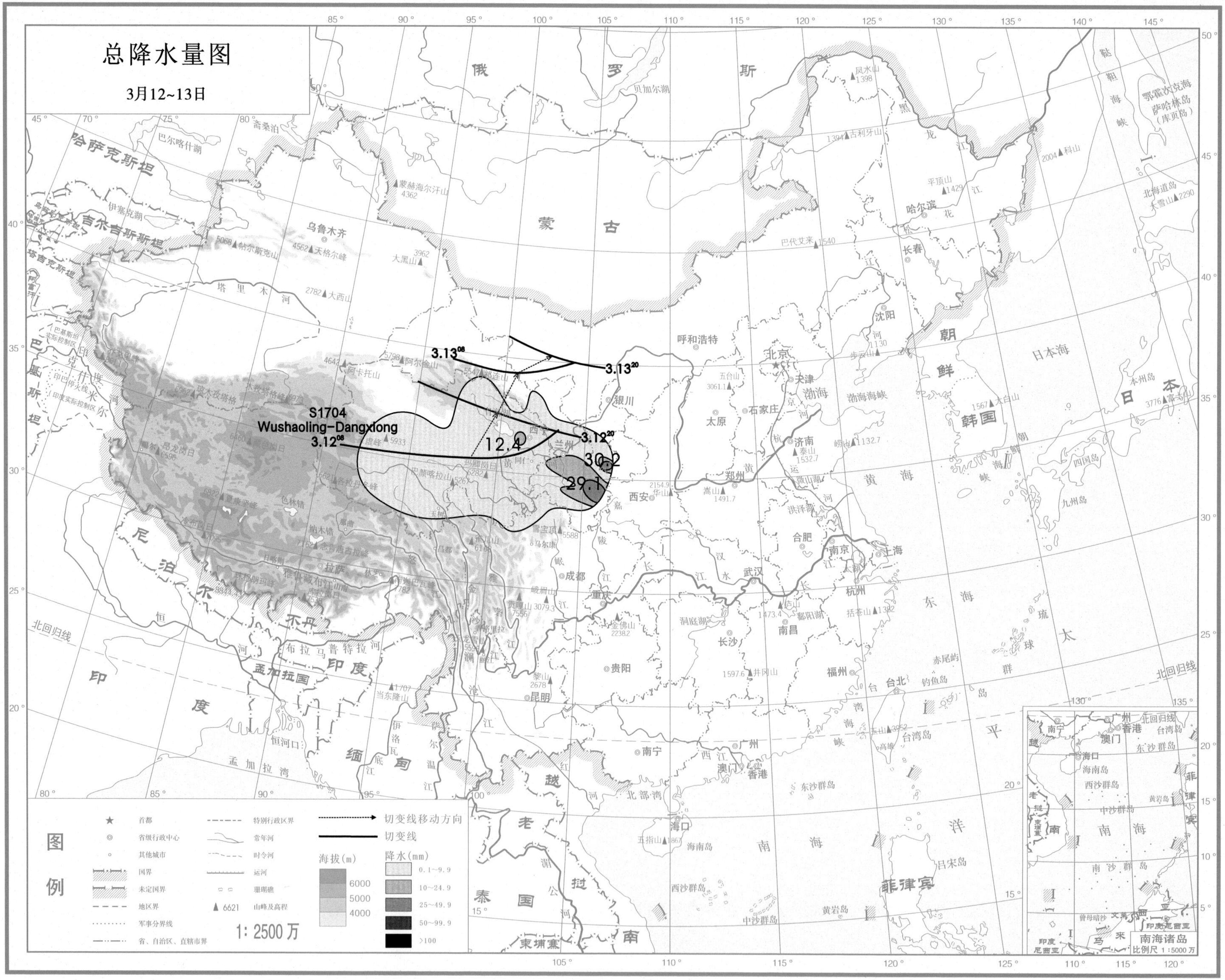
总降水量图
3月12~13日
S1704
Wushaoling-Dangxiong
3.12[08]
3.12[20]
3.13[08]
3.13[20]
12.4
30.2
29.1
图例
首都
省级行政中心
其他城市
国界
未定国界
地区界
军事分界线
省、自治区、直辖市界
特别行政区界
常年河
时令河
运河
珊瑚礁
山峰及高程
切变线移动方向
切变线
海拔(m)
6000
5000
4000
降水(mm)
0.1~9.9
10~24.9
25~49.9
50~99.9
>100
1: 2500 万
南海诸岛
比例尺 1:5000 万

总降水日数图

3月12~13日

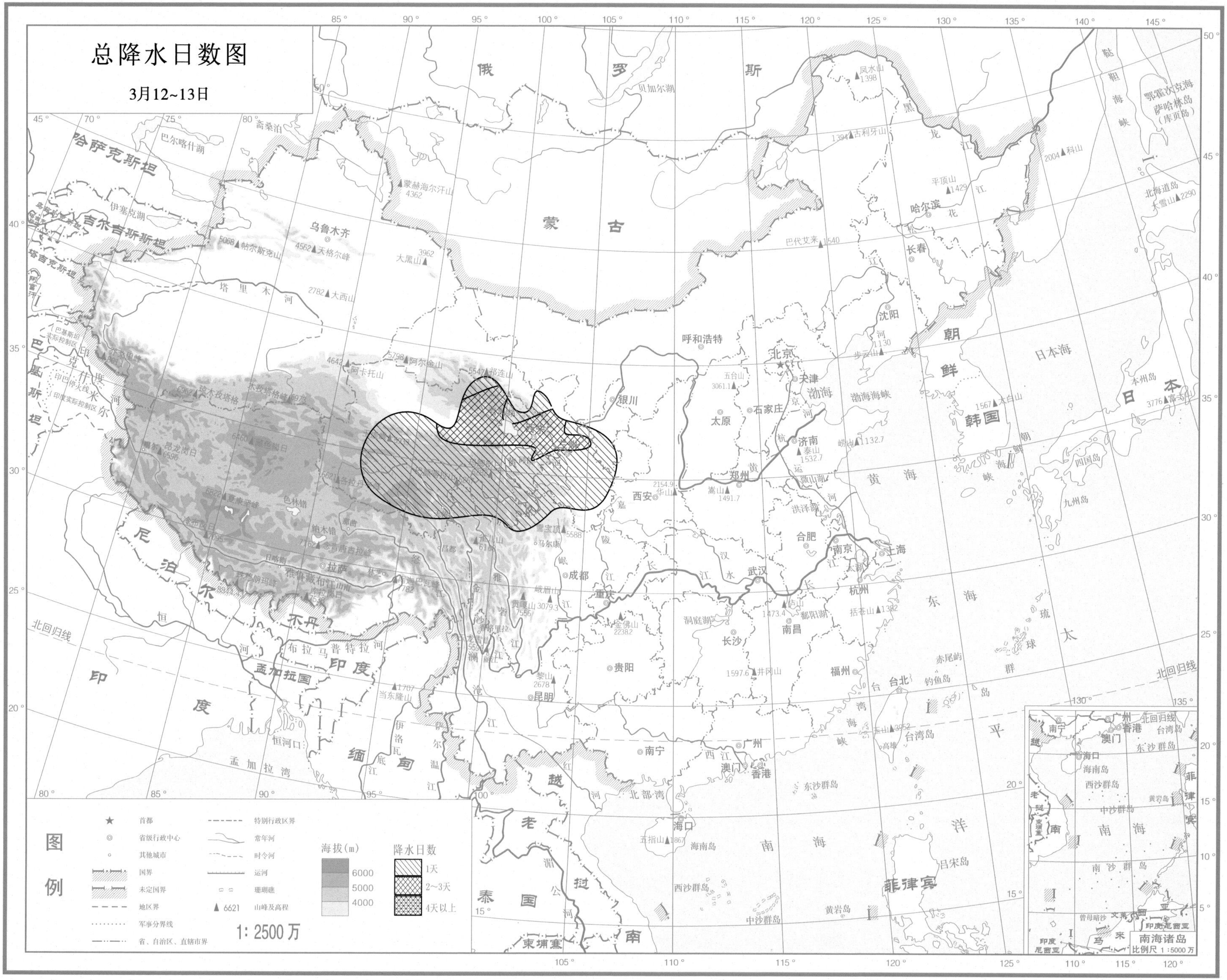

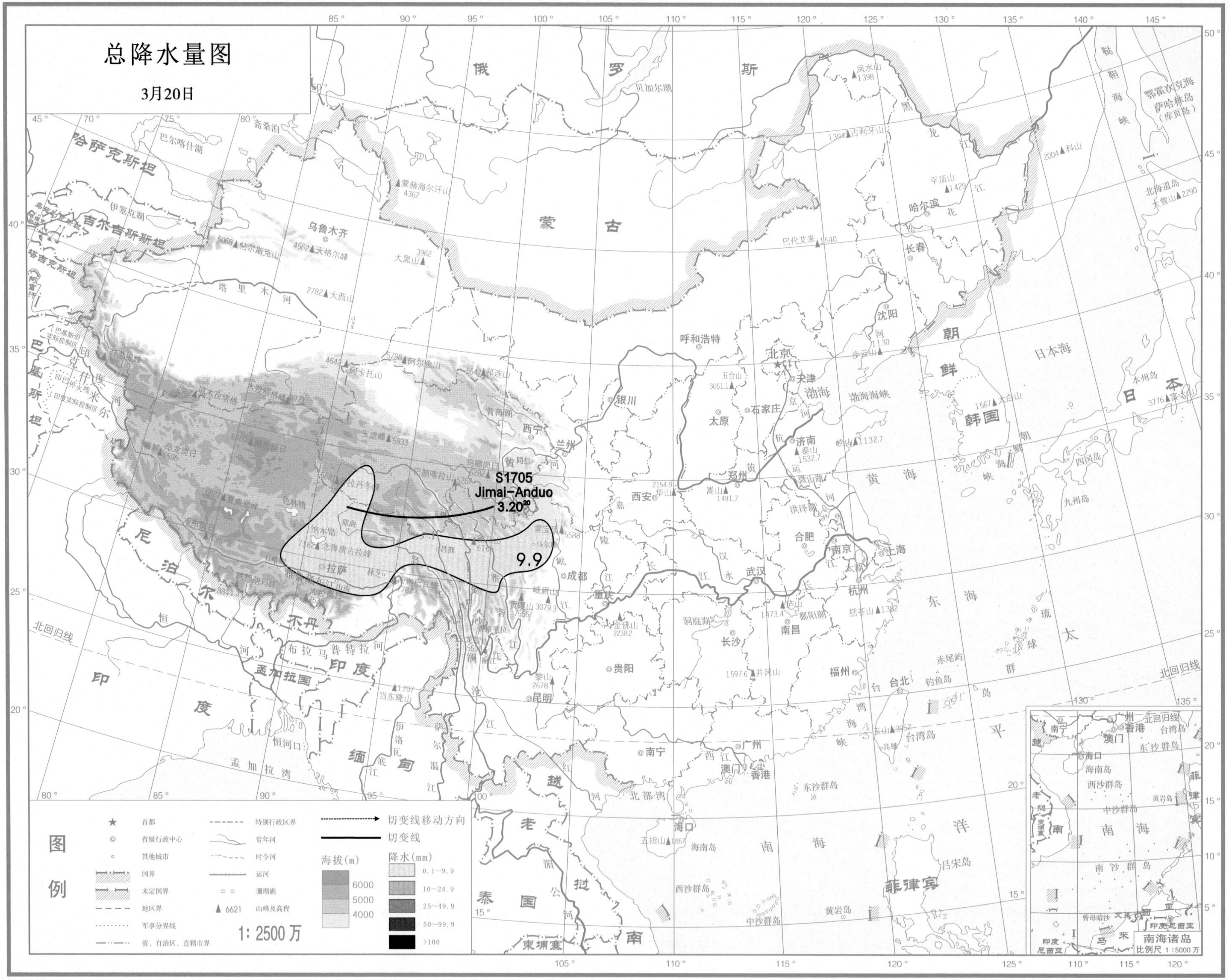
总降水量图
3月20日
S1705
Jimai-Anduo
3.20[20]
9.9
图例
首都
省级行政中心
其他城市
国界
未定国界
地区界
军事分界线
省、自治区、直辖市界
特别行政区界
常年河
时令河
运河
珊瑚礁
6621 山峰及高程
切变线移动方向
切变线
海拔(m)
6000
5000
4000
降水(mm)
0.1~9.9
10~24.9
25~49.9
50~99.9
>100
1: 2500 万
南海诸岛
比例尺 1:5000 万
俄 罗 斯
蒙 古
哈萨克斯坦
吉尔吉斯斯坦
塔吉克斯坦
巴基斯坦
印度
尼泊尔
不丹
孟加拉国
缅甸
老挝
泰国
越南
柬埔寨
朝鲜
韩国
日本
菲律宾
北京
天津
乌鲁木齐
拉萨
西宁
兰州
银川
成都
重庆
西安
呼和浩特
太原
石家庄
济南
郑州
合肥
南京
上海
杭州
武汉
长沙
南昌
福州
台北
贵阳
昆明
南宁
广州
香港
澳门
海口
哈尔滨
长春
沈阳
北回归线
日本海
黄海
东海
南海
渤海
太平洋

总降水日数图

3月20日

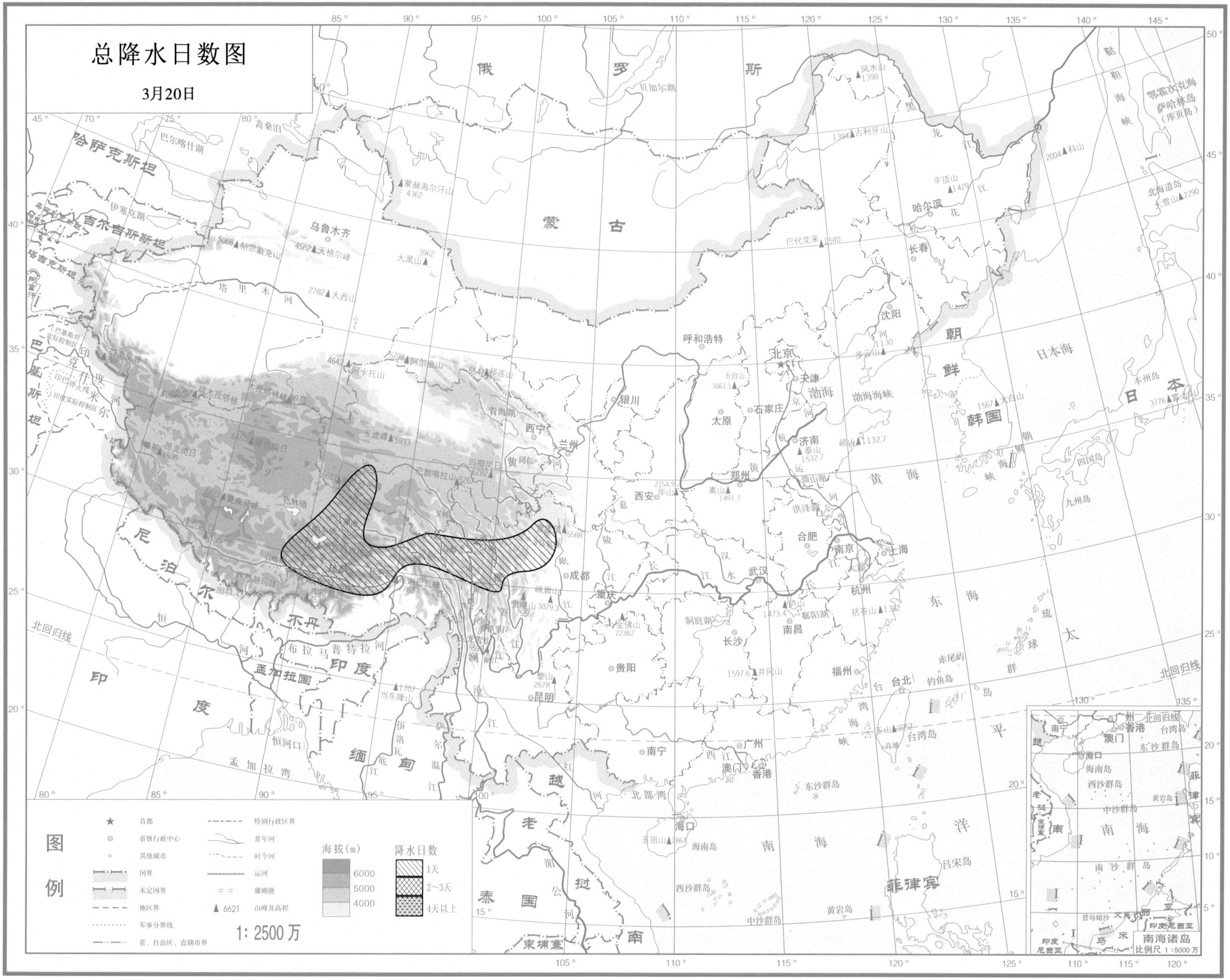

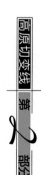

总降水量图

3月26日

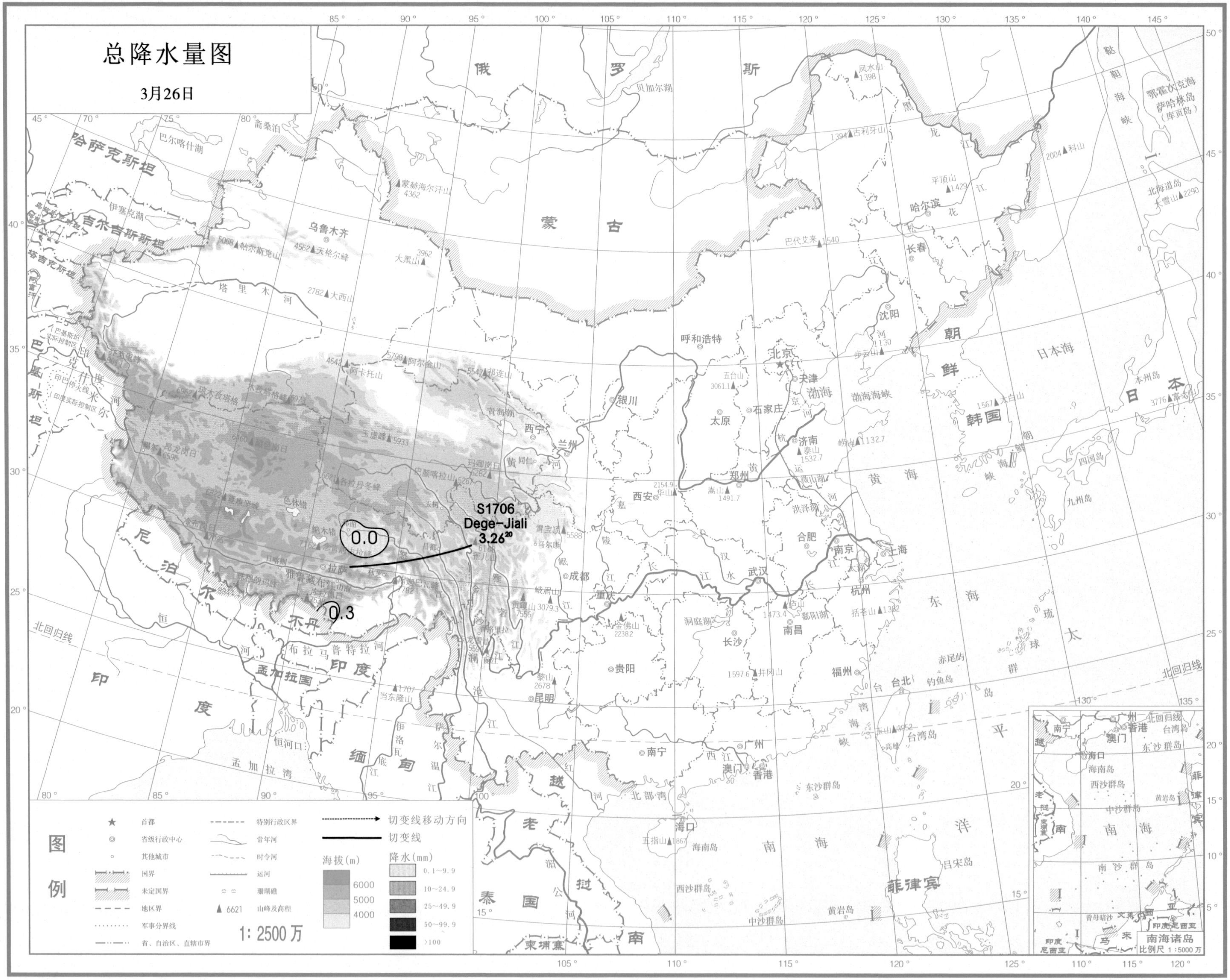
S1706
Dege-Jiali
3.26[20]
0.0
0.3
图例
首都
省级行政中心
其他城市
国界
未定国界
地区界
军事分界线
省、自治区、直辖市界
特别行政区界
常年河
时令河
运河
珊瑚礁
6621 山峰及高程
切变线移动方向
切变线
海拔(m)
6000
5000
4000
降水(mm)
0.1~9.9
10~24.9
25~49.9
50~99.9
≥100
1：2500万
南海诸岛
比例尺 1：5000万

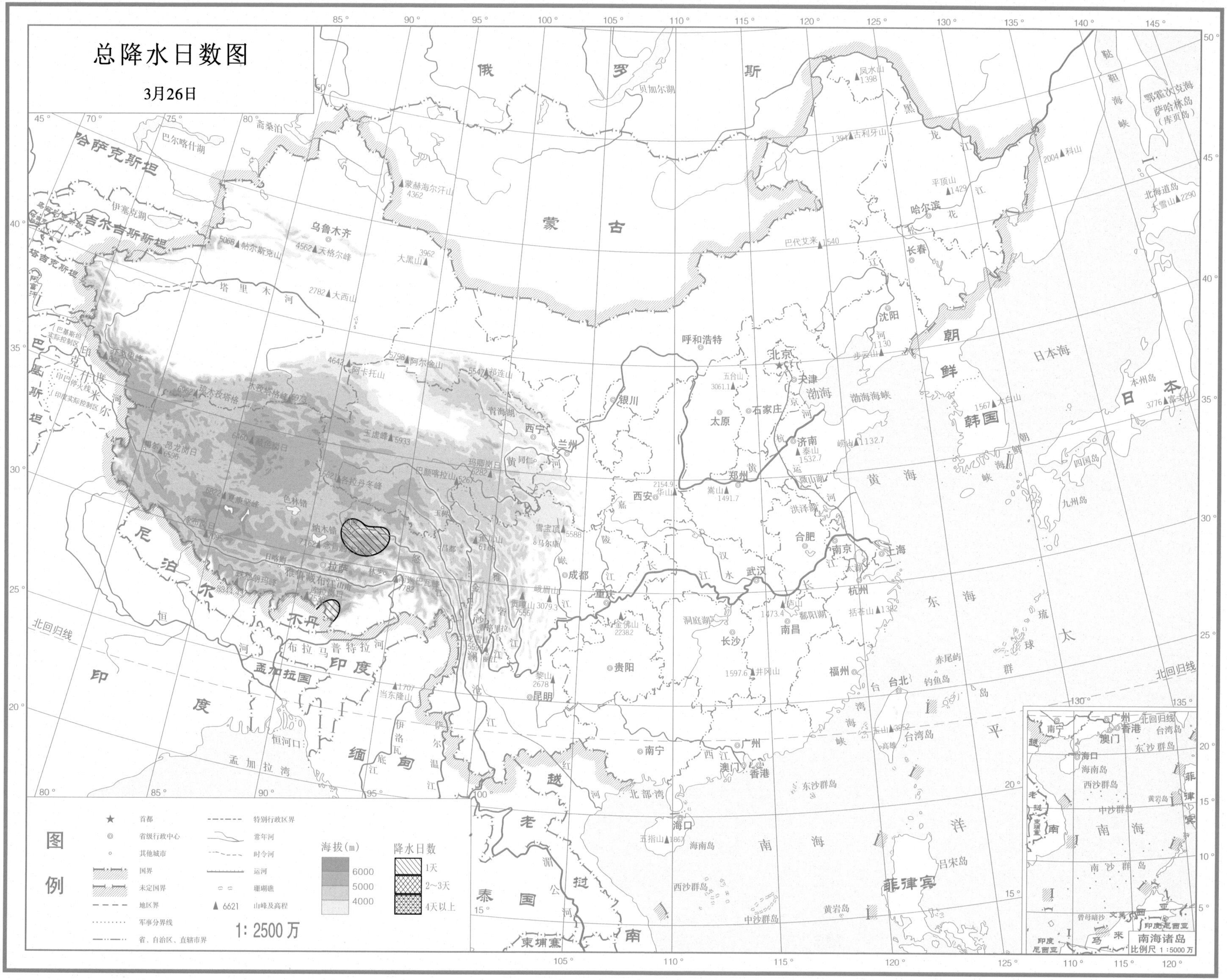
总降水日数图
3月26日
图例
首都
省级行政中心
其他城市
国界
未定国界
地区界
军事分界线
省、自治区、直辖市界
特别行政区界
常年河
时令河
运河
珊瑚礁
6621 山峰及高程
海拔(m)
6000
5000
4000
降水日数
1天
2~3天
4天以上
1：2500万
南海诸岛
比例尺 1：5000万

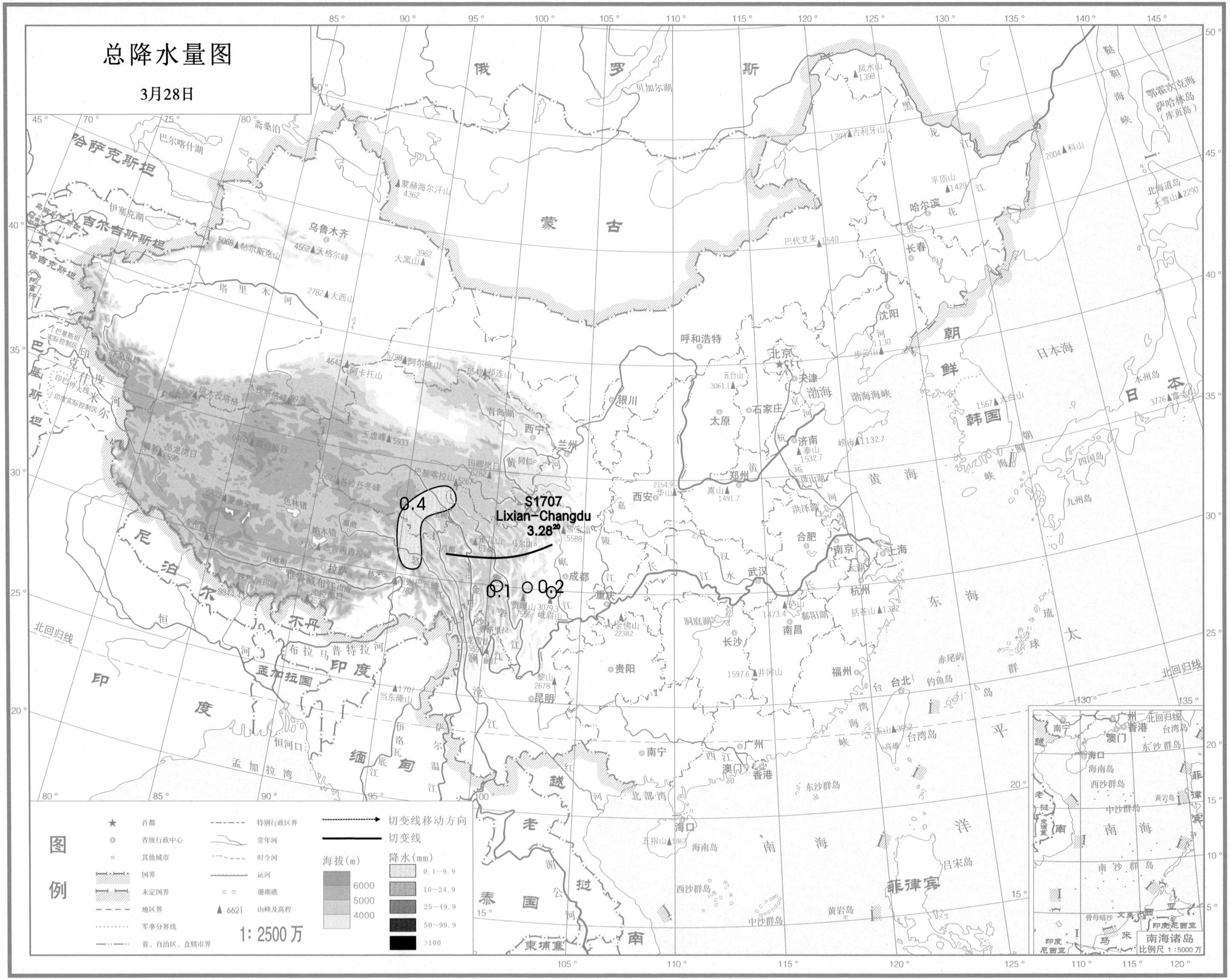
总降水量图
3月28日
S1707
Lixian–Changdu
3.28[20]
0.4
0.1
0.2
图例
首都
省级行政中心
其他城市
国界
未定国界
地区界
军事分界线
省、自治区、直辖市界
特别行政区界
常年河
时令河
运河
珊瑚礁
6621 山峰及高程
切变线移动方向
切变线
海拔(m)
6000
5000
4000
降水(mm)
0.1~9.9
10~24.9
25~49.9
50~99.9
>100
1: 2500万
南海诸岛
比例尺 1:5000万

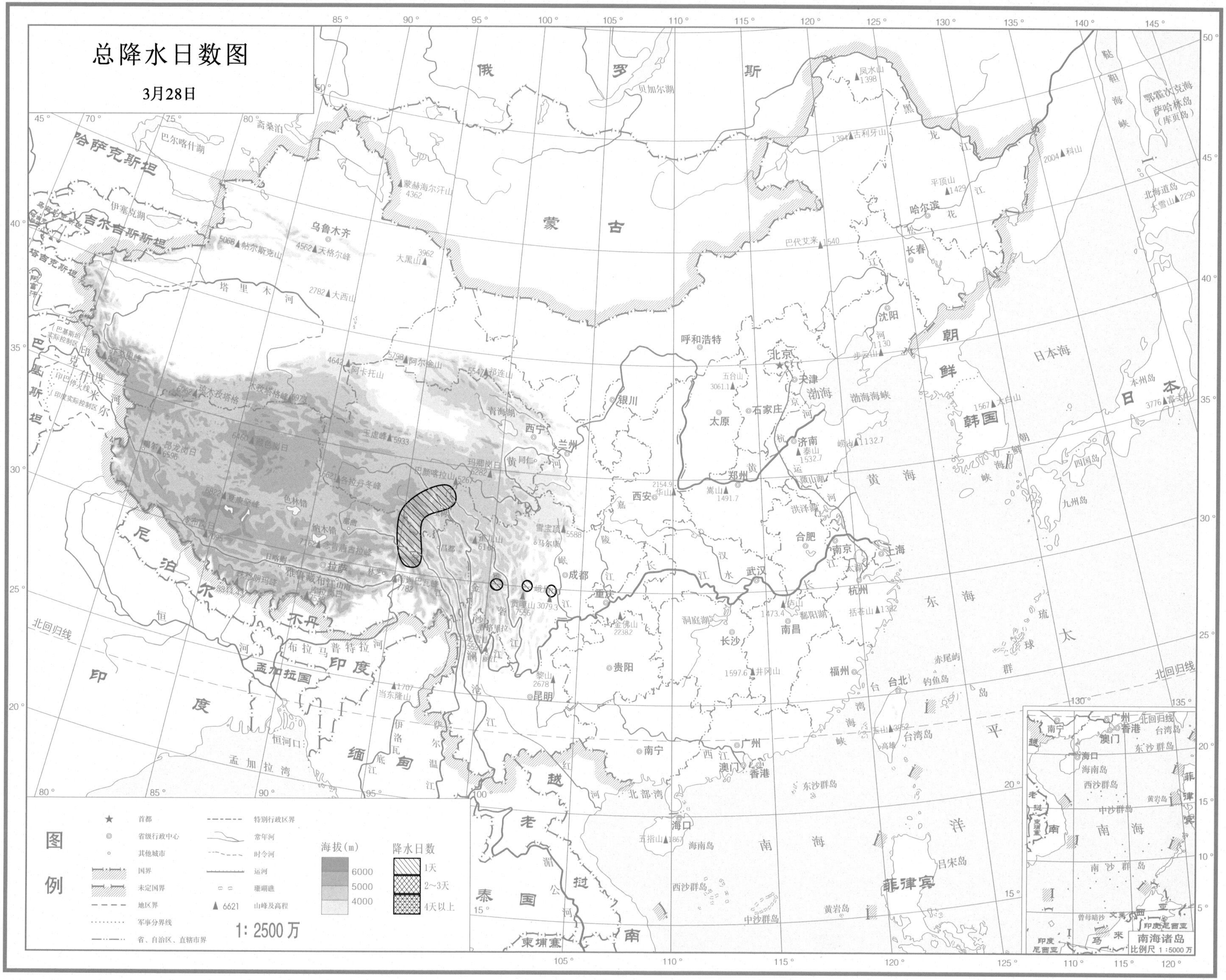
总降水日数图
3月28日
图例
首都
省级行政中心
其他城市
国界
未定国界
地区界
军事分界线
省、自治区、直辖市界
特别行政区界
常年河
时令河
运河
珊瑚礁
6621 山峰及高程
海拔（m）
6000
5000
4000
降水日数
1天
2～3天
4天以上
1∶2500万
俄 罗 斯
蒙 古
哈萨克斯坦
吉尔吉斯斯坦
塔吉克斯坦
尼 泊 尔
不丹
孟加拉国
印 度
缅 甸
越 南
老 挝
泰 国
柬埔寨
菲律宾
朝 鲜
韩国
日 本
乌鲁木齐
呼和浩特
北京
天津
石家庄
太原
银川
西宁
兰州
西安
郑州
济南
南京
上海
合肥
武汉
杭州
南昌
长沙
福州
台北
广州
香港
澳门
南宁
海口
贵阳
昆明
成都
重庆
拉萨
沈阳
长春
哈尔滨
黄 海
东 海
南 海
渤海
日本海
太 平 洋
北回归线
南海诸岛
比例尺 1∶5000万

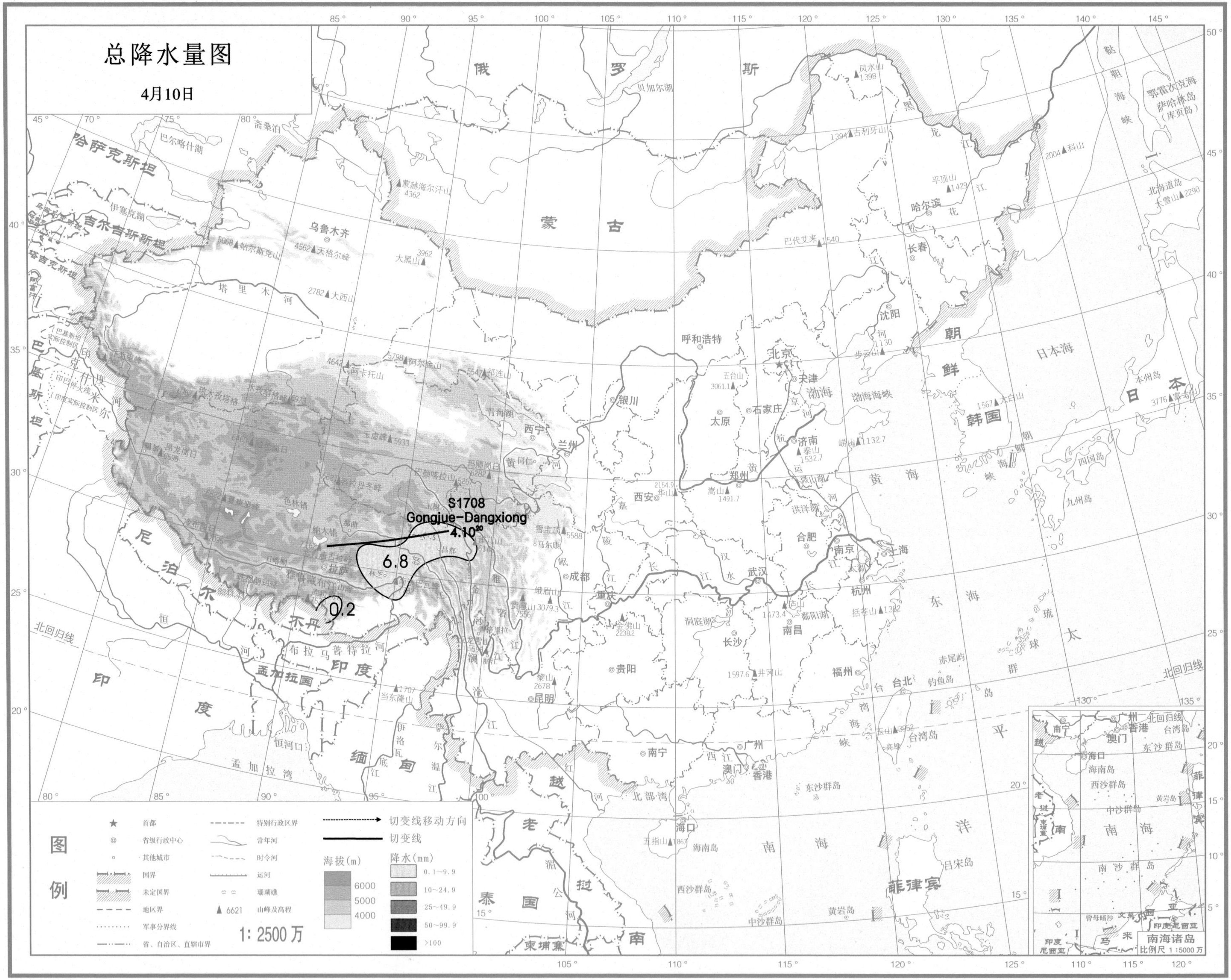
总降水量图
4月10日
S1708
Gongjue-Dangxiong
4.10^{20}
6.8
0.2
图例
首都
省级行政中心
其他城市
国界
未定国界
地区界
军事分界线
省、自治区、直辖市界
特别行政区界
常年河
时令河
运河
珊瑚礁
6621 山峰及高程
切变线移动方向
切变线
海拔(m)
6000
5000
4000
降水(mm)
0.1~9.9
10~24.9
25~49.9
50~99.9
>100
1: 2500万
南海诸岛
比例尺 1:5000万

总降水日数图

4月10日

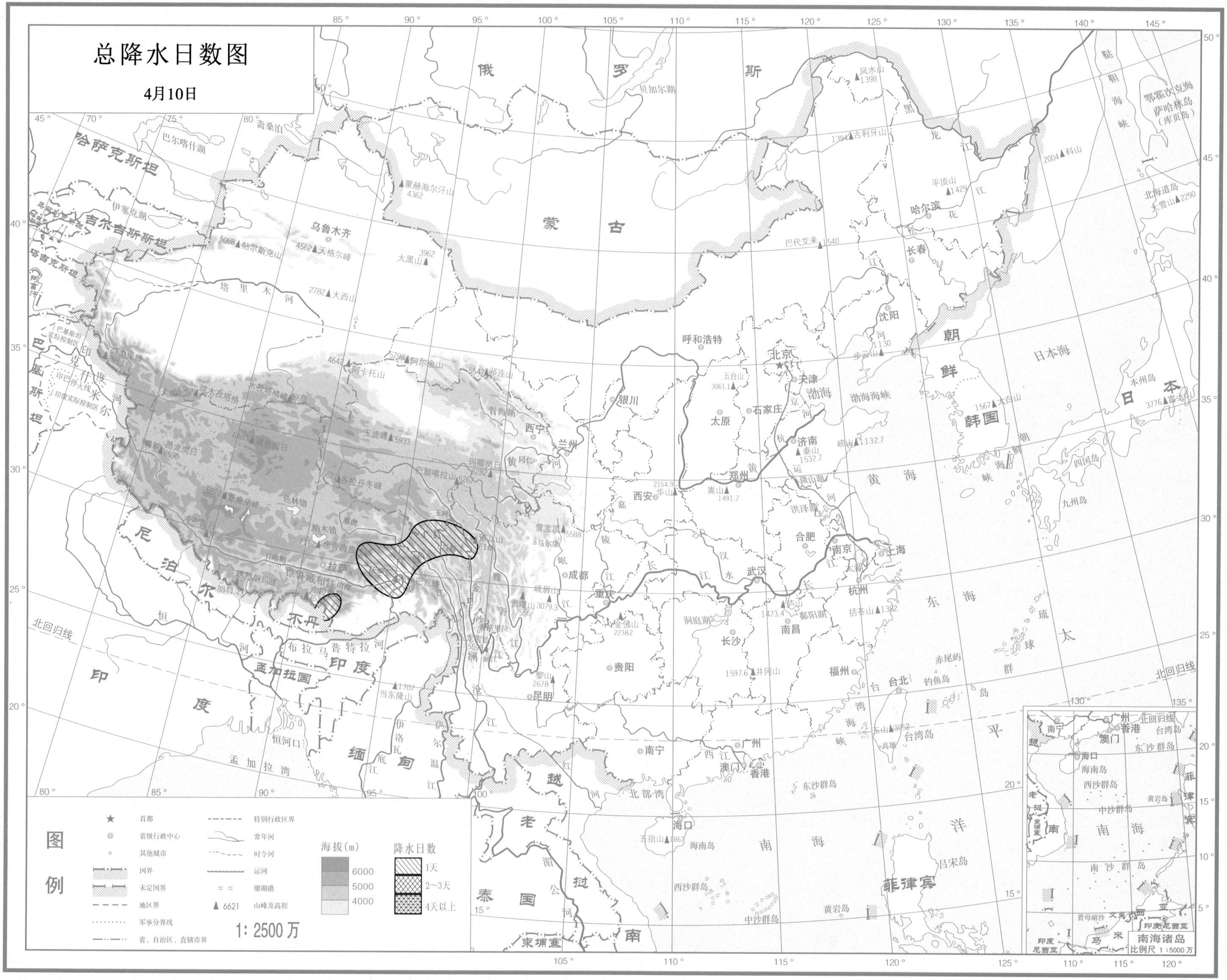
图例
首都
省级行政中心
其他城市
国界
未定国界
地区界
军事分界线
省、自治区、直辖市界
特别行政区界
常年河
时令河
运河
珊瑚礁
山峰及高程
海拔(m)
6000
5000
4000
降水日数
1天
2~3天
4天以上
1: 2500万
南海诸岛
比例尺 1：5000万

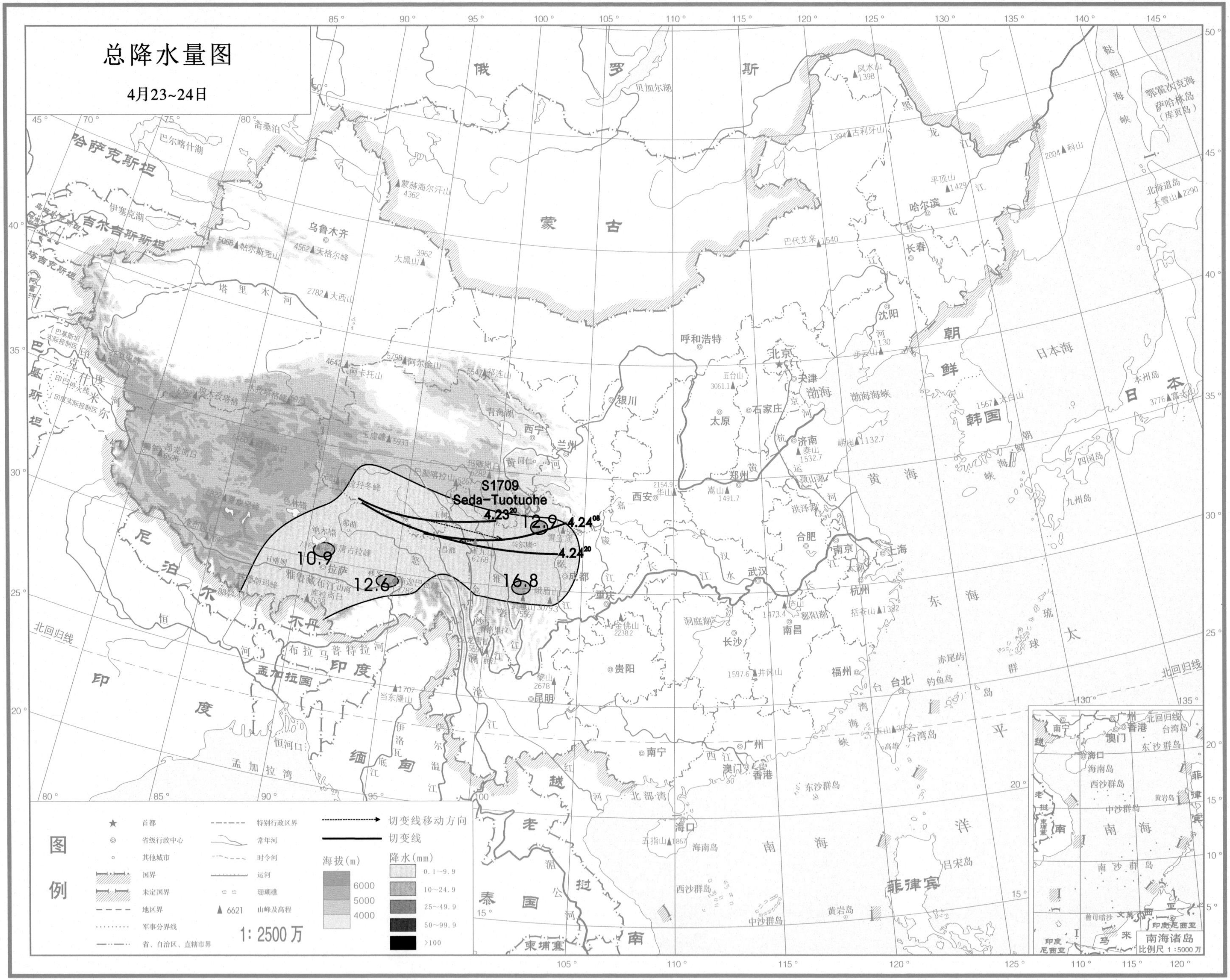
总降水量图
4月23~24日
S1709
Seda-Tuotuohe
4.23[20]
4.24[08]
4.24[20]
12.9
10.9
12.6
16.8
图例
首都
省级行政中心
其他城市
国界
未定国界
地区界
军事分界线
省、自治区、直辖市界
特别行政区界
常年河
时令河
运河
珊瑚礁
山峰及高程
切变线移动方向
切变线
海拔(m)
6000
5000
4000
降水(mm)
0.1~9.9
10~24.9
25~49.9
50~99.9
>100
1: 2500万
南海诸岛
比例尺 1:5000万

总降水日数图

4月23~24日

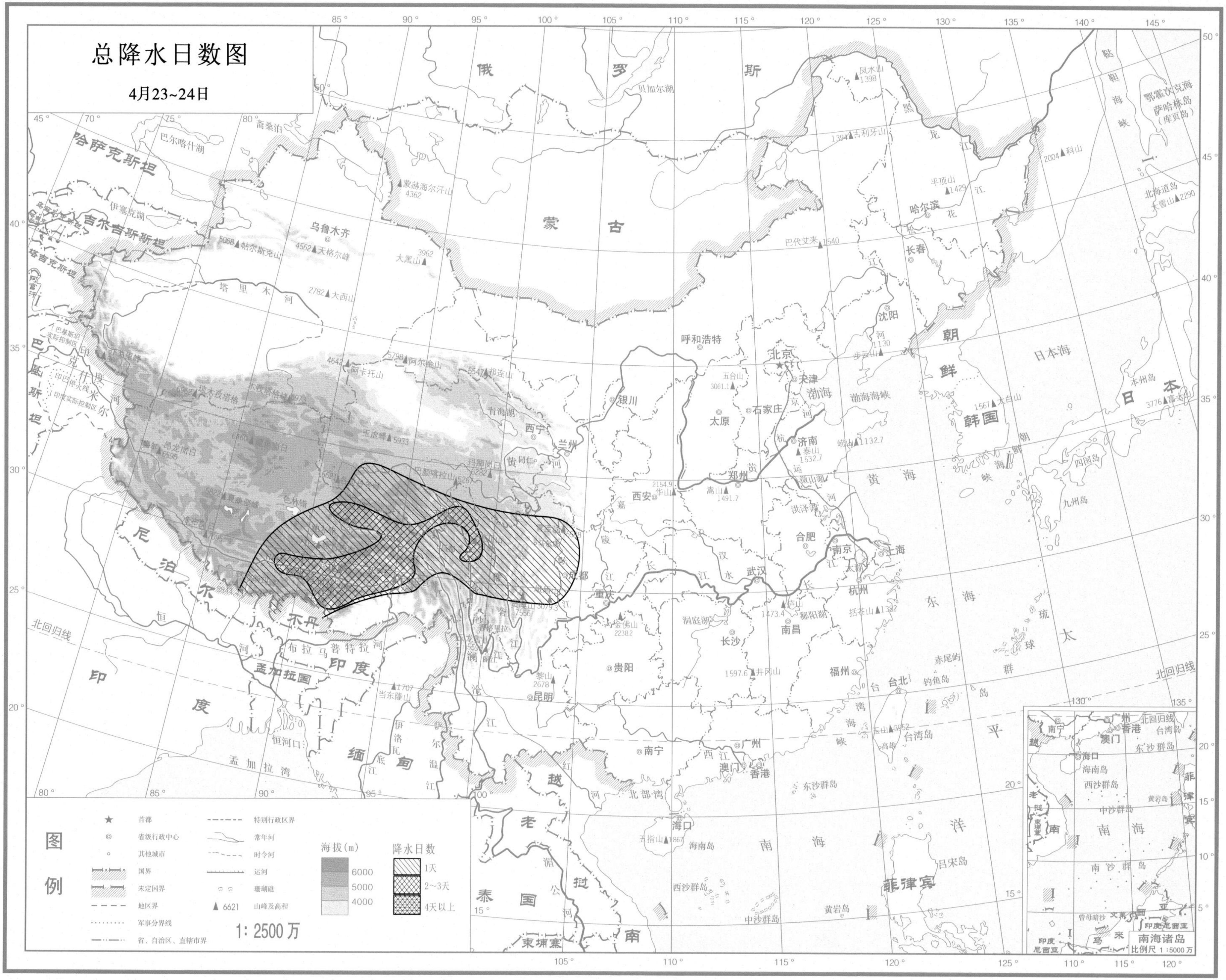

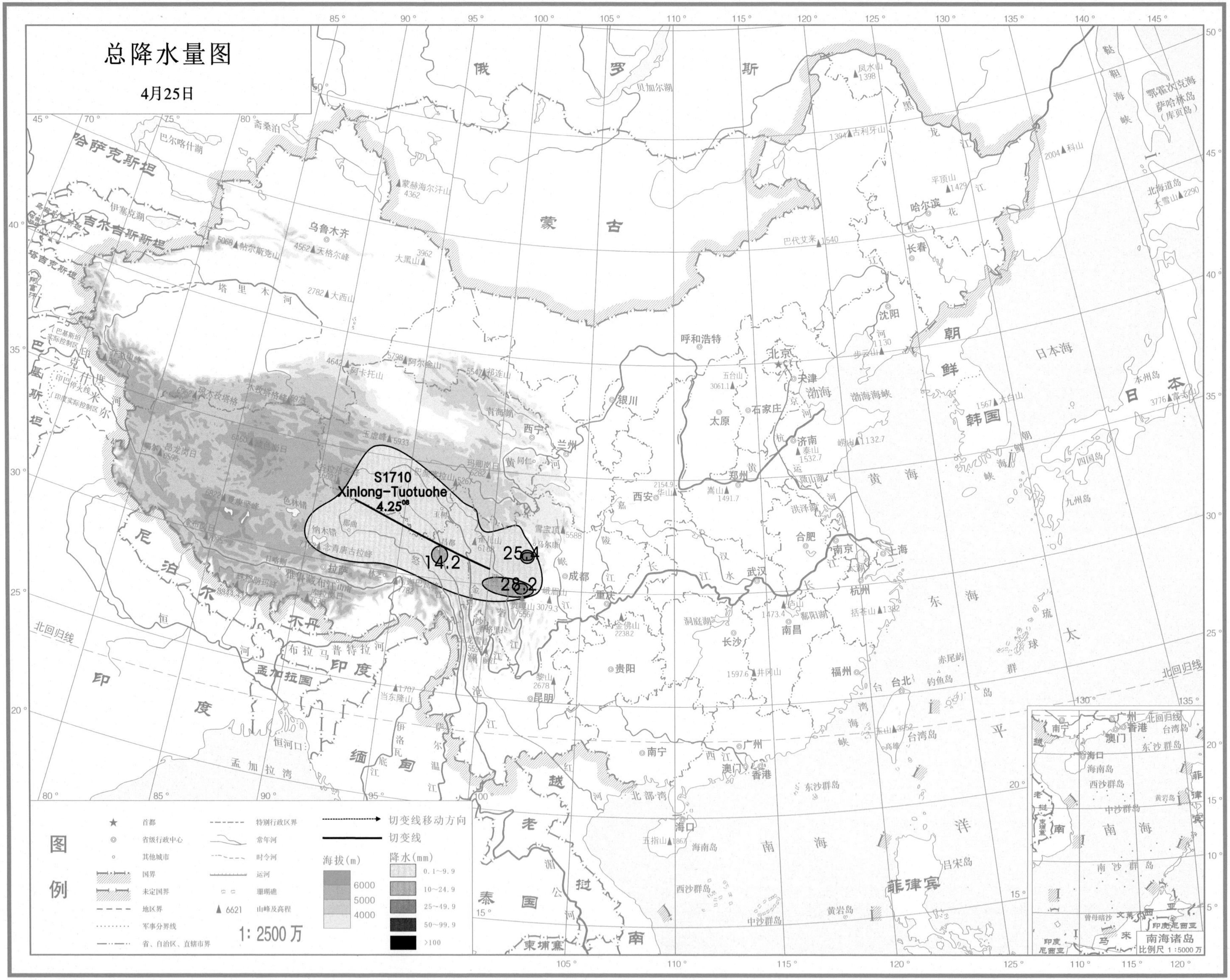

总降水量图
4月25日
S1710
Xinlong-Tuotuohe
4.25[08]
14.2
25.4
28.2
图例
首都
省级行政中心
其他城市
国界
未定国界
地区界
军事分界线
省、自治区、直辖市界
特别行政区界
常年河
时令河
运河
珊瑚礁
6621 山峰及高程
1: 2500万
切变线移动方向
切变线
海拔(m)
6000
5000
4000
降水(mm)
0.1～9.9
10～24.9
25～49.9
50～99.9
>100
南海诸岛
比例尺 1:5000万

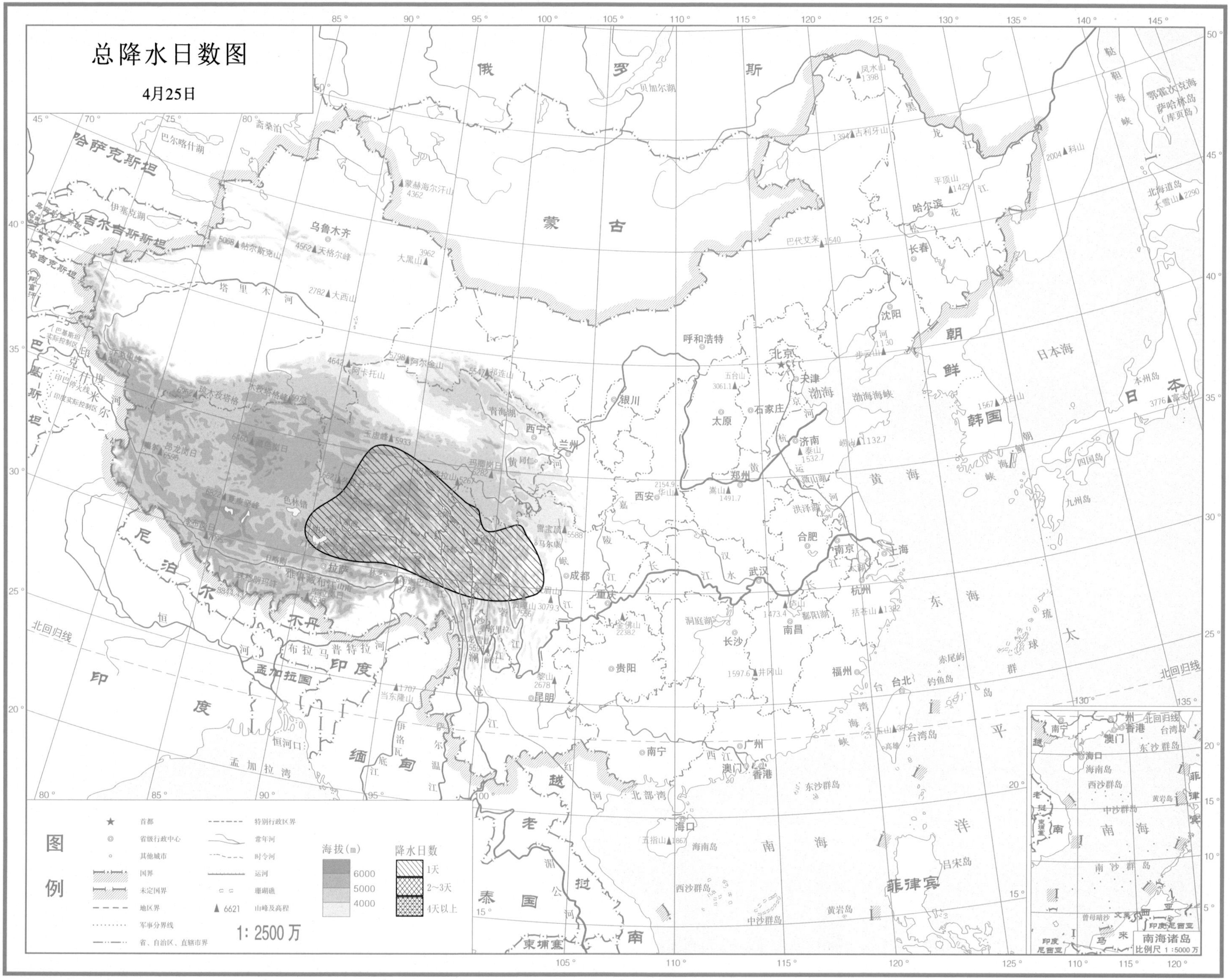
总降水日数图
4月25日
图例
首都
省级行政中心
其他城市
国界
未定国界
地区界
军事分界线
省、自治区、直辖市界
特别行政区界
常年河
时令河
运河
珊瑚礁
6621 山峰及高程
海拔(m)
6000
5000
4000
降水日数
1天
2~3天
4天以上
1: 2500万
南海诸岛
比例尺 1:5000万

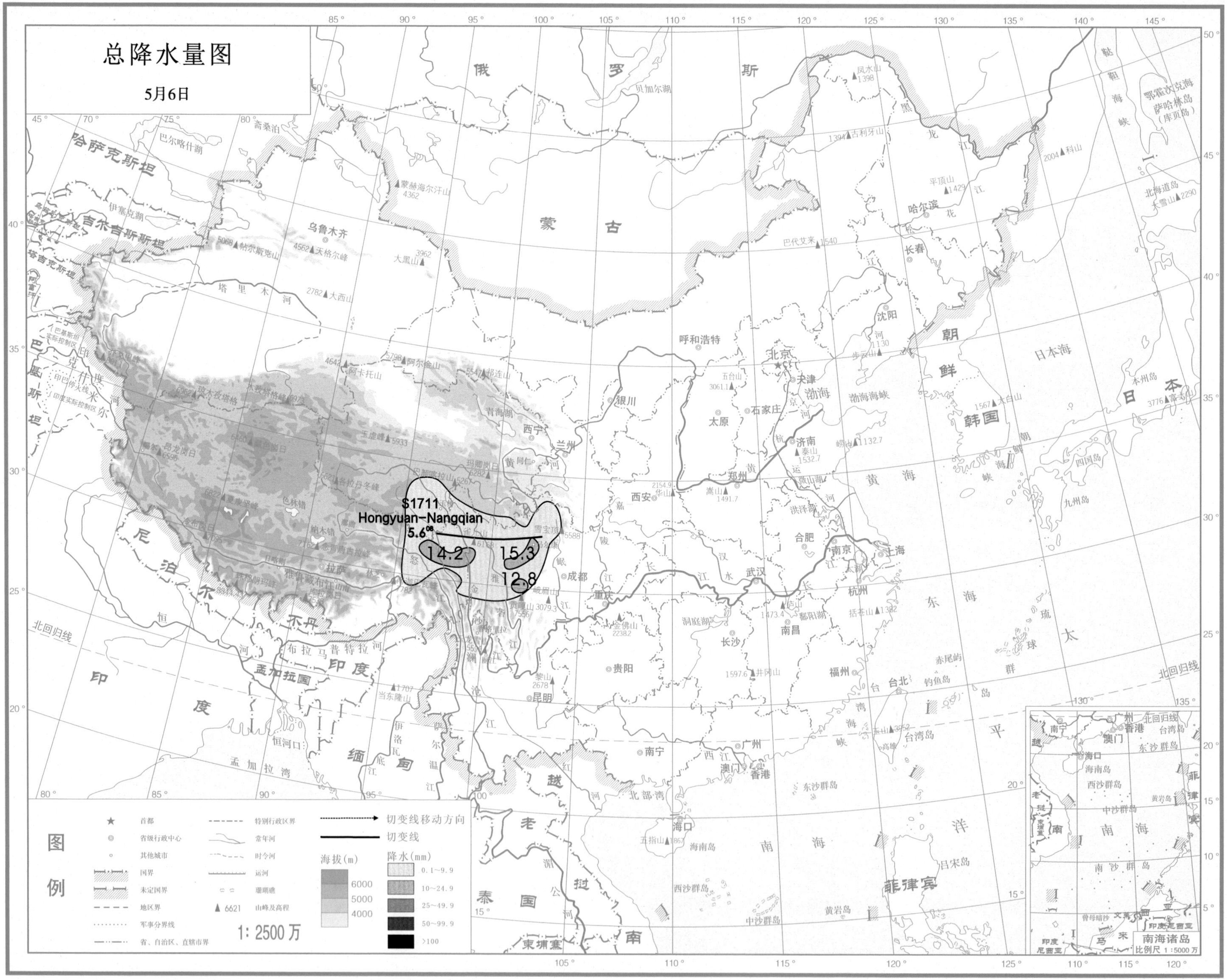
总降水量图
5月6日
S1711
Hongyuan-Nangqian
5.6[08]
14.2
15.3
12.8
图例
首都
省级行政中心
其他城市
国界
未定国界
地区界
军事分界线
省、自治区、直辖市界
特别行政区界
常年河
时令河
运河
珊瑚礁
6621 山峰及高程
切变线移动方向
切变线
海拔(m)
6000
5000
4000
降水(mm)
0.1~9.9
10~24.9
25~49.9
50~99.9
>100
1:2500万
南海诸岛
比例尺 1:5000万

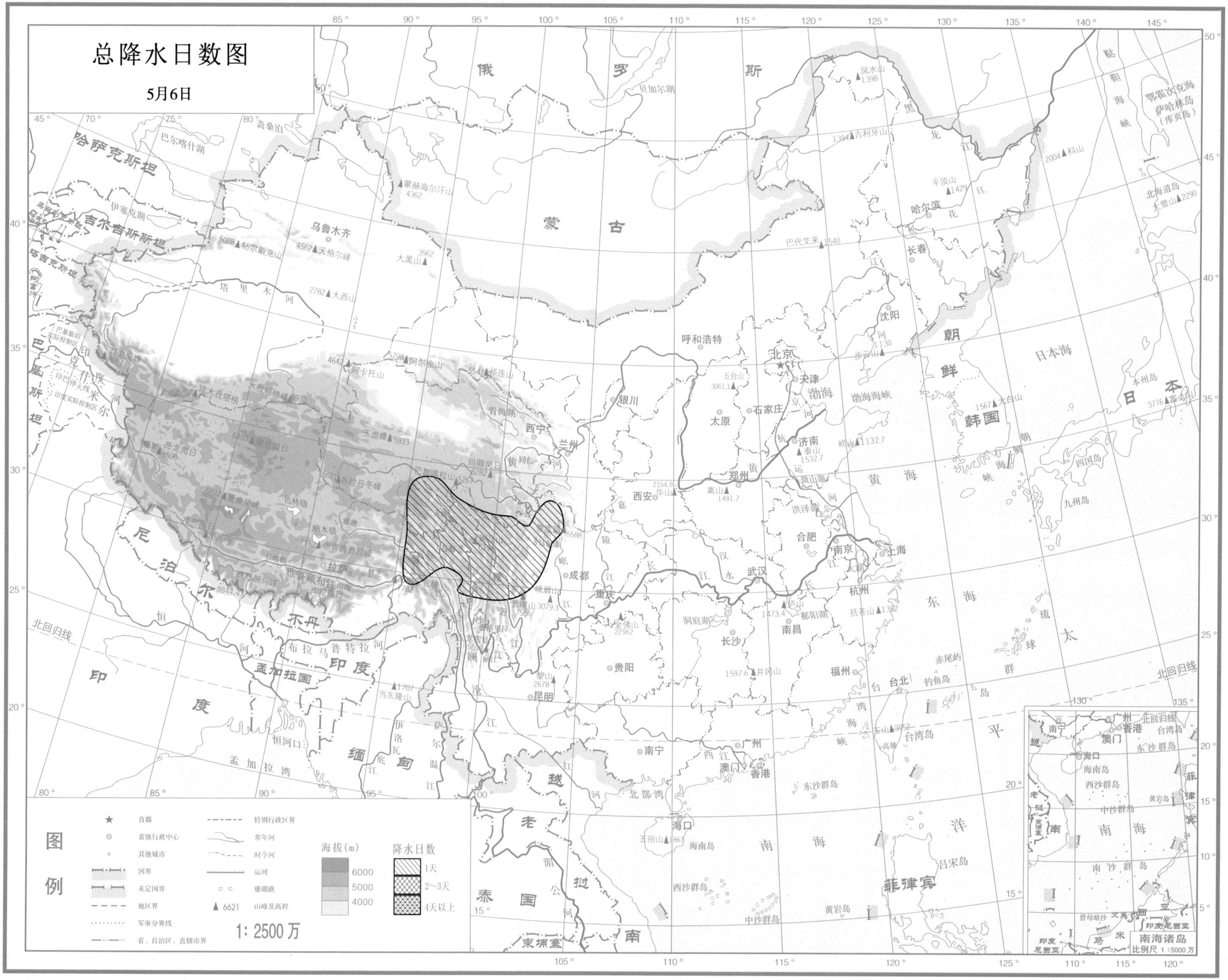
总降水日数图
5月6日
图例
首都
省级行政中心
其他城市
国界
未定国界
地区界
军事分界线
省、自治区、直辖市界
特别行政区界
常年河
时令河
运河
珊瑚礁
6621 山峰及高程
海拔(m)
6000
5000
4000
降水日数
1天
2~3天
4天以上
1: 2500万
南海诸岛
比例尺 1:5000万

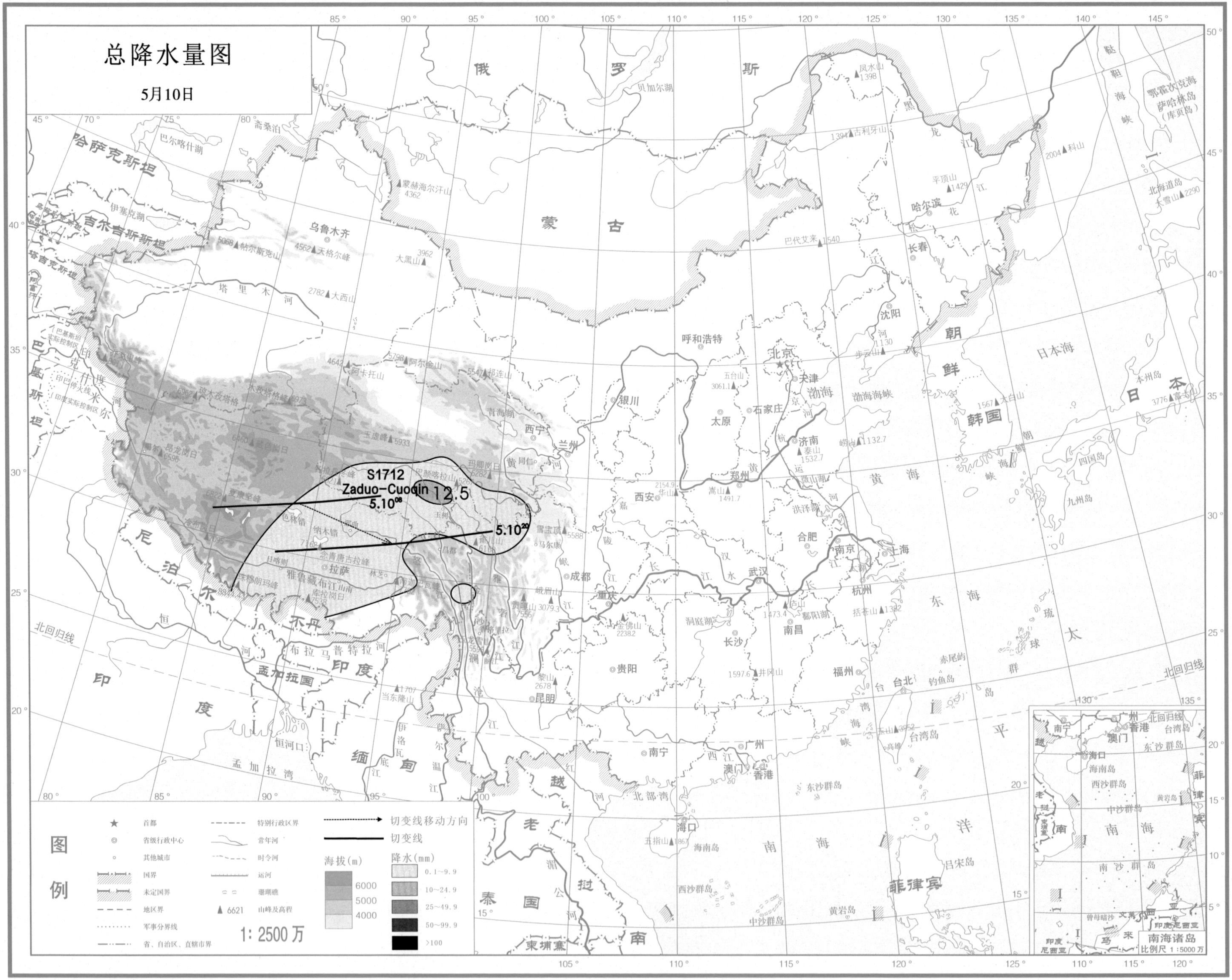
总降水量图
5月10日
S1712
Zaduo-Cuoqin
5.10^{08}
12.5
5.10^{20}
图例
首都
省级行政中心
其他城市
国界
未定国界
地区界
军事分界线
省、自治区、直辖市界
特别行政区界
常年河
时令河
运河
珊瑚礁
6621 山峰及高程
切变线移动方向
切变线
海拔(m)
6000
5000
4000
降水(mm)
0.1~9.9
10~24.9
25~49.9
50~99.9
>100
1：2500万
南海诸岛
比例尺 1：5000万

总降水日数图

5月10日

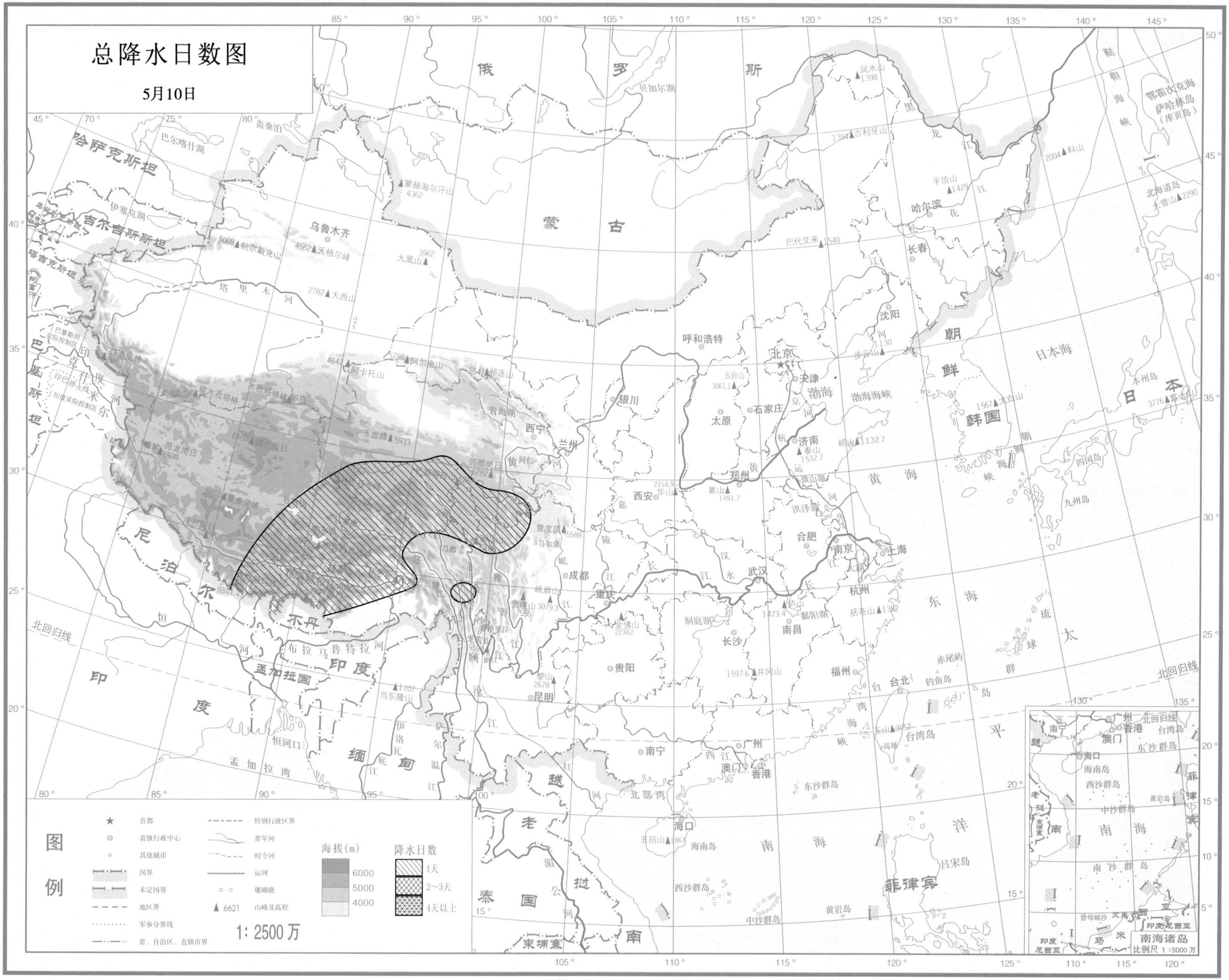

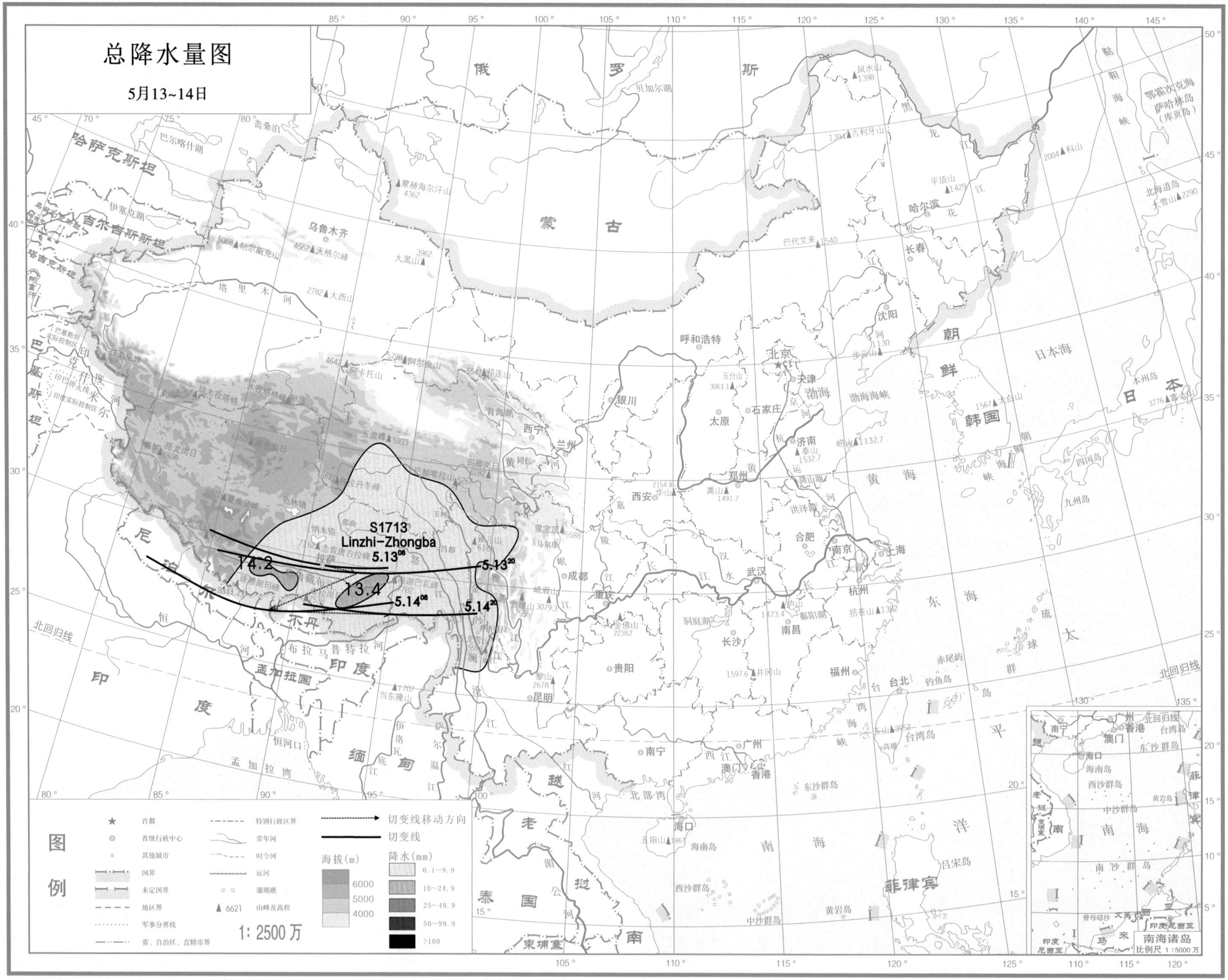
总降水量图
5月13~14日
S1713
Linzhi-Zhongba
14.2
13.4
图例
切变线移动方向
切变线
海拔(m)
6000
5000
4000
降水(mm)
0.1~9.9
10~24.9
25~49.9
50~99.9
>100
1: 2500 万
南海诸岛
比例尺 1:5000 万

总降水日数图

5月13~14日

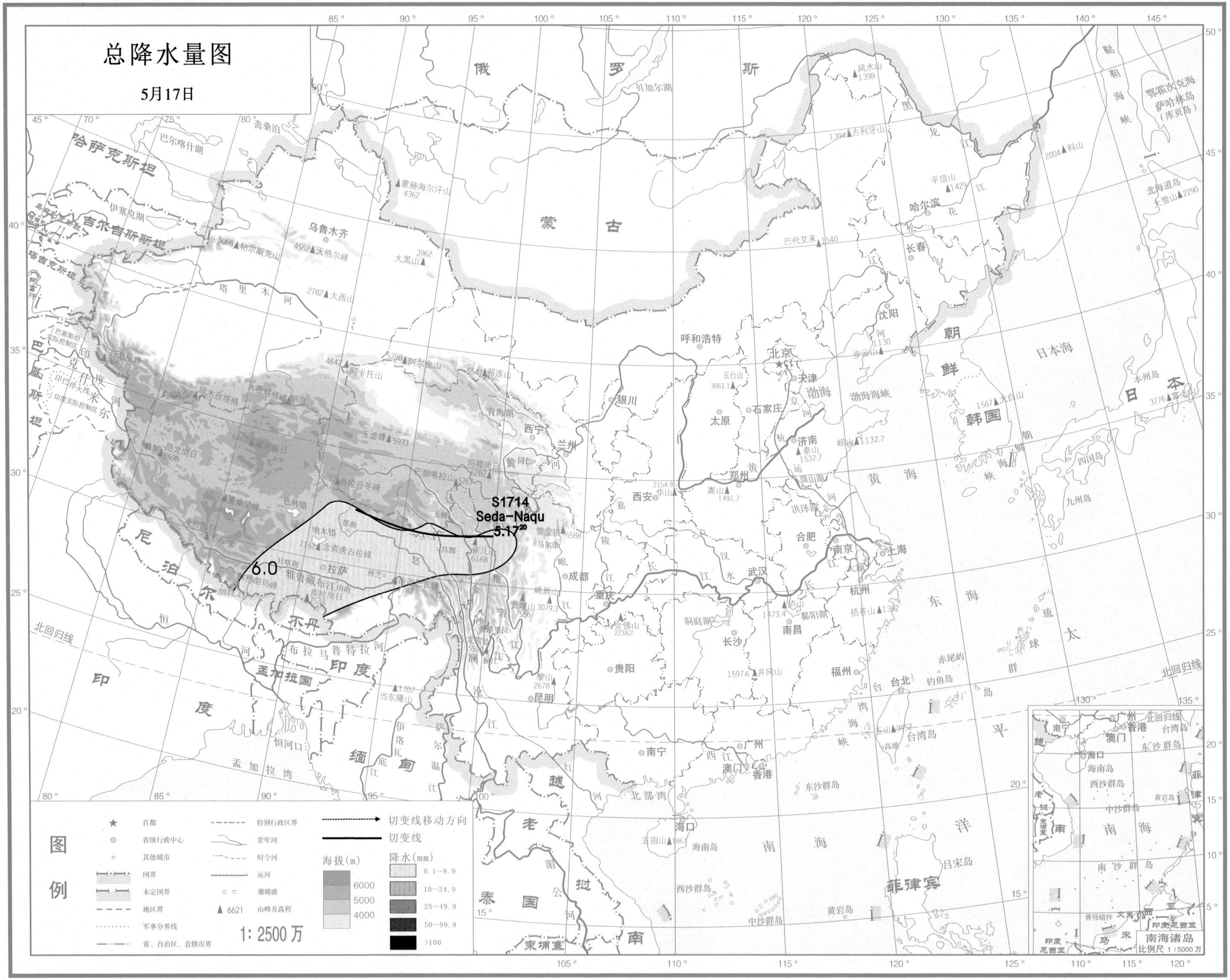
总降水量图
5月17日
S1714
Seda-Naqu
5.17[20]
6.0
图例
首都
省级行政中心
其他城市
国界
未定国界
地区界
军事分界线
省、自治区、直辖市界
特别行政区界
常年河
时令河
运河
珊瑚礁
6621 山峰及高程
切变线移动方向
切变线
海拔(m)
6000
5000
4000
降水(mm)
0.1～9.9
10～24.9
25～49.9
50～99.9
>100
1:2500万
南海诸岛
比例尺 1:5000万

总降水日数图

5月17日

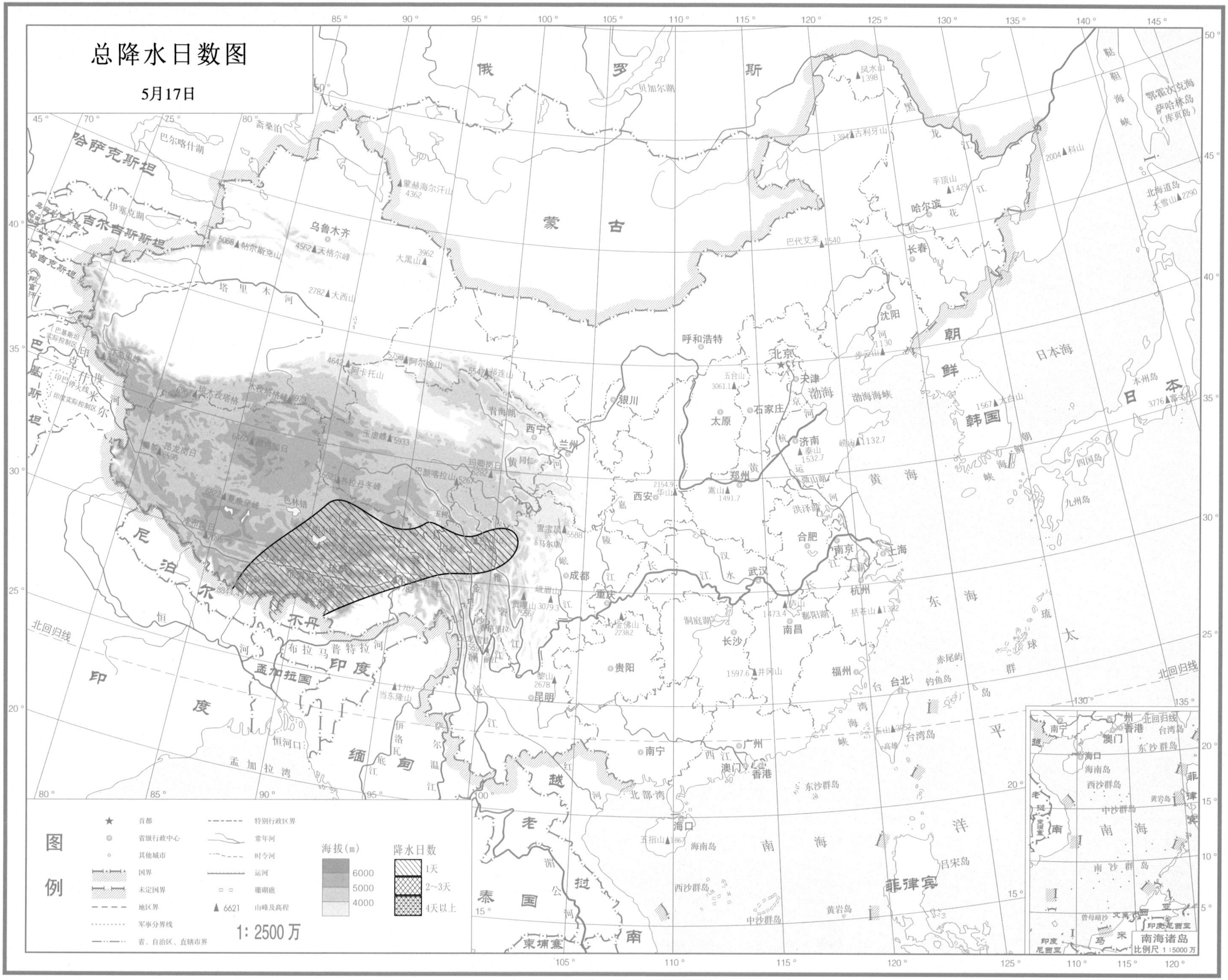

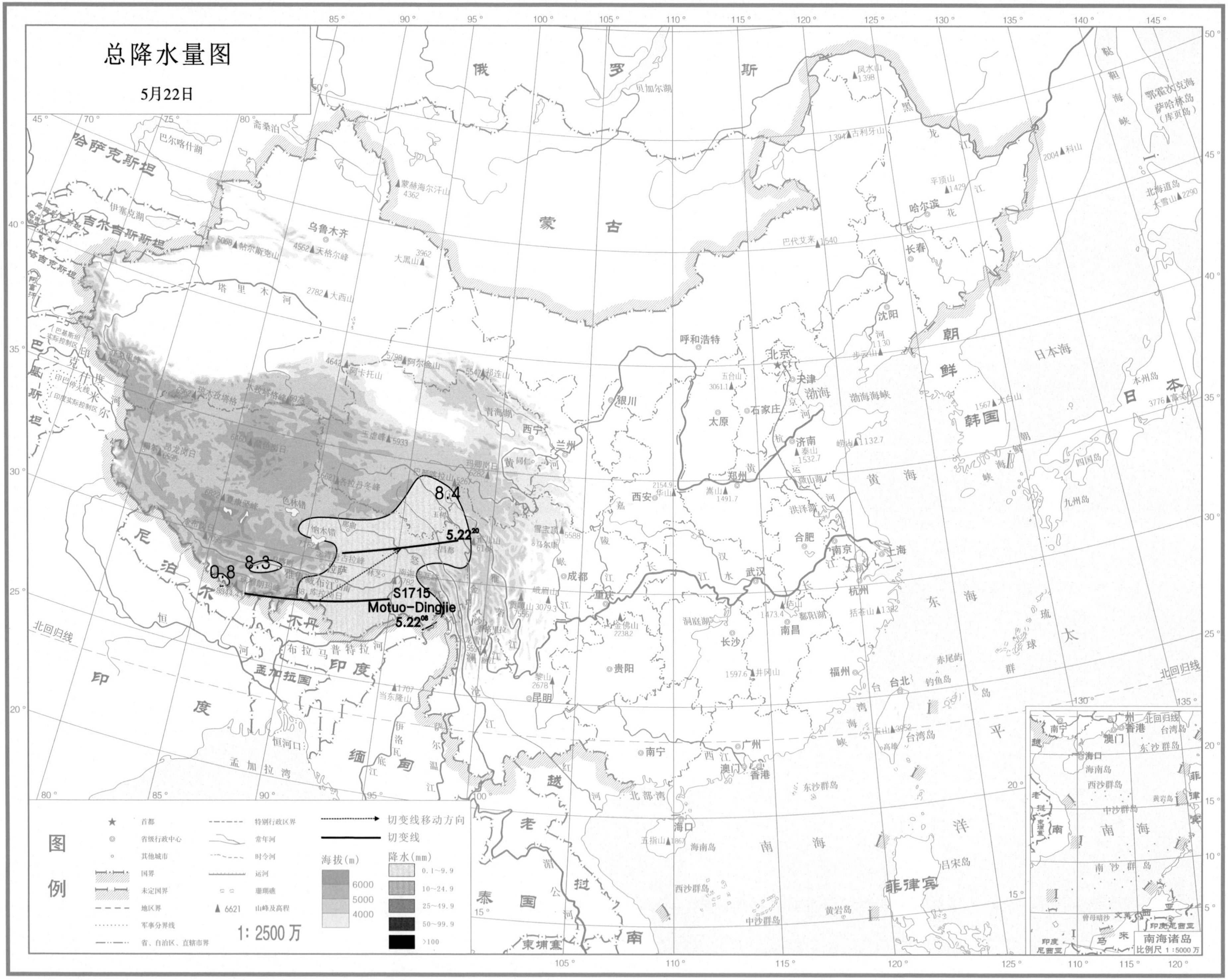
总降水量图
5月22日
8.4
5.22²⁰
8.3
0.8
S1715
Motuo-Dingjie
5.22⁰⁸
图例
首都
省级行政中心
其他城市
国界
未定国界
地区界
军事分界线
省、自治区、直辖市界
特别行政区界
常年河
时令河
运河
珊瑚礁
6621 山峰及高程
切变线移动方向
切变线
海拔(m)
6000
5000
4000
降水(mm)
0.1～9.9
10～24.9
25～49.9
50～99.9
>100
1: 2500万
南海诸岛
比例尺 1:5000万

总降水日数图

5月22日

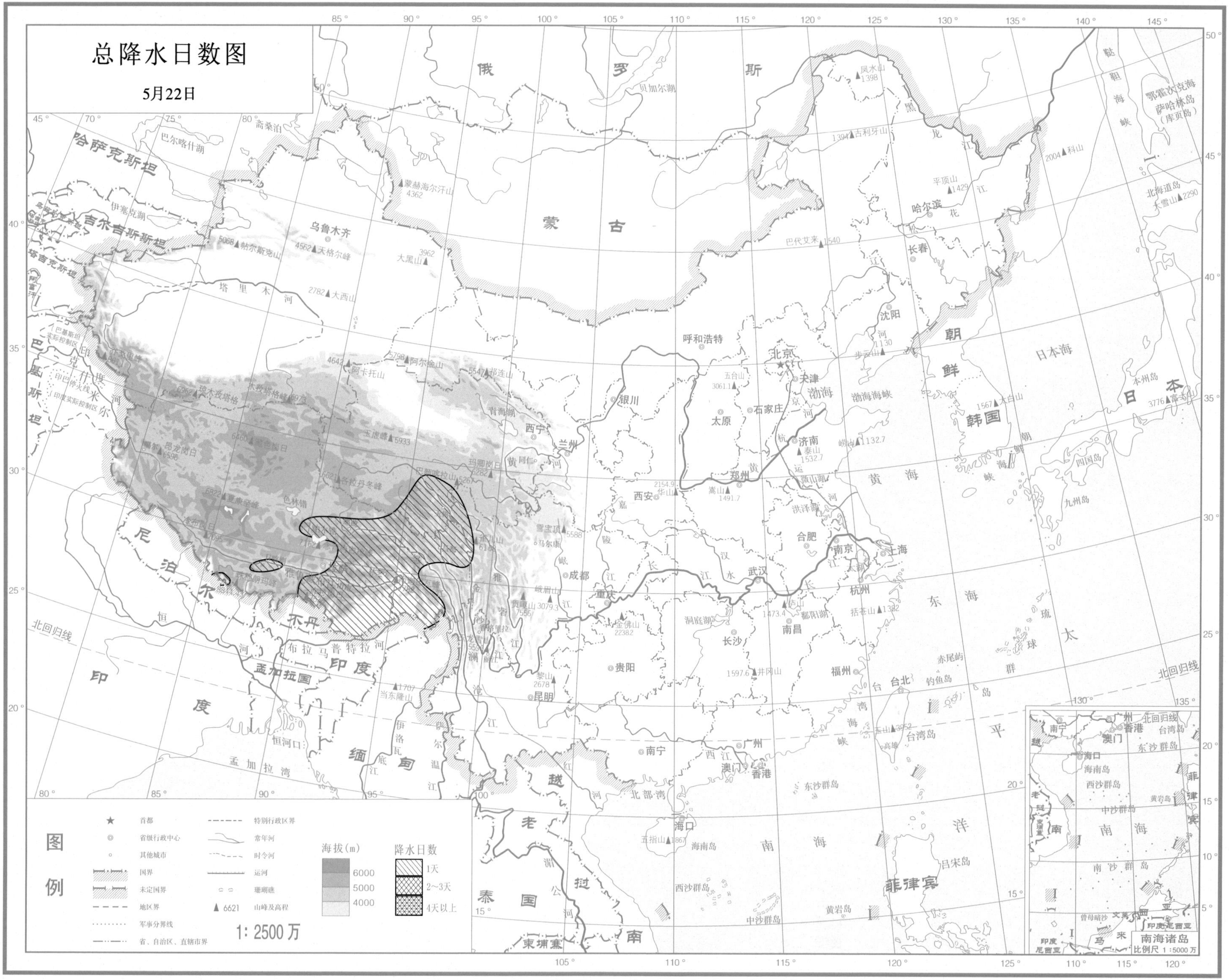

Page...205

高原切变线

第2部分

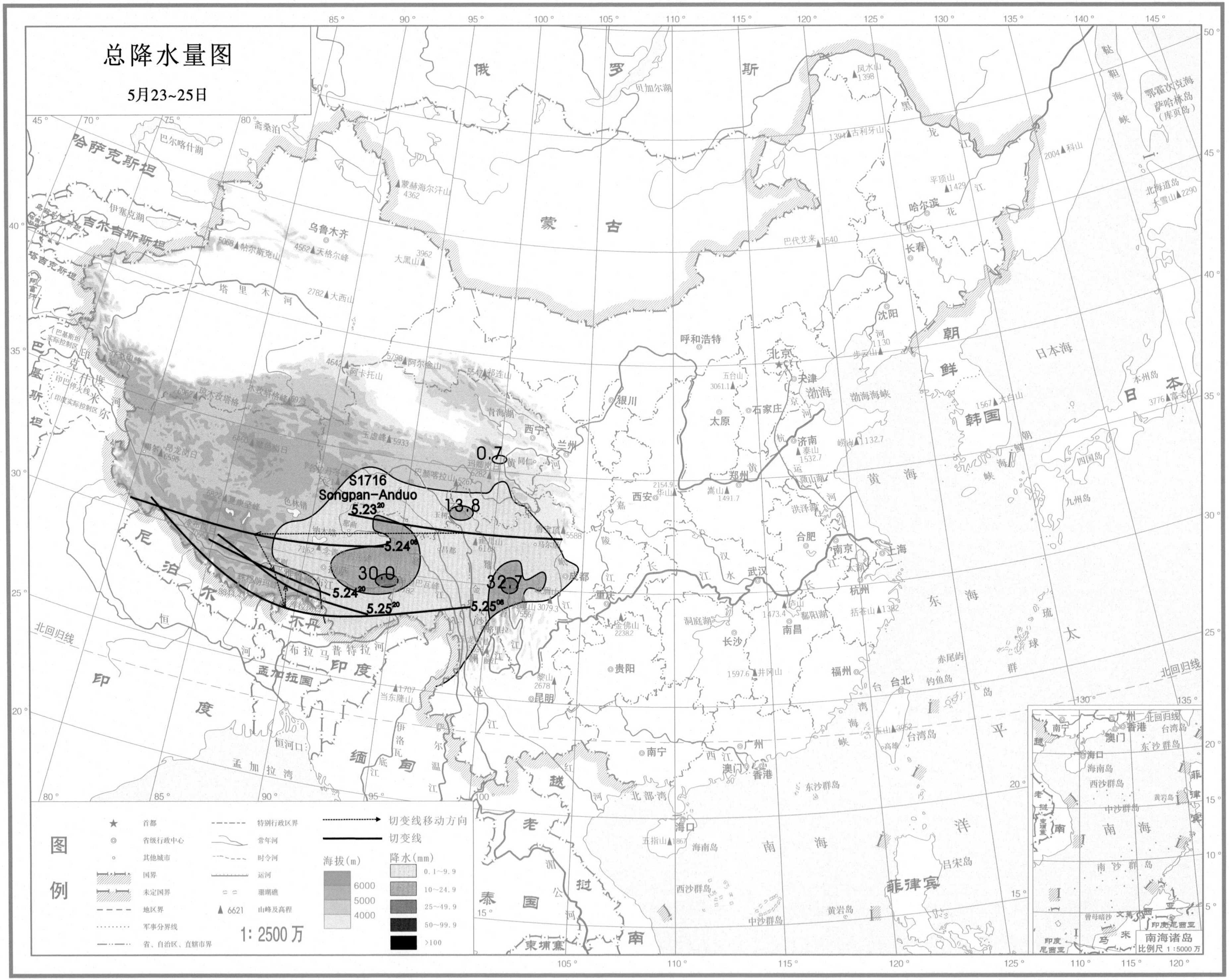
总降水量图
5月23~25日
S1716
Songpan-Anduo
5.23[20]
5.24[08]
5.24[20]
5.25[20]
5.25[08]
0.7
13.8
30.0
32.7
图例
首都
省级行政中心
其他城市
国界
未定国界
地区界
军事分界线
省、自治区、直辖市界
特别行政区界
常年河
时令河
运河
珊瑚礁
山峰及高程
切变线移动方向
切变线
海拔(m)
6000
5000
4000
降水(mm)
0.1~9.9
10~24.9
25~49.9
50~99.9
>100
1: 2500万
南海诸岛
比例尺 1:5000万

总降水日数图

5月23~25日

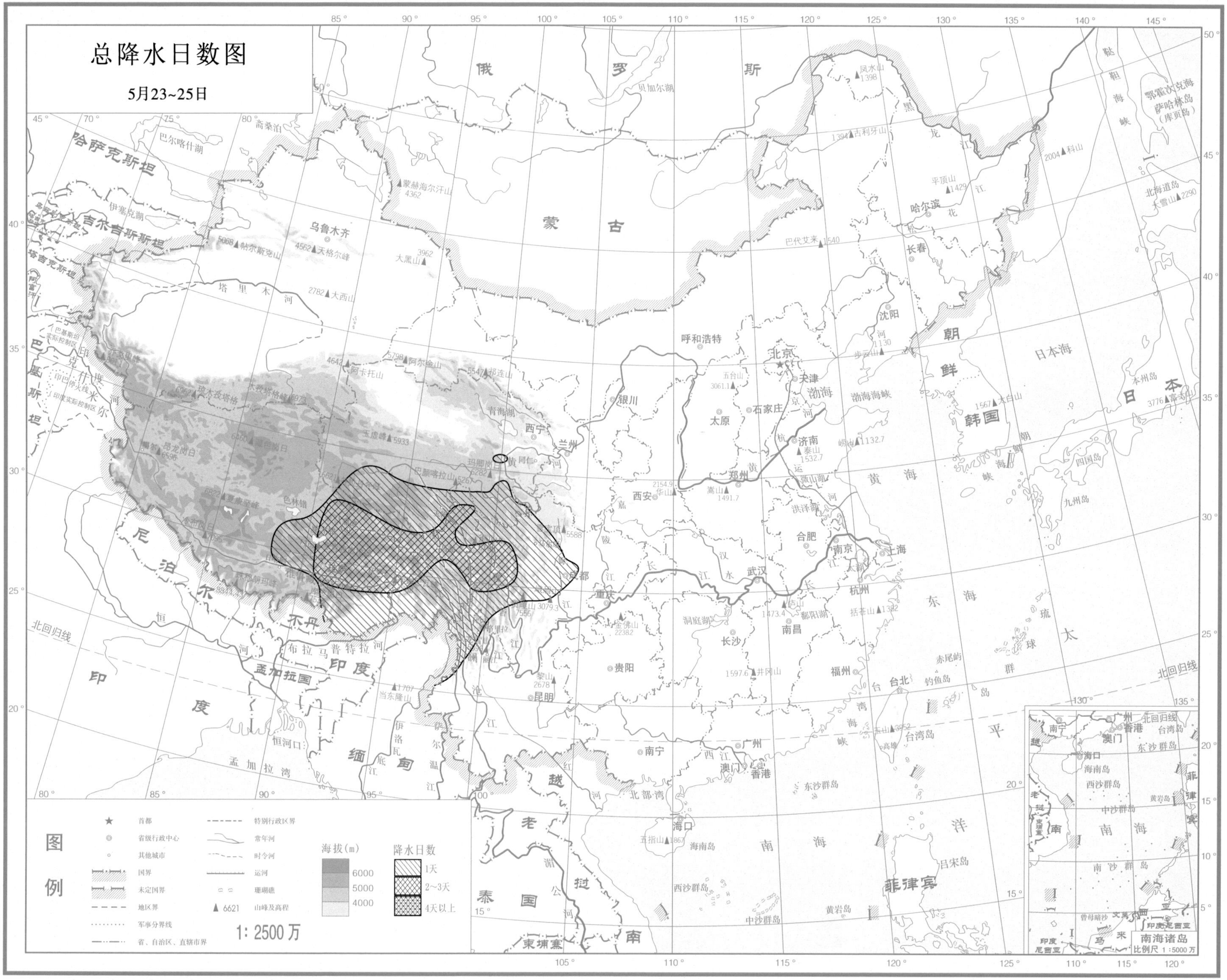

图例
首都
省级行政中心
其他城市
国界
未定国界
地区界
军事分界线
省、自治区、直辖市界
特别行政区界
常年河
时令河
运河
珊瑚礁
6621 山峰及高程
海拔(m)
6000
5000
4000
降水日数
1天
2~3天
4天以上
1: 2500万
南海诸岛
比例尺 1:5000万

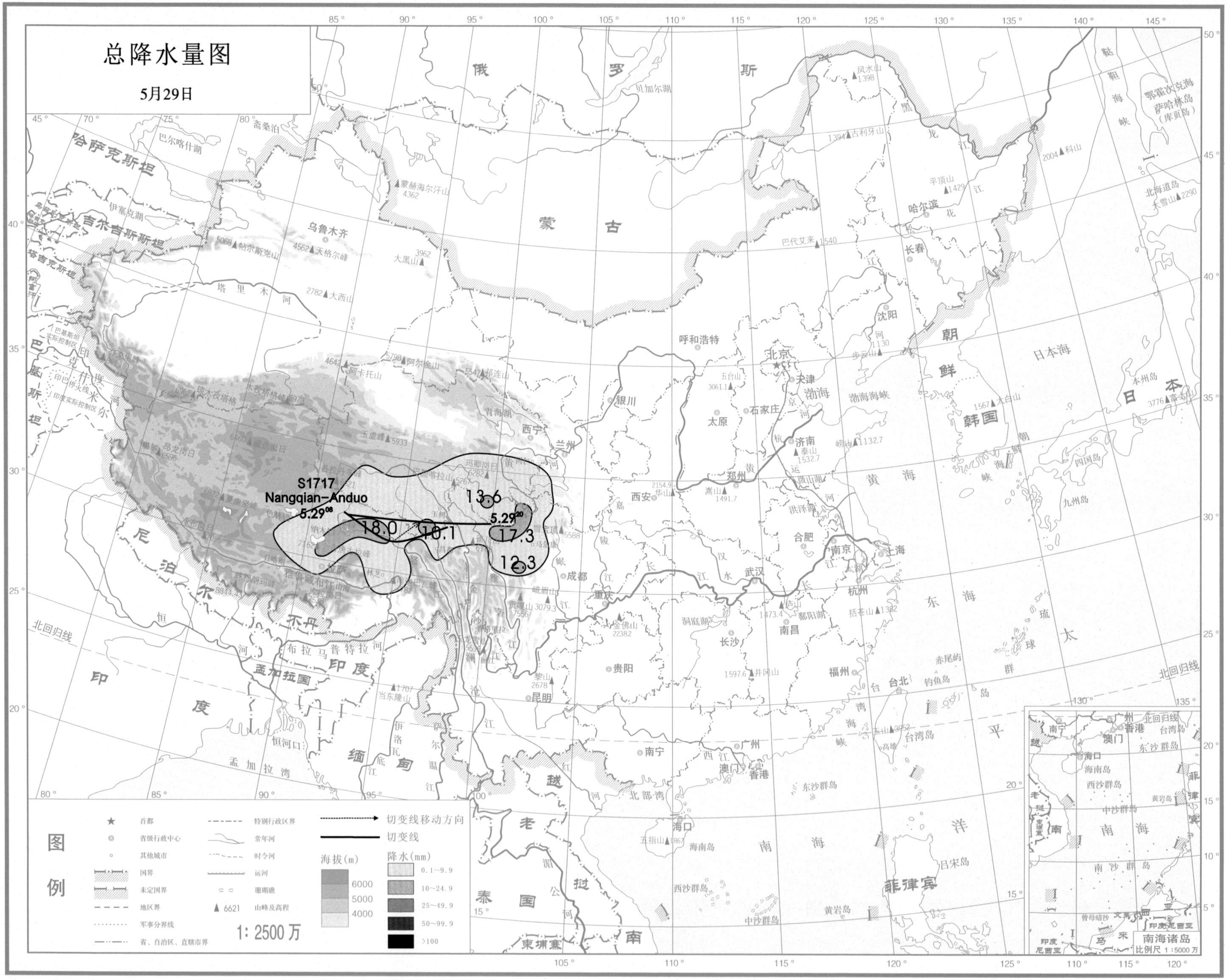
总降水量图
5月29日
S1717
Nangqian-Anduo
5.29[08]
5.29[20]
18.0
10.1
13.6
17.3
12.3
图例
首都
省级行政中心
其他城市
国界
未定国界
地区界
军事分界线
省、自治区、直辖市界
特别行政区界
常年河
时令河
运河
珊瑚礁
6621 山峰及高程
切变线移动方向
切变线
海拔(m)
6000
5000
4000
降水(mm)
0.1～9.9
10～24.9
25～49.9
50～99.9
>100
1: 2500万
南海诸岛
比例尺 1:5000万

总降水日数图

5月29日

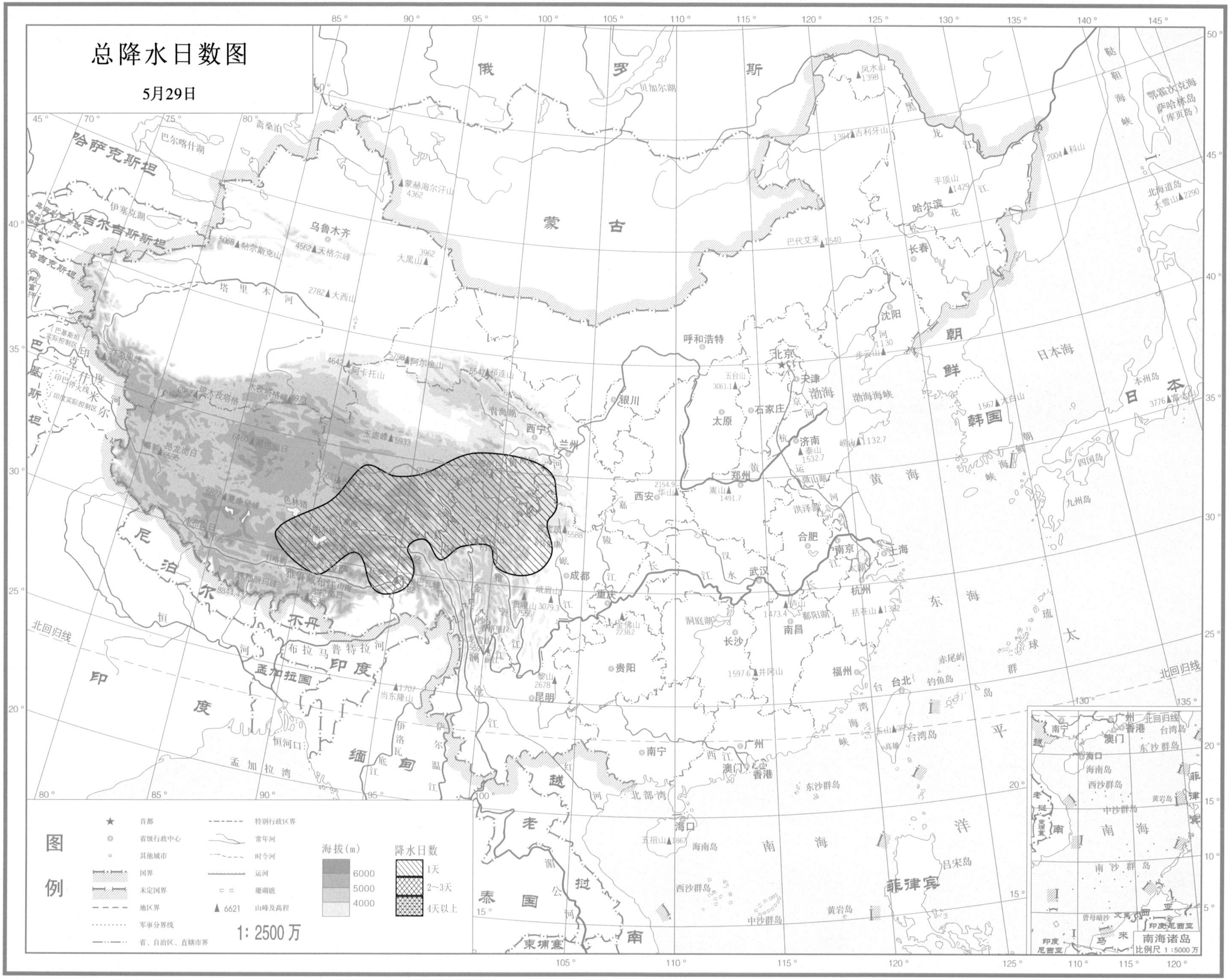

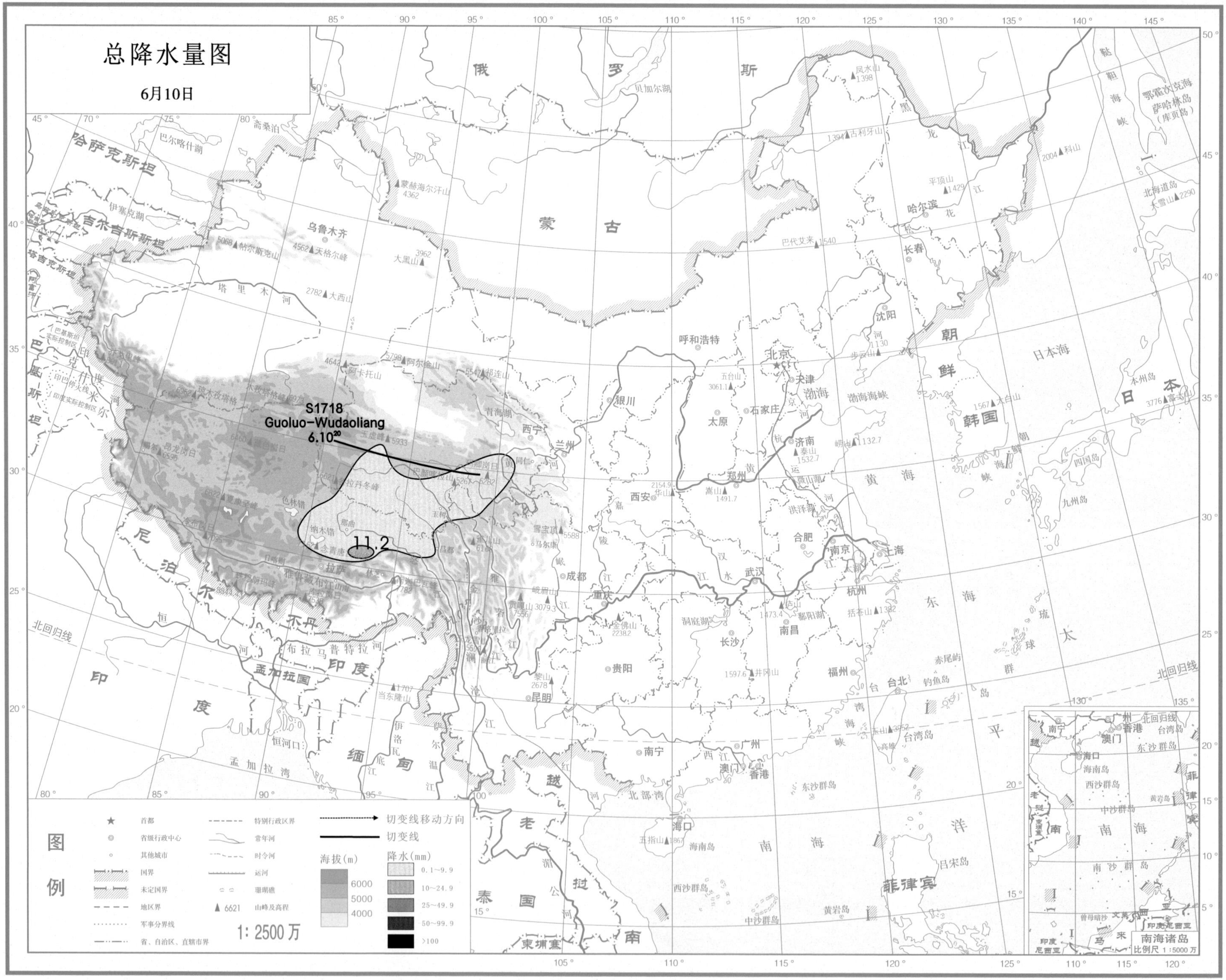
总降水量图
6月10日
S1718
Guoluo-Wudaoliang
6.10²⁰
11.2
图例
首都
省级行政中心
其他城市
国界
未定国界
地区界
军事分界线
省、自治区、直辖市界
特别行政区界
常年河
时令河
运河
珊瑚礁
6621 山峰及高程
切变线移动方向
切变线
海拔(m)
6000
5000
4000
降水(mm)
0.1~9.9
10~24.9
25~49.9
50~99.9
>100
1: 2500万
南海诸岛
比例尺 1:5000万

总降水日数图

6月10日

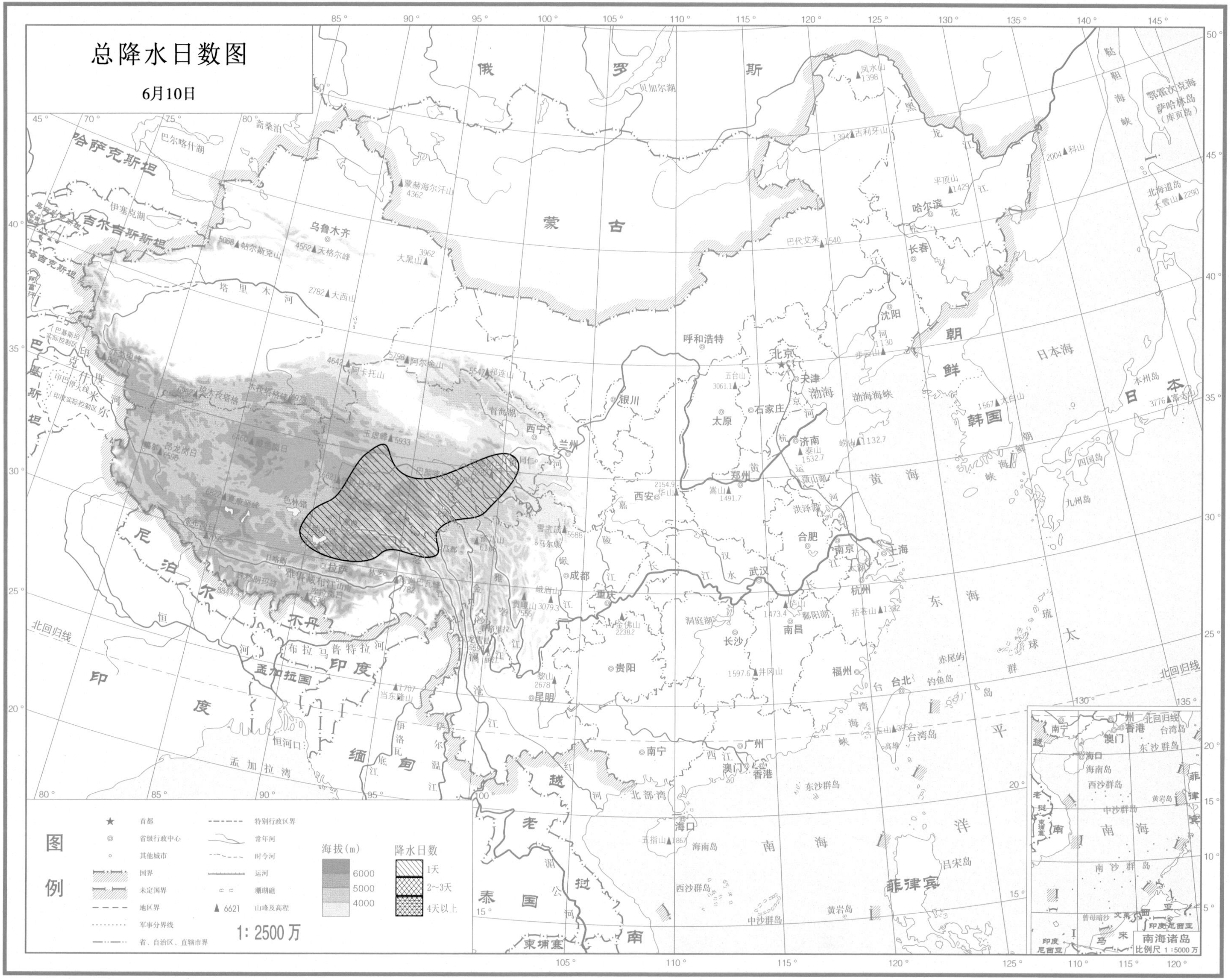

高原切变线 第2部分

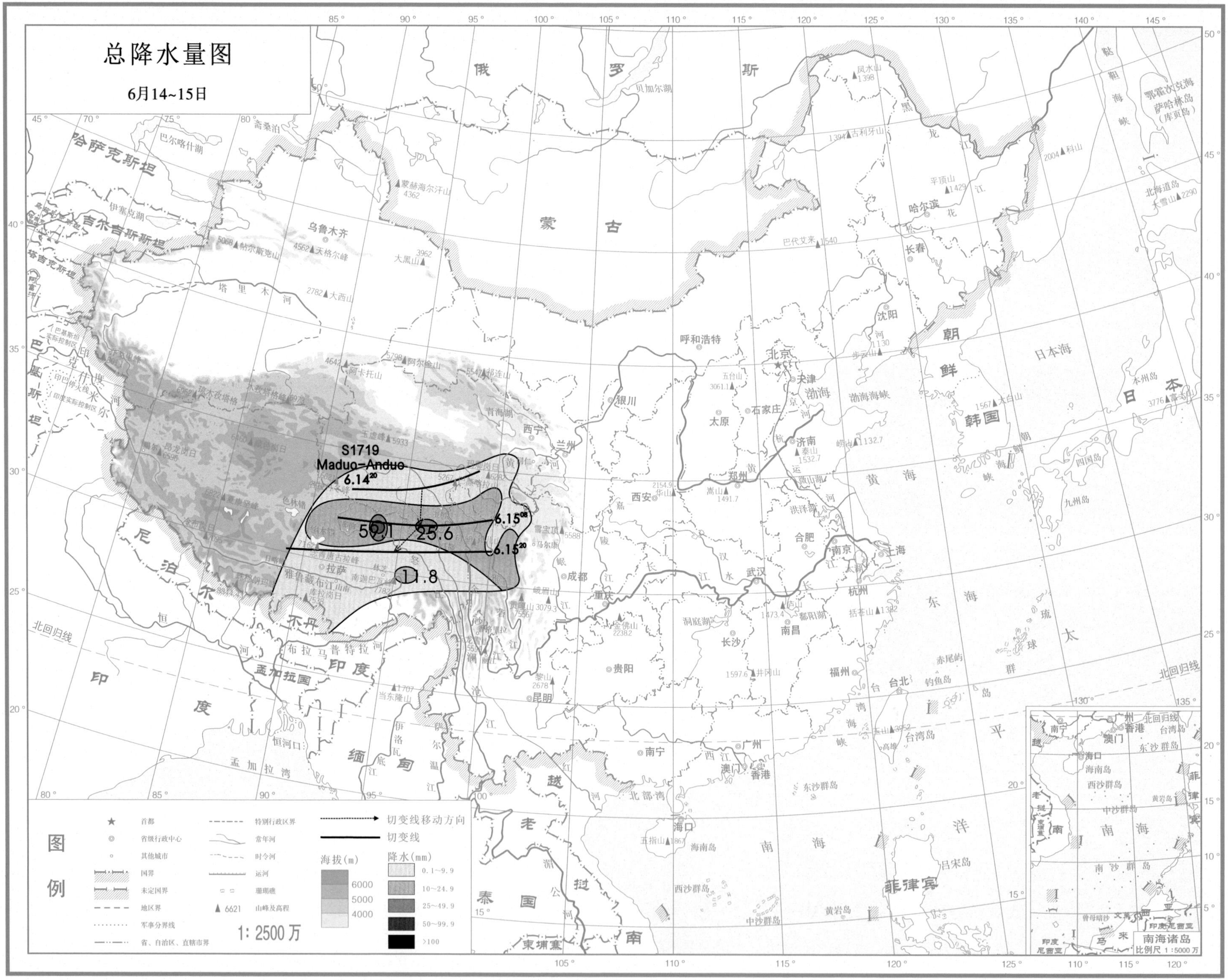
总降水量图
6月14~15日
S1719
Maduo-Anduo
6.14 20
6.15 08
6.15 20
59.1
25.6
11.8
图例
首都
省级行政中心
其他城市
国界
未定国界
地区界
军事分界线
省、自治区、直辖市界
特别行政区界
常年河
时令河
运河
珊瑚礁
6621 山峰及高程
切变线移动方向
切变线
海拔(m)
6000
5000
4000
降水(mm)
0.1~9.9
10~24.9
25~49.9
50~99.9
>100
1: 2500万
南海诸岛
比例尺 1:5000万

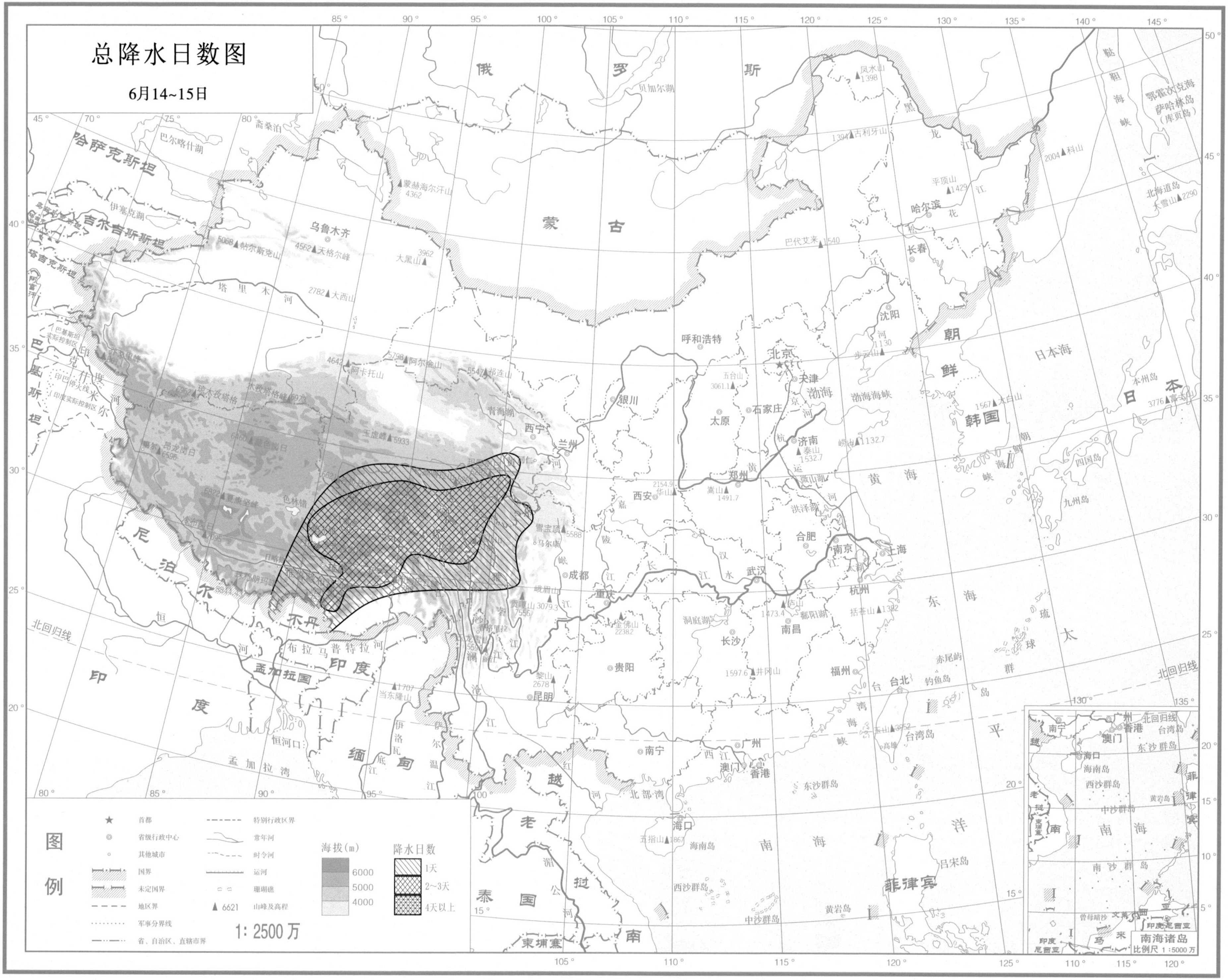
总降水日数图
6月14~15日
图例
首都
省级行政中心
其他城市
国界
未定国界
地区界
军事分界线
省、自治区、直辖市界
特别行政区界
常年河
时令河
运河
珊瑚礁
6621 山峰及高程
1: 2500万
海拔（m）
6000
5000
4000
降水日数
1天
2~3天
4天以上
南海诸岛
比例尺 1：5000 万

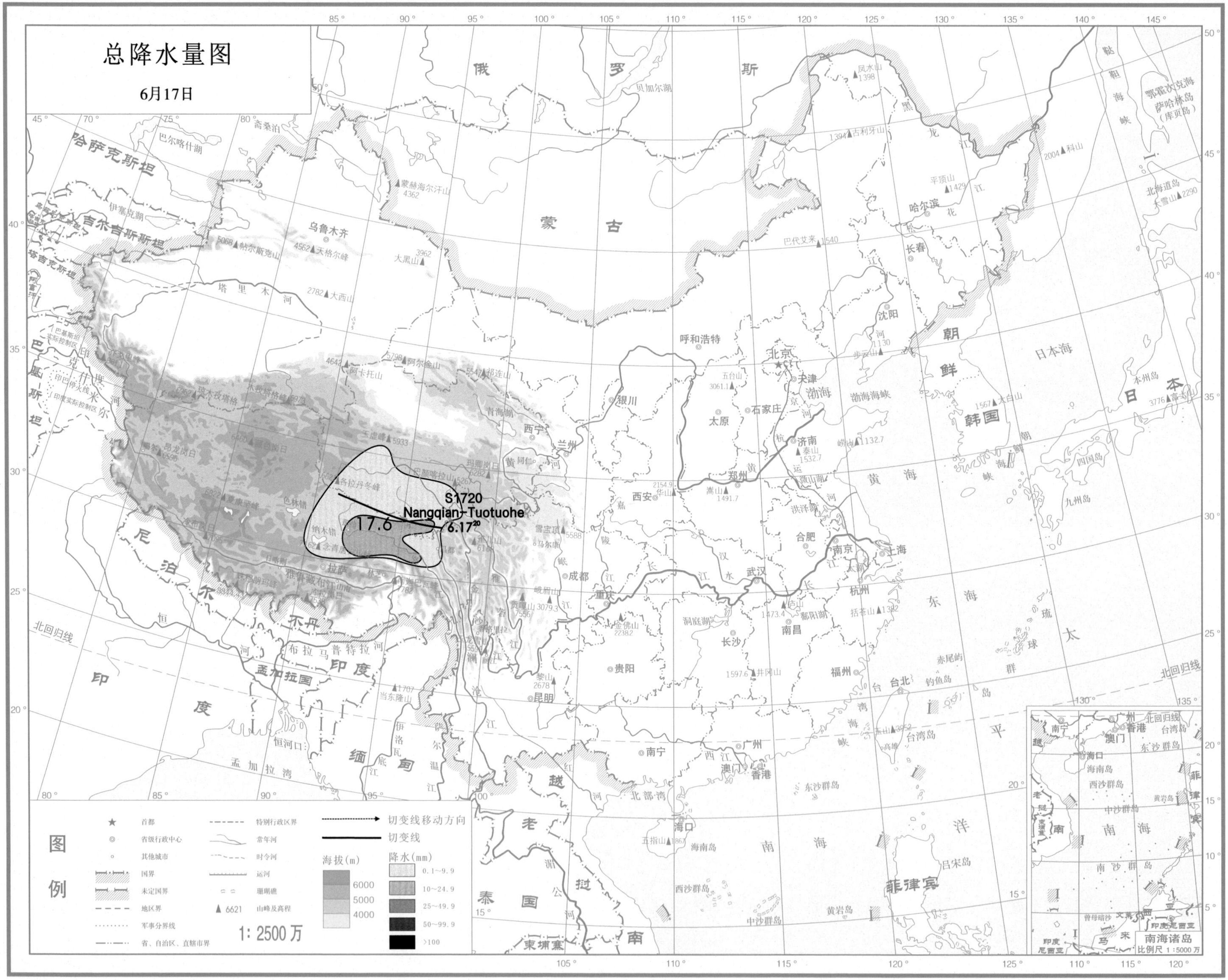
总降水量图
6月17日
S1720
Nangqian–Tuotuohe
6.17[20]
17.6
图例
首都
省级行政中心
其他城市
国界
未定国界
地区界
军事分界线
省、自治区、直辖市界
特别行政区界
常年河
时令河
运河
珊瑚礁
6621 山峰及高程
切变线移动方向
切变线
海拔(m)
6000
5000
4000
降水(mm)
0.1~9.9
10~24.9
25~49.9
50~99.9
>100
1: 2500万
南海诸岛
比例尺 1:5000万

总降水日数图

6月17日

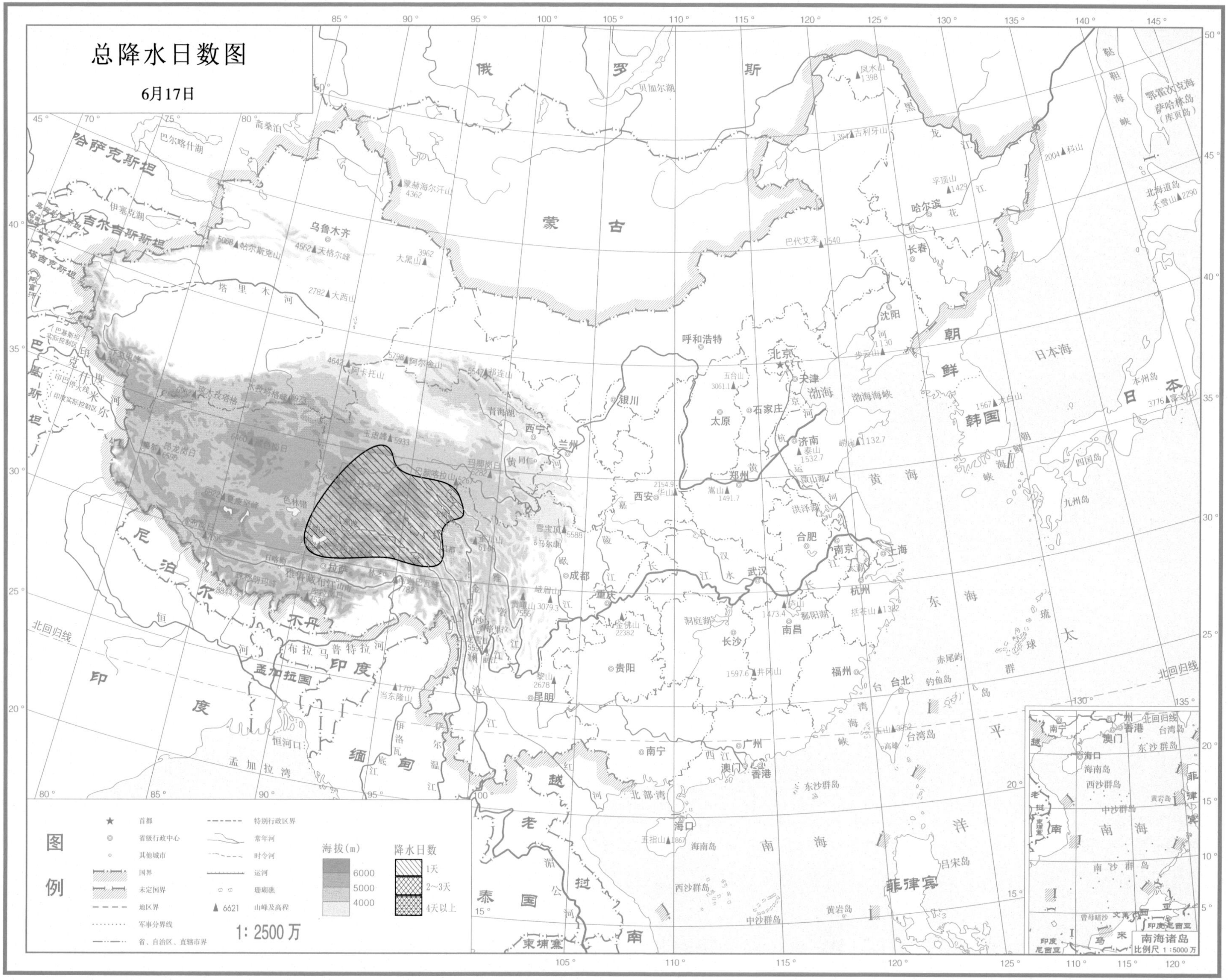

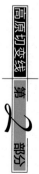

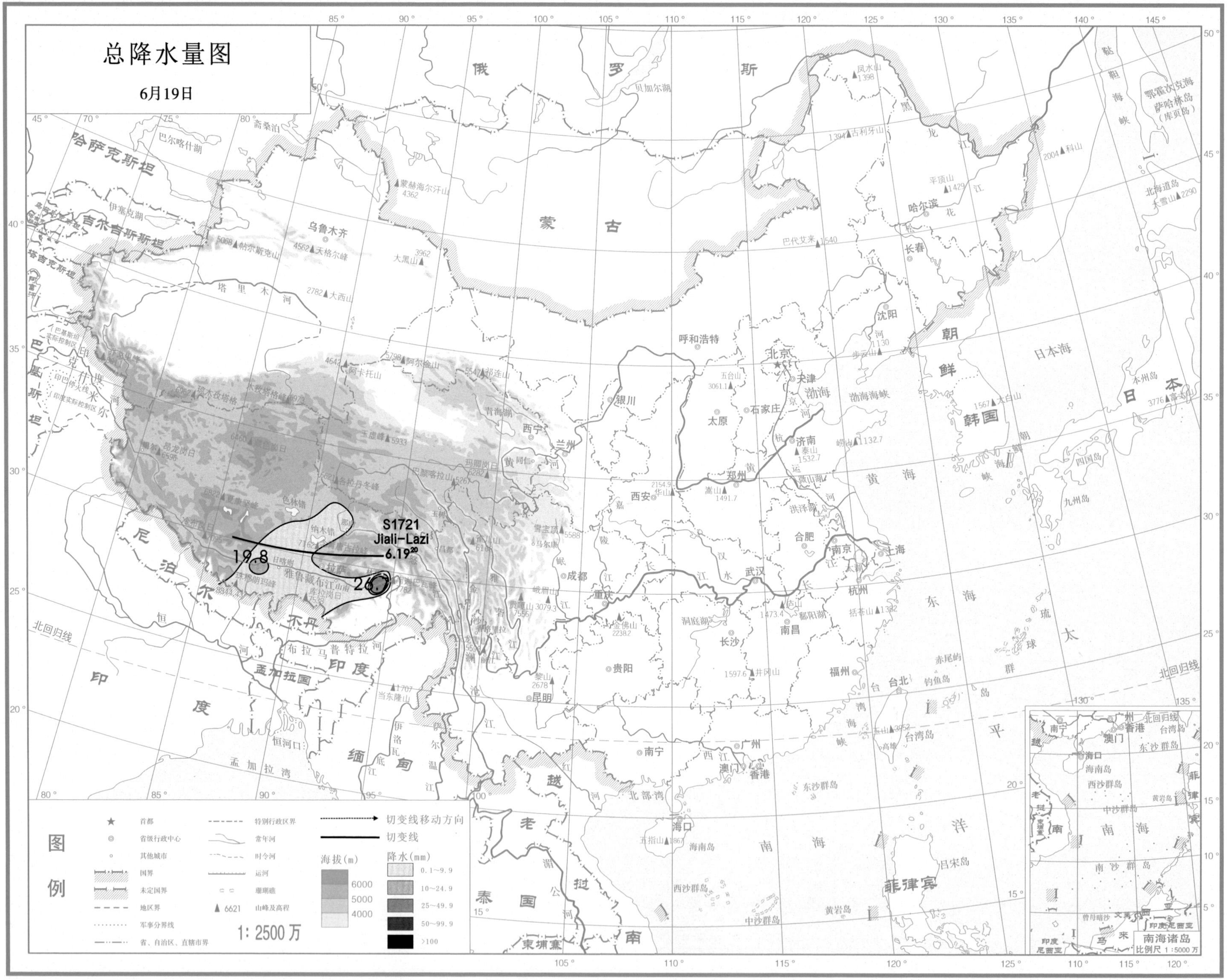
总降水量图
6月19日
S1721
Jiali-Lazi
6.19[20]
19.8
图例
首都
省级行政中心
其他城市
国界
未定国界
地区界
军事分界线
省、自治区、直辖市界
特别行政区界
常年河
时令河
运河
珊瑚礁
6621 山峰及高程
切变线移动方向
切变线
海拔(m)
6000
5000
4000
降水(mm)
0.1~9.9
10~24.9
25~49.9
50~99.9
>100
1: 2500万
南海诸岛
比例尺 1:5000万

总降水日数图

6月19日

Page...217

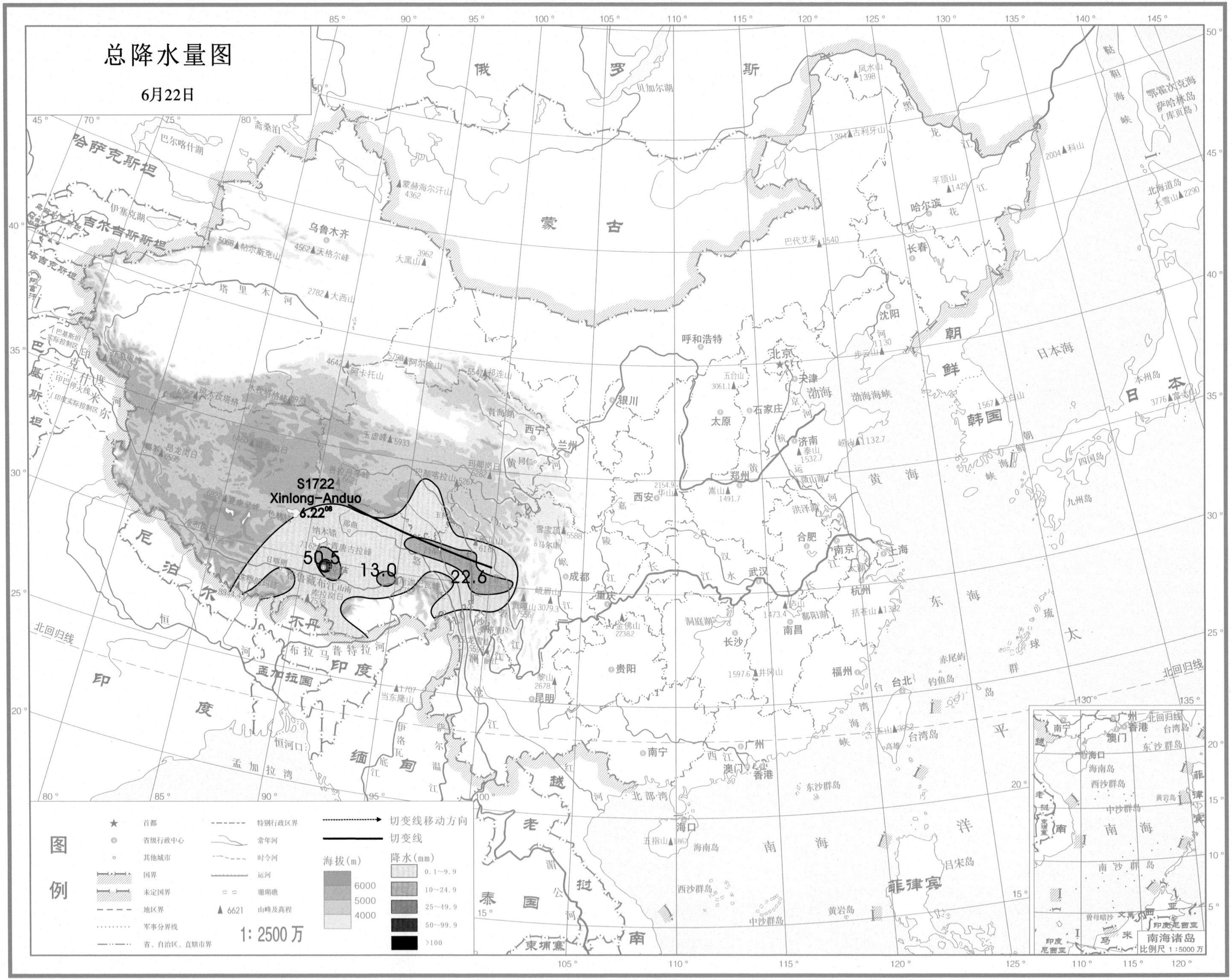
总降水量图
6月22日
S1722
Xinlong-Anduo
6.22[08]
50.5
13.0
22.6
图例
首都
省级行政中心
其他城市
国界
未定国界
地区界
军事分界线
省、自治区、直辖市界
特别行政区界
常年河
时令河
运河
珊瑚礁
6621 山峰及高程
切变线移动方向
切变线
海拔(m)
6000
5000
4000
降水(mm)
0.1~9.9
10~24.9
25~49.9
50~99.9
>100
1: 2500 万
南海诸岛
比例尺 1:5000 万

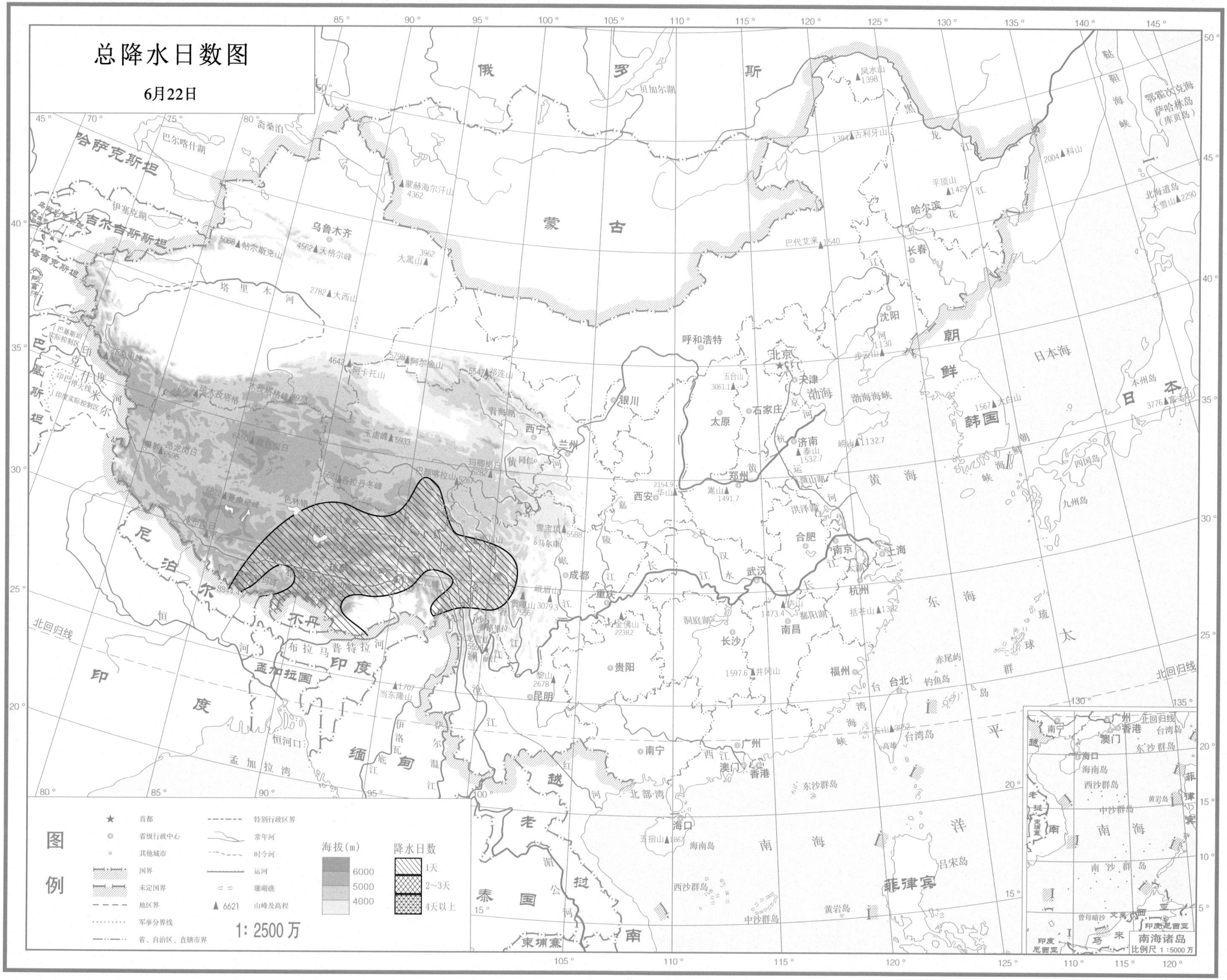
总降水日数图
6月22日
图例
首都
省级行政中心
其他城市
国界
未定国界
地区界
军事分界线
省、自治区、直辖市界
特别行政区界
常年河
时令河
运河
珊瑚礁
6621 山峰及高程
海拔(m)
6000
5000
4000
降水日数
1天
2~3天
4天以上
1∶2500万
南海诸岛
比例尺 1∶5000万

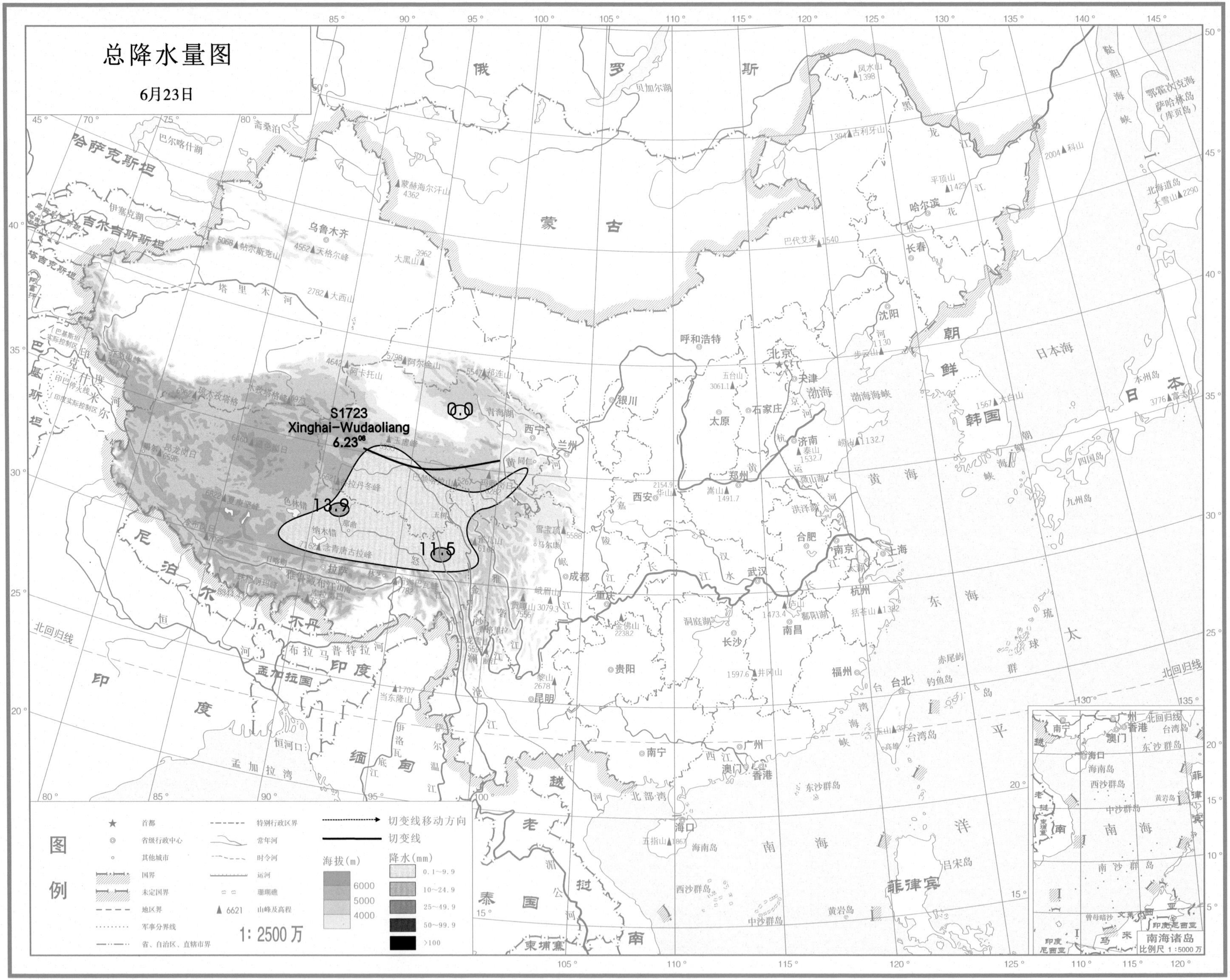
总降水量图
6月23日
S1723
Xinghai-Wudaoliang
6.23[08]
0.0
13.9
11.5
图例
首都
省级行政中心
其他城市
国界
未定国界
地区界
军事分界线
省、自治区、直辖市界
特别行政区界
常年河
时令河
运河
珊瑚礁
6621 山峰及高程
切变线移动方向
切变线
海拔(m)
6000
5000
4000
降水(mm)
0.1～9.9
10～24.9
25～49.9
50～99.9
>100
1:2500万
南海诸岛
比例尺 1:5000万

总降水日数图

6月23日

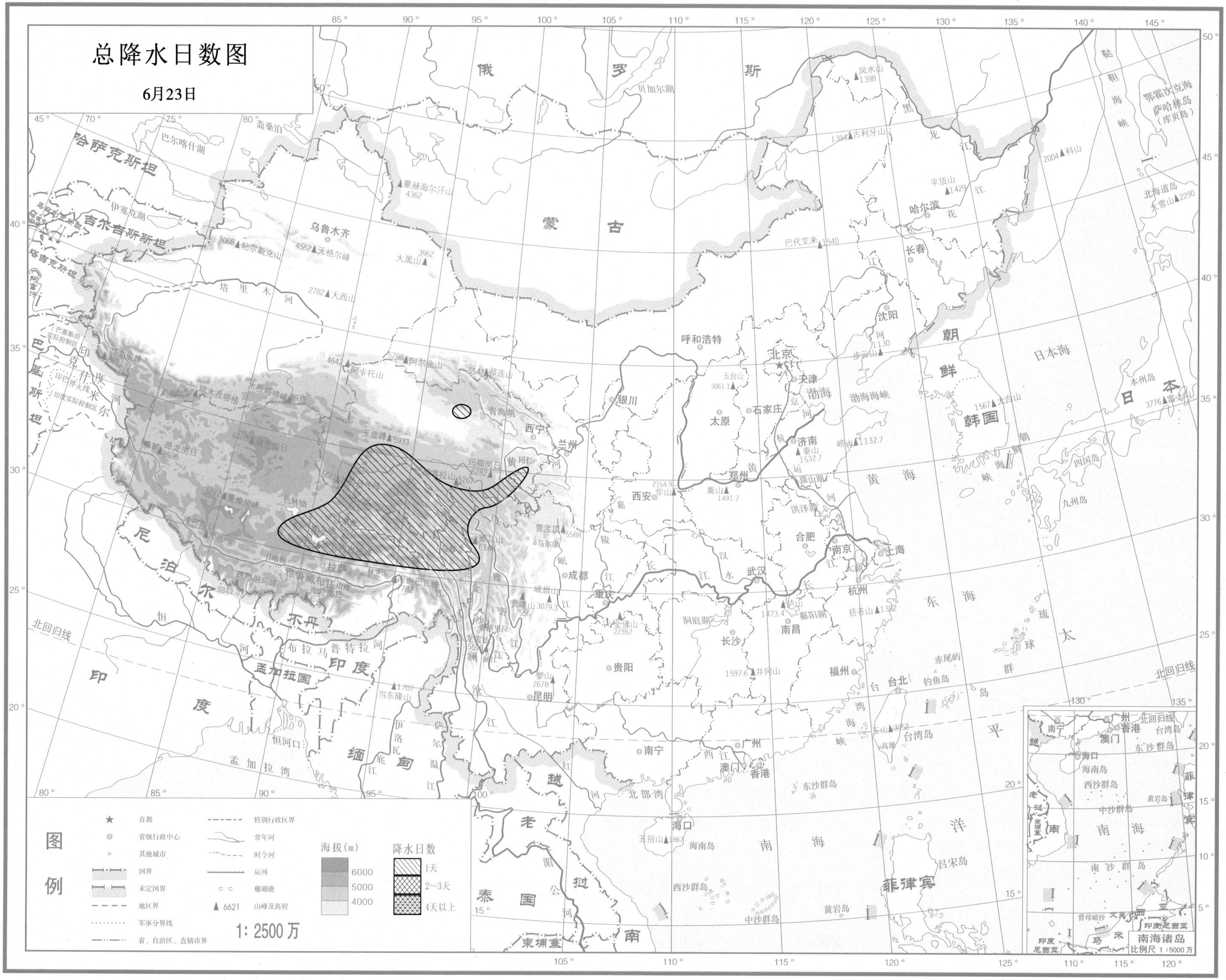

图例
首都
省级行政中心
其他城市
国界
未定国界
地区界
军事分界线
省、自治区、直辖市界
特别行政区界
常年河
时令河
运河
珊瑚礁
6621 山峰及高程
海拔(m)
6000
5000
4000
降水日数
1天
2~3天
4天以上
1: 2500万
南海诸岛
比例尺 1:5000万

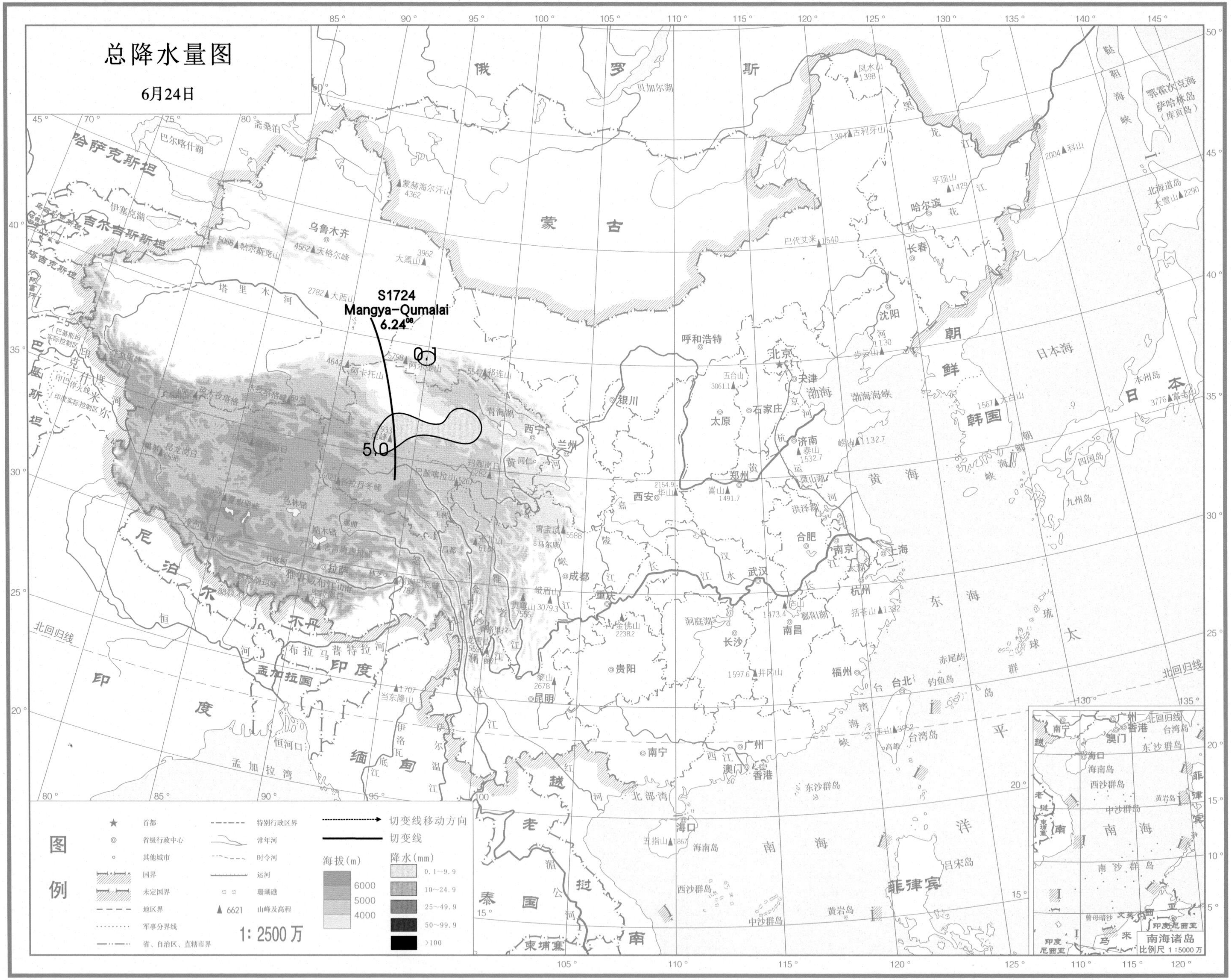
总降水量图
6月24日
S1724
Mangya–Qumalai
6.24 08
0.1
5.0
图例
首都
省级行政中心
其他城市
国界
未定国界
地区界
军事分界线
省、自治区、直辖市界
特别行政区界
常年河
时令河
运河
珊瑚礁
6621 山峰及高程
切变线移动方向
切变线
海拔(m)
6000
5000
4000
降水(mm)
0.1~9.9
10~24.9
25~49.9
50~99.9
>100
1: 2500万
南海诸岛
比例尺 1:5000万

总降水日数图

6月24日

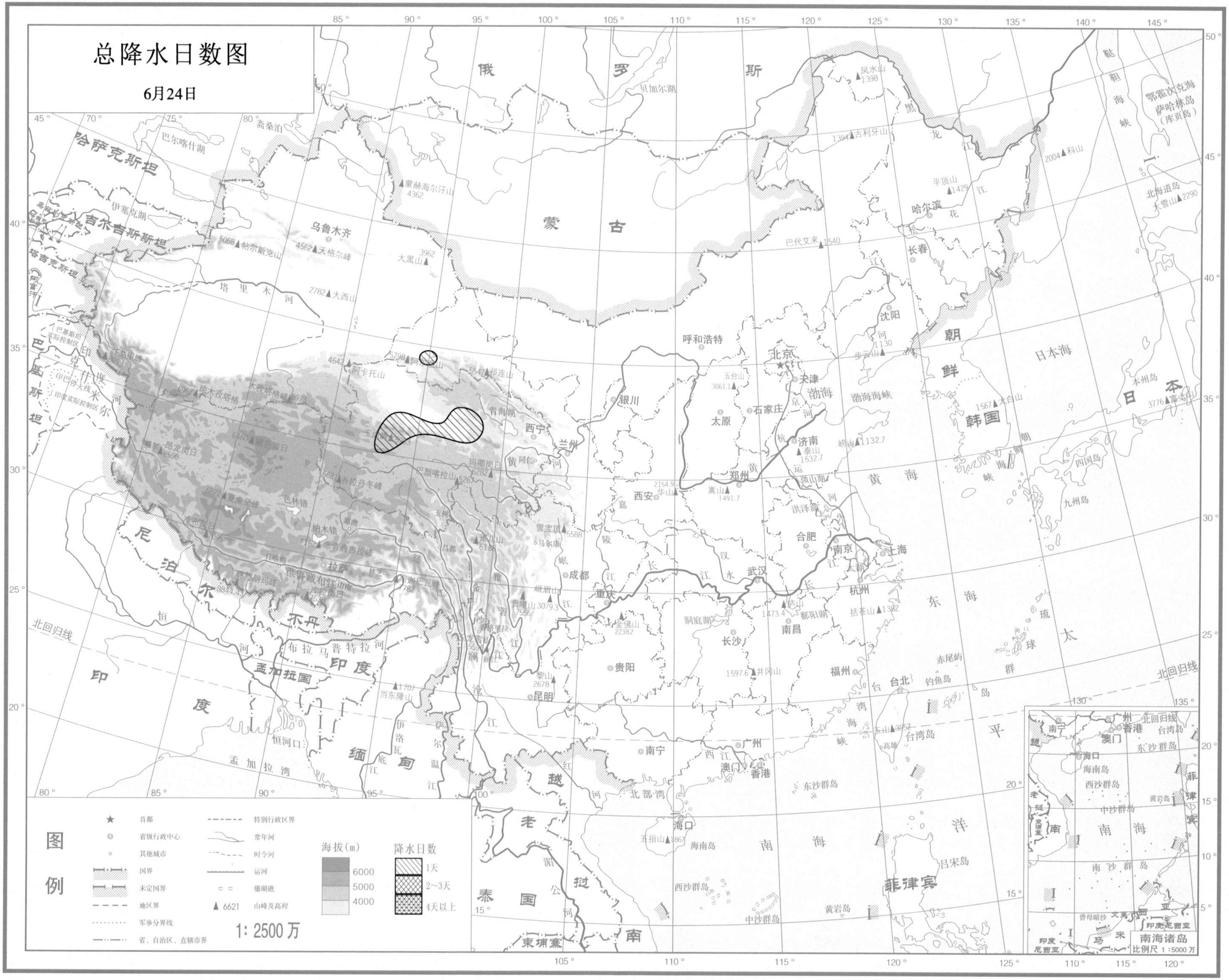

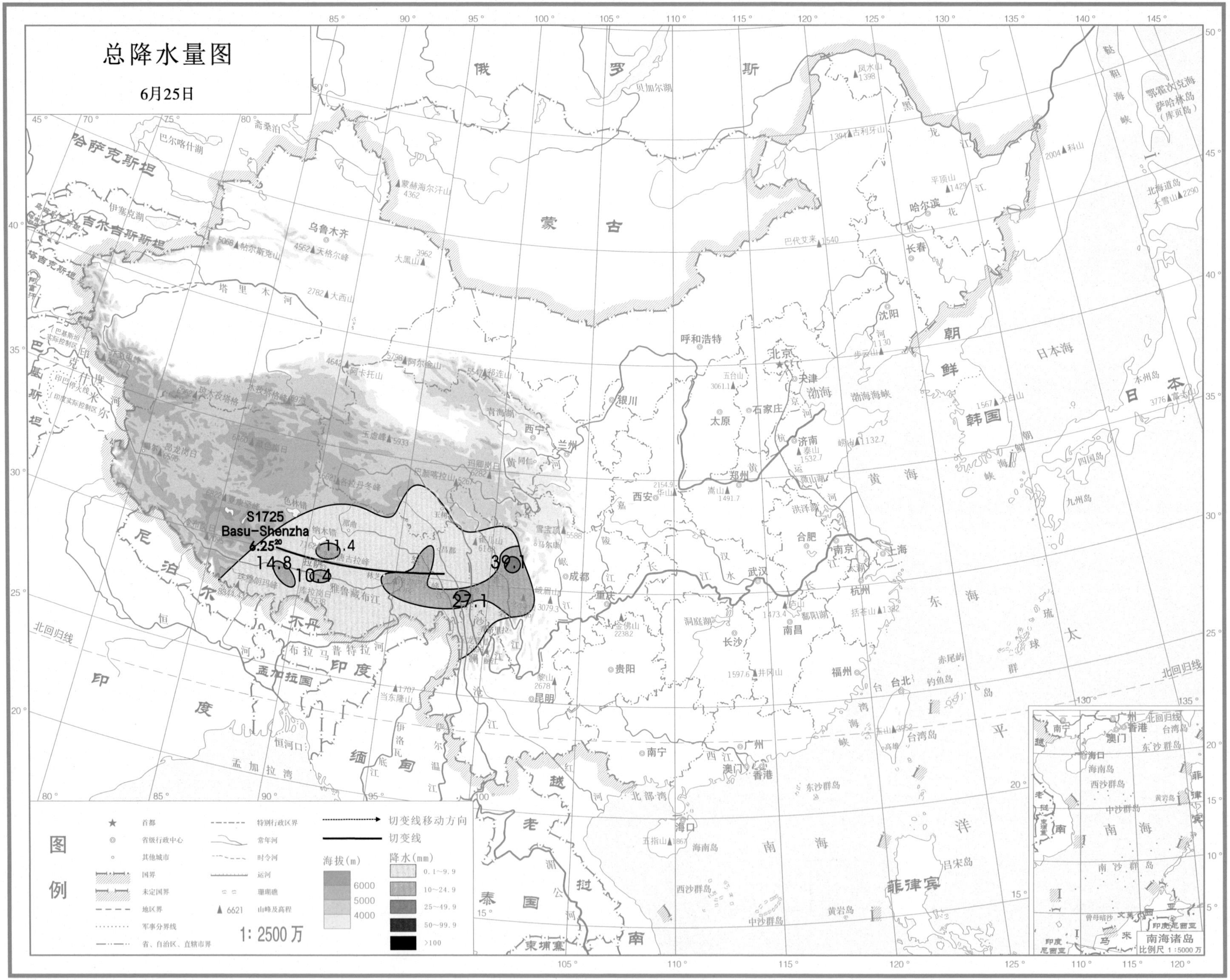
总降水量图
6月25日
S1725
Basu-Shenzha
6.25[20]
11.4
14.8
10.4
39.1
27.1
图例
首都
省级行政中心
其他城市
国界
未定国界
地区界
军事分界线
省、自治区、直辖市界
特别行政区界
常年河
时令河
运河
珊瑚礁
6621 山峰及高程
切变线移动方向
切变线
海拔(m)
6000
5000
4000
降水(mm)
0.1~9.9
10~24.9
25~49.9
50~99.9
>100
1：2500万
南海诸岛
比例尺 1：5000万

总降水日数图

6月25日

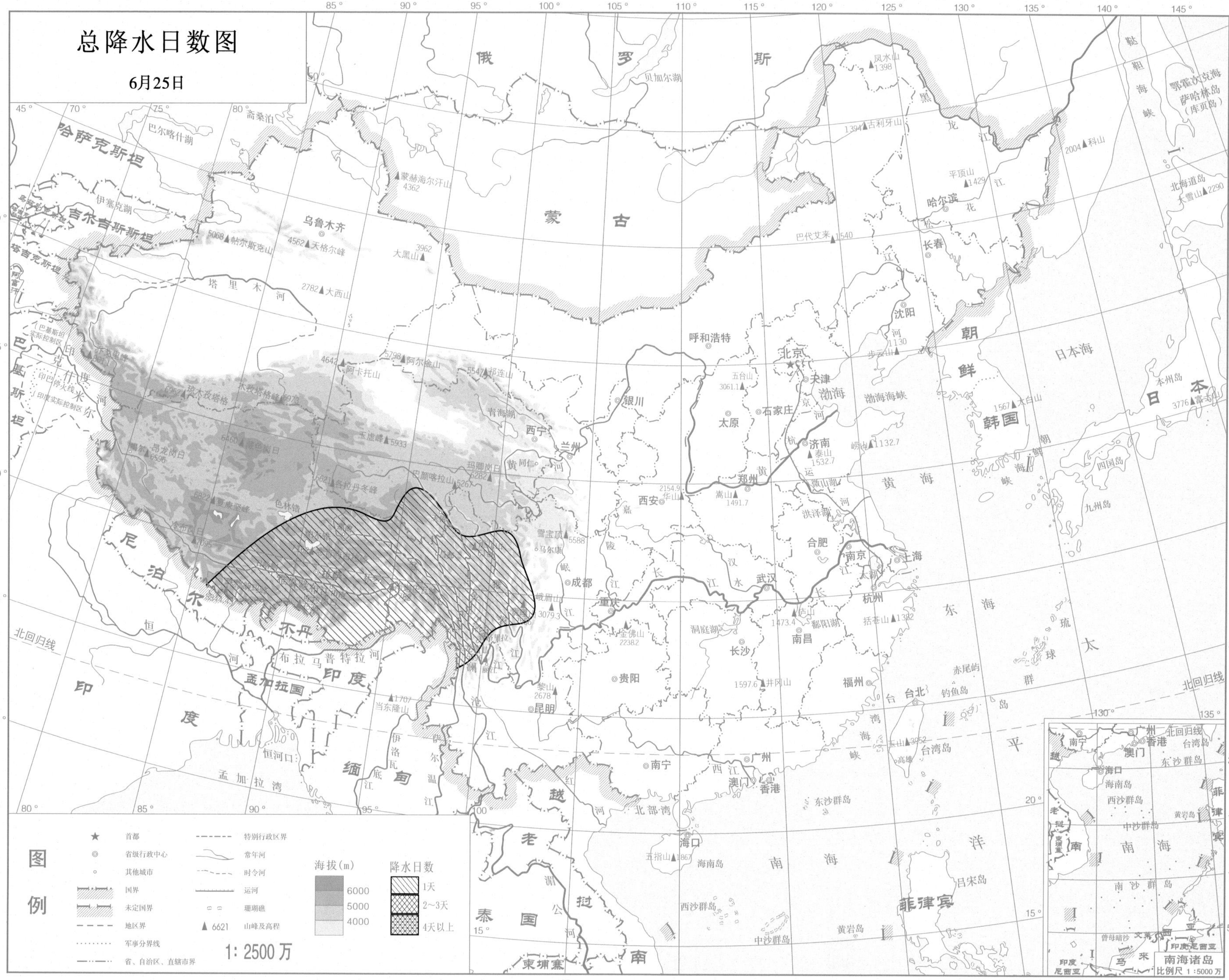

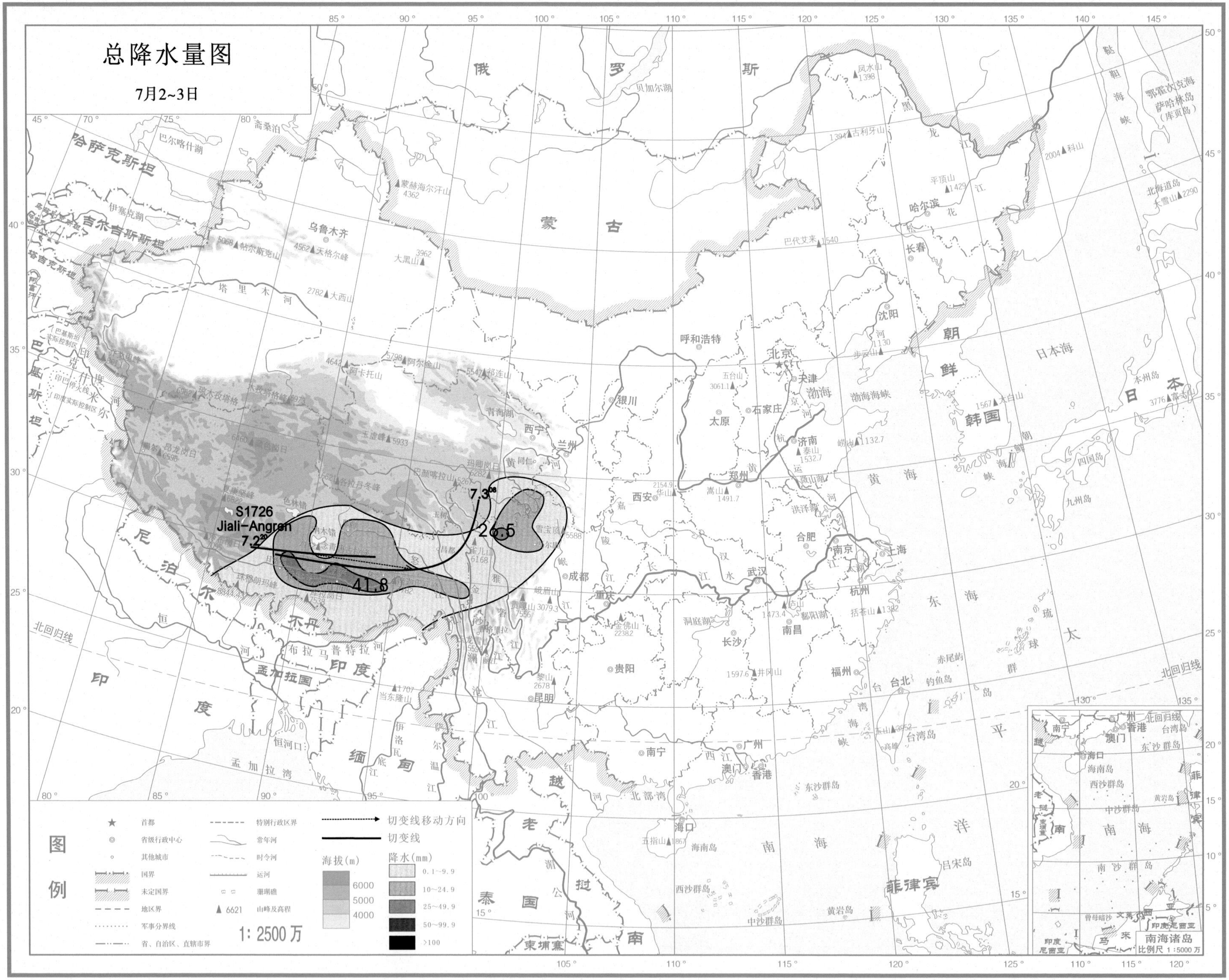
总降水量图
7月2~3日
S1726
Jiali-Angren
7.2[20]
7.3[08]
41.8
26.5
图例
首都
省级行政中心
其他城市
国界
未定国界
地区界
军事分界线
省、自治区、直辖市界
特别行政区界
常年河
时令河
运河
珊瑚礁
6621 山峰及高程
切变线移动方向
切变线
海拔(m)
6000
5000
4000
降水(mm)
0.1~9.9
10~24.9
25~49.9
50~99.9
>100
1：2500万
南海诸岛
比例尺 1：5000万

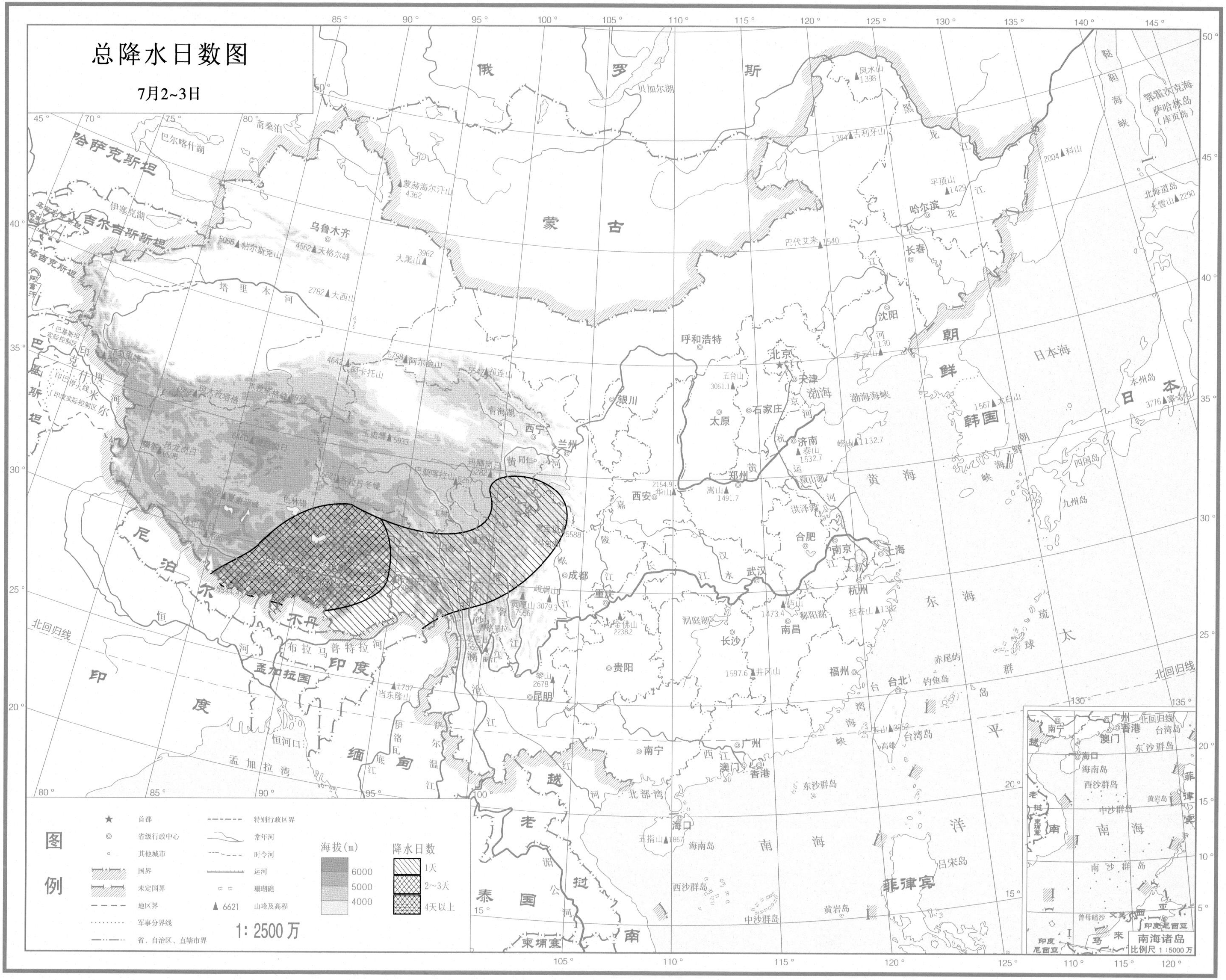
总降水日数图
7月2~3日
图例
首都
省级行政中心
其他城市
国界
未定国界
地区界
军事分界线
省、自治区、直辖市界
特别行政区界
常年河
时令河
运河
珊瑚礁
6621 山峰及高程
1∶2500万
海拔(m)
6000
5000
4000
降水日数
1天
2~3天
4天以上
南海诸岛
比例尺 1∶5000万

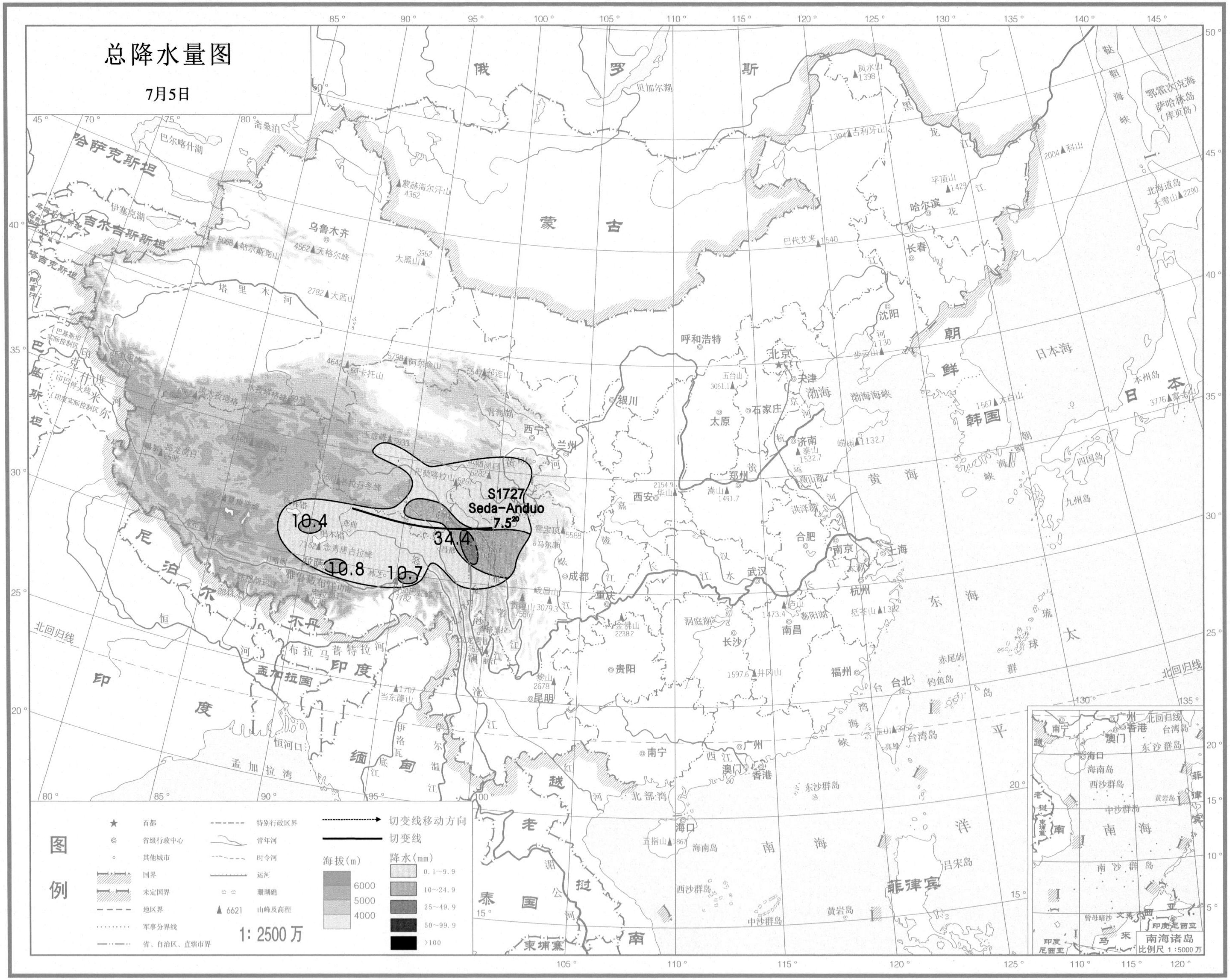
总降水量图
7月5日
S1727
Seda-Anduo
7.5[20]
10.4
34.4
10.8
10.7
图例
首都
省级行政中心
其他城市
国界
未定国界
地区界
军事分界线
省、自治区、直辖市界
特别行政区界
常年河
时令河
运河
珊瑚礁
6621 山峰及高程
切变线移动方向
切变线
海拔(m)
6000
5000
4000
降水(mm)
0.1~9.9
10~24.9
25~49.9
50~99.9
>100
1: 2500 万
南海诸岛
比例尺 1:5000 万

总降水日数图

7月5日

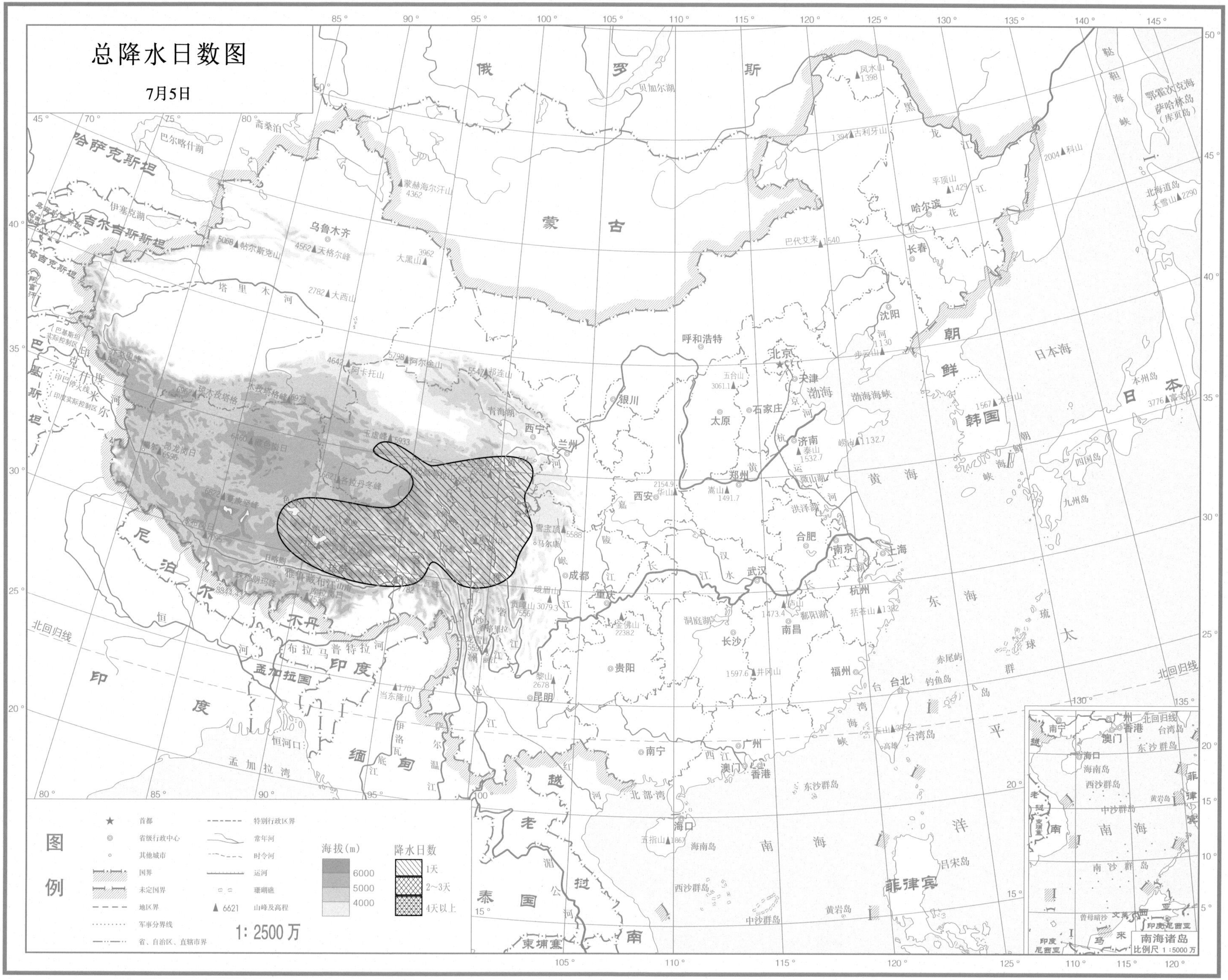

图例
首都
省级行政中心
其他城市
国界
未定国界
地区界
军事分界线
省、自治区、直辖市界
特别行政区界
常年河
时令河
运河
珊瑚礁
6621 山峰及高程
海拔(m)
6000
5000
4000
降水日数
1天
2~3天
4天以上
1: 2500万
南海诸岛
比例尺 1:5000万
俄 罗 斯
蒙 古
哈萨克斯坦
吉尔吉斯斯坦
塔吉克斯坦
巴基斯坦
印度
尼泊尔
不丹
孟加拉国
缅甸
老挝
泰国
越南
柬埔寨
菲律宾
朝鲜
韩国
日本
北京
天津
石家庄
太原
呼和浩特
沈阳
长春
哈尔滨
济南
郑州
西安
银川
兰州
西宁
乌鲁木齐
成都
重庆
贵阳
昆明
南宁
广州
香港
澳门
海口
长沙
武汉
南昌
合肥
南京
上海
杭州
福州
台北
日本海
黄海
东海
南海
太平洋
北回归线

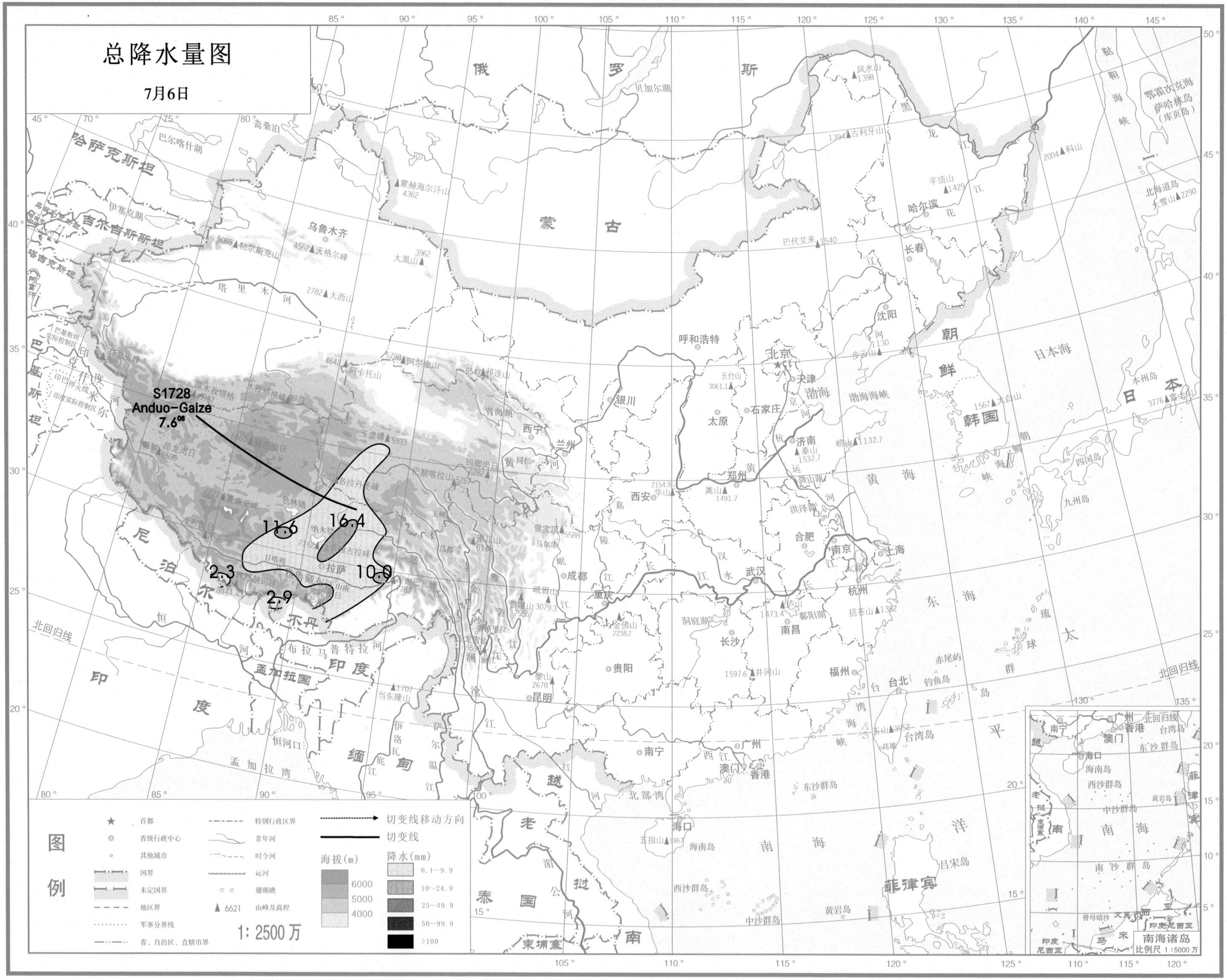
总降水量图
7月6日
S1728
Anduo-Gaize
7.6[06]
11.6
16.4
2.3
10.0
2.9
图例
首都
省级行政中心
其他城市
国界
未定国界
地区界
军事分界线
省、自治区、直辖市界
特别行政区界
常年河
时令河
运河
珊瑚礁
6621 山峰及高程
切变线移动方向
切变线
海拔(m)
6000
5000
4000
降水(mm)
0.1~9.9
10~24.9
25~49.9
50~99.9
>100
1: 2500万
南海诸岛
比例尺 1:5000万

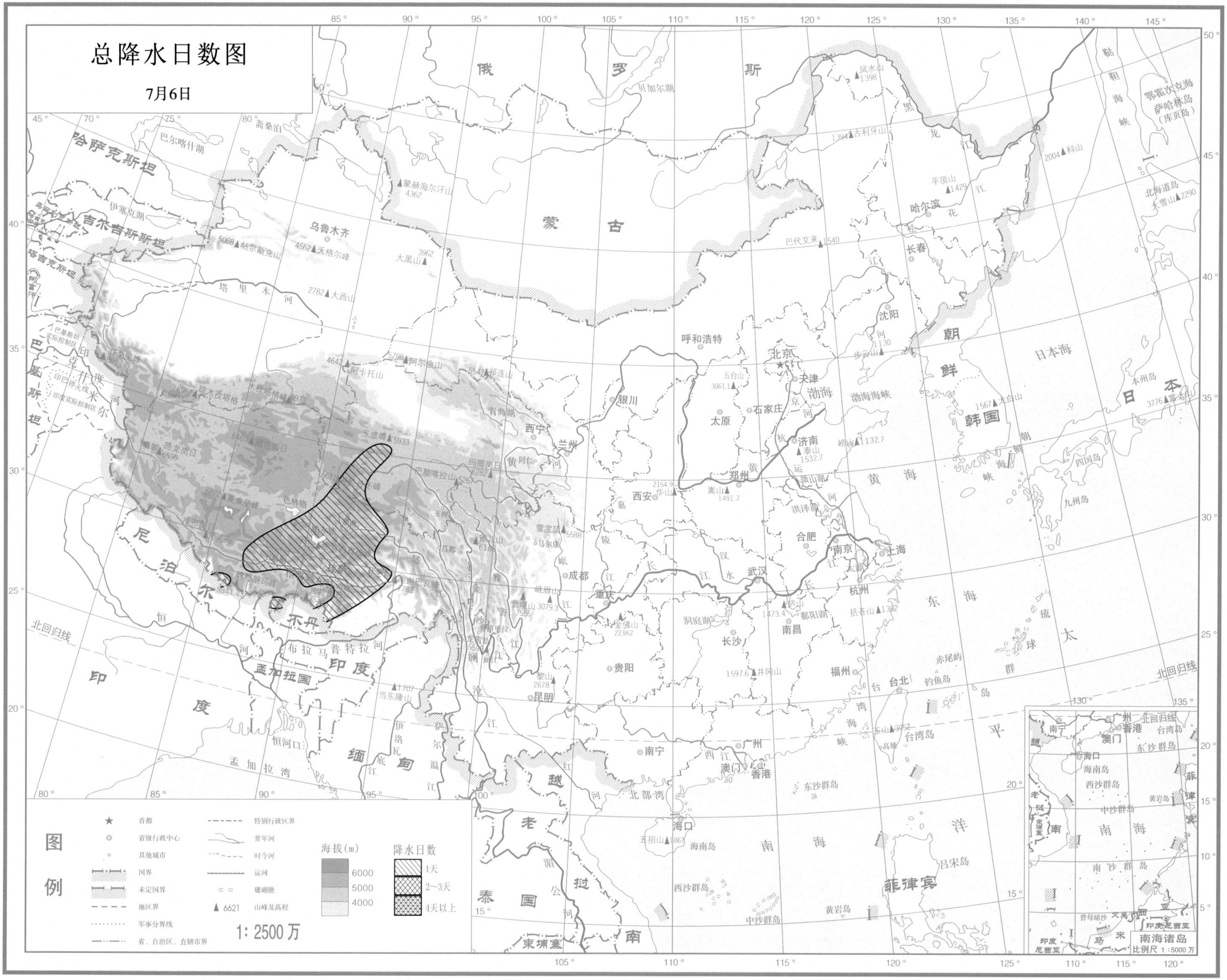
总降水日数图
7月6日
图例
首都
省级行政中心
其他城市
国界
未定国界
地区界
军事分界线
省、自治区、直辖市界
特别行政区界
常年河
时令河
运河
珊瑚礁
6621 山峰及高程
海拔(m)
6000
5000
4000
降水日数
1天
2~3天
4天以上
1: 2500 万
俄 罗 斯
蒙 古
哈萨克斯坦
吉尔吉斯斯坦
塔吉克斯坦
巴基斯坦
尼泊尔
不丹
印度
孟加拉国
缅甸
老挝
泰国
越南
柬埔寨
朝鲜
韩国
日本
菲律宾
日本海
黄海
东海
南海
太平洋
孟加拉湾
北京
天津
石家庄
太原
呼和浩特
沈阳
长春
哈尔滨
济南
郑州
西安
银川
兰州
西宁
乌鲁木齐
成都
重庆
贵阳
昆明
南宁
广州
香港
澳门
海口
长沙
武汉
南昌
合肥
南京
上海
杭州
福州
台北
北回归线
南海诸岛
比例尺 1：5000 万

总降水量图

7月12日

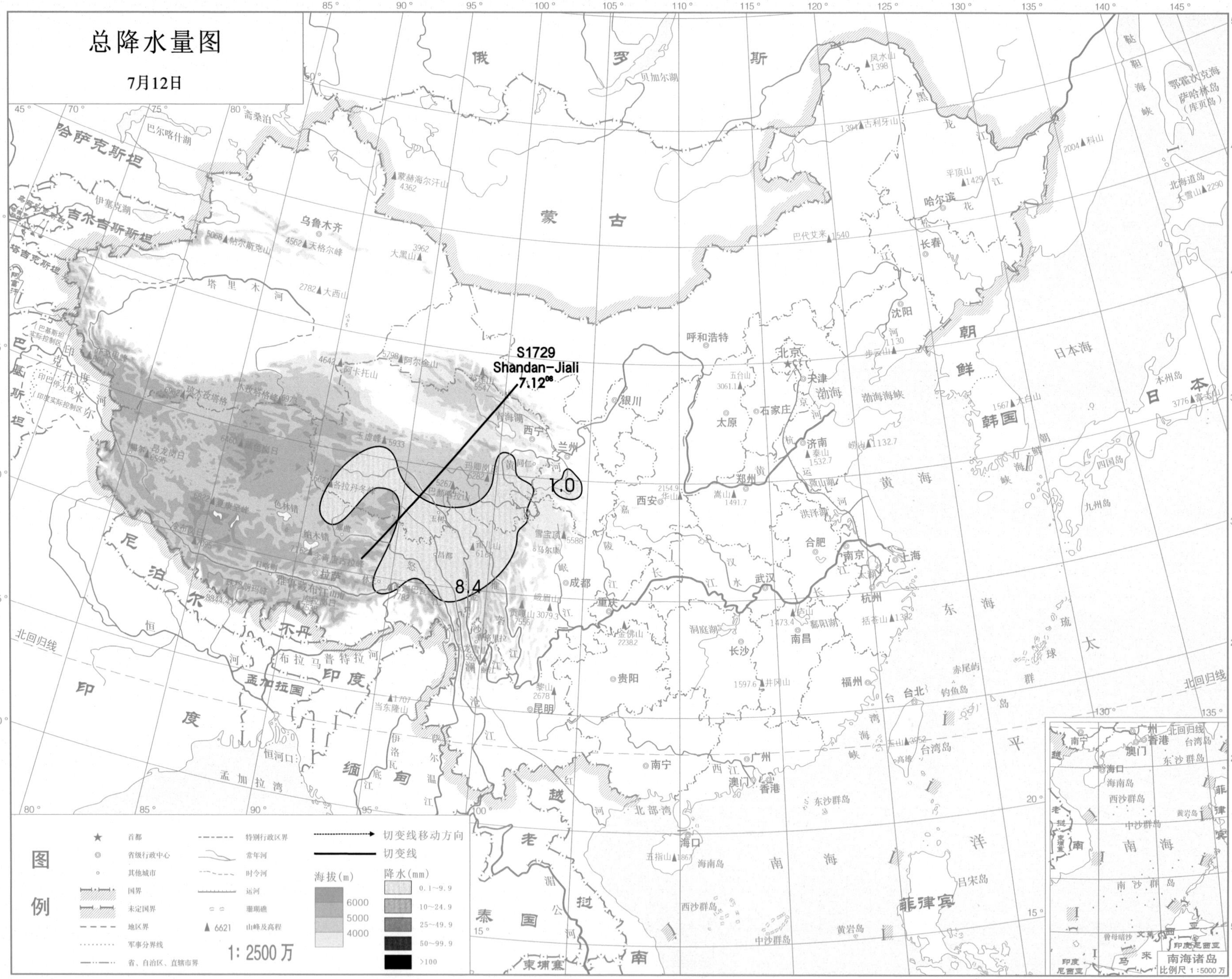
S1729
Shandan-Jiali
7.12 08
8.4
1.0
图例
首都
省级行政中心
其他城市
国界
未定国界
地区界
军事分界线
省、自治区、直辖市界
特别行政区界
常年河
时令河
运河
珊瑚礁
6621 山峰及高程
切变线移动方向
切变线
海拔(m)
6000
5000
4000
降水(mm)
0.1~9.9
10~24.9
25~49.9
50~99.9
>100
1: 2500 万
南海诸岛
比例尺 1:5000 万

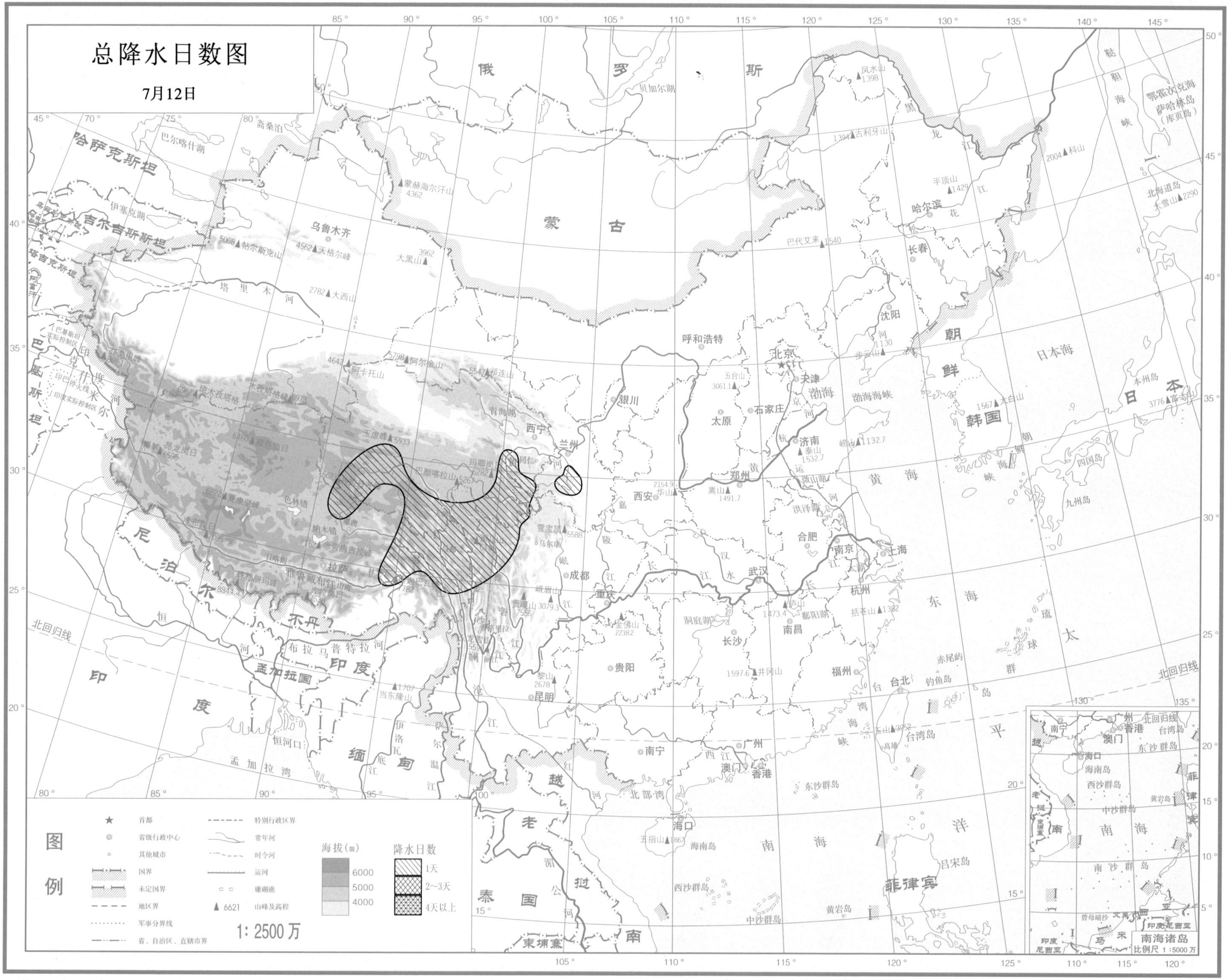
总降水日数图
7月12日
图例
首都
省级行政中心
其他城市
国界
未定国界
地区界
军事分界线
省、自治区、直辖市界
特别行政区界
常年河
时令河
运河
珊瑚礁
6621 山峰及高程
海拔（m）
6000
5000
4000
降水日数
1天
2～3天
4天以上
1: 2500 万
南海诸岛
比例尺 1：5000 万

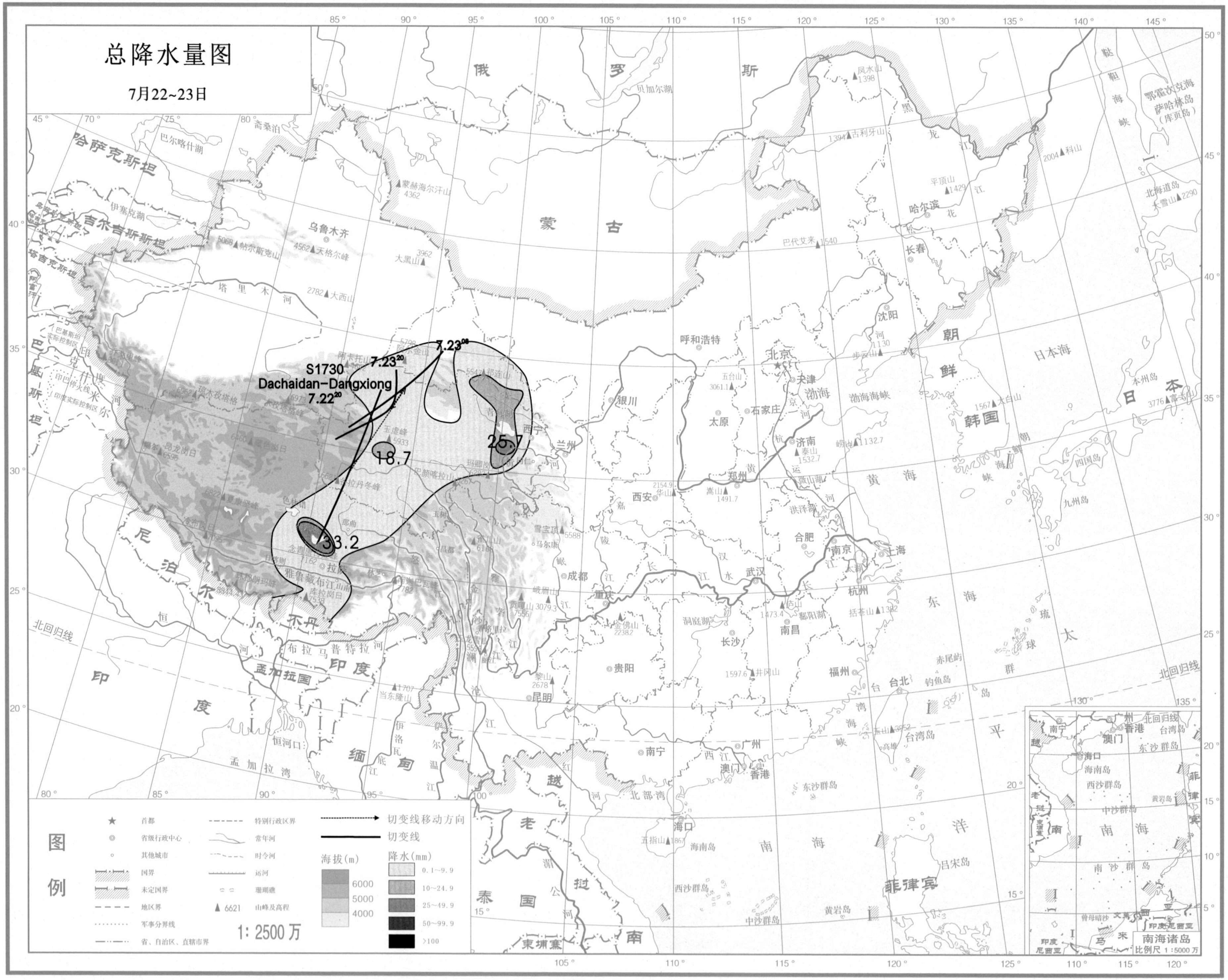
总降水量图
7月22~23日
S1730
Dachaidan–Dangxiong
7.22[20]
7.23[20]
7.23[08]
18.7
25.7
33.2
图例
首都
省级行政中心
其他城市
国界
未定国界
地区界
军事分界线
省、自治区、直辖市界
特别行政区界
常年河
时令河
运河
珊瑚礁
6621 山峰及高程
切变线移动方向
切变线
海拔(m)
6000
5000
4000
降水(mm)
0.1~9.9
10~24.9
25~49.9
50~99.9
>100
1: 2500 万
南海诸岛
比例尺 1:5000 万

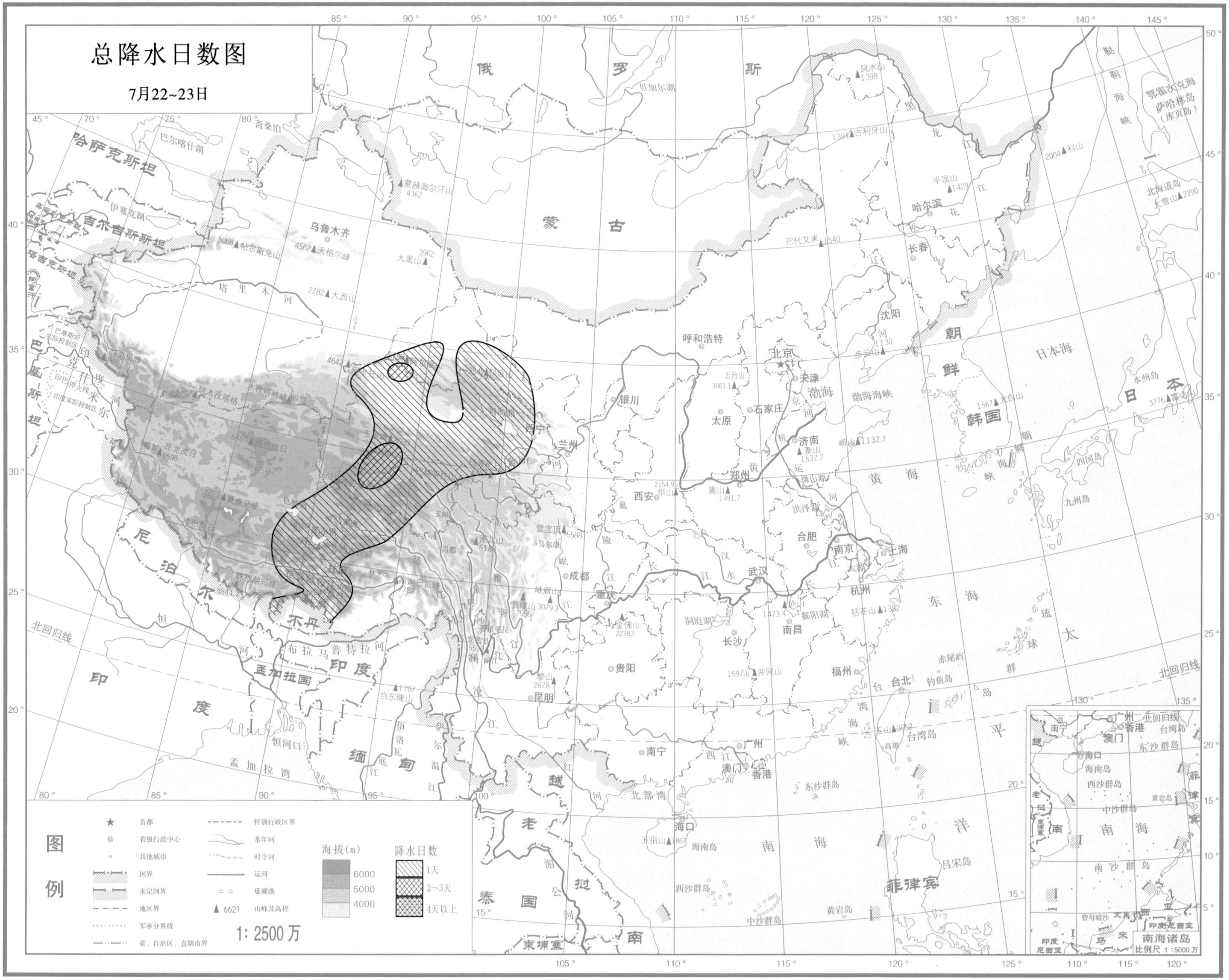
总降水日数图
7月22~23日
图例
首都
省级行政中心
其他城市
国界
未定国界
地区界
军事分界线
省、自治区、直辖市界
特别行政区界
常年河
时令河
运河
珊瑚礁
6621 山峰及高程
海拔(m)
6000
5000
4000
降水日数
1天
2~3天
4天以上
1: 2500 万
南海诸岛
比例尺 1:5000 万

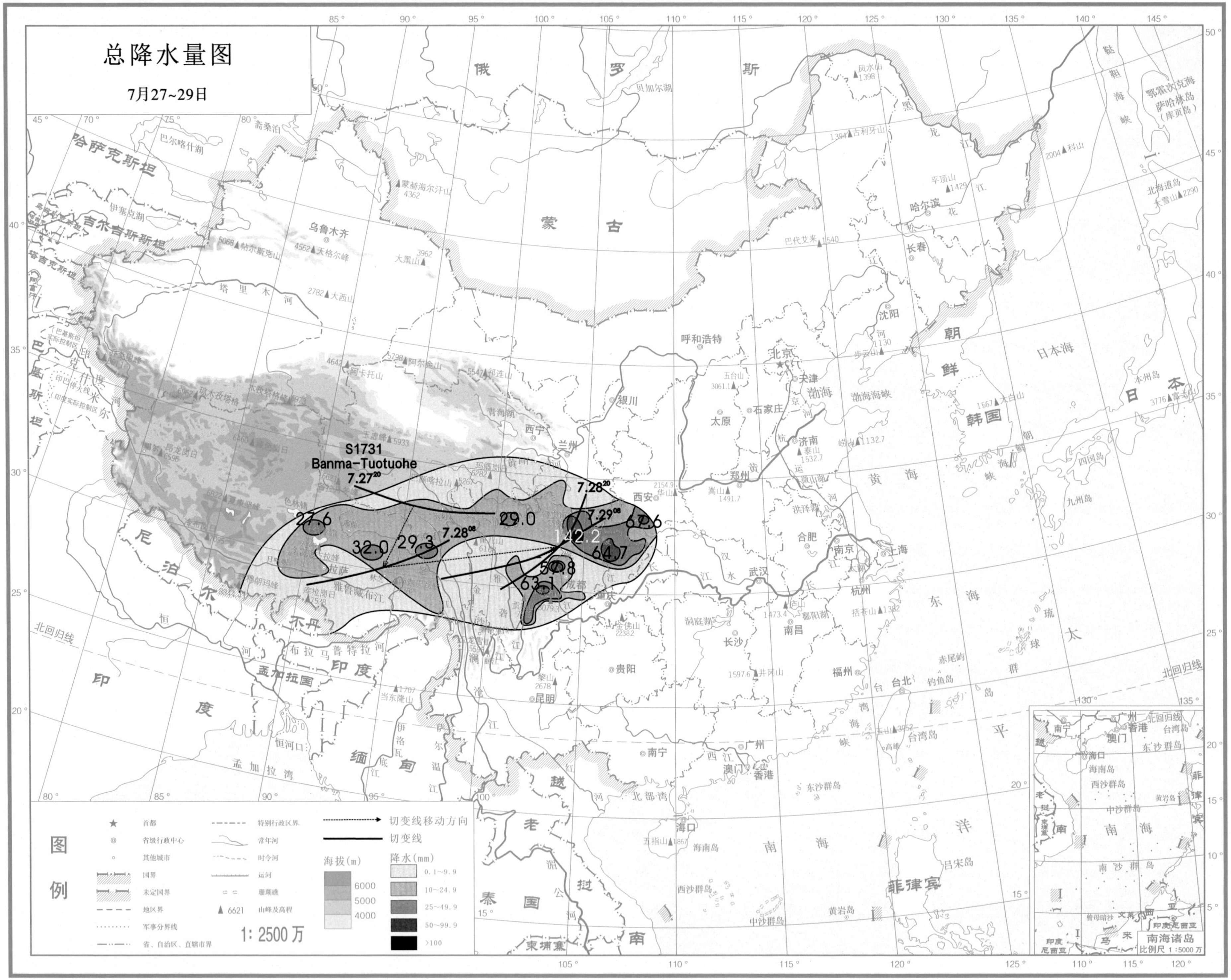
总降水量图
7月27~29日
S1731
Banma-Tuotuohe
7.27[20]
7.28[20]
7.28[08]
7.29[08]
27.6
32.0
29.3
29.0
142.2
67.6
64.7
50.8
63.1
图例
首都
省级行政中心
其他城市
国界
未定国界
地区界
军事分界线
省、自治区、直辖市界
特别行政区界
常年河
时令河
运河
珊瑚礁
6621 山峰及高程
切变线移动方向
切变线
海拔(m)
6000
5000
4000
降水(mm)
0.1~9.9
10~24.9
25~49.9
50~99.9
>100
1：2500万
南海诸岛
比例尺 1：5000万

总降水日数图

7月27~29日

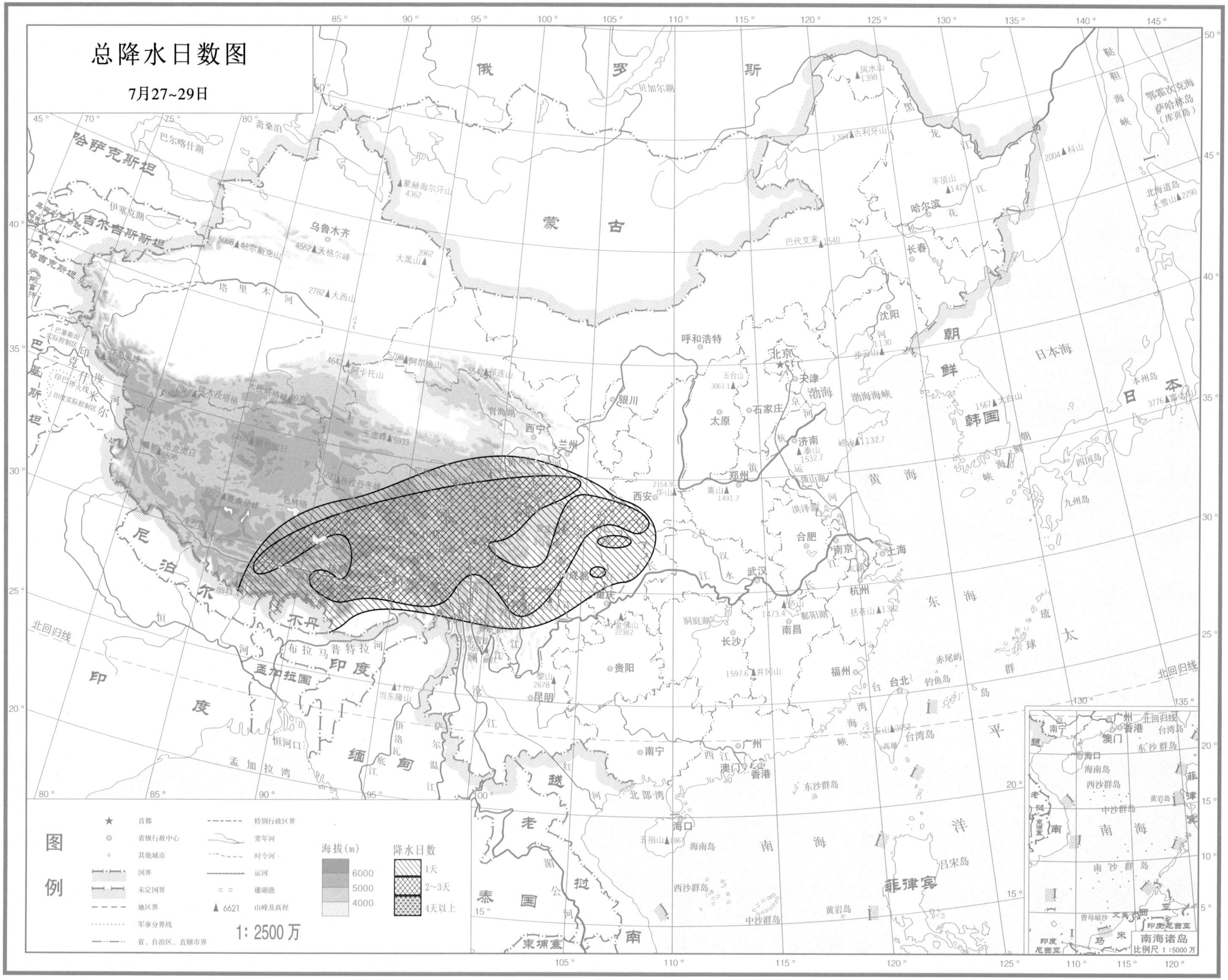

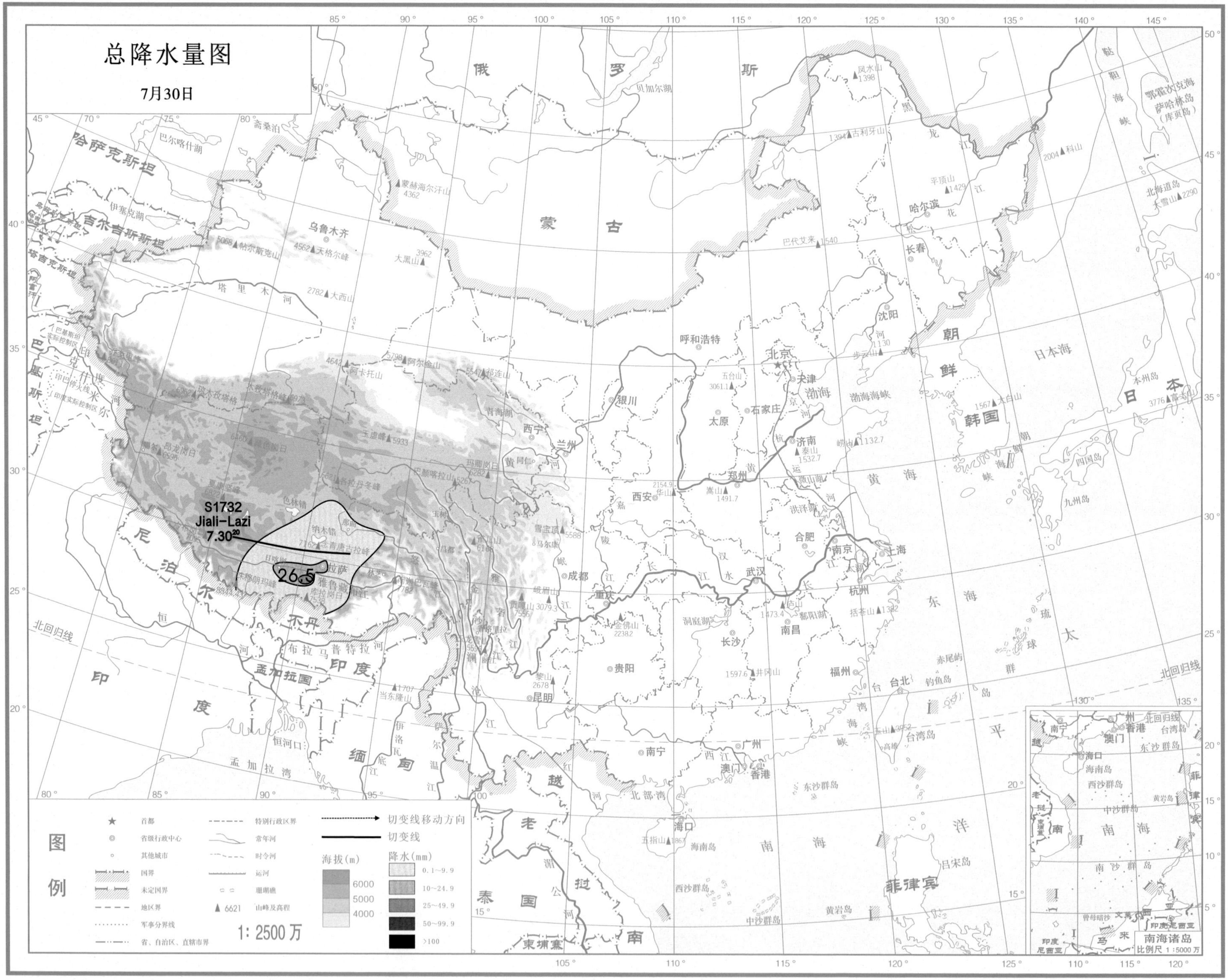
总降水量图
7月30日
S1732
Jiali-Lazi
7.30[20]
26.5
图例
首都
省级行政中心
其他城市
国界
未定国界
地区界
军事分界线
省、自治区、直辖市界
特别行政区界
常年河
时令河
运河
珊瑚礁
山峰及高程
切变线移动方向
切变线
海拔(m)
6000
5000
4000
降水(mm)
0.1～9.9
10～24.9
25～49.9
50～99.9
>100
1: 2500 万
南海诸岛
比例尺 1:5000 万
俄 罗 斯
蒙 古
哈萨克斯坦
吉尔吉斯斯坦
塔吉克斯坦
印 度
尼泊尔
不丹
孟加拉国
缅 甸
老 挝
越 南
泰 国
柬埔寨
菲律宾
朝 鲜
韩国
日 本
乌鲁木齐
拉萨
西宁
兰州
银川
呼和浩特
北京
天津
石家庄
太原
济南
郑州
西安
成都
重庆
武汉
合肥
南京
上海
杭州
南昌
长沙
贵阳
昆明
南宁
广州
福州
台北
香港
澳门
海口
沈阳
长春
哈尔滨
渤海
黄 海
东 海
南 海
日本海
太 平 洋
北回归线

总降水日数图

7月30日

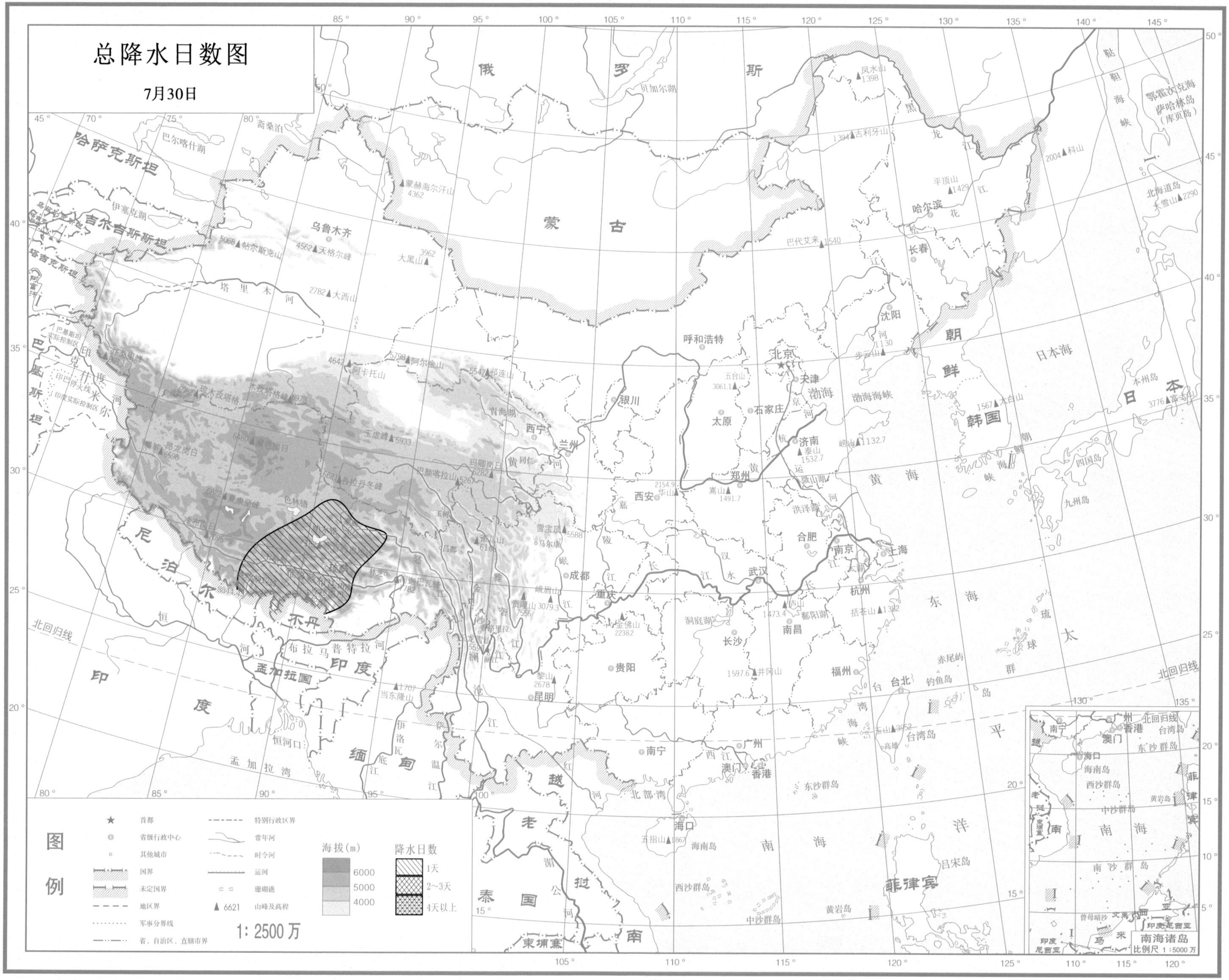

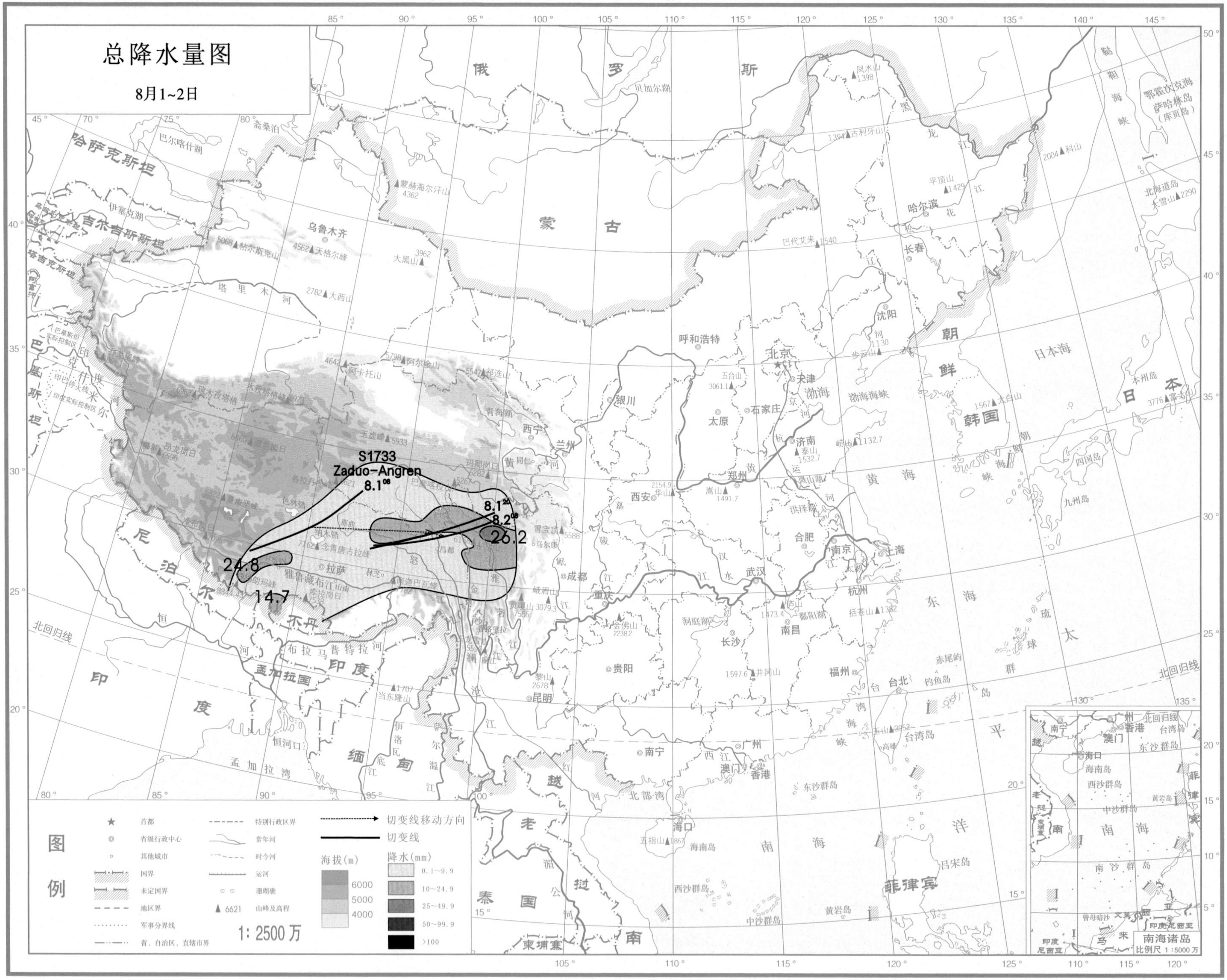
总降水量图
8月1~2日
S1733
Zaduo-Angren
8.1^08
8.1^20
8.2^08
26.2
24.8
14.7
图例
首都
省级行政中心
其他城市
国界
未定国界
地区界
军事分界线
省、自治区、直辖市界
特别行政区界
常年河
时令河
运河
珊瑚礁
6621 山峰及高程
切变线移动方向
切变线
海拔(m)
6000
5000
4000
降水(mm)
0.1~9.9
10~24.9
25~49.9
50~99.9
>100
1: 2500 万
南海诸岛
比例尺 1:5000 万

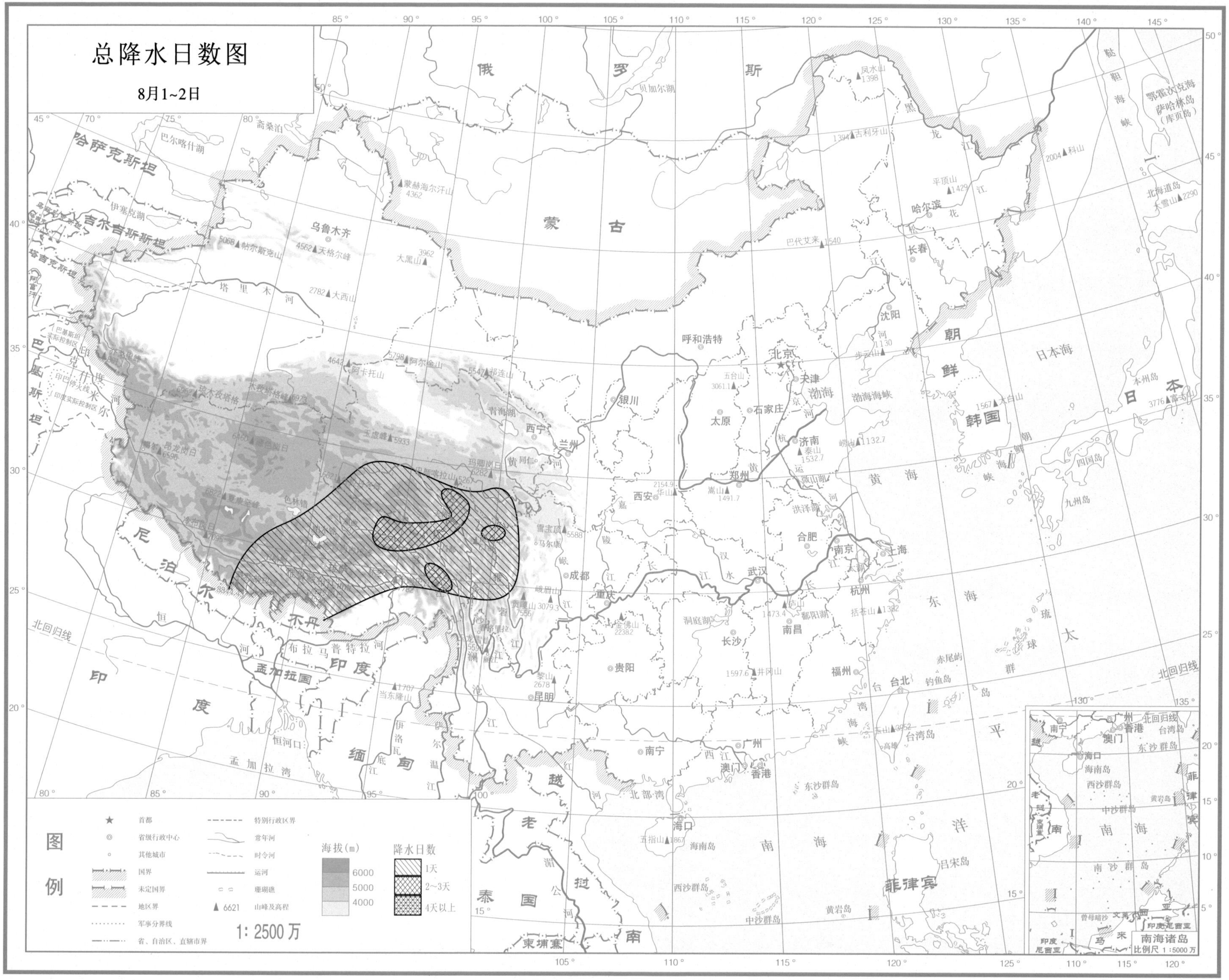
总降水日数图
8月1~2日
图例
首都
省级行政中心
其他城市
国界
未定国界
地区界
军事分界线
省、自治区、直辖市界
特别行政区界
常年河
时令河
运河
珊瑚礁
6621 山峰及高程
海拔(m)
6000
5000
4000
降水日数
1天
2~3天
4天以上
1:2500万
南海诸岛
比例尺 1:5000万
俄 罗 斯
蒙 古
哈萨克斯坦
吉尔吉斯斯坦
塔吉克斯坦
巴基斯坦
尼泊尔
不丹
印度
孟加拉国
缅甸
老挝
泰国
越南
柬埔寨
菲律宾
朝鲜
韩国
日本
北京
天津
上海
重庆
乌鲁木齐
西宁
兰州
银川
呼和浩特
太原
石家庄
济南
郑州
西安
成都
贵阳
昆明
南宁
广州
长沙
武汉
南昌
合肥
南京
杭州
福州
台北
海口
哈尔滨
长春
沈阳
香港
澳门
渤海
黄海
东海
南海
日本海
太平洋
北回归线

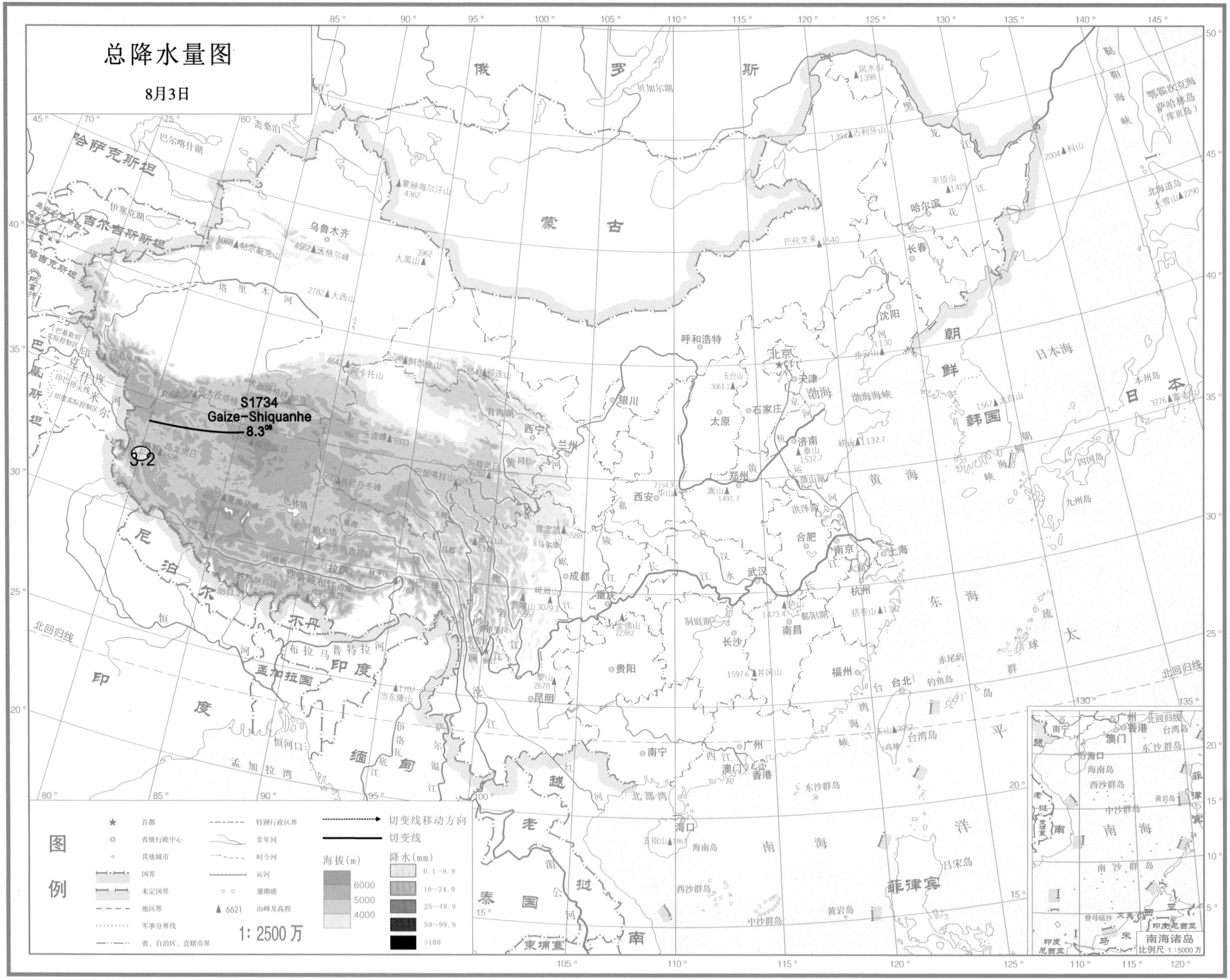
总降水量图
8月3日
S1734
Gaize-Shiquanhe
8.3[06]
3.2
图例
首都
省级行政中心
其他城市
国界
未定国界
地区界
军事分界线
省、自治区、直辖市界
特别行政区界
常年河
时令河
运河
珊瑚礁
6621 山峰及高程
切变线移动方向
切变线
海拔(m)
6000
5000
4000
降水(mm)
0.1～9.9
10～24.9
25～49.9
50～99.9
>100
1: 2500万
南海诸岛
比例尺 1:5000万

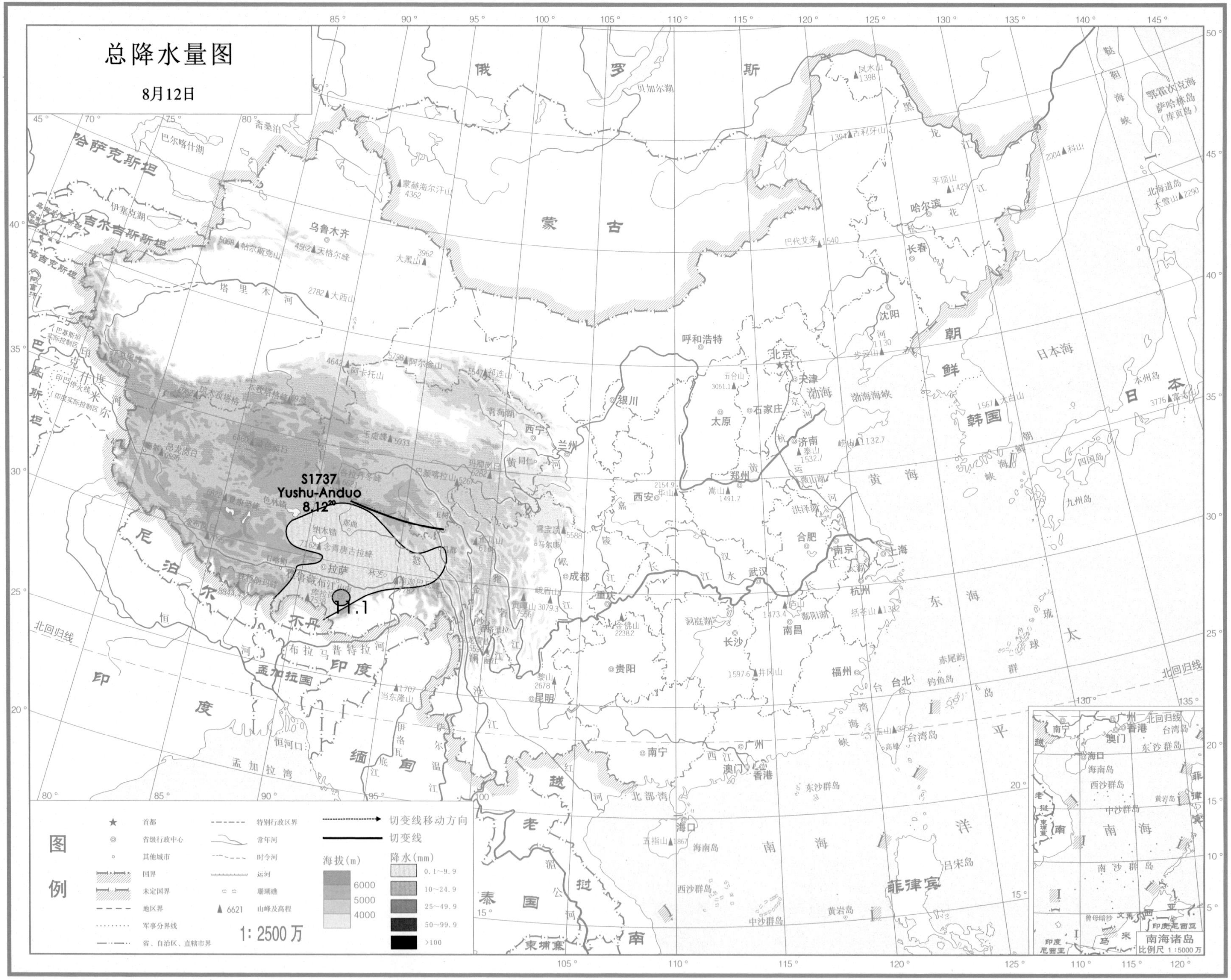
总降水量图
8月12日
S1737
Yushu-Anduo
8.12
11.1
图例
首都
省级行政中心
其他城市
国界
未定国界
地区界
军事分界线
省、自治区、直辖市界
特别行政区界
常年河
时令河
运河
珊瑚礁
6621 山峰及高程
切变线移动方向
切变线
海拔(m)
6000
5000
4000
降水(mm)
0.1~9.9
10~24.9
25~49.9
50~99.9
>100
1: 2500 万
南海诸岛
比例尺 1:5000 万

总降水日数图

8月8日

图例
首都
省级行政中心
其他城市
国界
未定国界
地区界
军事分界线
省、自治区、直辖市界
特别行政区界
常年河
时令河
运河
珊瑚礁
6621 山峰及高程
海拔(m)
6000
5000
4000
降水日数
1天
2~3天
4天以上
1: 2500万
南海诸岛
比例尺 1:5000万

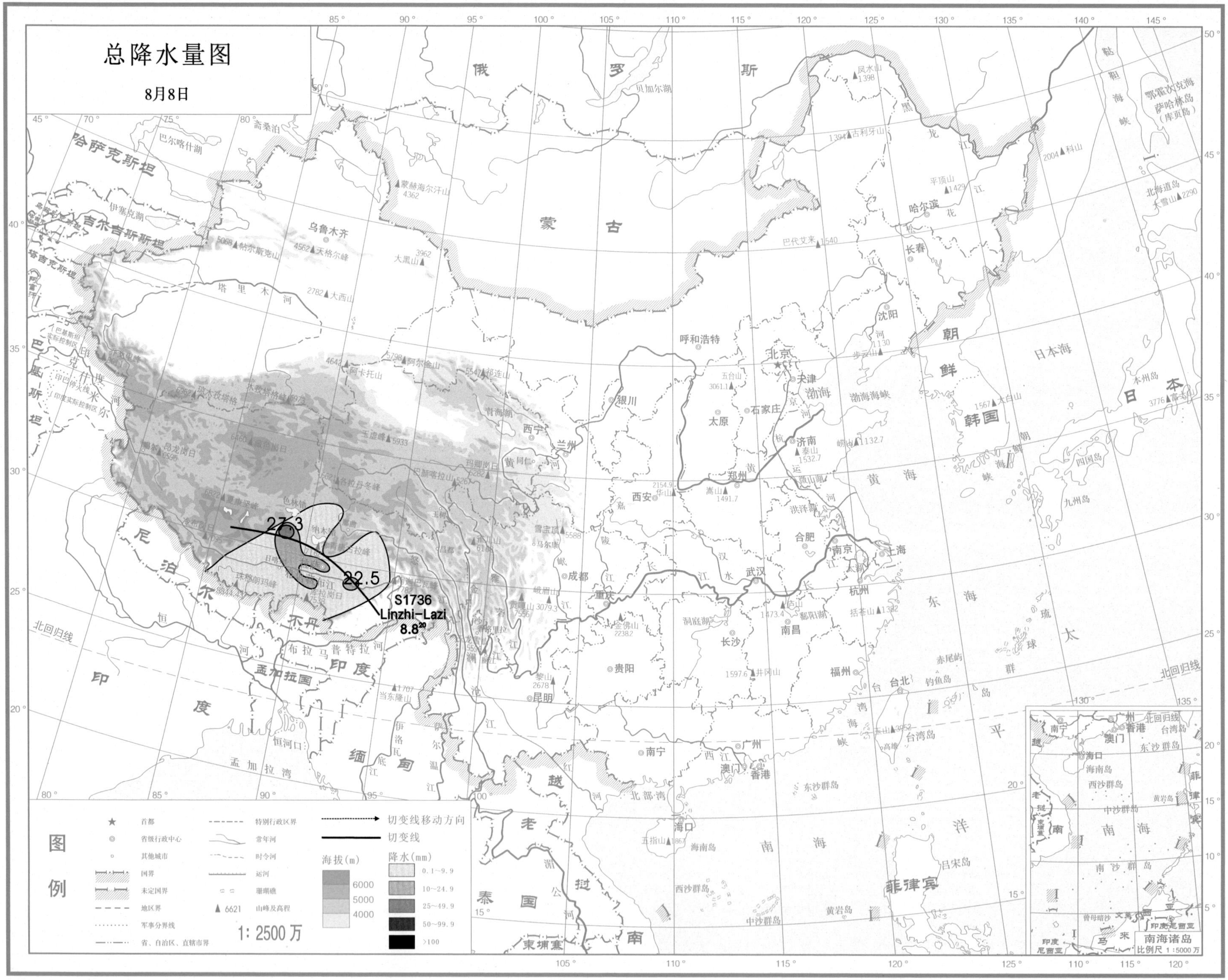
总降水量图
8月8日
27.3
22.5
S1736
Linzhi-Lazi
8.8[20]
图例
首都
省级行政中心
其他城市
国界
未定国界
地区界
军事分界线
省、自治区、直辖市界
特别行政区界
常年河
时令河
运河
珊瑚礁
6621 山峰及高程
切变线移动方向
切变线
海拔(m)
6000
5000
4000
降水(mm)
0.1～9.9
10～24.9
25～49.9
50～99.9
>100
1:2500万
南海诸岛
比例尺 1:5000万

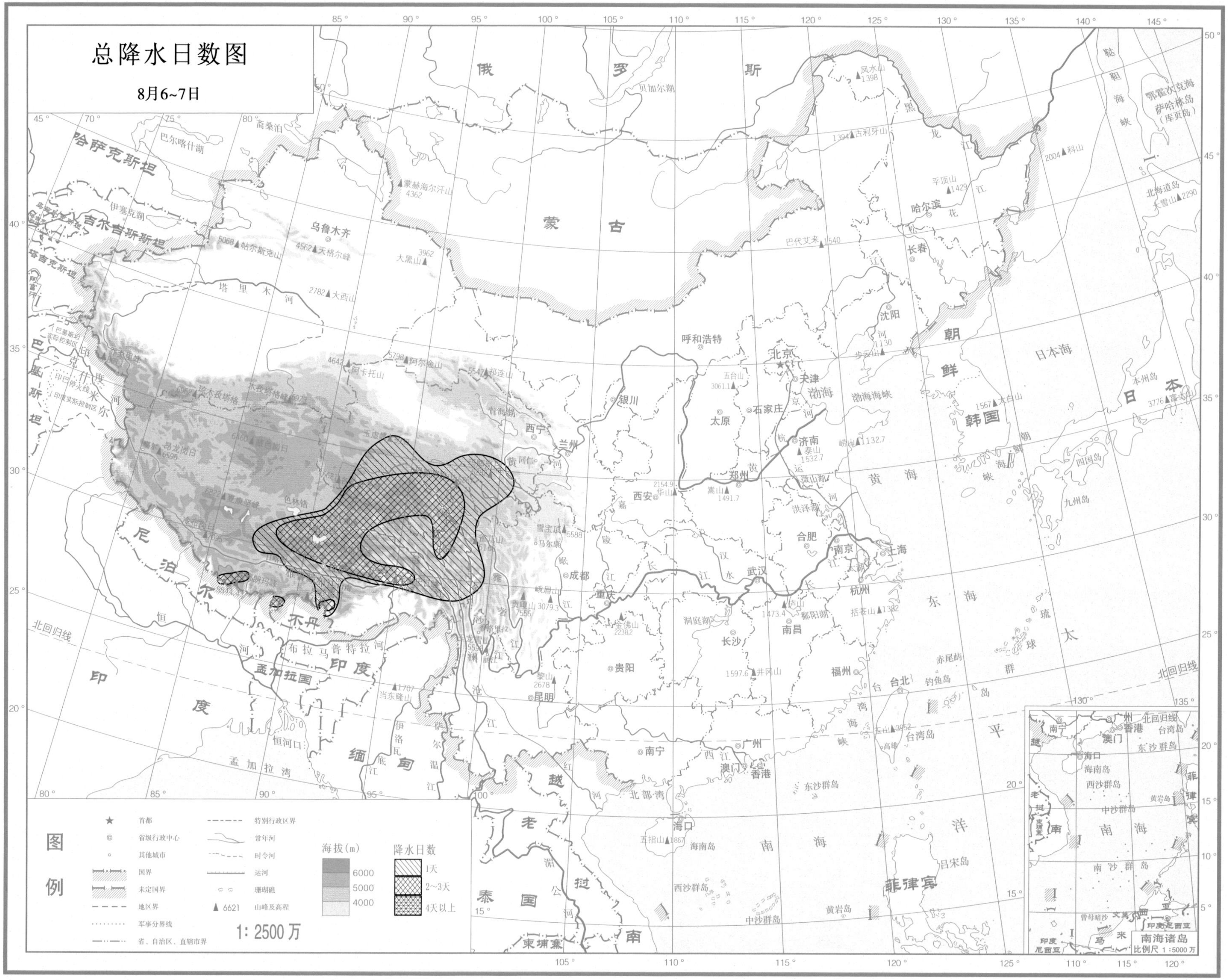
总降水日数图
8月6~7日
图例
首都
省级行政中心
其他城市
国界
未定国界
地区界
军事分界线
省、自治区、直辖市界
特别行政区界
常年河
时令河
运河
珊瑚礁
6621 山峰及高程
海拔(m)
6000
5000
4000
降水日数
1天
2~3天
4天以上
1: 2500万
南海诸岛
比例尺 1:5000万

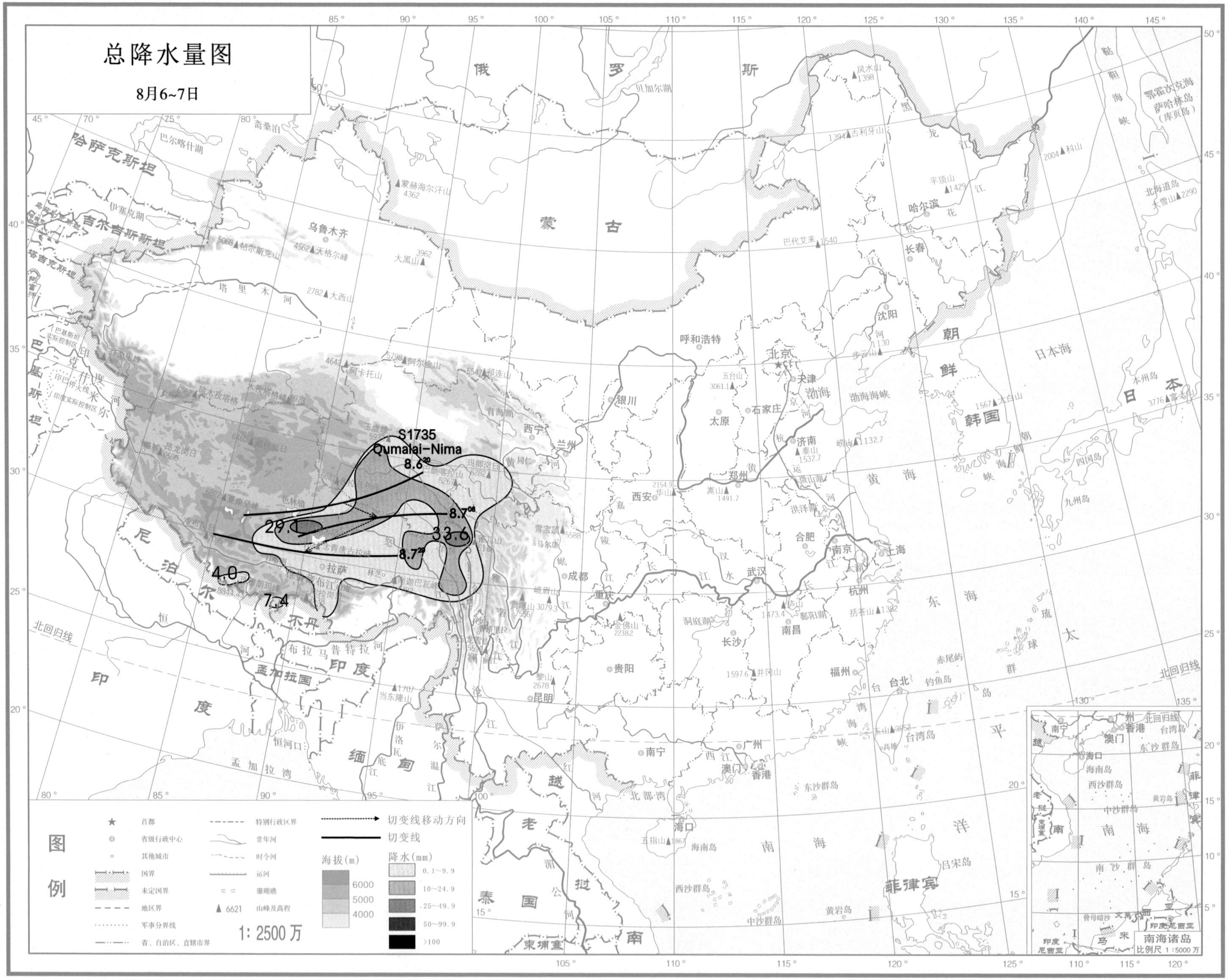
总降水量图
8月6~7日
S1735
Qumalai-Nima
29.1
33.6
8.6
8.7
8.7
4.0
7.4
图例
首都
省级行政中心
其他城市
国界
未定国界
地区界
军事分界线
省、自治区、直辖市界
特别行政区界
常年河
时令河
运河
珊瑚礁
山峰及高程
切变线移动方向
切变线
海拔(m)
6000
5000
4000
降水(mm)
0.1~9.9
10~24.9
25~49.9
50~99.9
>100
1: 2500 万
南海诸岛
比例尺 1:5000 万

总降水日数图

8月3日

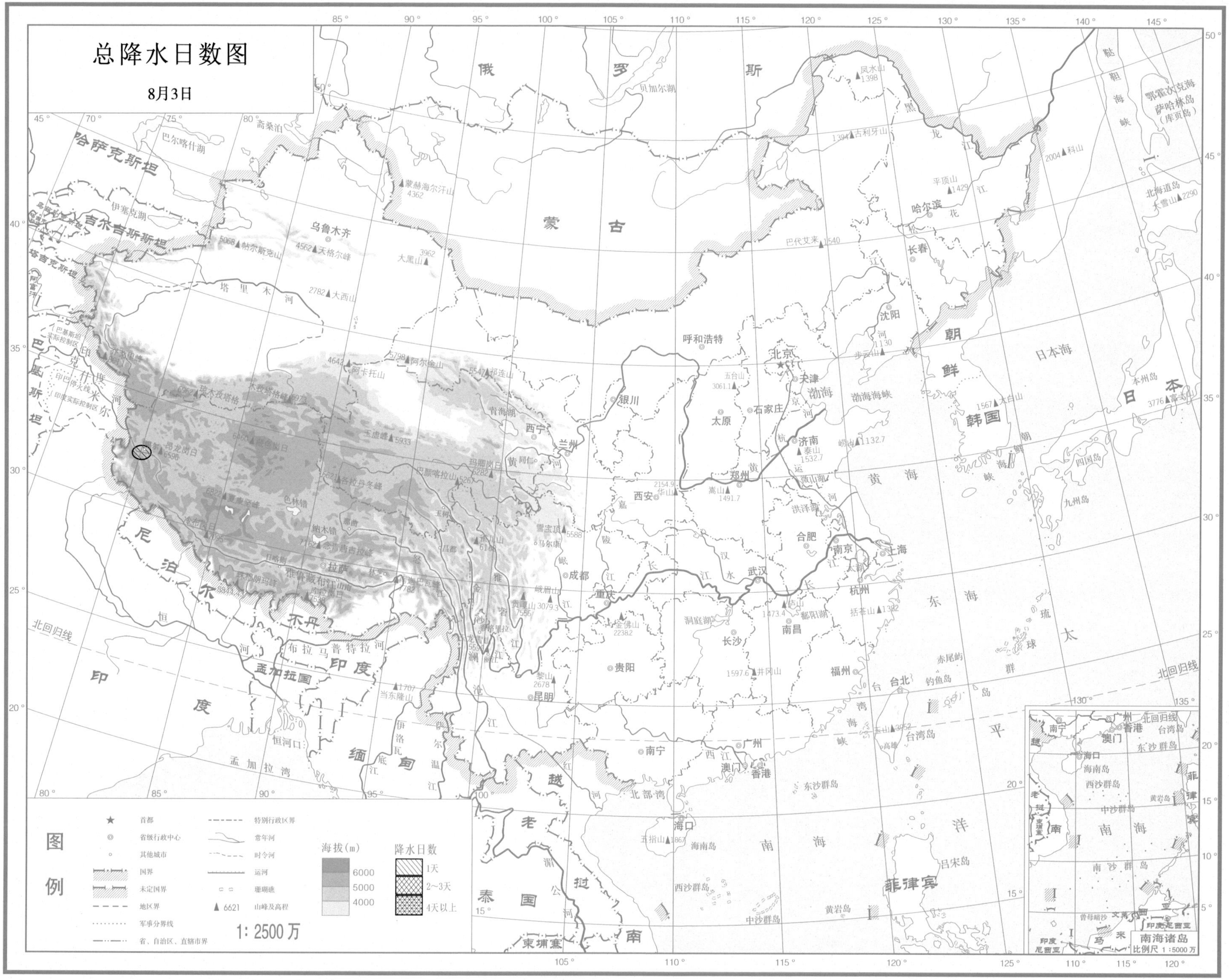
图例
首都
省级行政中心
其他城市
国界
未定国界
地区界
军事分界线
省、自治区、直辖市界
特别行政区界
常年河
时令河
运河
珊瑚礁
6621 山峰及高程
海拔(m)
6000
5000
4000
降水日数
1天
2~3天
4天以上
1: 2500 万
南海诸岛
比例尺 1 : 5000 万

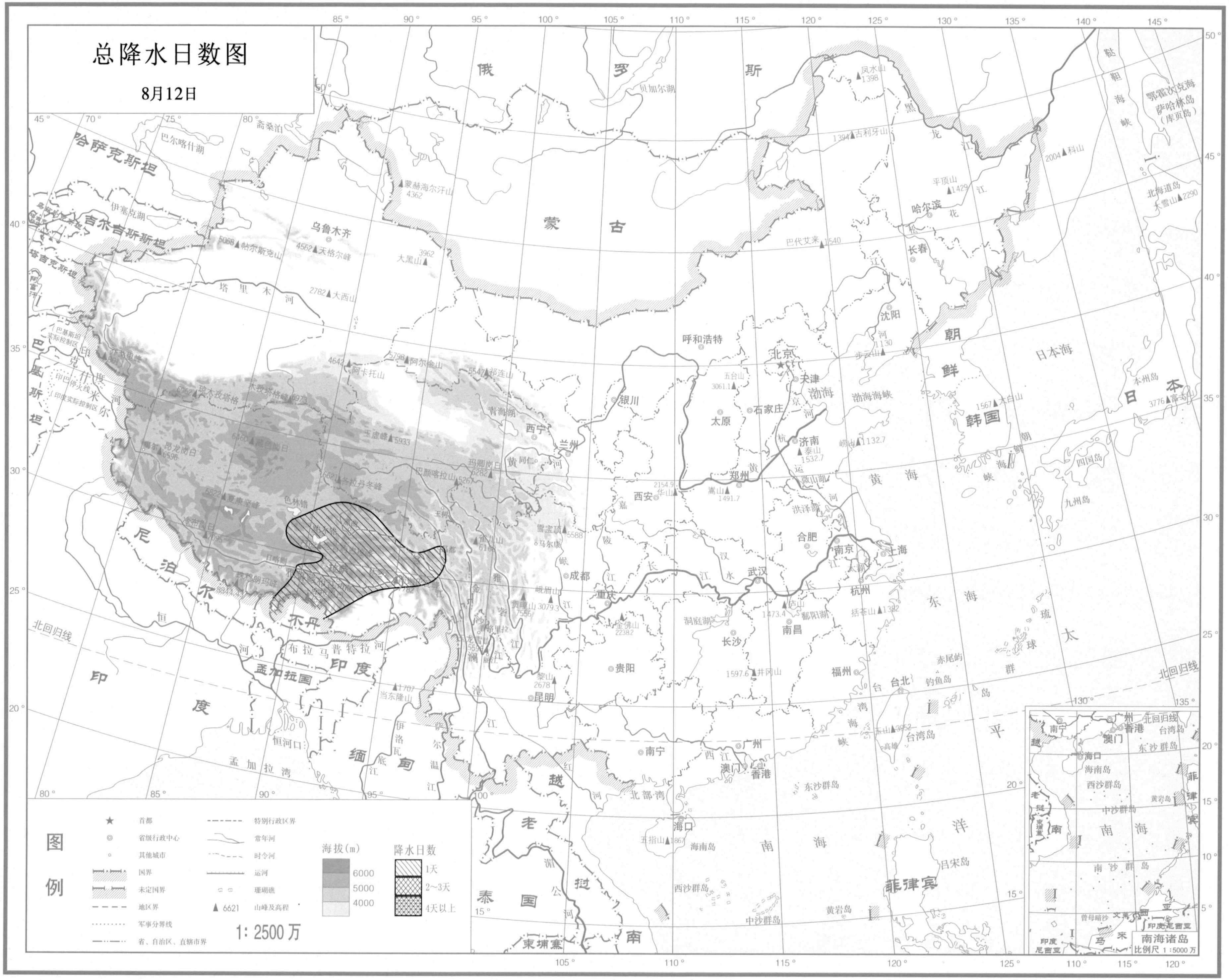
总降水日数图
8月12日
图例
首都
省级行政中心
其他城市
国界
未定国界
地区界
军事分界线
省、自治区、直辖市界
特别行政区界
常年河
时令河
运河
珊瑚礁
6621 山峰及高程
海拔(m)
6000
5000
4000
降水日数
1天
2~3天
4天以上
1: 2500万
南海诸岛
比例尺 1:5000万

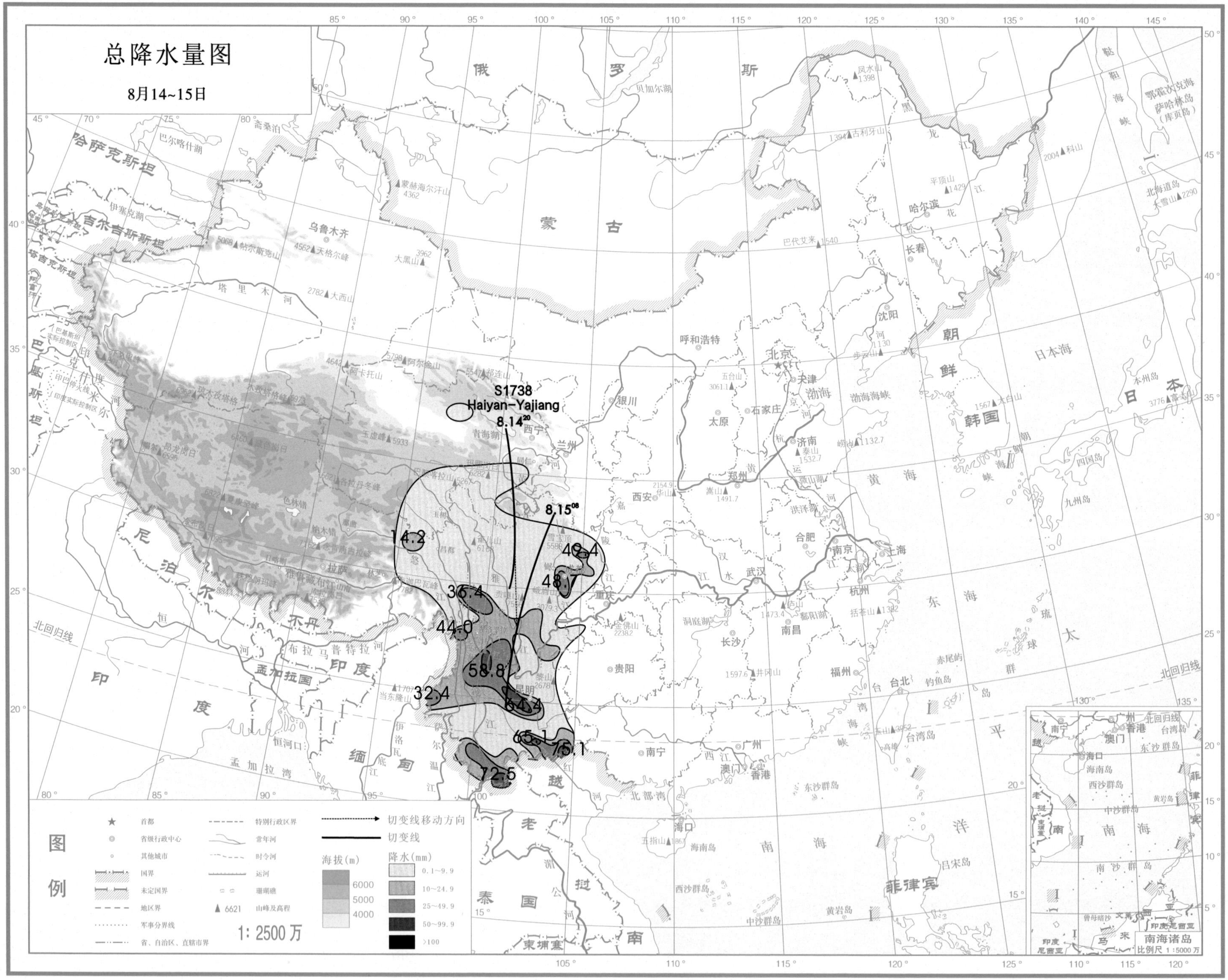
总降水量图
8月14~15日
S1738
Haiyan-Yajiang
8.14[20]
8.15[08]
14.2
40.4
48.7
36.4
44.0
58.8
32.4
64.4
65.1
75.1
72.5
图例
首都
省级行政中心
其他城市
国界
未定国界
地区界
军事分界线
省、自治区、直辖市界
特别行政区界
常年河
时令河
运河
珊瑚礁
6621 山峰及高程
切变线移动方向
切变线
海拔(m)
6000
5000
4000
降水(mm)
0.1~9.9
10~24.9
25~49.9
50~99.9
>100
1: 2500万
南海诸岛
比例尺 1:5000万

总降水日数图

8月14~15日

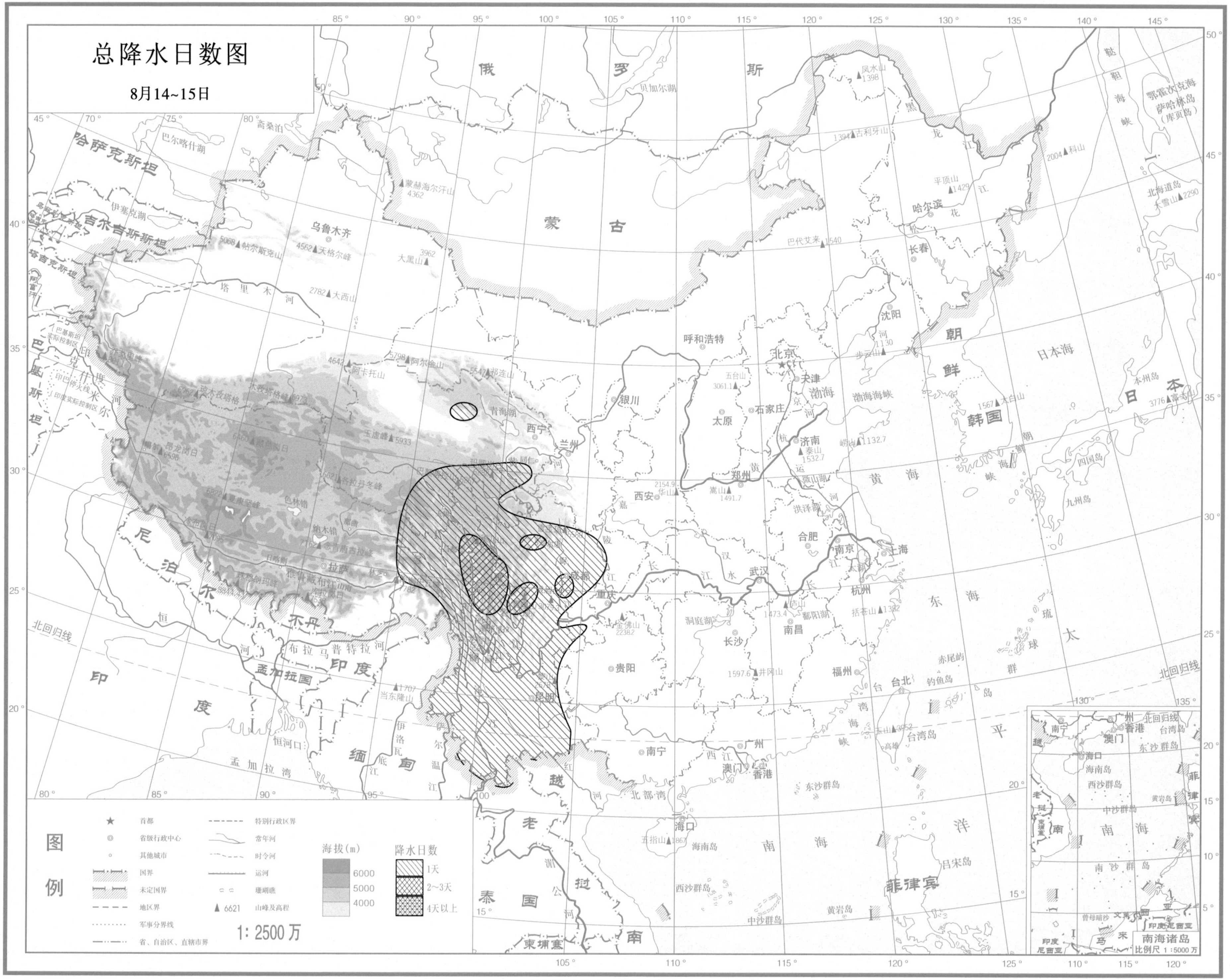
图例
首都
省级行政中心
其他城市
国界
未定国界
地区界
军事分界线
省、自治区、直辖市界
特别行政区界
常年河
时令河
运河
珊瑚礁
6621 山峰及高程
1: 2500 万
海拔(m)
6000
5000
4000
降水日数
1天
2~3天
4天以上
南海诸岛
比例尺 1：5000 万

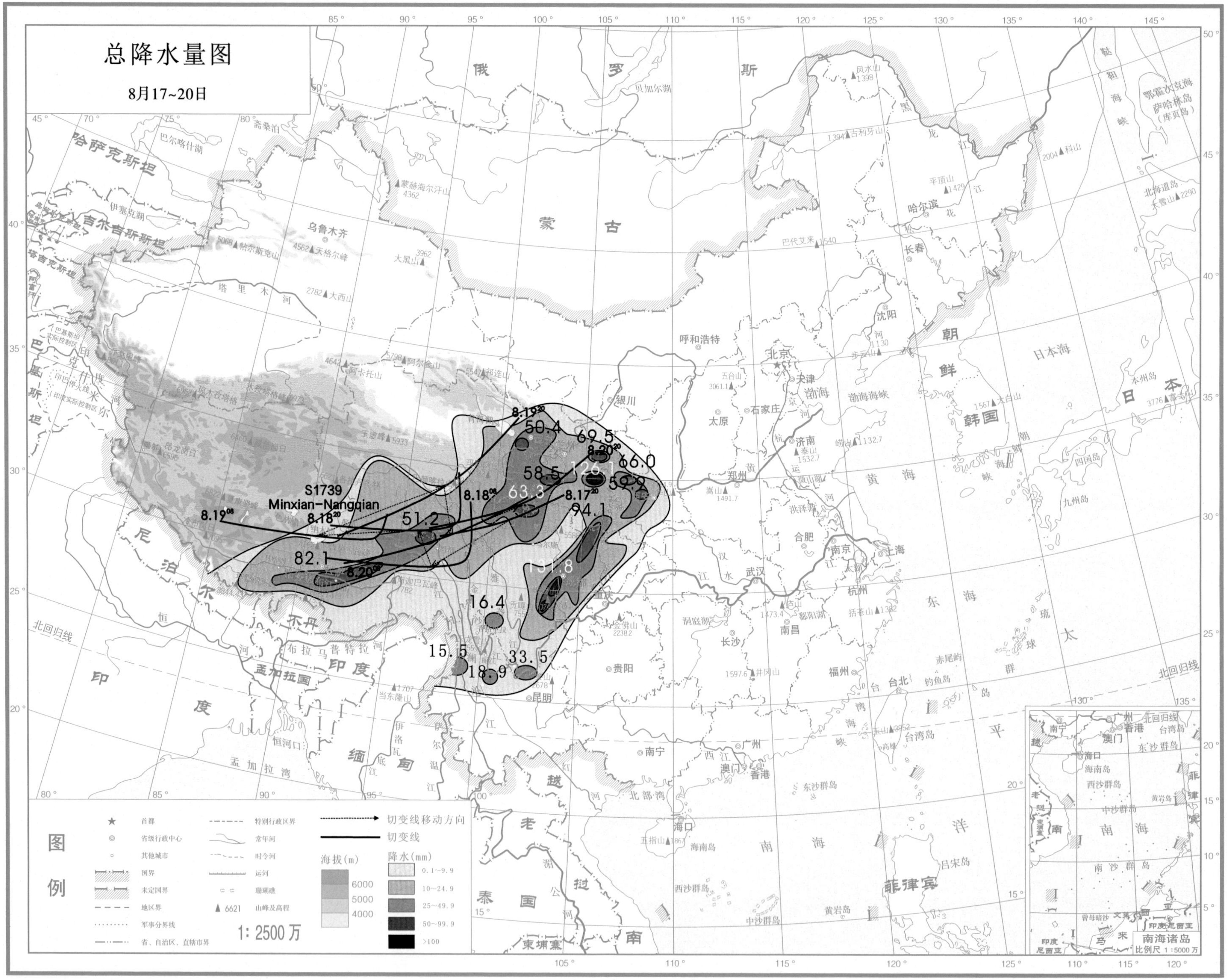
总降水量图
8月17~20日
S1739
Minxian-Nangqian
8.19[08]
8.18[20]
8.19[20]
8.18[08]
8.17[20]
8.20[20]
8.20[08]
50.4
69.5
66.0
58.5
126.1
63.3
59.2
94.1
51.2
82.1
131.8
16.4
15.5
18.9
33.5
图例
首都
省级行政中心
其他城市
国界
未定国界
地区界
军事分界线
省、自治区、直辖市界
特别行政区界
常年河
时令河
运河
珊瑚礁
6621 山峰及高程
1: 2500 万
切变线移动方向
切变线
海拔(m)
6000
5000
4000
降水(mm)
0.1~9.9
10~24.9
25~49.9
50~99.9
>100
南海诸岛
比例尺 1:5000 万

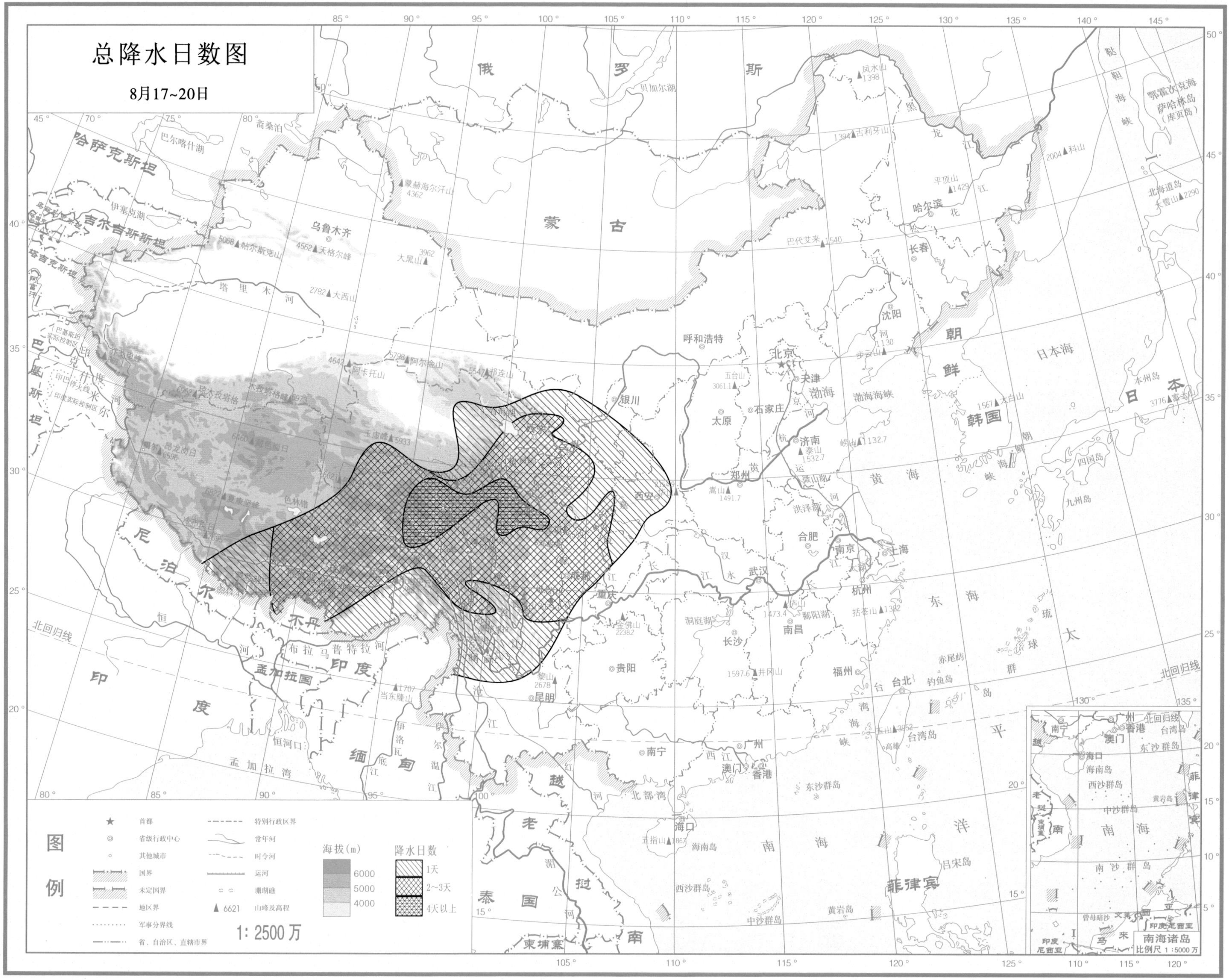
总降水日数图
8月17~20日
图例
首都
省级行政中心
其他城市
国界
未定国界
地区界
军事分界线
省、自治区、直辖市界
特别行政区界
常年河
时令河
运河
珊瑚礁
6621 山峰及高程
海拔(m)
6000
5000
4000
降水日数
1天
2~3天
4天以上
1: 2500 万
俄 罗 斯
蒙 古
哈萨克斯坦
吉尔吉斯斯坦
塔吉克斯坦
巴基斯坦
尼泊尔
不丹
孟加拉国
印 度
缅 甸
老 挝
泰 国
越 南
柬埔寨
朝 鲜
韩 国
日 本
菲律宾
乌鲁木齐
呼和浩特
北京
天津
石家庄
太原
济南
银川
西安
郑州
合肥
南京
上海
杭州
武汉
重庆
长沙
南昌
贵阳
昆明
福州
台北
南宁
广州
澳门
香港
海口
哈尔滨
长春
沈阳
渤海
黄 海
东 海
南 海
日本海
太 平 洋
南海诸岛
比例尺 1:5000 万

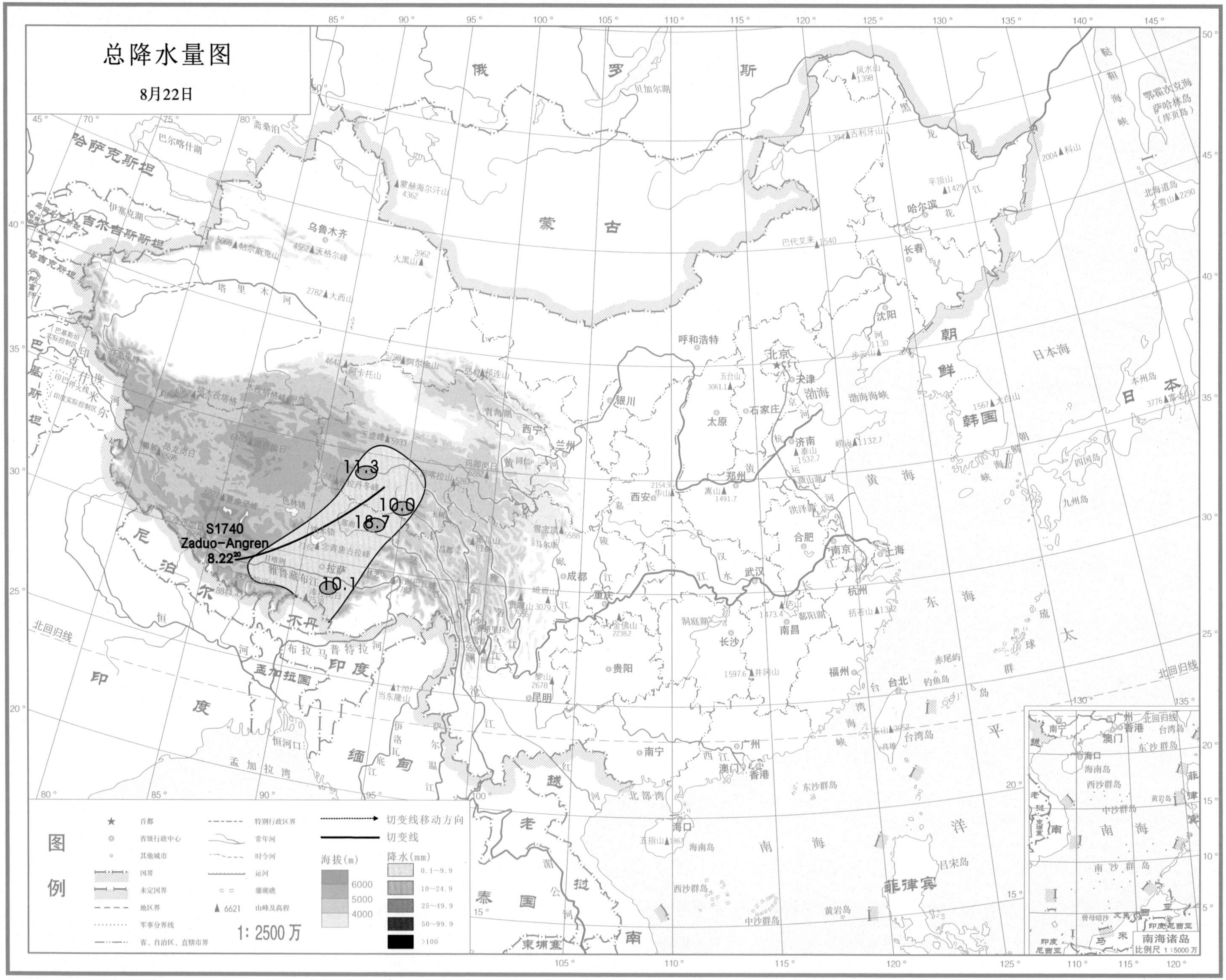
总降水量图
8月22日
S1740
Zaduo-Angren
8.22[20]
11.3
10.0
18.7
10.1
图例
首都
省级行政中心
其他城市
国界
未定国界
地区界
军事分界线
省、自治区、直辖市界
特别行政区界
常年河
时令河
运河
珊瑚礁
6621 山峰及高程
切变线移动方向
切变线
海拔(m)
6000
5000
4000
降水(mm)
0.1~9.9
10~24.9
25~49.9
50~99.9
>100
1: 2500 万
南海诸岛
比例尺 1:5000 万

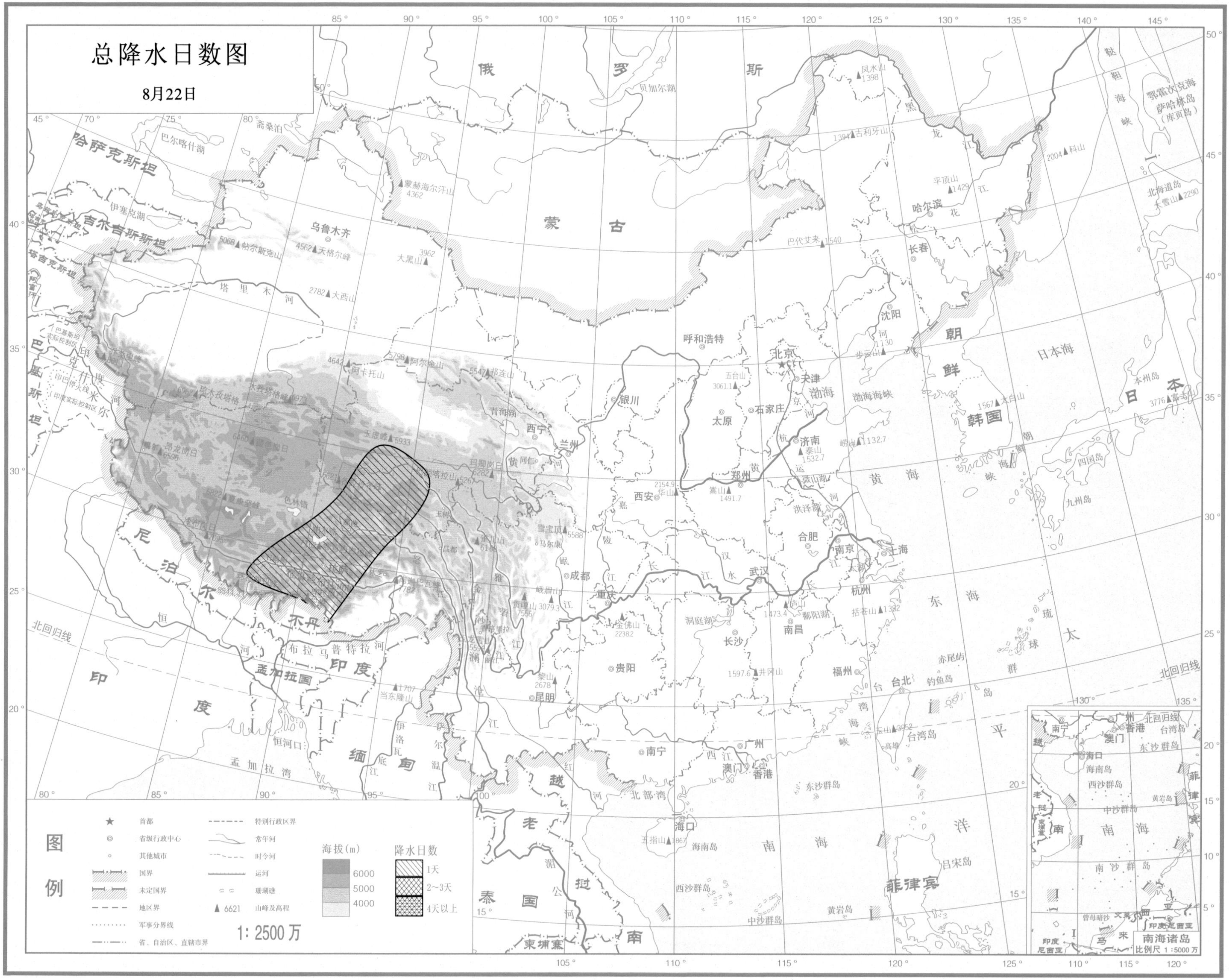
总降水日数图
8月22日
图例
首都
省级行政中心
其他城市
国界
未定国界
地区界
军事分界线
省、自治区、直辖市界
特别行政区界
常年河
时令河
运河
珊瑚礁
6621 山峰及高程
海拔(m)
6000
5000
4000
降水日数
1天
2~3天
4天以上
1: 2500万
南海诸岛
比例尺 1:5000万

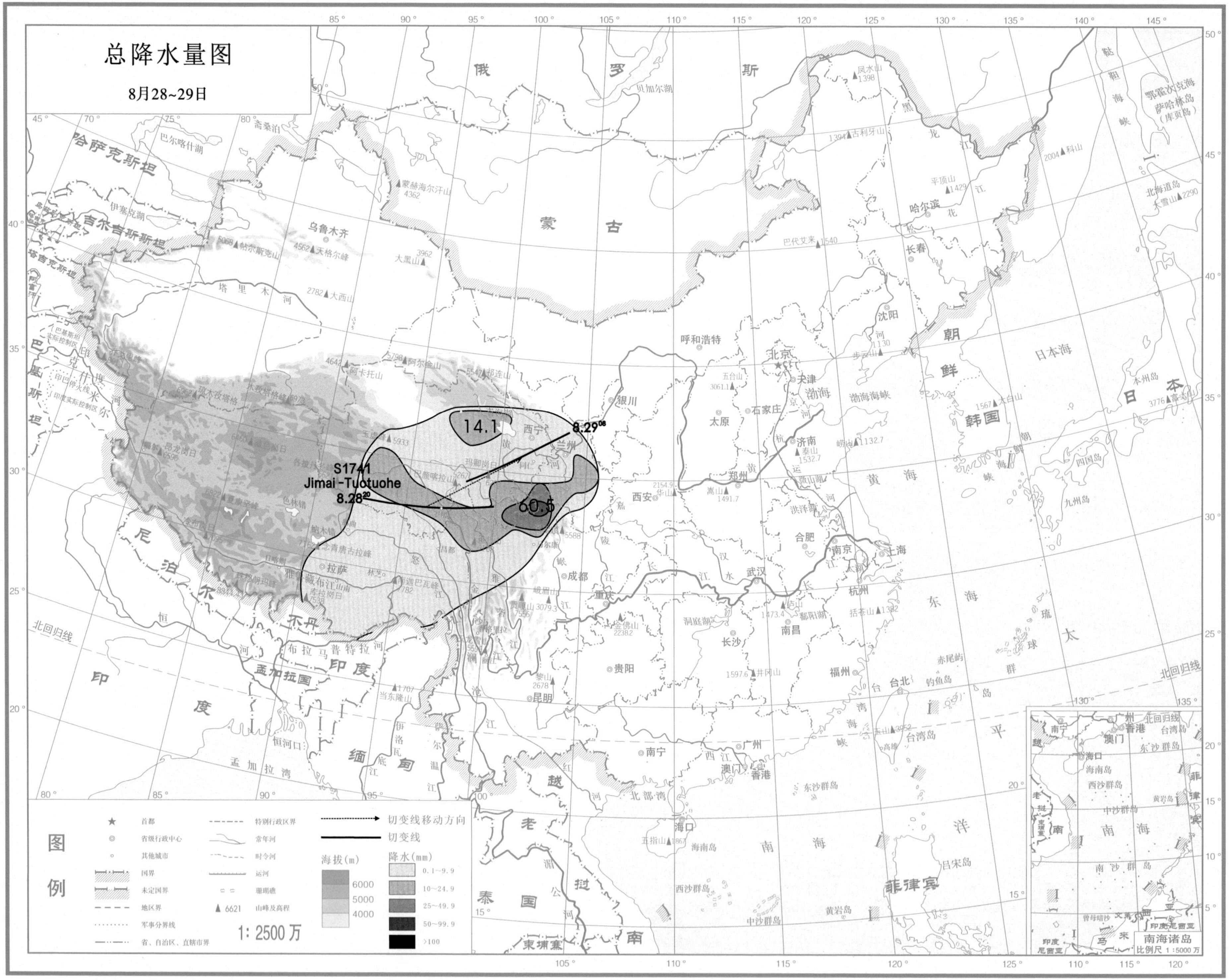
总降水量图
8月28~29日
S1741
Jimai-Tuotuohe
8.28^20
8.29^08
14.1
60.5
图例
首都
省级行政中心
其他城市
国界
未定国界
地区界
军事分界线
省、自治区、直辖市界
特别行政区界
常年河
时令河
运河
珊瑚礁
6621 山峰及高程
切变线移动方向
切变线
海拔(m)
6000
5000
4000
降水(mm)
0.1~9.9
10~24.9
25~49.9
50~99.9
>100
1: 2500 万
南海诸岛
比例尺 1:5000 万

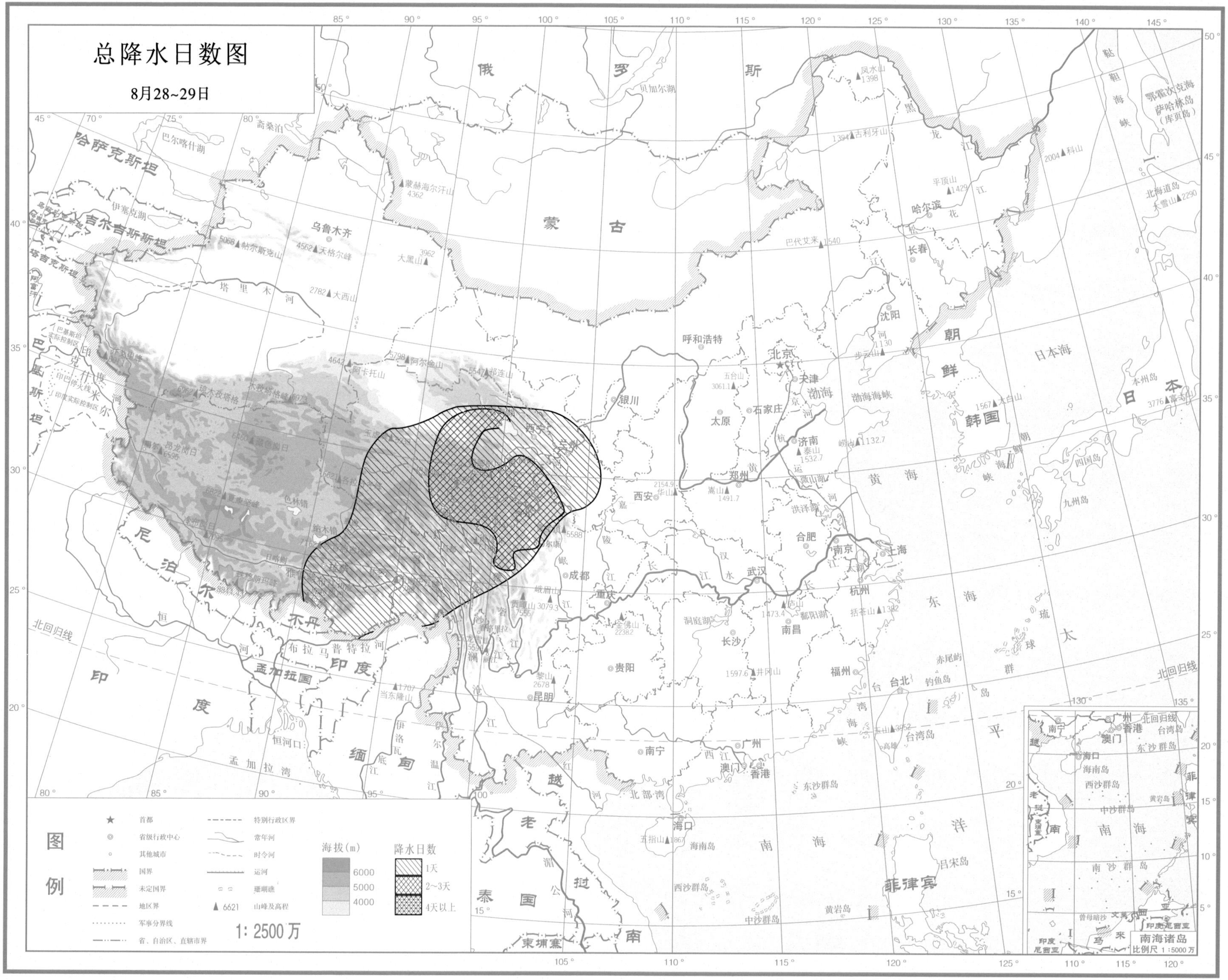
总降水日数图
8月28~29日
图例
首都
省级行政中心
其他城市
国界
未定国界
地区界
军事分界线
省、自治区、直辖市界
特别行政区界
常年河
时令河
运河
珊瑚礁
6621 山峰及高程
海拔(m)
6000
5000
4000
降水日数
1天
2~3天
4天以上
1: 2500万
南海诸岛
比例尺 1:5000万

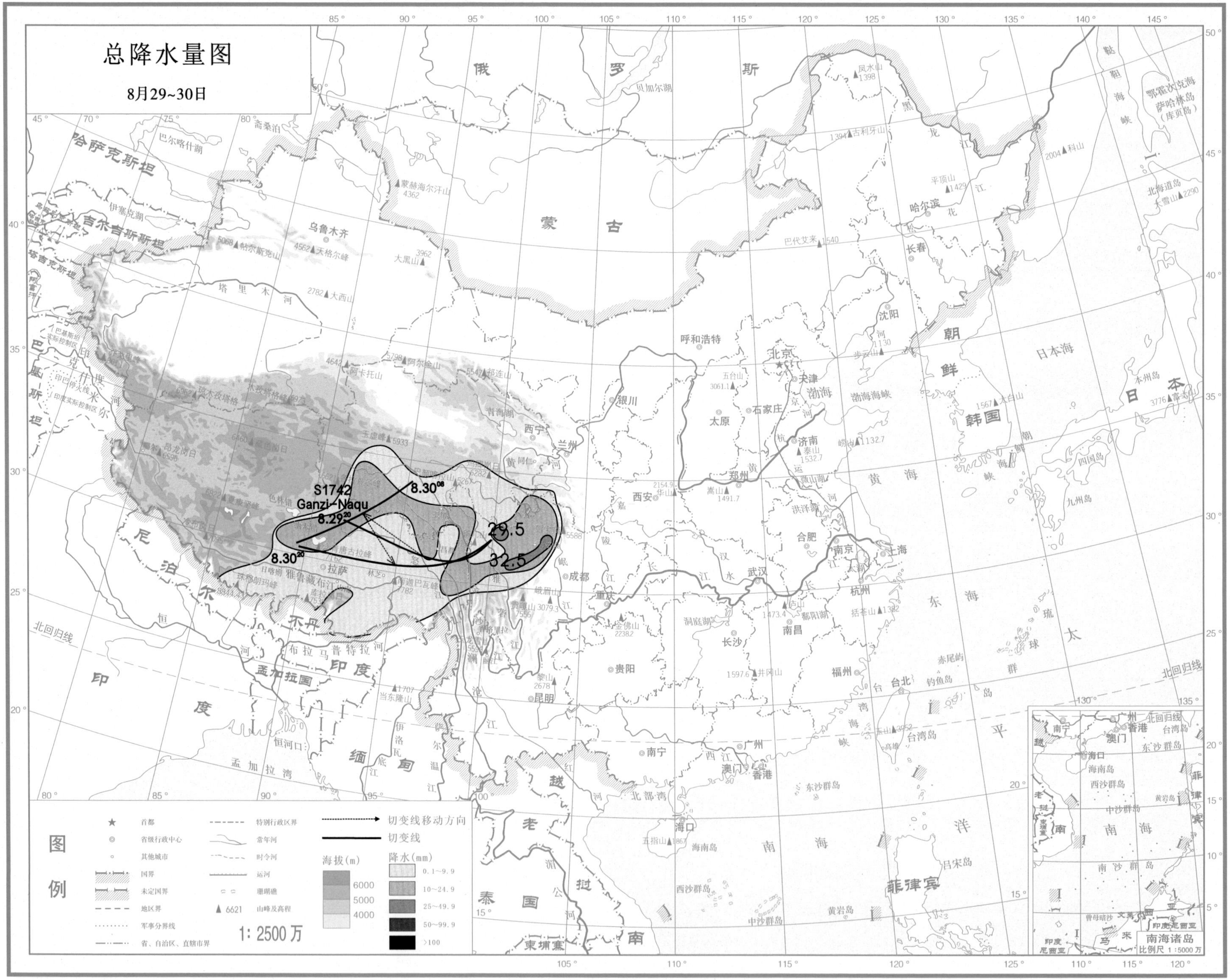
总降水量图
8月29~30日
S1742
Ganzi-Naqu
8.30[08]
8.29[20]
8.30[20]
29.5
32.5
图例
首都
省级行政中心
其他城市
国界
未定国界
地区界
军事分界线
省、自治区、直辖市界
特别行政区界
常年河
时令河
运河
珊瑚礁
山峰及高程
切变线移动方向
切变线
海拔(m)
6000
5000
4000
降水(mm)
0.1~9.9
10~24.9
25~49.9
50~99.9
>100
1:2500万
南海诸岛
比例尺 1:5000万

总降水日数图

8月29~30日

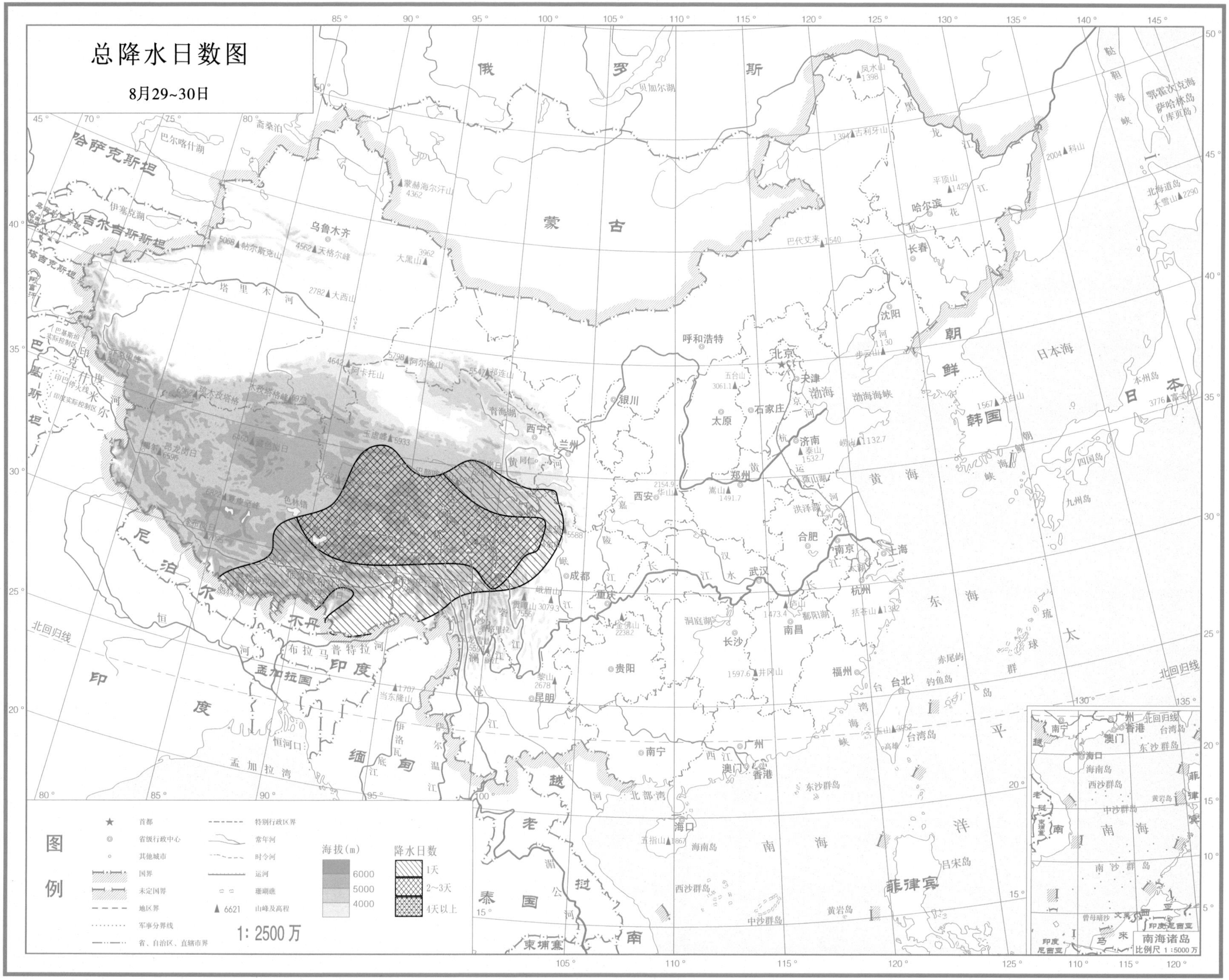

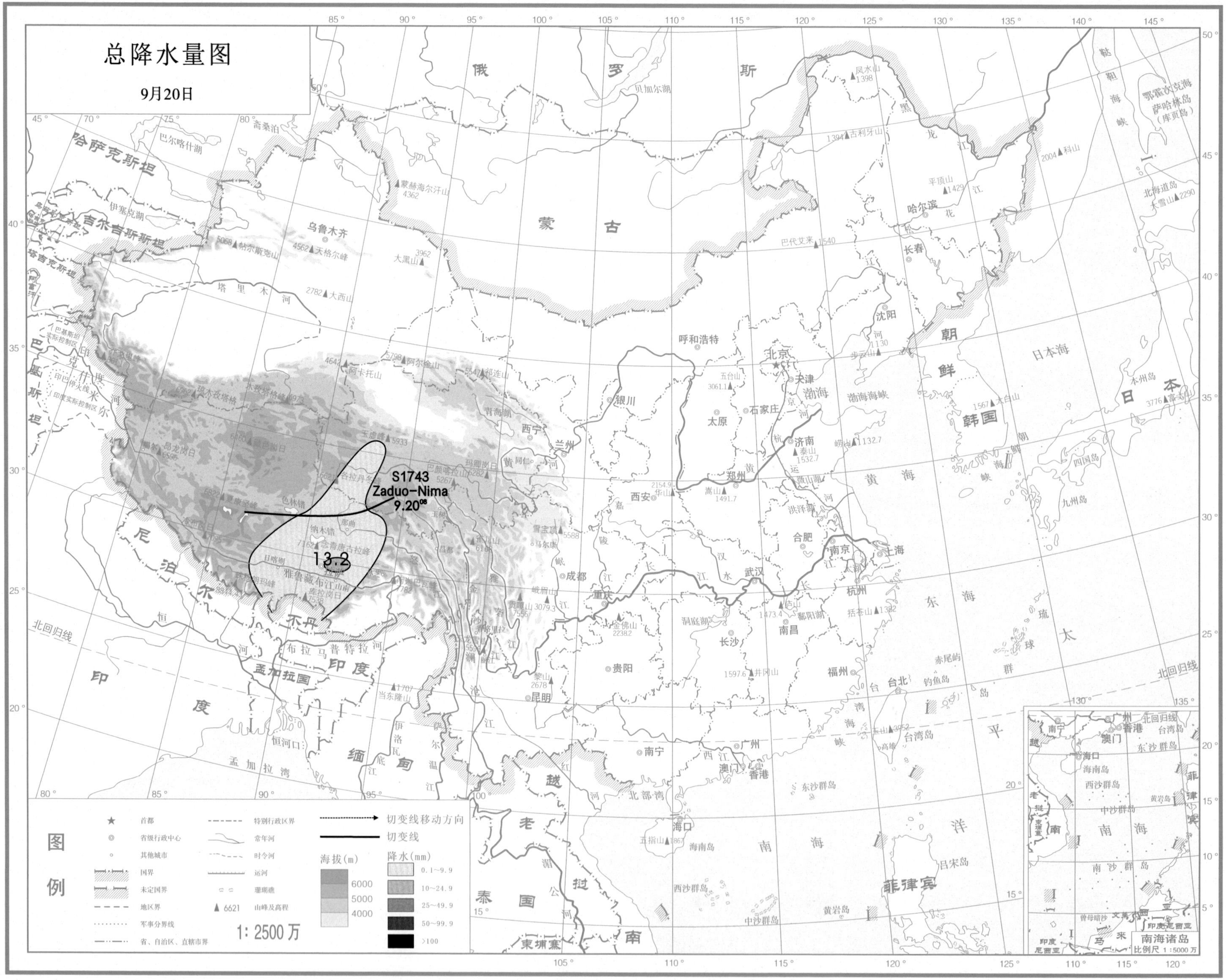
总降水量图
9月20日
S1743
Zaduo-Nima
9.20 08
13.2
图例
首都
省级行政中心
其他城市
国界
未定国界
地区界
军事分界线
省、自治区、直辖市界
特别行政区界
常年河
时令河
运河
珊瑚礁
6621 山峰及高程
切变线移动方向
切变线
海拔(m)
6000
5000
4000
降水(mm)
0.1~9.9
10~24.9
25~49.9
50~99.9
>100
1: 2500万
南海诸岛
比例尺 1:5000万

总降水日数图

9月20日

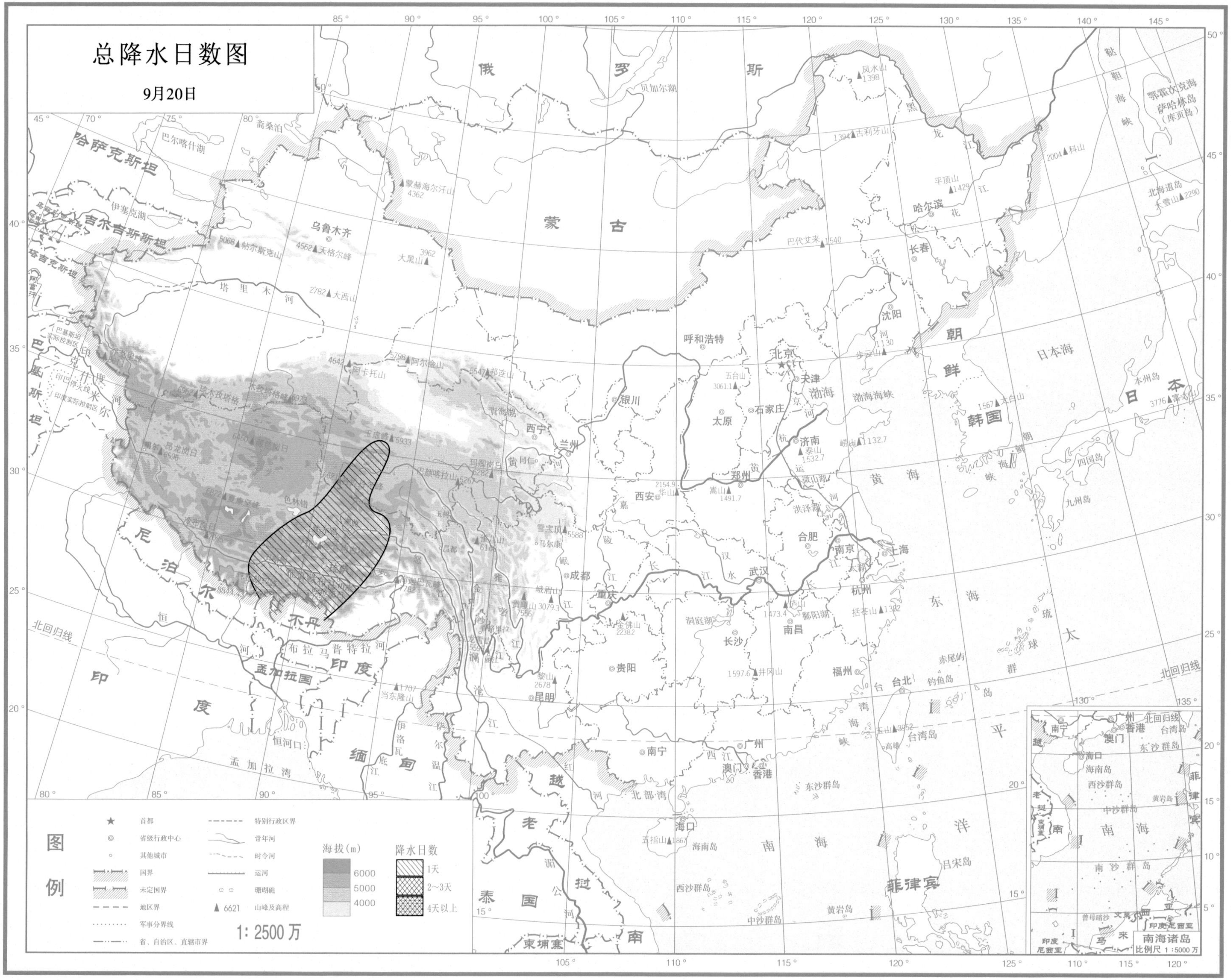

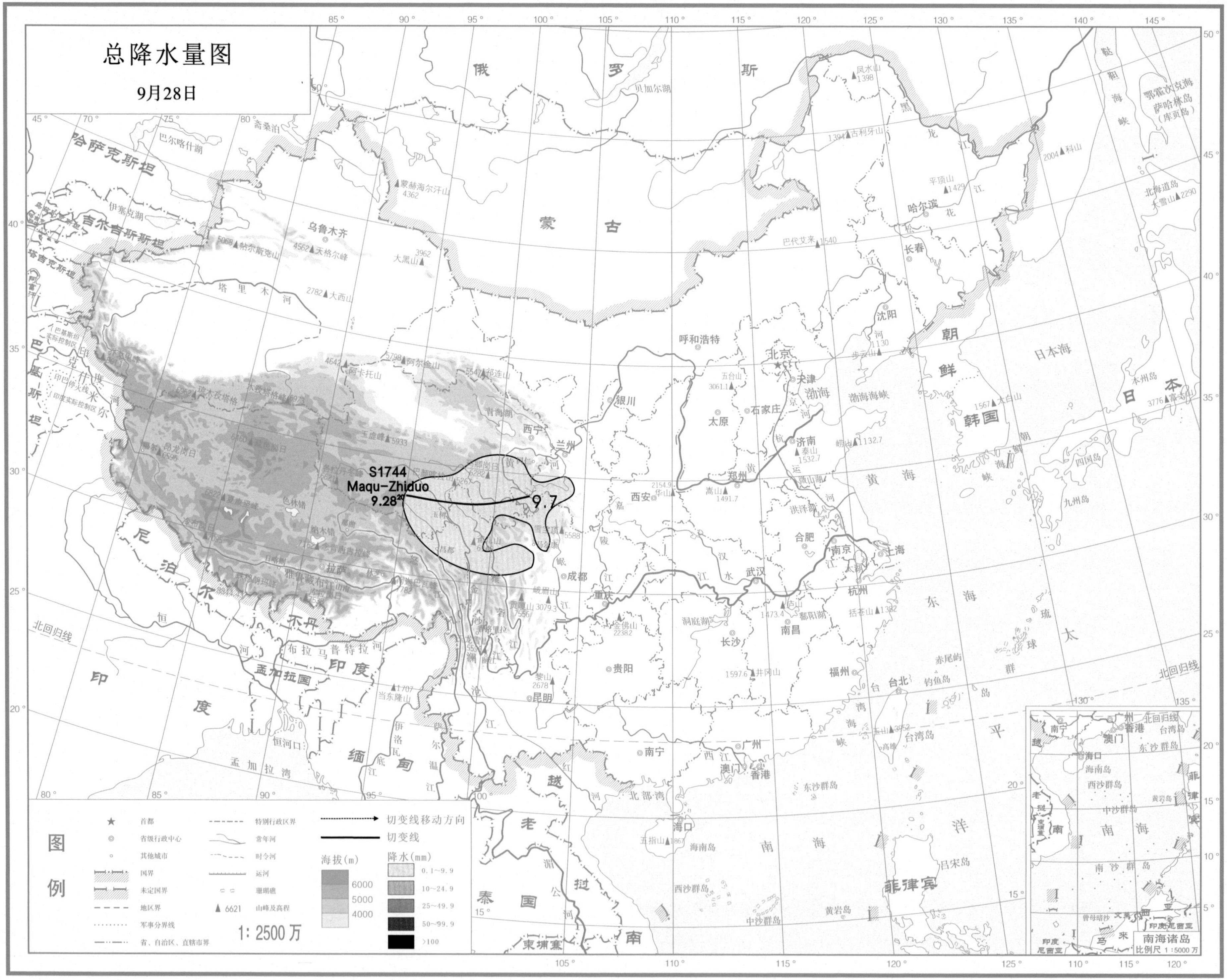
总降水量图
9月28日
S1744
Maqu-Zhiduo
9.28[20]
9.7
图例
首都
省级行政中心
其他城市
国界
未定国界
地区界
军事分界线
省、自治区、直辖市界
特别行政区界
常年河
时令河
运河
珊瑚礁
山峰及高程
切变线移动方向
切变线
海拔(m)
6000
5000
4000
降水(mm)
0.1~9.9
10~24.9
25~49.9
50~99.9
>100
1: 2500 万
南海诸岛
比例尺 1:5000 万

总降水日数图

9月28日

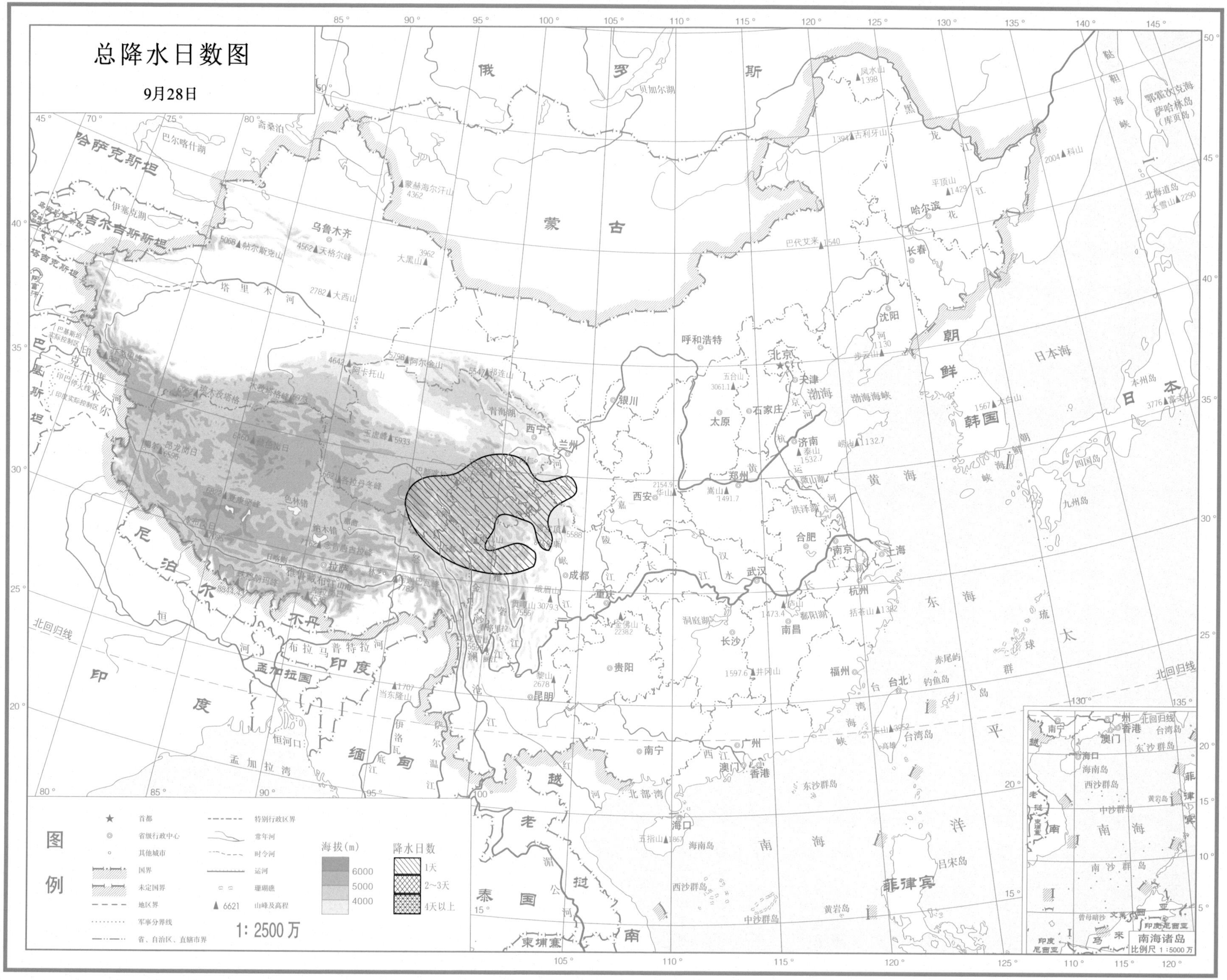

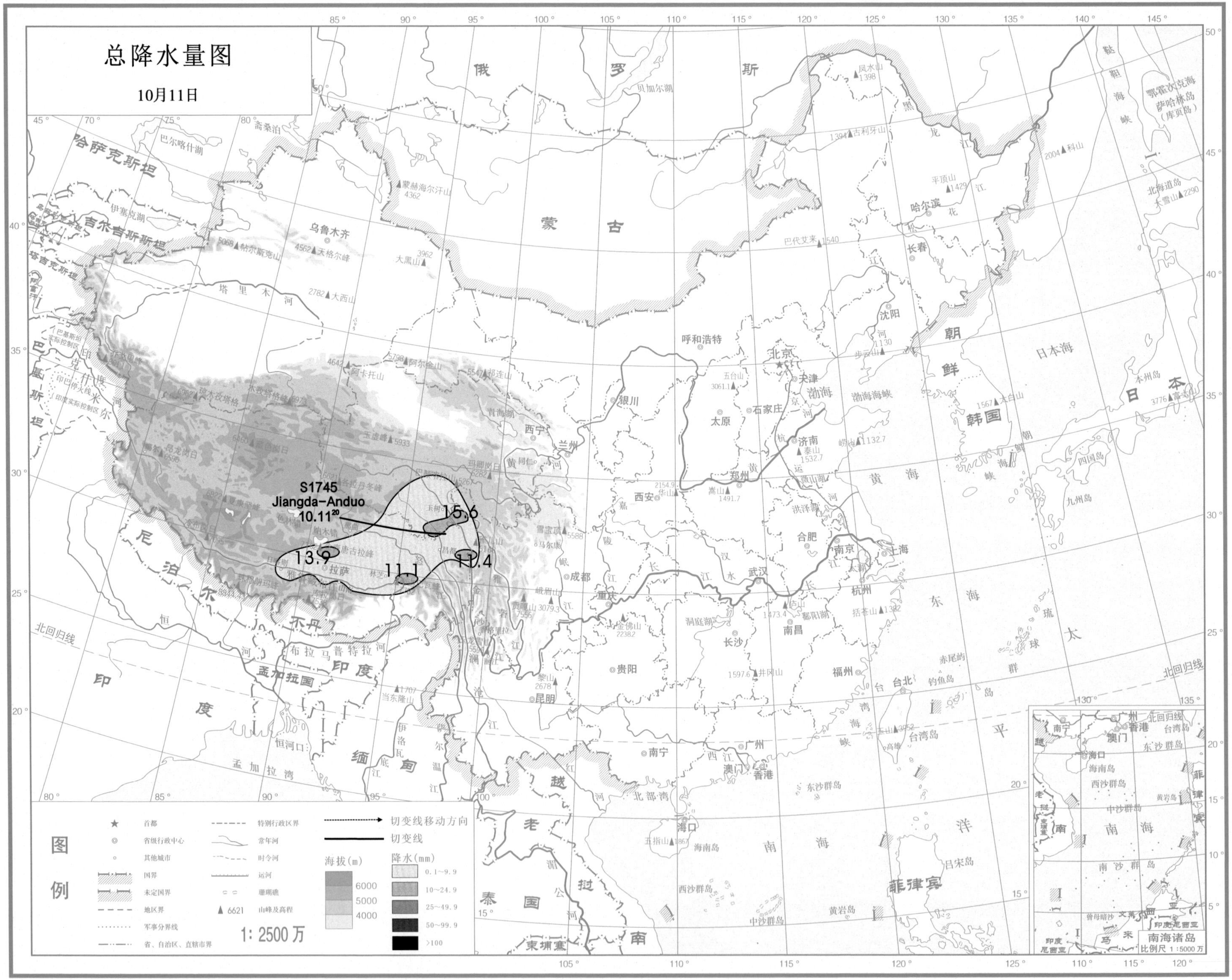
总降水量图
10月11日
S1745
Jiangda-Anduo
10.11²⁰
15.6
13.9
11.1
11.4
图例
首都
省级行政中心
其他城市
国界
未定国界
地区界
军事分界线
省、自治区、直辖市界
特别行政区界
常年河
时令河
运河
珊瑚礁
6621 山峰及高程
切变线移动方向
切变线
海拔(m)
6000
5000
4000
降水(mm)
0.1~9.9
10~24.9
25~49.9
50~99.9
>100
1: 2500万
南海诸岛
比例尺 1:5000万

总降水日数图

10月11日

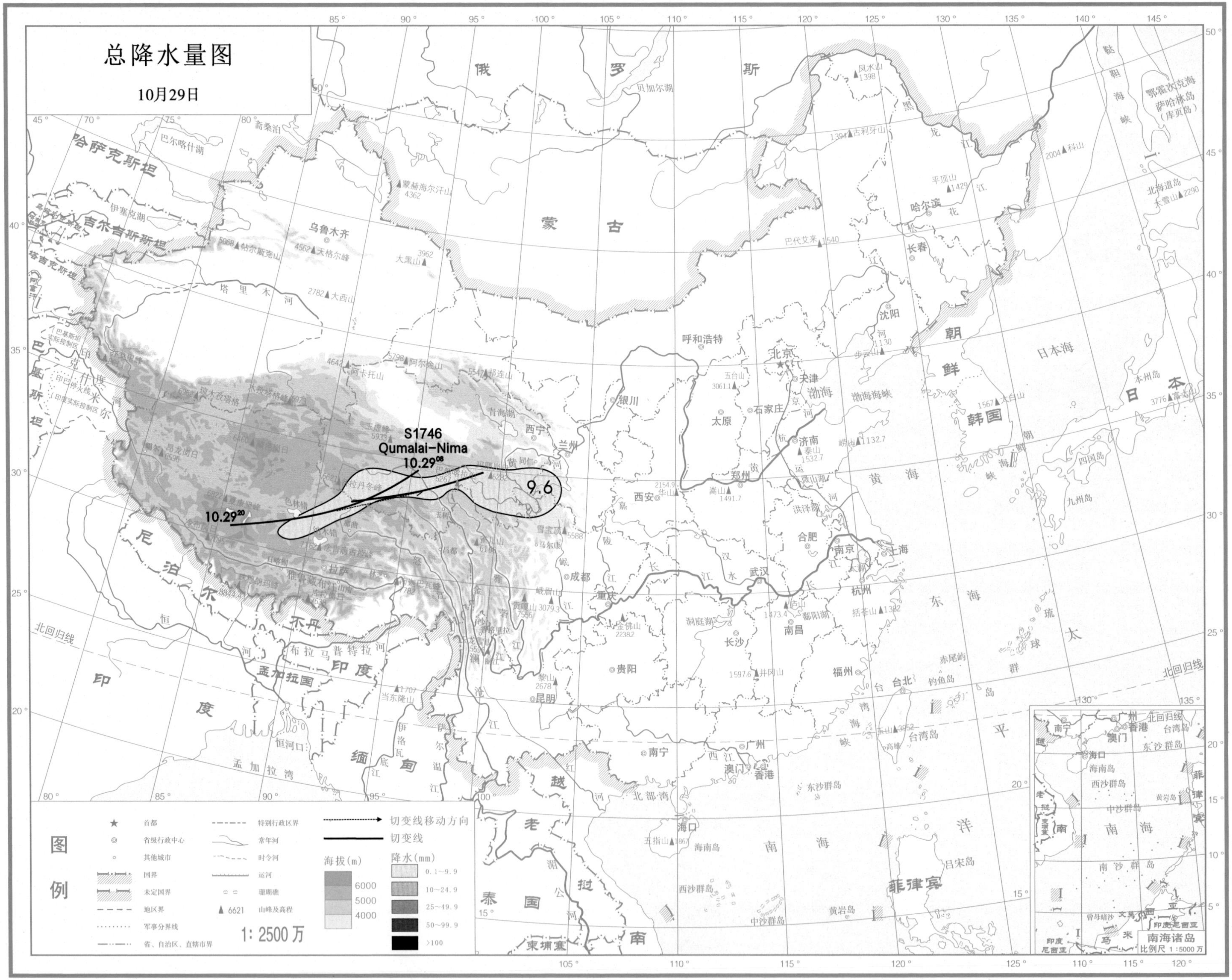
总降水量图
10月29日
S1746
Qumalai-Nima
10.29^08
10.29^20
9.6
图例
首都
省级行政中心
其他城市
国界
未定国界
地区界
军事分界线
省、自治区、直辖市界
特别行政区界
常年河
时令河
运河
珊瑚礁
6621 山峰及高程
切变线移动方向
切变线
海拔(m)
6000
5000
4000
降水(mm)
0.1～9.9
10～24.9
25～49.9
50～99.9
>100
1:2500万
南海诸岛
比例尺 1:5000万

总降水日数图

10月29日

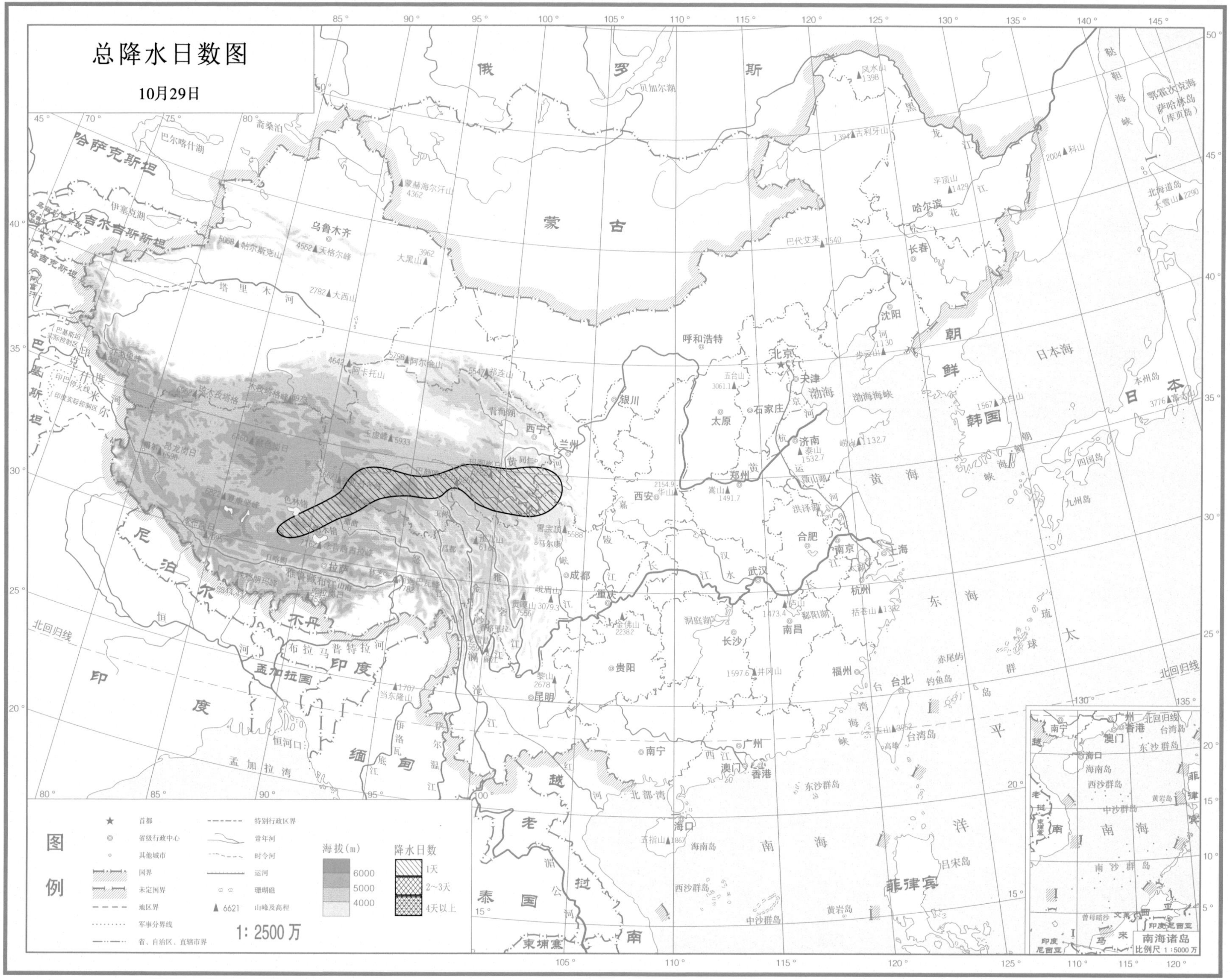

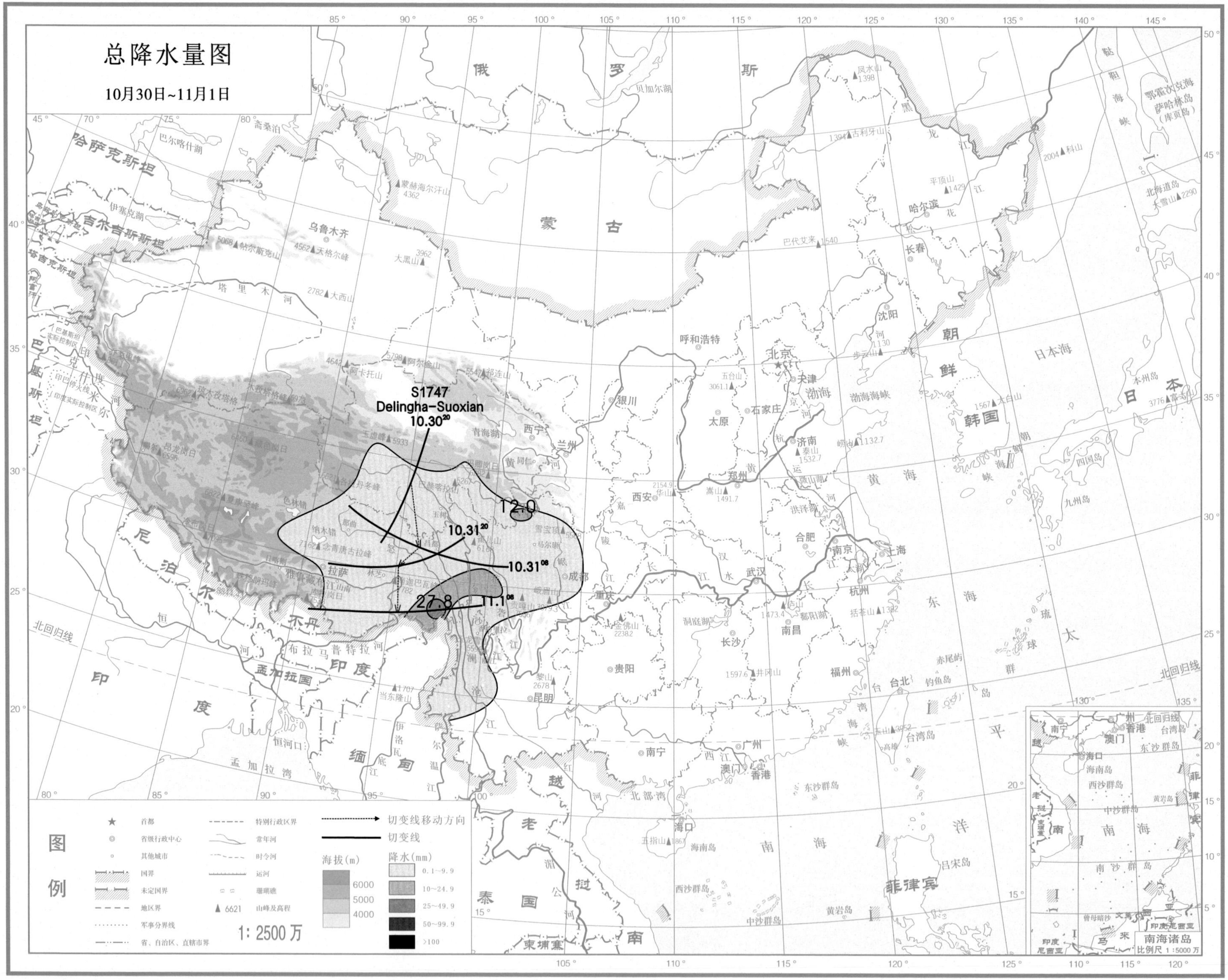
总降水量图
10月30日~11月1日
S1747
Delingha–Suoxian
10.30[20]
10.31[20]
10.31[08]
11.1[08]
12.0
27.8
图例
首都
省级行政中心
其他城市
国界
未定国界
地区界
军事分界线
省、自治区、直辖市界
特别行政区界
常年河
时令河
运河
珊瑚礁
山峰及高程
切变线移动方向
切变线
海拔(m)
6000
5000
4000
降水(mm)
0.1~9.9
10~24.9
25~49.9
50~99.9
>100
1: 2500 万
南海诸岛
比例尺 1:5000 万

总降水日数图

10月30日~11月1日

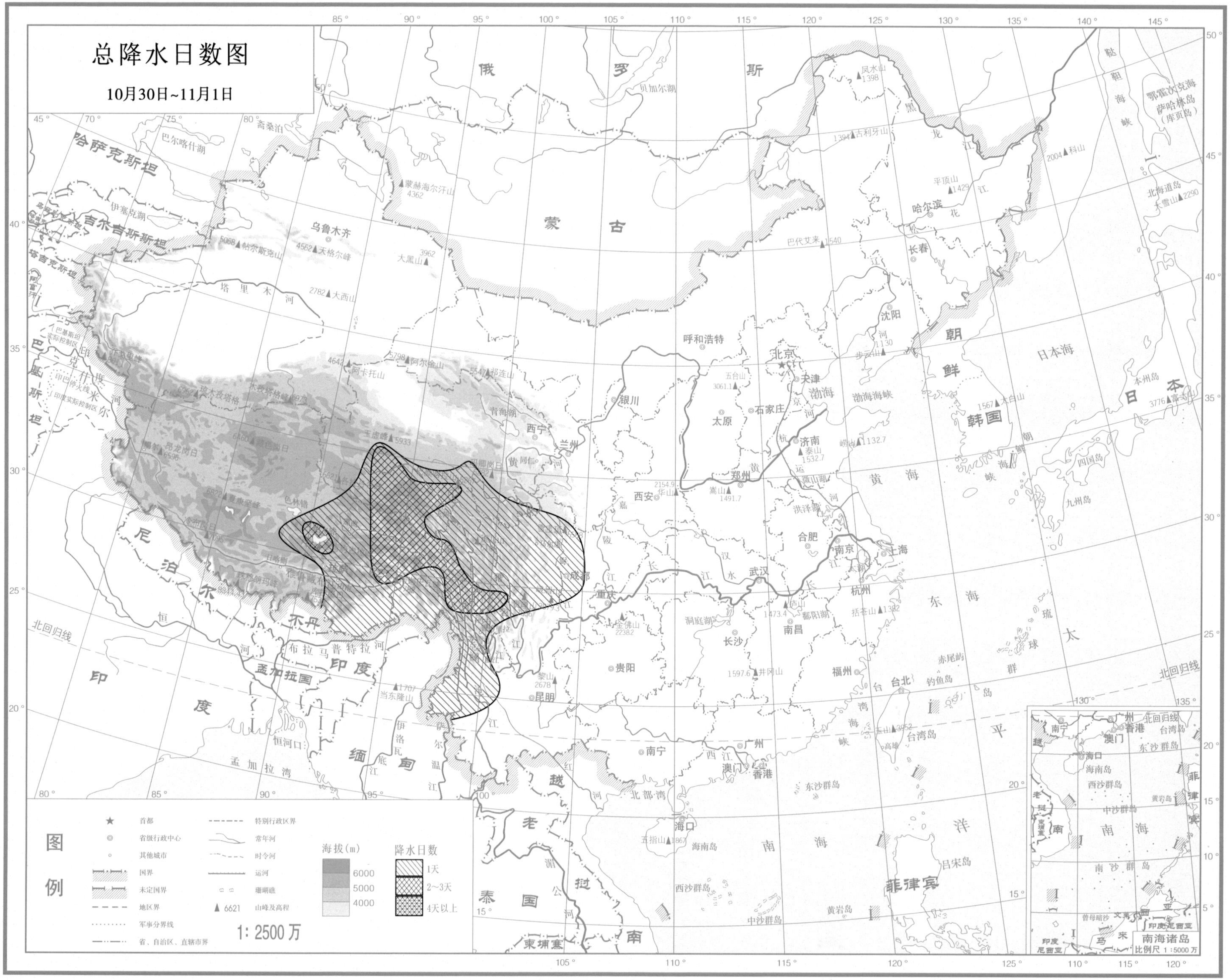

总降水量图

11月22日

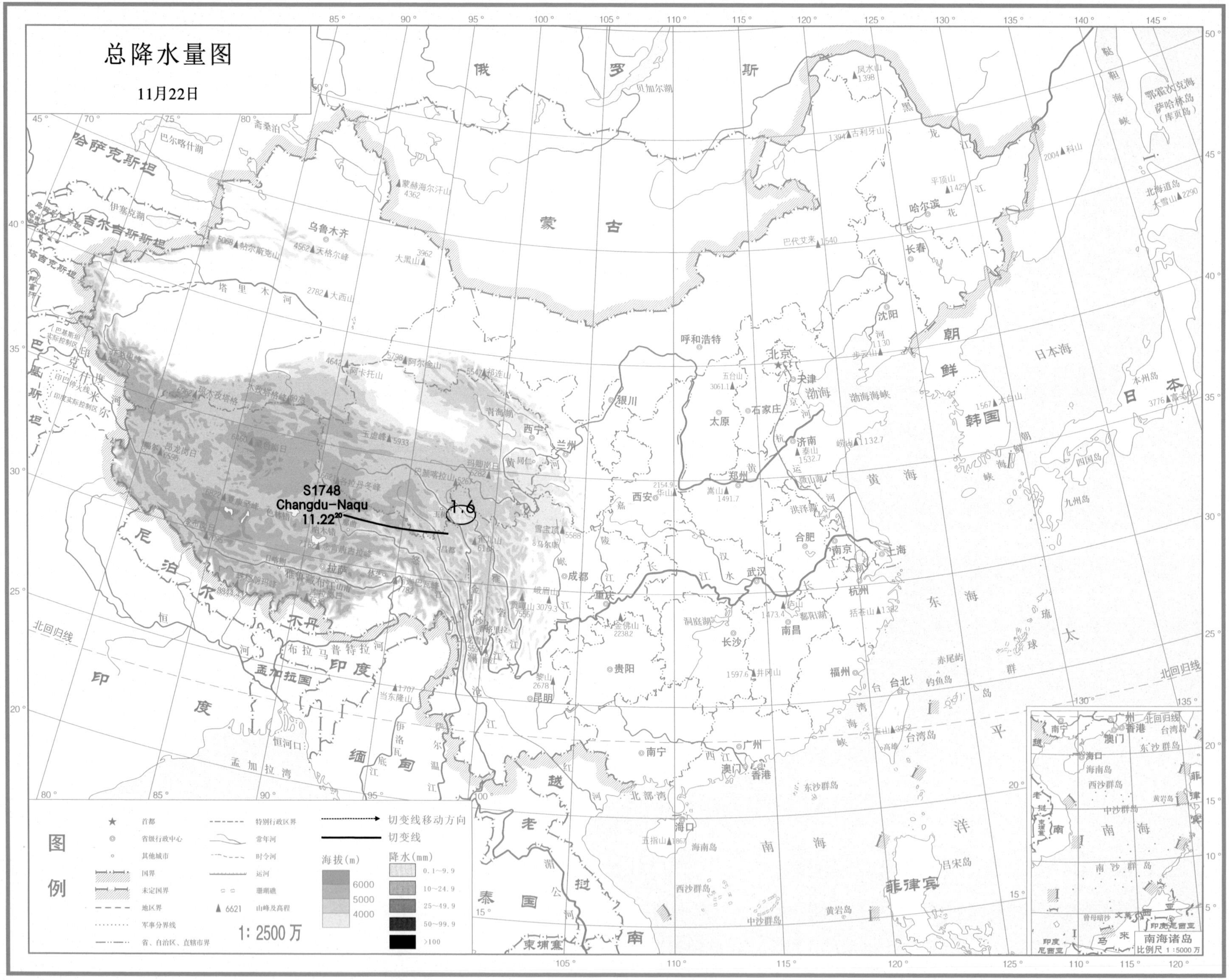

总降水日数图
11月22日
俄 罗 斯
蒙 古
哈萨克斯坦
吉尔吉斯斯坦
塔吉克斯坦
巴基斯坦
尼泊尔
不丹
印度
孟加拉国
缅甸
老挝
泰国
柬埔寨
越南
朝鲜
韩国
日本
菲律宾
北京
天津
石家庄
太原
呼和浩特
沈阳
长春
哈尔滨
济南
郑州
西安
银川
兰州
西宁
乌鲁木齐
拉萨
成都
重庆
贵阳
昆明
南宁
广州
香港
澳门
海口
长沙
武汉
南昌
合肥
南京
上海
杭州
福州
台北
渤海
黄海
东海
南海
日本海
太平洋
北回归线
图例
首都
省级行政中心
其他城市
国界
未定国界
地区界
军事分界线
省、自治区、直辖市界
特别行政区界
常年河
时令河
运河
珊瑚礁
山峰及高程
海拔(m)
6000
5000
4000
降水日数
1天
2~3天
4天以上
1: 2500万
南海诸岛
比例尺 1:5000万

高原切变线位置资料表

月	日	时	起点位置		中点位置		拐点位置		终点位置		切变线两侧最大风速	
			东经/(°)	北纬/(°)	东经/(°)	北纬/(°)	东经/(°)	北纬/(°)	东经/(°)	北纬/(°)	北侧 / (m/s)	南侧 / (m/s)
①1月11日												
(S1701)玛多-沱沱河，Maduo-Tuotuohe												
1	11	08	98.7	35.4	90.6	34.8			90.6	34.0	10	14
		20	92.8	33.7	88.6	32.4			85.2	30.9	6	10
消失												
②2月13日												
(S1702)新龙-波密，Xinlong-Bomi												
2	13	20	100.0	31.2	97.1	30.6			94.1	30.3	6	6
消失												
③2月19日												
(S1703)昌都-当雄，Changdu-Dangxiong												
2	19	20	100.0	30.8	95.7	30.5			91.2	30.3	12	10
消失												
④3月12~13日												
(S1704)乌鞘岭-当雄，Wushaoling-Dangxiong												
3	12	08	103.6	37.2	98.5	35.6			91.0	35.2	10	16
		20	104.8	36.8	99.8	37.6			95.0	38.5	16	12
	13	08	104.2	40.1	100.8	39.4			96.7	39.7	6	8
		20	106.1	39.9	102.8	40.3			100.0	41.0	6	10
消失												

高原切变线位置资料表(续-1)

月	日	时	起点位置		中点位置		拐点位置		终点位置		切变线两侧最大风速	
			东经/(°)	北纬/(°)	东经/(°)	北纬/(°)	东经/(°)	北纬/(°)	东经/(°)	北纬/(°)	北侧 / (m/s)	南侧 / (m/s)
⑤ 3月20日 (S1705) 吉迈-安多，Jimai-Anduo												
3	20	20	100.0	33.5	96.1	32.6			91.9	32.5	4	12
消失												
⑥ 3月26日 (S1706) 德格-嘉黎，Dege-Jiali												
3	26	20	98.8	31.6	96.0	30.8			92.5	29.9	8	12
消失												
⑦ 3月28日 (S1707) 理县-昌都，Lixian-Changdu												
3	28	20	103.2	32.0	100.5	31.3			97.5	31.2	6	8
消失												
⑧ 4月10日 (S1708) 贡觉-当雄，Gongjue-Dangxiong												
4	10	20	97.5	32.2	94.2	31.4			91.1	30.6	10	20
消失												

高原切变线位置资料表(续-2)

月	日	时	起点位置		中点位置		拐点位置		终点位置		切变线两侧最大风速	
			东经/(°)	北纬/(°)	东经/(°)	北纬/(°)	东经/(°)	北纬/(°)	东经/(°)	北纬/(°)	北侧 / (m/s)	南侧 / (m/s)
⑨ 4月23~24日 (S1709) 色达-沱沱河，Seda-Tuotuohe												
4	23	20	100.0	32.8	95.8	32.6			92.4	33.0	8	8
	24	08	104.1	33.0	100.5	32.1			96.3	31.9	4	14
		20	103.6	31.7	98.1	31.8			92.6	32.9	12	12
消失												
⑩ 4月25日 (S1710) 新龙-沱沱河，Xinlong-Tuotuohe												
4	25	08	100.0	30.7	96.0	31.9			92.2	32.9	6	10
消失												
⑪ 5月6日 (S1711) 红原-囊谦，Hongyuan-Nangqian												
5	6	08	102.8	32.3	99.7	32.1			97.0	32.0	4	12
消失												
⑫ 5月10日 (S1712) 杂多-措勤，Zaduo-Cuoqin												
5	10	08	93.5	33.2	89.0	32.3			84.7	31.2	10	10
		20	100.0	32.4	94.5	31.3			88.4	30.0	12	10
消失												

高原切变线位置资料表(续-3)

月	日	时	起点位置		中点位置		拐点位置		终点位置		切变线两侧最大风速	
			东经/(°)	北纬/(°)	东经/(°)	北纬/(°)	东经/(°)	北纬/(°)	东经/(°)	北纬/(°)	北侧/(m/s)	南侧/(m/s)
⑬ 5月13~14日												
(S1713)林芝-仲巴，Linzhi-Zhongba												
5	13	08	94.7	30.1	89.7	29.8			84.7	30.1	10	8
		20	99.6	30.8	93.0	29.7			85.4	29.4	16	8
	14	08	95.2	28.7	88.8	27.3			81.8	28.8	8	24
		20	99.6	28.7	95.0	28.2			90.5	27.9	4	14
消失												
⑭ 5月17日												
(S1714)色达-那曲，Seda-Naqu												
5	17	20	100.0	32.2	96.1	32.0			92.3	32.5	14	6
消失												
⑮ 5月22日												
(S1715)墨脱-定结，Motuo-Dingjie												
5	22	08	94.9	28.8	91.2	28.2			87.4	27.9	4	14
		20	98.3	31.8	95.2	31.2			92.1	30.5	6	10
消失												

高原切变线位置资料表(续-4)

月	日	时	起点位置		中点位置		拐点位置		终点位置		切变线两侧最大风速	
			东经/(°)	北纬/(°)	东经/(°)	北纬/(°)	东经/(°)	北纬/(°)	东经/(°)	北纬/(°)	北侧 / (m/s)	南侧 / (m/s)
⑯ 5月23~25日 (S1716) 松潘-安多，Songpan-Anduo												
5	23	20	103.9	32.3	98.2	32.2			92.0	32.2	16	10
	24	08	94.2	31.3	87.1	30.5			80.1	30.6	10	10
		20	91.7	28.6	88.5	29.1			84.7	29.8	4	12
	25	08	99.2	29.0	89.5	27.6			81.2	30.9	8	16
		20	94.0	28.0	89.3	28.6			85.2	30.1	8	8
消失												
⑰ 5月29日 (S1717) 囊谦-安多，Nangqian-Anduo												
5	29	08	97.6	32.4	94.6	32.4			91.9	32.3	8	10
		20	100.0	32.7	96.0	32.4			92.0	32.2	8	6
消失												
⑱ 6月10日 (S1718) 果洛-五道梁，Guoluo-Wudaoliang												
6	10	20	99.0	34.8	94.8	35.0			90.6	35.3	8	14
消失												

高原切变线位置资料表(续-5)

月	日	时	起点位置		中点位置		拐点位置		终点位置		切变线两侧最大风速	
			东经/(°)	北纬/(°)	东经/(°)	北纬/(°)	东经/(°)	北纬/(°)	东经/(°)	北纬/(°)	北侧 /(m/s)	南侧 /(m/s)
⑲6月14~15日												
(S1719)玛多-安多，Maduo-Anduo												
6	14	20	99.0	35.0	95.8	33.9			92.0	33.3	8	8
	15	08	100.0	32.9	96.0	32.3			91.5	32.0	4	10
		20	100.0	31.5	94.8	31.0			89.0	30.2	10	8
消失												
⑳6月17日												
(S1720)囊谦-沱沱河，Nangqian-Tuotuohe												
6	17	20	97.3	32.3	94.1	32.5			91.3	33.0	8	10
消失												
㉑6月19日												
(S1721)嘉黎-拉孜，Jiali-Lazi												
6	19	20	94.3	30.7	90.0	30.2			86.1	30.1	6	4
消失												
㉒6月22日												
(S1722)新龙-安多，Xinlong-Anduo												
6	22	08	100.0	30.8	95.6	31.8			91.8	32.6	12	8
消失												

高原切变线位置资料表(续-6)

月	日	时	起点位置		中点位置		拐点位置		终点位置		切变线两侧最大风速	
			东经/(°)	北纬/(°)	东经/(°)	北纬/(°)	东经/(°)	北纬/(°)	东经/(°)	北纬/(°)	北侧 / (m/s)	南侧 / (m/s)
㉓ 6月23日 (S1723) 兴海-五道梁，Xinghai-Wudaoliang												
6	23	08	100.0	35.5	96.1	34.8			92.2	35.2	4	14
消失												
㉔ 6月24日 (S1724) 茫崖-曲麻莱，Mangya-Qumalai												
6	24	08	91.2	40.8	93.2	37.5			94.1	34.0	6	10
消失												
㉕ 6月25日 (S1725) 八宿-申扎，Basu-Shenzha												
6	25	20	97.7	30.3	93.2	30.0			88.4	30.2	10	8
消失												
㉖ 7月2~3日 (S1726) 嘉黎-昂仁，Jiali-Angren												
7	2	20	93.8	30.6	90.4	30.3			87.1	29.9	10	6
	3	08	99.1	33.8	95.8	30.3	98.3	31.3	88.5	29.8	8	6
消失												

高原切变线位置资料表(续-7)

月	日	时	起点位置		中点位置		拐点位置		终点位置		切变线两侧最大风速	
			东经/(°)	北纬/(°)	东经/(°)	北纬/(°)	东经/(°)	北纬/(°)	东经/(°)	北纬/(°)	北侧 / (m/s)	南侧 / (m/s)
㉗ 7月5日 （S1727）色达–安多，Seda–Anduo												
7	5	20	100.0	32.6	96.3	32.3			92.1	32.5	4	12
消失												
㉘ 7月6日 （S1728）安多–改则，Anduo–Gaize												
7	6	08	92.6	32.4	87.6	33.4			82.5	34.8	8	12
消失												
㉙ 7月12日 （S1729）山丹–嘉黎，Shandan–Jiali												
7	12	08	100.6	38.9	96.8	35.0			93.3	30.6	8	6
消失												
㉚ 7月22~23日 （S1730）大柴旦–当雄，Dachaidan–Dangxiong												
7	22	20	92.6	37.8	91.6	34			90.6	30.4	4	8
	23	08	96.0	40.0	94.0	38.2			91.2	36.0	6	14
		20	95.3	38.9	93.3	37.1			90.6	35.3	4	4
消失												

高原切变线位置资料表(续-8)

月	日	时	起点位置		中点位置		拐点位置		终点位置		切变线两侧最大风速	
			东经/(°)	北纬/(°)	东经/(°)	北纬/(°)	东经/(°)	北纬/(°)	东经/(°)	北纬/(°)	北侧 / (m/s)	南侧 / (m/s)
㉛ 7月27~29日												
（S1731）班玛−沱沱河，Banma−Tuotuohe												
7	27	20	100	33.2	95.4	33			92.0	33.5	8	4
	28	08	97.6	31.8	94.3	30.2			90.4	28.8	8	10
		20	105.0	34.4	103.5	31.9			100.6	29.9	6	8
	29	08	106.0	33.3	102.3	31.5			97.4	30.0	10	8
消失												
㉜ 7月30日												
（S1732）嘉黎−拉孜，Jiali−Lazi												
7	30	20	92.4	30.5	89.2	30.3			86.1	30.1	4	2
消失												
㉝ 8月1~2日												
（S1733）杂多−昂仁，Zaduo−Angren												
8	1	08	92.7	33.4	90.2	31.3			87.2	29.7	8	6
		20	100.0	33.2	96.8	32.0			93.6	31.0	6	6
	2	08	100.0	32.8	97.3	31.9			93.7	31.1	4	8
消失												

高原切变线位置资料表(续-9)

月	日	时	起点位置		中点位置		拐点位置		终点位置		切变线两侧最大风速	
			东经/(°)	北纬/(°)	东经/(°)	北纬/(°)	东经/(°)	北纬/(°)	东经/(°)	北纬/(°)	北侧 / (m/s)	南侧 / (m/s)
㉞ 8月3日 （S1734）改则–狮泉河，Gaize–Shiquanhe												
8	3	08	85.4	34.7	82.8	34.2			80.0	34.0	4	4
消失												
㉟ 8月6~7日 （S1735）曲麻莱–尼玛，Qumalai–Nima												
8	6	20	95.8	34.6	91.6	32.7			86.5	31.2	14	16
	7	08	97.4	32.9	93.7	32.3			89.5	30.8	8	6
		20	95.0	30.8	90.1	30.2			85.0	31.1	8	4
消失												
㊱ 8月8日 （S1736）林芝–拉孜，Linzhi–Lazi												
8	8	20	94.5	28.0	90.8	30.0	90.8	30.5	85.9	30.5	6	8
消失												
㊲ 8月12日 （S1737）玉树–安多，Yushu–Anduo												
8	12	20	97.3	32.2	94.6	32.4			92.0	32.8	6	10
消失												

高原切变线位置资料表(续-10)

月	日	时	起点位置		中点位置		拐点位置		终点位置		切变线两侧最大风速	
			东经/(°)	北纬/(°)	东经/(°)	北纬/(°)	东经/(°)	北纬/(°)	东经/(°)	北纬/(°)	北侧 / (m/s)	南侧 / (m/s)
㊳ 8月14~15日												
(S1738) 海晏-雅江，Haiyan-Yajiang												
8	14	20	100.2	37.0	101.1	33.4			101.2	29.9	8	4
	15	08	103.3	33.3	101.8	28.3			101.5	24.6	6	10
消失												
㊴ 8月17~20日												
(S1739) 岷县-囊谦，Minxian-Nangqian												
8	17	20	103.9	34.3	101.0	33.0			97.2	31.9	6	10
	18	08	98.6	33.6	97.0	30.5	98.7	31.0	91.2	30.1	12	10
		20	97.8	34.8	96.0	32.0	98.1	32.7	91.2	31.6	4	6
	19	08	94.2	32.5	90.5	31.0	93.6	31.4	85.1	30.7	10	10
		20	100.9	37.4	97.0	34.0			91.7	31.2	8	8
	20	08	101.9	34.0	97.8	32.0			92.2	30.0	14	10
		20	105.2	36.0	101.1	33.6			96.4	32.1	8	12
消失												
㊵ 8月22日												
(S1740) 杂多-昂仁，Zaduo-Angren												
8	22	20	93.8	33.7	90.7	31.3			86.6	29.2	6	10
消失												

高原切变线位置资料表(续-11)

月	日	时	起点位置		中点位置		拐点位置		终点位置		切变线两侧最大风速	
			东经/(°)	北纬/(°)	东经/(°)	北纬/(°)	东经/(°)	北纬/(°)	东经/(°)	北纬/(°)	北侧 / (m/s)	南侧 / (m/s)
㊶ 8月28~29日												
（S1741）吉迈–沱沱河，Jimai–Tuotuohe												
8	28	20	100.0	33.5	96.2	33.1			92.6	33.0	8	12
	29	08	104.1	37.0	101.2	35.8			98.2	34.4	6	10
消失												
㊷ 8月29~30日												
（S1742）甘孜–那曲，Ganzi–Naqu												
8	29	20	100.0	32.0	96.1	31.0	97.9	30.9	91.9	31.9	12	6
	30	08	95.3	34.1	92.7	32.4			89.5	30.5	2	6
		20	100.0	32.0	94.9	30.5			88.7	30.5	6	8
消失												
㊸ 9月20日												
（S1743）杂多–尼玛，Zaduo–Nima												
9	20	08	94.5	33.3	91.9	32.2			86.5	31.4	8	12
消失												
㊹ 9月28日												
（S1744）玛曲–治多，Maqu–Zhiduo												
9	28	20	102.0	34.1	99.1	33.5			95.1	33.5	16	12
消失												

高原切变线位置资料表(续-12)

月	日	时	起点位置		中点位置		拐点位置		终点位置		切变线两侧最大风速	
			东经/(°)	北纬/(°)	东经/(°)	北纬/(°)	东经/(°)	北纬/(°)	东经/(°)	北纬/(°)	北侧/(m/s)	南侧/(m/s)
㊺ 10月11日												
(S1745)江达-安多，Jiangda-Anduo												
10	11	20	97.4	32.1	94.5	32.0			91.5	32.0	8	14
消失												
㊻ 10月29日												
(S1746)曲麻莱-尼玛，Qumalai-Nima												
10	29	08	95.4	34.6	91.2	32.3			85.7	30.6	2	6
		20	99.0	34.9	95.7	33.8			92.0	32.8	10	12
消失												
㊼ 10月30日~11月1日												
(S1747)德令哈-索县，Delingha-Suoxian												
10	30	20	95.9	36.6	95.1	34.0			94.0	31.2	6	8
	31	08	101.0	30.9	96.1	31.3			91.9	32.6	6	10
		20	98.6	32.0	95.1	30.4			91.4	29.9	6	18
11	1	08	99.9	29.1	95.4	28.3			90.7	27.8	8	22
消失												
㊽ 11月22日												
(S1748)昌都-那曲， Changdu-Naqu												
11	22	20	97.6	32.0	94.5	32.0			91.8	32.1	8	14
消失												